普通高等教育网络空间安全系列教材

网络空间测绘

罗向阳　刘琰　尹美娟　著

刘粉林　主审

科学出版社

北　京

内 容 简 介

网络空间测绘作为网络空间安全的关键基础工程，近年来受到了学术界、产业界和政府部门的高度关注。作为这一概念的提出者，作者在本书中较为系统地阐述了网络空间测绘的概念、国内外相关研究动态，以及作者及其团队在网络空间测绘领域的最新研究进展。

本书可供网络空间安全、计算机科学与技术、通信工程、软件工程、信息安全、数据科学与大数据、人工智能等领域的高校教师、研究生和高年级本科生使用，也可供相关科研人员和工程技术人员参考。

图书在版编目(CIP)数据

网络空间测绘 / 罗向阳，刘琰，尹美娟著. — 北京：科学出版社，2020.10
(普通高等教育网络空间安全系列教材)
ISBN 978-7-03-064944-7

Ⅰ. ①网… Ⅱ. ①罗… ②刘… ③尹… Ⅲ. ①计算机网络管理-高等学校-教材 Ⅳ. ①TP393.07

中国版本图书馆 CIP 数据核字(2020)第 069316 号

责任编辑：于海云 / 责任校对：王 瑞
责任印制：张 伟 / 封面设计：迷底书装

科 学 出 版 社 出版
北京东黄城根北街 16 号
邮政编码：100717
http://www.sciencep.com
天津市新科印刷有限公司 印刷
科学出版社发行　各地新华书店经销
*
2020 年 10 月第 一 版　　开本：787×1092　1/16
2022 年 1 月第三次印刷　　印张：24
字数：600 000

定价：98.00 元
(如有印装质量问题，我社负责调换)

序

习近平总书记指出要"全天候全方位感知网络安全态势,增强网络安全防御能力和威慑能力"[①]。网络空间测绘是测量和绘制网络空间资源、实现网络虚拟空间向现实社会空间和地理空间映射的关键技术。毋庸置疑,开展网络空间测绘理论与技术研究,对于摸清网络空间资源的数量、状态、类型、分布及相互关系等底数,形成"网络空间地图",实现对网络空间的动态感知、精准画像、快速定位能力,从而为网络态势感知与预警、网络体系对抗和网络空间治理等提供手段支撑具有重大意义。

近年来,我国网络空间安全领域发展迅猛、进步显著。2015 年,网络空间安全成为一级学科;2016 年,网络安全和信息化工作座谈会在京召开,网络空间安全相关研究和产业发展迎来了发展的大好时机。习总书记在会上指出:"培养网信人才,要下大功夫、下大本钱,请优秀的老师,编优秀的教材,招优秀的学生,建一流的网络空间安全学院。"[①]当前,全国已有 2 批共 11 所知名高校获批国家一流网络安全学院建设示范项目,36 所大学和科研院所获得网络空间安全一级学科博士点。作为网络安全根基之一的网络空间测绘技术,也引起了学术界和工业部门的关注,近年来已有不少知名高校、科研院所和网安企业投入大量人力物力,开展网络空间测绘工作。作为国内网络空间测绘这一概念的提出者和技术推动者,信息工程大学罗向阳教授及其团队在深入开展 10 年研究的基础上,完成了《网络空间测绘》一书的撰写。其出版恰逢其时,可以有效弥补当前缺乏网络空间测绘专业技术文献的不足,有力促进网络空间测绘相关理论技术的研究和应用转化。

美国等西方国家近年来也高度重视网络空间测绘相关技术。自 2010 年发生以"震网"为代表的瞄准工业控制系统的网络攻击事件以来,美国就开始着力绘制网络空间地图。2012年启动的"X 计划"项目,主要目标之一就是建立一幅完整的全球计算机分布图,以详细描绘整个网络空间。2013 年斯诺登曝光美国国家安全局和英国政府通信总部共同谋划了网络空间"藏宝图计划",其目标是构建近乎实时交互的全球互联网地图,通过对网络上实时连接的智能手机、平板和台式电脑进行定位,实现对整个互联网的监视,形成对全球多维度信息的主动探测、大规模高价值数据获取与分析能力。显然,谁的网络空间测绘能力最强,谁掌握了网络空间地图,谁就能指点全球网络空间的万里江山。

与传统的网络测量不同,网络空间测绘不仅关注网络空间的虚实资源的探测与识别、网络拓扑结构的发现与分析,还关注网络空间与地理空间及社会空间的映射关系。该书较为系统地介绍了网络空间测绘的基本概念、网络实体资源的探测与发现方法,全面阐述了课题组在网络虚拟资源发现、目标网络结构分析、网络实体地标挖掘、IP 目标定位、即时通信用户定位和社交网络用户位置推断等方面的新成果。全书内容丰富、层次分明、原理清晰、实验充分,创新性强。特别是关于网络目标定位方面,中国人民解放军战略支援部队信息工程大学(后简称:信息工程大学)的研究者们给出了一系列适用于不同网络制式、不同网络环境的

[①]《人民日报》2016 年 4 月 20 日。

创造性定位方法。

　　该书既可以作为网络空间安全、计算机、通信工程、软件工程、大数据、人工智能等相关领域的高校教师、研究生和高年级本科生学习网络空间测绘相关理论和技术的教材，也可作为相关领域的科研人员和工程技术人员用作开展科研攻关和工程实践的参考书。

　　献芹愧怍展新芽，心血浇成瘁复加。且祝殷勤持梦笔，更生次第瑾容花。该书的成果是信息工程大学研究者们的心血结晶，也是对网络空间测绘领域理论和技术研究的初步探索和尝试。相信随着网络空间安全地位的日益凸显和应用的逐渐广泛，作为网络空间安全重要支撑技术之一的网络空间测绘，必将迎来更加蓬勃的发展，也预祝罗向阳教授团队再出更新、更大的成果！

郭世泽

2020 年 5 月 15 日于北京

前　言

网络空间作为人类生存和生活的"第二空间",事关国家安全、支撑经济发展、关乎战争胜负。制网权同制海权、制空权、制天权一样,已成为世界各国竞相争夺的又一战略制高点。当前,我国正处于网络和信息化快速发展的关键时期,经济和社会发展对网络和信息化的依赖程度越来越高,网络空间面临的安全威胁越来越大。"没有网络安全,就没有国家安全"已成为全社会共识,网络安全已然超越技术范畴,上升为国家战略,成为国家大安全战略的新领域和新载体。

习近平总书记指出"要全面加强网络安全检查,摸清家底,认清风险"[①],强调"全天候全方位感知网络安全态势,增强网络安全防御能力和威慑能力"[①]。建设网络强国,必须要全面摸清网络空间资源的数量、状态、类型、分布及相互关系等,形成对网络空间的动态感知、精准画像、快速定位能力,从而为态势预警、信息管控、反恐维稳等提供技术保障。

众所周知,地图是描绘地理空间信息的重要载体,自古以来就是运筹帷幄、指挥作战的重要工具,是指挥员的"眼睛"、行军的"无声向导"、协同作战的"共同语言"。随着互联网的发展,地图的应用越来越广,已成为面向位置服务(LBS)的关键基础。然而,网络空间尚缺乏类似地理空间地图、可全面描述和展示网络空间信息的"网络地图"。类似于地理空间测绘,我们将构建网络空间地图的技术称为网络空间测绘,目标是实现对来源众多、类型各异的网络资源进行探测、度量、分析和绘制。

目前,对网络空间测绘尚无严格的定义。狭义上,我们认为网络空间测绘主要指在互联网环境下,运用网络探测、采集或挖掘等技术,获取服务器、路由器、终端设备等实体资源以及用户、服务等虚拟资源的各类属性,通过有效的定位和分析方法,将实体资源映射到地理空间,将虚拟资源映射到社会空间,并将探测结果和映射结果绘制出来,从而直观地反映网络空间资源属性、状态、发展趋势等。广义上,网络空间测绘的研究范围包括互联网、电信网、工业控制网等各种类型的网络,探测对象除互联网资源外,还包括其他各种网络的资源。

网络空间突破了传统的空间和时间限制、宿主角色未知、连接动态变化,网络资源的网络属性、社会属性和地理位置均难以确定。如何高效、准确地探测和识别网络空间资源及其属性?如何实现网络空间与地理空间的精准映射?如何实现网络空间与社会空间的精确关联?针对网络空间测绘的这些基本问题,我们课题组持续开展了多年相关研究,2000 年左右即开展网络拓扑分析方面的探索,2011 年开始网络目标定位技术研究,2013 年提出了网络空间测绘的概念并开展一系列相关理论和方法研究。网络空间测绘概念提出后受到了学术界、产业界和国家科技主管部门的关注和认可,国家自然科学基金委员会和科技部在"十三五"期间都对网络空间测绘相关项目给予了专项资助。本书是课题组围绕网络空间测绘领域开展多年研究成果的一个总结,反映了课题组研究的最新进展。

---

① 《人民日报》2016 年 4 月 20 日。

本书首先对网络空间测绘进行了概述，给出了相关定义，介绍了网络实体资源探测识别相关技术的基本原理，重点阐述了作者在虚拟资源发现、目标网络结构特性分析、网络地标挖掘评估、IP 目标定位、即时通信用户位置估计和社交网络用户位置推断等方面的研究成果。全书共 9 章。第 1 章为绪论，主要介绍网络空间测绘概念，简要阐述相关技术的基本原理；第 2 章为网络空间实体资源探测与识别，主要介绍基于指纹匹配和基于机器学习的设备识别方法，并介绍了常用的网络设备探测工具和分析系统；第 3 章为网络虚拟资源发现，主要给出了一些网络炒作账户和群体的发现方法、话题传播群体和关键用户挖掘方法，以及网络用户对齐方法；第 4 章为目标网络结构分析，主要介绍城市区域网络拓扑分析、城市中 PoP 级网络分析、局部网络匿名路由分析、动态网络异常检测等方法；第 5 章为网络实体地标挖掘，主要介绍网络候选地标获取方法和地标评估方法；第 6 章为区域城市级 IP 定位技术，主要探讨基于标识路由、基于路径特征等几种面向 IP 目标的城市级定位方法；第 7 章为街道小区级 IP 定位技术，主要给出了基于强连通子网、基于局部时延分布相似性等多种定位方法；第 8 章为即时通信用户定位，主要探讨如何刻画即时通信系统通告的用户距离与实际距离的关系，实现针对即时通信用户的精准位置估计；第 9 章为社交网络用户位置推断，主要介绍几种基于生成文本和基于社交关系的微博推文用户位置推断方法。

本书由中国人民解放军战略支援部队信息工程大学网络空间安全学院组织撰写，其中罗向阳教授主要负责第 1、2、6、7、8、9 章的撰写，刘琰副教授主要负责第 3、4 章的撰写，尹美娟副教授主要负责撰写第 5 章。此外，以下老师和研究生也参与了本书的撰写工作：赵帆撰写了第 1 章的部分内容，杨春芳和郭鑫淼参与了第 2 章的撰写，陈静等参与了第 3 章的撰写，袁福祥和刘斯奇、李明月、钟凤喆等参与了第 4 章的撰写，李瑞祥、杨文等参与了第 5 章的撰写，赵帆、陈晶宁、祖铄迪等参与了第 6、7 章的撰写，时文旗参与了第 8 章的撰写，乔亚琼、田合婵参与了第 9 章的撰写。全书由罗向阳教授统稿，由刘粉林教授审定。

感谢本书内容中所涉及的各位专家学者，本书的完成与他们的辛勤工作和对我们的指导帮助是分不开的。

网络空间测绘技术的应用尽管已十分广泛，但实际网络空间极为复杂而又动态变化，充满了不确定性和未知挑战，尚有许多科学问题和关键技术有待深入研究和解决。本书的出版，希望能抛砖引玉，帮助更多的研究者投身网络空间测绘领域的研究，共同为提升网络感知能力、建设网络强国添砖加瓦。

由于作者水平有限，书中难免存在一些疏漏之处，恳请有关专家和广大读者多多批评指正！

罗向阳　刘琰　尹美娟　等

2020 年 1 月于郑州

目　录

第1章　绪论 ·· 1

　1.1　网络空间和网络空间测绘 ·· 1

　　　1.1.1　网络空间的定义 ··· 1

　　　1.1.2　网络空间测绘的定义 ··· 2

　1.2　网络空间测绘的主要研究内容 ··· 3

　1.3　网络空间测绘关键技术 ·· 5

　　　1.3.1　探测层关键技术 ··· 5

　　　1.3.2　映射层关键技术 ··· 7

　　　1.3.3　绘制层关键技术 ··· 8

　　参考文献 ··· 8

第2章　网络空间实体资源探测与识别 ·· 9

　2.1　网络实体资源探测与识别技术研究现状 ······································ 9

　　　2.1.1　网络实体资源探测技术 ··· 9

　　　2.1.2　网络实体资源识别技术 ·· 11

　2.2　基于TCP/IP协议指纹的识别方法 ··· 15

　　　2.2.1　IP协议指纹 ··· 15

　　　2.2.2　ICMP协议指纹 ·· 16

　　　2.2.3　TCP协议指纹 ·· 17

　2.3　基于应用层协议指纹的识别方法 ··· 18

　　　2.3.1　服务标识指纹 ··· 18

　　　2.3.2　头部字段顺序和语法指纹 ·· 19

　　　2.3.3　文件特征指纹 ··· 20

　　　2.3.4　处理方式指纹 ··· 21

　2.4　网络实体资源扫描工具与探测分析系统 ····································· 21

　　　2.4.1　网络扫描工具 ··· 21

　　　2.4.2　网络实体资源探测分析系统 ··· 25

　　参考文献 ·· 28

第3章　网络虚拟资源发现 ··· 30

　3.1　网络虚拟资源发现概述 ··· 30

　3.2　网络虚拟资源发现技术研究现状 ··· 31

　　　3.2.1　微博用户与群体分析技术 ·· 31

　　　3.2.2　网络用户对齐分析技术 ·· 33

　3.3　基于特征分析的微博炒作账户识别方法 ····································· 34

　　　　3.3.1　问题描述 ··· 34
　　　　3.3.2　实验结果与分析 ·· 44
　　3.4　基于最大频繁项集挖掘的炒作群体发现方法 ··· 47
　　　　3.4.1　问题描述 ··· 47
　　　　3.4.2　算法原理与主要步骤 ·· 52
　　　　3.4.3　实验结果与分析 ·· 54
　　3.5　基于概率生成模型的话题传播群体划分方法 ··· 57
　　　　3.5.1　问题描述 ··· 57
　　　　3.5.2　算法原理与主要步骤 ·· 62
　　　　3.5.3　实验结果与分析 ·· 67
　　3.6　基于双重随机游走思想的话题传播关键用户挖掘算法 ····································· 68
　　　　3.6.1　问题描述 ··· 68
　　　　3.6.2　算法原理与主要步骤 ·· 71
　　　　3.6.3　实验结果与分析 ·· 75
　　3.7　基于合作博弈支持向量机的网络用户对齐算法 ··· 79
　　　　3.7.1　问题描述 ··· 79
　　　　3.7.2　算法原理与主要步骤 ·· 80
　　　　3.7.3　实验结果与分析 ·· 85
　　3.8　基于双阈值密度聚类的块数据对齐算法 ··· 87
　　　　3.8.1　问题描述 ··· 88
　　　　3.8.2　算法原理与主要步骤 ·· 89
　　　　3.8.3　实验结果与分析 ·· 92
　　参考文献 ··· 95
第4章　目标网络结构分析 ··· 98
　　4.1　目标网络结构分析概述 ··· 98
　　4.2　目标网络结构分析研究现状 ··· 98
　　　　4.2.1　路由器级网络拓扑分析算法 ·· 98
　　　　4.2.2　PoP级网络拓扑分析算法 ··· 99
　　　　4.2.3　网络异常检测算法 ··· 99
　　4.3　基于单跳时延分布的城市区域网络拓扑分析算法 ··100
　　　　4.3.1　问题描述 ···100
　　　　4.3.2　算法原理与主要步骤 ··100
　　　　4.3.3　实验结果与分析 ··104
　　4.4　目标城市区域PoP级网络分析算法 ···107
　　　　4.4.1　问题描述 ···107
　　　　4.4.2　算法原理与主要步骤 ··107
　　　　4.4.3　实验结果与分析 ··109
　　4.5　局部网络匿名路由分析算法 ··116

　　　4.5.1　问题描述 ·· 116
　　　4.5.2　算法原理与主要步骤 ··· 118
　　　4.5.3　实验结果与分析 ·· 122
　4.6　基于模体的目标区域网络拓扑划分算法 ······························· 125
　　　4.6.1　问题描述 ·· 126
　　　4.6.2　算法原理与主要步骤 ··· 126
　　　4.6.3　实验结果与分析 ·· 130
　4.7　基于自我图表示学习的动态网络异常检测算法 ······················ 133
　　　4.7.1　问题描述 ·· 133
　　　4.7.2　算法原理与主要步骤 ··· 135
　　　4.7.3　实验结果与分析 ·· 136
　参考文献 ·· 141

第 5 章　网络实体地标挖掘 ·· 143
　5.1　地标挖掘技术研究现状 ··· 143
　　　5.1.1　候选地标获取技术 ··· 143
　　　5.1.2　地标可靠性评估技术 ·· 146
　5.2　基于互联网黄页的街道级地标获取算法 ································· 148
　　　5.2.1　问题描述 ·· 149
　　　5.2.2　算法主要步骤 ··· 149
　　　5.2.3　算法分析 ·· 150
　　　5.2.4　实验结果与分析 ·· 151
　5.3　基于服务开放端口的街道级地标获取算法 ····························· 154
　　　5.3.1　问题描述 ·· 155
　　　5.3.2　算法原理与主要步骤 ··· 155
　　　5.3.3　算法性能分析 ··· 160
　　　5.3.4　实验结果与分析 ·· 160
　5.4　基于三边关系约束模型的街道级地标评估算法 ······················ 165
　　　5.4.1　问题描述 ·· 165
　　　5.4.2　算法原理与主要步骤 ··· 166
　　　5.4.3　可行性分析 ·· 169
　　　5.4.4　实验结果与分析 ·· 170
　5.5　具有误差上限的街道级地标评估算法 ···································· 174
　　　5.5.1　问题描述 ·· 174
　　　5.5.2　算法框架与主要步骤 ··· 174
　　　5.5.3　算法原理分析 ··· 176
　　　5.5.4　实验结果与分析 ·· 179
　参考文献 ·· 181

第6章　区域城市级 IP 定位技术 ··183

6.1　IP 定位技术的研究背景 ···183

6.2　基于地标聚类的网络实体城市级定位 ··································183

　　6.2.1　GeoPing 算法概述与分析 ···184

　　6.2.2　算法原理与主要步骤 ···185

　　6.2.3　算法分析 ···188

　　6.2.4　实验结果与分析 ···191

6.3　基于路径特征的目标 IP 区域估计 ··193

　　6.3.1　问题描述 ··193

　　6.3.2　算法原理与主要步骤 ···195

　　6.3.3　算法分析 ··198

　　6.3.4　实验结果与分析 ···199

6.4　基于区域网络边界识别的目标 IP 城市级定位算法 ···············201

　　6.4.1　问题描述 ··201

　　6.4.2　算法原理与主要步骤 ···202

　　6.4.3　实验结果与分析 ···212

6.5　基于 PoP 网络拓扑的 IP 城市级定位算法 ····························216

　　6.5.1　问题描述 ··216

　　6.5.2　算法原理与主要步骤 ···216

　　6.5.3　实验结果与分析 ···221

6.6　基于社区发现的 IP 城市级定位算法 ····································225

　　6.6.1　问题描述 ··226

　　6.6.2　算法原理与主要步骤 ···227

　　6.6.3　算法分析 ··229

　　6.6.4　实验结果与分析 ···230

6.7　基于特征聚类的 IP 城市级定位算法 ····································233

　　6.7.1　问题描述 ··234

　　6.7.2　算法基本原理 ···235

　　6.7.3　实验结果与分析 ···238

6.8　基于强连接子网的 IP 城市级定位算法 ·································241

　　6.8.1　问题描述 ··241

　　6.8.2　算法主要步骤 ···242

　　6.8.3　实验结果与分析 ···245

参考文献 ···246

第7章　街道小区级 IP 定位技术 ···248

7.1　基于多层相对时延-距离相关性的 IP 街道级定位算法 ···········248

　　7.1.1　问题描述 ··248

　　7.1.2　算法设计思想 ···249

　　　7.1.3　算法主要步骤 251
　　　7.1.4　实验结果与分析 253
　7.2　基于最近共同路由器的目标 IP 定位算法 255
　　　7.2.1　问题描述 255
　　　7.2.2　算法原理与主要步骤 259
　　　7.2.3　算法分析 263
　　　7.2.4　实验结果与分析 265
　7.3　误差容忍的目标 IP 定位算法 269
　　　7.3.1　问题描述 269
　　　7.3.2　算法原理与主要步骤 270
　　　7.3.3　算法分析 273
　　　7.3.4　实验结果与分析 274
　7.4　基于目标周边路由器的 IP 街道级定位算法 277
　　　7.4.1　问题描述 277
　　　7.4.2　算法原理与主要步骤 279
　　　7.4.3　实验结果与分析 286
　7.5　基于局部时延分布相似性度量的目标 IP 定位算法 289
　　　7.5.1　问题描述 289
　　　7.5.2　算法原理与主要步骤 290
　　　7.5.3　局部时延分布获取与相似性计算 291
　　　7.5.4　算法分析 293
　　　7.5.5　实验结果与分析 295
　7.6　基于路由器误差训练的 IP 定位算法 296
　　　7.6.1　问题描述 296
　　　7.6.2　算法原理与主要步骤 296
　　　7.6.3　实验结果与分析 300
　参考文献 303

第 8 章　即时通信用户定位 304
　8.1　即时通信用户定位概述 304
　　　8.1.1　即时通信用户定位研究背景 304
　　　8.1.2　即时通信用户定位的研究现状 304
　　　8.1.3　存在的主要问题 311
　8.2　基于通告距离统计特性的定位算法 312
　　　8.2.1　现有基于空间划分的微信用户定位算法简介及分析 312
　　　8.2.2　算法原理与主要步骤 314
　　　8.2.3　基于通告距离统计特性确定初始空间范围 315
　　　8.2.4　基于分步策略确定目标用户位置 317
　　　8.2.5　实验结果与分析 318

8.3 基于查询结果中用户失序分析的定位算法 ·································321
    8.3.1 现有基于查询结果相对次序的 LBSN 用户定位算法简介及分析 ···········322
    8.3.2 相关定义 ···323
    8.3.3 算法原理与主要步骤 ···323
    8.3.4 基于失序现象统计分析确定混杂区间 ···································324
    8.3.5 基于三边测量原理确定目标用户位置 ···································326
    8.3.6 实验结果与分析 ···328
8.4 基于查询结果中用户次序变化的定位算法 ·······························331
    8.4.1 问题描述 ···332
    8.4.2 算法原理与主要步骤 ···332
    8.4.3 利用查询结果中用户次序特性确定实际距离 ·····························334
    8.4.4 基于三边测量原理定位目标用户 ·······································335
    8.4.5 算法复杂度分析 ···336
    8.4.6 实验结果与分析 ···336
参考文献 ···338

第 9 章　社交网络用户位置推断 ···339
9.1 用户位置推断技术研究现状 ···339
    9.1.1 基于生成文本的用户位置推断 ···339
    9.1.2 基于社交关系的用户位置推断方法 ·····································342
    9.1.3 基于生成文本和社交关系的位置推断方法 ·······························343
9.2 基于语义特征提取位置指示词的用户位置推断 ···························345
    9.2.1 方法主要步骤 ···346
    9.2.2 方法原理分析 ···349
    9.2.3 实验结果与分析 ···351
9.3 基于社交关系图的用户位置推断 ·······································355
    9.3.1 基于社交关系图的用户位置推断方法 ···································355
    9.3.2 实验结果与分析 ···359
9.4 基于表示学习和标签传播的用户位置推断 ·······························361
    9.4.1 基于表示学习和标签传播的用户位置推断方法 ···························362
    9.4.2 实验结果与分析 ···367
参考文献 ···370

第1章 绪 论

1.1 网络空间和网络空间测绘

1.1.1 网络空间的定义

网络空间(cyberspace)一词最早出现在吉布森 1982 年的小说《融化的铬合金》，指"由计算机所创建的虚拟空间"。1984 年美国科幻小说《神经漫游者》出版，cyberspace 这个词风靡全球。此后，国内外学者对网络空间概念进行了研究，基于不同应用需求及研究领域，赋予了网络空间不同的内涵和外延。

1999 年，丹宁在《信息战和安全》一书中指出，网络空间是"由所有计算机网络的总和所构成的信息空间"；《新世界大百科全书》给出的定义是"网络空间是信息环境内的一个全球域"，其由相互依赖的信息技术基础设施网络所构成，这些设施包括互联网、电信网、计算机系统以及嵌入式处理器和控制器；1996 年，舒华特在《信息战：电子超高速公路上的混沌》中指出"'国家'网络空间是不同的实体，具有明确定义的电子边界……小 c 的网络空间'cyberspace'包括个人、公司或组织的空间……大 C 的网络空间'Cyberspace'是国家信息基础设施。两者合并，然后用所有的连接线连接它，就可获得全部的网络空间"；2006 年，《支持网络空间行动的国家军事战略》中称网络空间"具有如下特征的域，利用电子与电磁波来存储、修改和通过网络系统与物理基础设施来交换信息"；2014 年，《牛津英语词典》给出的定义是"通过计算机网络进行通信的概念环境"；谷歌公司认为"计算机网络的电子媒介，在期间可进行在线通信……由计算机系统创建的非物理域的一个形象表述……由计算机、计算机网络和它们的用户所形成的空间和社区的形式……电话交谈的空间……在电话之间的地方"。

然而，这些定义只包含了网络、功能、活动主题，没有明确提到人的活动。对空间而言，人的活动是最重要的属性。

随着网络技术的发展，网络空间的内涵和外延在不断发生变化。中国工程院方滨兴院士进一步将网络空间的组成要素分为 4 种类型：载体、信息、主体和操作。其中，网络空间载体是网络空间的软硬件设施，是提供信息通信的系统层面的集合；网络空间信息是在网络空间中流转的数据内容，包括人类用户及机器用户能够理解、识别和处理的信号状态；网络空间主体是互联网用户，包括传统互联网中的人类用户以及未来物联网中的机器和设备用户；网络空间的操作是对信息的创造、存储、改变、使用、传输、展示等活动[1]。

综合以上要素，方滨兴院士认为网络空间可被定义为"构建在信息通信技术基础设施之上的人造空间，用以支撑人们在该空间中开展各类信息通信技术相关的活动"。信息通信技术基础设施包括互联网、各种通信系统与电信网、各种传播系统与广电网、各种计算机系统、各类关键工业设施中的嵌入式处理器和控制器。信息通信技术活动包括人们对信息的创造、保存、改变、传输、使用、展示等操作过程，及其所带来的对政治、经济、文化、社会、军事等方面的影响。载体和信息在技术层面反映出"赛博"的属性，而主体和操作是在社会层面反映出"空间"的属性，从而形成网络空间[1]。

本书将网络空间划分为物理层、逻辑层和认知层：物理层的内涵是实体的空间位置信息、实体间的连接关系存在于物理世界，可直接观察，易于感知；逻辑层则是由逻辑拓扑、业务流动和用户操作构成的复杂网络，通常难以直接观察，需借助工具进行感知；认知层作为网络空间客观精神的外化，承载着意识形态上层建筑，无法直接观察，只能根据其外在产物推测。

1.1.2 网络空间测绘的定义

网络空间已经成为人类生产生活的"第二类生存空间"，关系到经济、文化、科研、教育和社会生活的方方面面，成为国家发展的重要基础。

随着网络技术日新月异地发展，网络空间中的资源种类越加丰富，不仅包括传统的设备、逻辑拓扑等软硬件基础设施，也包括网络用户、应用服务等动态多变的虚拟资源。传统的网络测量技术已不足以全面刻画网络空间的特性，发展网络空间测绘技术刻不容缓。

"测绘"的概念源于地理测绘学，是指对自然地理要素或者地表人工设施的形状、大小、空间位置及其属性等进行测定、采集和绘制。然而，网络空间尚缺乏类似地理空间地图的、可全面描述和展示网络空间信息的网络地图。类似于地理空间测绘，我们将构建网络空间"地图"的技术称为网络空间测绘。

2013 年，我们从狭义和广义两个方面给出了网络空间测绘的定义。从狭义上讲，网络空间测绘技术主要指在互联网环境下，利用网络探测、采集或挖掘等技术，获取网络设备等实体资源、用户和服务等虚拟资源的网络属性，通过设计有效的定位算法和关联分析方法，将实体资源映射到地理空间，将虚拟资源映射到社会空间，并将探测结果和映射结果绘制出来；从广义上讲，网络空间测绘的研究范围包括互联网、电信网、工业控制网等各种类型的网络，探测对象除互联网资源外，还包括其他各种网络上的资源。此定义于 2013 年提出于中国人民解放军战略支援部队信息工程大学(后简称：信息工程大学)自立科研项目"网络空间测绘理论与关键技术研究"和 2014 年国家科技支撑计划的项目建议书中，并于 2016 年正式发表于《网络与信息安全学报》[2]。

2018 年，信息工程大学相关团队从地理测绘角度，给出了网络空间测绘一种新的定义：网络空间测绘是指以网络空间为对象，以计算机科学、网络科学、测绘科学、信息科学为基础，以网络探测、网络分析、实体定位、地理测绘和地理信息系统为主要技术，通过探测、采集、处理、分析和展示等手段，获得网络空间实体资源和虚拟资源在网络空间的位置、属性和拓扑结构，并将其映射到地理空间，以地图形式或其他可视化形式绘制出其坐标、拓扑、周边环境等信息并展现相关态势，并据此进行空间分析和应用的理论与技术[3]。

2018 年，中国科学院信息工程研究所(后简称：中科院信工所)郭莉等也给出了一种关于网络空间测绘的描述，指出：网络空间测绘是"对网络空间中的各类虚实资源及其属性进行探测、分析和绘制的全过程"。具体内容包括：通过网络探测、采集或挖掘等技术，获取网络交换设备、接入设备等实体资源以及信息内容、用户和服务等虚拟资源及其网络属性；通过设计有效的定位算法和关联分析算法，将实体资源映射到地理空间，将虚拟资源映射到社会空间，并将探测结果和映射结果进行可视化展现；将网络空间、地理空间和社会空间进行相互映射，将虚拟、动态的网络空间资源绘制成一份动态、实时、可靠的网络空间地图[4]。通过绘制网络空间资源全息地图，全面描述和展示网络空间信息，能够为各类应用(如网络资产评估、敏感网络目标定位等)提供数据和技术支撑。

当前，与网络空间测绘技术相关的研究工作已经开展得较为广泛，如美国国防部高级研究计划局于 2012 年 9 月启动的网络战发展项目"X 计划"，目的是生成网络空间作战态势图、制定作战方案、实施网络作战行动等；美国国家安全局和英国政府通讯总部(GCHQ)联合开展的研究项目"藏宝图"(treasure map)计划，聚焦于逻辑层捕获路由及自治系统的数据，试图绘制出一张近乎实时的、交互式的全球互联网地图。上述研究的主要技术均属网络空间测绘研究范畴。因此，研究网络空间测绘技术，全面掌握网络空间特性及其资源分布，对增强网络空间治理能力和保障国家网络空间安全具有十分重要的理论意义和应用价值。

1.2　网络空间测绘的主要研究内容

网络空间测绘技术研究的对象包括网络实体资源和网络虚拟资源两类。网络实体资源根据设备用途可分为网络基础设施和接入设备，也可根据有无 IP 分为有 IP 化的实体网元和无 IP 化的基础资源；网络虚拟资源包括网络虚拟人物、网络虚拟社区，以及文本信息内容、音视频、网站等网络服务等。

网络空间测绘技术要对来源众多、类型各异的互联网资源进行测绘，因而涉及的技术较多。本节从探测层、映射层和绘制层 3 个层次分别给出网络空间测绘技术的相关研究内容，总体框架如图 1-1 所示。

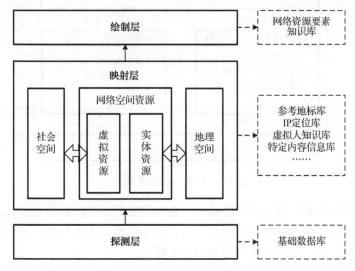

图 1-1　网络空间测绘技术总体框架

其中，探测层是网络空间测绘技术的基础层，为映射层提供探测基础数据，主要研究实体资源的拓扑探测技术，组件识别技术和对文本信息内容、音视频、网站等的探测分析技术，可简要归纳为探测基础平台构建技术、多种探测技术和探测结果分析技术；映射层是网络空间测绘技术的核心层，主要研究实体资源向地理空间映射技术和网络虚拟人物、虚拟社区等虚拟资源向社会空间映射技术，并将映射结果提供给绘制层；绘制层将探测结果和映射结果可视化，主要研究逻辑图绘制技术和地理信息图绘制技术。

探测层主要作用是基于统一的高效探测通道和平台，利用针对特定对象的探测技术，分别获取网络实体资源和虚拟资源的相关网络属性，并对探测结果进行分析。图 1-2 为探测层的总体技术框架。根据探测对象的不同，探测技术分为实体资源探测技术和虚拟资源探测技术两类。

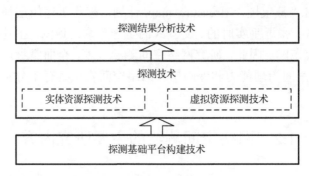

图 1-2　探测层的总体技术框架

映射层的主要目的是利用探测层提供的相关数据，将网络实体资源映射到地理空间，将网络虚拟资源映射到社会空间。映射层的技术框架如图 1-3 所示。其中，实体资源向地理空间映射技术主要包括地标挖掘与采集技术、目标网络结构分析技术、定位算法设计等；虚拟资源向社会空间映射技术主要包括虚拟人画像技术和虚拟社区发现技术等。

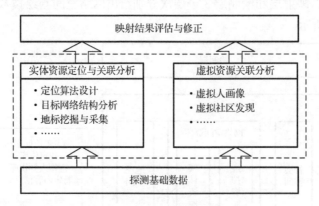

图 1-3　映射层的技术框架

绘制层在探测结果和映射结果的基础上，将多维的网络空间资源及其关联关系投影到一个低维的可视化空间，构建网络空间的分层次、可变粒度的网络地图，实现对多变量时变型网络资源的可视化。绘制层的技术框架如图 1-4 所示。

绘制层主要包括逻辑图绘制和地理信息图绘制：逻辑图绘制主要是通过构建拓扑可视化模型，利用二维、三维等空间布局方法将探测得到的网络拓扑可视化；地理信息图绘制利用数据同化技术、集成可视化技术、辅助分析技术等将网络空间资源的网络属性和地理空间属性进行可视化。

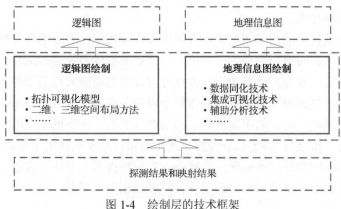

图 1-4　绘制层的技术框架

1.3　网络空间测绘关键技术

1.3.1　探测层关键技术

探测层关键技术主要包括探测基础平台构建技术、探测技术和探测结果分析技术，下面对这 3 种技术进行详细介绍。

1. 探测基础平台构建技术

网络空间资源多样、规模庞大，为了能够高效、迅速地对网络空间资源发起探测，且不影响网络的正常运行，需要构建统一的网络探测基础平台。探测基础平台构建技术通过构建统一的分布式网络探测平台，实现广泛分布式部署的探测终端统一化管理和高效持续探测，为发起可靠探测提供探测环境和技术保障。目前，分布式探测系统已成为研究人员了解网络状态的首选工具。

2. 探测技术

探测的对象包括实体资源和虚拟资源两类，下面详细介绍实体资源探测技术和虚拟资源探测技术。

1）实体资源探测技术

实体资源探测技术的探测目标包括网络基础设施和各种接入设备，涉及的技术主要包括网络拓扑发现技术和网络设备组件识别技术等。

网络拓扑发现一般可分为 4 个层次：IP 接口级拓扑发现、路由器级拓扑发现、入网点（point of presence，PoP）级拓扑发现和 AS（自治系统）级拓扑发现。对网络空间测绘而言，通常更关注前 3 个层次。经过多年研究，网络拓扑探测与分析技术研究已取得很大进展。然而，如何得到完整准确的网络拓扑结构仍存在一些亟待解决的问题，探测路径中的匿名路由器、路由器的别名归并等仍是研究的难点。对网络空间测绘技术而言，探测分析区域性的网络，得到探测目标所在区域的网络拓扑结构更具针对性，也是需解决的关键问题之一。

网络设备组件识别技术能够为网络空间测绘提供更详细的设备信息，如设备类型、操作系统(OS)等。该技术通常通过设备在通信过程中携带的某种信息对其进行认证和辨识。

2)虚拟资源探测技术

在网络空间测绘技术的相关研究中，开展虚拟资源探测，涉及的现有技术主要包括微博用户与群体分析技术、网络用户对齐分析技术、特定信息内容快速探测和话题发现技术、音视频内容探测技术等。其中，微博用户与群体分析技术主要研究微博事件传播以及群体划分问题，涉及到微博网络建模、微博网络群体划分以及关键用户挖掘等技术；网络用户对齐分析技术主要通过发现同一用户的不同账户之间的对应关系，在不同社交网络间建立表征线上与线下映射关系的"桥梁"；特定信息内容快速探测和话题发现技术主要研究信息内容分析、关联分析、社会信息网络挖掘等问题；音视频内容探测技术主要研究多语言识别、固定音频检索、视频的特征表示、语义属性分析以及多模融合识别等问题。

3. 探测结果分析技术

1)实体资源探测结果分析

对主机、路由器、服务器等实体资源的定位而言，获取可靠的网络拓扑十分重要，网络安全防护、路由器负载均衡、匿名路由等多种因素严重影响了探测结果的可用性，因此，需要对网络探测的结果进行融合分析，以获得可用的高可靠性网络拓扑结果。下面简要介绍网络设备拓扑结构融合分析涉及的主要技术。

(1)网络路径重构技术。主要用于解决目标网络拓扑探测结果中由路由器多个别名导致的路径冗余、目标所在子网的判别等问题。

(2)拓扑分析技术。在将实体资源映射到地理空间时，通常需要获取目标实体资源与周边区域网络节点的连接情况，如时延、跳数等。区域性拓扑分析技术能够从海量的拓扑探测结果中，分析得到目标相关的可用拓扑信息，为后期的实体资源地理位置映射提供数据基础。面向网络可达性与起源变化的拓扑分析技术能够从探测结果中分析得到不同源与不同目标之间的连通性和可达性，可为后期定位算法的设计提供帮助。

(3)网络拓扑语义标注技术。对网络设备类型、操作系统、性能、重要性等多种属性的准确了解能够为全面掌握网络状态提供帮助，网络拓扑语义标注技术能够根据需求，从不同的层面对网络拓扑进行准确的描述。

2)虚拟资源探测结果分析

虚拟资源探测结果分析技术主要围绕文本内容、音视频网站、博客论坛以及其他互联网平台上的特定内容资源，开展快速发现、关联分析、内容识别与理解等方面的研究，主要技术如下。

(1)特定信息内容快速发现和关联分析技术。主要用于快速发现多个网络平台上的特定信息内容，并对其进行重要性与话题特征的标注或多语种的翻译等。通过对发现的信息内容的关联分析，可以从中挖掘到潜在的信息，得到特定信息内容的传播规律和分布特点等。

(2)特定音频内容的检索与识别技术。主要对复杂多变声学环境下的音频进行处理，对海量多语言网络音频数据中的特定语种、说话人和特定内容进行检索，对音频的语种进行识别，以及对互联网海量数据下的音频模板进行匹配，最终实现对包含特定信息的音频检索与识别。

(3)特定视频内容的检测和识别技术。通过对视频中的人、物等关键元素的提取，形成针对视频内容的结构化描述；利用有效的视频识别算法，实现对视频中特定场景的检测和识别，并能够根据给定的样例检索出相关视频。

1.3.2 映射层关键技术

本节主要介绍：①实体地标挖掘与采集、目标网络结构分析、网络实体定位等实体资源向地理空间映射技术；②虚拟人活动地点推断、虚拟群体关系挖掘、虚拟群体轨迹发现技术等虚拟资源向社会空间映射技术。

1. **实体资源向地理空间映射技术**

1）网络地标获取与评估技术

网络地标是实现将网络实体映射到地理空间的基准点。在一个区域内数量较大且分布均匀的地标点，既可为该区域内的目标实体定位提供支撑，也可用于验证定位算法的有效性。现有地标获取方法主要有两类：基于 Web 挖掘的地标获取方法和基于 IP 定位数据库的地标获取方法。

基于 Web 挖掘的地标获取方法，可以有效地在 Web 服务发达的地区获取街道级地标。基于 IP 定位数据库的地标获取方法，通常选取多个定位数据库中地理位置一致的 IP 用于实验研究。

2）目标网络结构分析技术

目标网络结构分析利用网络结构测量、网络区域划分、网络边界识别和网络变化分析等方法，从连接关系的角度观察和理解网络全局特性和局部特征。本书重点研究路由器级网络拓扑分析技术、PoP 级网络拓扑分析技术和网络异常检测技术。

3）网络实体定位技术

现有网络实体定位方法大致可分为 3 类：基于数据库查询的定位、基于数据挖掘的定位和基于网络测量的定位。

基于数据库查询的定位方法由于不需要大量测量，且因定位速度快、计算开销小而得到广泛应用。

基于数据挖掘的定位算法试图从具有组织机构和用户地理位置信息的网站、手机应用等数据来源中，挖掘地理位置与 IP 地址之间的关系。

基于网络测量的定位方法通过测量探测源与目标节点之间的时延（或在此基础上结合拓扑信息），用不同的方法将时延转换为地理距离，以不同的方式对目标节点产生距离约束，然后估计出目标节点的位置。

现有典型定位算法在测试算法性能时，通常是在理想的实验网络（如 PlanetLab）或连通性较好的网络环境下进行的，往往只能实现区域级或城市级的精度定位，仅有少量的算法能够实现较高精度的定位。

2. **虚拟资源向社会空间映射技术**

实现虚拟资源向社会空间映射涉及的技术主要包括虚拟人物活动地点推断、虚拟群体关系挖掘和虚拟群体轨迹发现等技术。其中，虚拟人物活动地点推断技术从采集到的数据中综合分析与位置相关的信息，以推断虚拟人物的活动地点，尤其在社交网络环境下，人们常常有意或无意地通过交互内容来透露自己的地理信息和短期活动计划，因此，从原始用户产生文本中检索虚拟人物在其中涉及的地理兴趣点（POI）词条，通过设计有效的消歧义算法确定真实的 POI，结合 POI 资源库和用户行为模式，可推断 POI 的具体地理位置，最终实现对特定人物位置信息的挖掘。

虚拟群体关系挖掘技术通过挖掘不同虚拟人物之间的关联关系，实现对虚拟群体的有效描述。

虚拟群体轨迹发现技术通过对群体中虚拟人的活动规律、活动轨迹的关联分析，来获取整个群体的行为特点、活动方式，实现对特定虚拟群体轨迹模式的发现。

1.3.3　绘制层关键技术

本节主要介绍逻辑图绘制和地理信息图绘制两类绘制层关键技术。

1. 逻辑图绘制技术

网络空间逻辑图的绘制主要指对网络拓扑图的绘制，主要目标是将网络中的节点和连接状况以符合其内在特性的方式完整清晰地展现在用户眼前，从而为人们了解和分析网络空间的整体状况提供直观素材和操作平台。在绘制逻辑图时，往往要求将其性质、度量及模型等体现在可视化结果中，研究重点通常为解决可视区域和逻辑图规模之间的矛盾，以及便于理解的可视化策略的选择或设计。

2. 地理信息图绘制技术

网络空间地理信息图绘制技术主要实现基于地理空间基础数据的网络空间测绘数据可视化表达，在绘制网络空间地理信息图时，涉及的技术主要包括地理空间和网络空间数据的同化技术、网络空间信息和地理空间信息的集成可视化技术、网络节点辅助分析技术等。其中，地理空间和网络空间数据的同化技术是一种数据处理技术，用于将来自网络空间和地理空间的不同格式、不同性质、不同模型的数据进行融合处理，为可视化提供可用的基础数据；网络空间信息和地理空间信息的集成可视化技术用于集成同化后的网络数据和地理数据，以便于用户理解和后期查询、预测等应用方式进行展示；网络节点辅助分析技术通过对映射结果周边的网络环境和地理环境的分析，来评估映射结果的合理性、可信度和可用性，为修正映射结果提供依据。

参 考 文 献

[1]　方滨兴. 定义网络空间安全[J]. 网络与信息安全学报, 2018, 4(1): 1-5.

[2]　赵帆, 罗向阳, 刘粉林. 网络空间测绘技术研究[J]. 网络与信息安全学报, 2016, 2(9): 1-11.

[3]　周杨, 徐青, 罗向阳, 等. 网络空间测绘的概念及其技术体系的研究[J]. 计算机科学, 2018, 45(5): 1-7.

[4]　郭莉, 曹亚男, 苏马婧, 等. 网络空间资源测绘:概念与技术[J]. 信息安全学报, 2018, 3(4): 1-14.

第 2 章　网络空间实体资源探测与识别

网络空间实体资源通常指连接在网络中的物理设备，主要包括主机、服务器、路由器、网络摄像机、打印机等硬件设备。网络实体资源探测与识别是通过探测获取网络目标实体的数据，并通过分析处理等一系列操作识别出目标实体的身份和各种网络属性(如设备类型、型号、版本、操作系统、开放端口等)。本章首先概述网络实体资源探测与识别技术的研究现状，然后重点介绍网络实体资源的探测技术，最后对国内外几款常用的网络实体扫描工具及探测分析系统进行简要介绍和比较。

2.1　网络实体资源探测与识别技术研究现状

目前多种多样的物理设备出现在互联网上，为互联网带来了更多的安全问题，给维护网络安全带来了更大的挑战。网络实体资源的探测识别技术打破了过去仅对操作系统、服务等软件系统探测及识别的惯性思维模式，将探测和识别扩展至对实体资源的类型、型号、厂家等细粒度识别，为维护网络安全提供有力保障。本节从网络实体资源探测技术和网络实体设备识别技术两方面进行介绍。

2.1.1　网络实体资源探测技术

网络实体资源探测技术根据探测的方式分为主动探测和被动探测：主动探测通过向目标发送探测数据包，然后通过分析目标响应的数据包内容和规律来识别目标，探测包针对特定的协议或者目标主机上的应用程序；被动探测通常不向目标系统发送任何数据包，而是通过各种网络流量获取或抓包工具来收集流经网络的数据报文，再从这些报文里得到目标设备的信息。

现有网络实体资源探测技术按照发送探测包之后是否记录连接状态，又可分为传统网络探测技术和无状态探测技术。相比于传统网络探测技术，无状态探测技术不记录连接状态，不重新发送探测数据包，占用内存和 CPU 资源很小，速度要快得多。如采用无状态扫描技术的网络扫描工具 ZMap[1]声称在理想情况下 45 分钟即可扫描整个网络空间。无状态探测技术中的每一个探测包在发送之后就会忘记该请求，地址随机化就不需要记录哪些 IP 地址是被扫描过的，并且基于数据包特定字段对发送的数据包进行区分和校验。但是无状态探测技术只能进行简单的探测，对于一些复杂的网络，传统网络探测技术仍然是主要的探测方式。接下来，我们重点介绍一些传统的网络探测技术研究现状。

1. 主机发现技术

主机发现通常是网络探测的第一步，目的在于发现网络中存活的主机。整个 IPv4 地址中正在使用的只是较少的部分，可用于发现存活主机的技术主要有：①基于 TCP 的主机发现技术，如发送 TCP 三次握手中的 SYN 报文或 ACK 报文后根据目标是否响应可判别主机是否存活；②基于 ICMP 的主机发现技术，如 ICMP Echo 和 ICMP Sweep，其中 ICMP Echo 通过 ping 进行主机探测，ICMP Sweep 通过对多个主机采用轮询的方式进行主机发现。

主机发现过程探测报文可能会被防火墙过滤，使得有的存活主机无法被发现。对于此类主机，可扫描其某一端口是否开放来判别其是否存活。

2. 端口探测技术

端口信息是网络测绘和安全维护中十分重要的信息，端口探测的目的是发现目标主机上开放的端口。端口探测可分为 TCP 端口探测和 UDP 端口探测。

TCP 端口探测：在 TCP 报文头部中有 6 位用途不同的标志位，分别是 URG、ACK、PSH、RST、SYN 和 FIN，如图 2-1 所示。通过设置不同的标志位可实现不同方式的 TCP 端口探测，例如 TCP Connect()、TCP ACK、TCP FIN 、TCP SYN、TCP NULL、TCP Xmax 等。其中 TCP Connect() 通过调用套接字函数 connect 尝试与目标主机端口进行三次握手，实现 TCP 连接，若调用成功则说明该端口是开放的。该探测方式可能需要多次尝试连接，而且需要建立完整的连接，因此效率低，且容易被察觉。目前不容易被察觉的端口探测方式是 TCP ACK、TCP FIN、TCP NULL、TCP Xmax，这几种探测方式不使用 TCP 连接三次握手。

UCP 端口探测[3]：发送 UDP 探测数据包到目标端口，如果接收到的是端口不可达的 ICMP 数据包说明该目标端口是关闭的，反之该目标端口可能是开放的。当然，目标端口开放和被防火墙拦截的情况下，都可能无法收到回复，因此其探测出来的开放端口并不可靠。

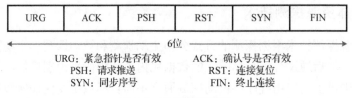

图 2-1　TCP 控制字段

3. 服务和版本探测技术

目前有多种方式能实现对网络上服务的探测和识别，可以利用开放的端口大致识别出目标提供的服务，例如，开放 21 端口的很可能提供 FTP 服务，开放 23 端口的很可能提供 Telnet 服务，开放 80 端口的很可能提供 HTTP 服务等。但是由于用户可能对服务端口进行修改，仅利用开放的端口进行服务识别未必准确。客户端与服务器连接后，为了标识版权或者更好地为用户提供服务，服务器通常会反馈其 Banner 信息给客户端。由于不同服务在实现时程序员确定的反馈的 Banner 信息很可能不同，因此目前比较常用的服务和版本探测技术主要是根据反馈的 Banner 信息识别服务和版本信息。图 2-2 给出的是 Microsoft IIS httpd 的 Banner 信息，在该图中可看到服务为 HTTP 服务，Web 服务器及版本是 Microsoft-IIS/10.0，这表明在 Banner 中就能够得到服务及版本信息。

4. 操作系统探测技术

操作系统探测的目的是通过探测获得主机操作系统的种类和版本信息。目前常用的操作

```
HTTP/1.1 200 OK
Content-Type: text/html; charset=utf-8
Content-Length: 23486
Connection: keep-alive
Vary: Accept-Encoding
Date: Thu, 03 Dec 2020 18:56:42 GMT
Cache-Control: private
Content-Language: en-US,en-US
Server: Microsoft-IIS/10.0
X-AspNet-Version: 4.0.30319
Set-Cookie: oreferer = noref; domain=simplesite.com; path=/
Set-Cookie: __RequestVerificationToken = vFZIp11QDd7w1cZjYdzwVVw3rTHgQi1lpMMqomvLq/
qGfx85dADIn6rd+jb5+yvdIjnIKNejlFu6vxL7J8Np5Xxv/UAtS0yDZ8hjMT+O3oT6l1dL/
LtZz7vKMZYNdpEzFmLwii2kQOmhEtyNfl2U6+DjFJKJ/IAityxJuoa+
CPV99PhcDHq1kRnA7yZRgjKGodUEhSRvf3mPx+
XuFkNfr3magABJwX1wYWhrKVlHgF6ovHtu1tIIrHOGf+k+UWuRwN7v1Y/
QvGd7174ur7Du7RoXfSsRa79t6oHHiCk9H7vCbzaCC+FM6/luZMF8PV+
9vdAO8BCQnHBo2VzVXUAkPyrU+i5N5hGs6isUsyHTTRx3uxie8Y2q1OOGUyb8n+
hIrpR5g6PnF5Zlx9j3hF2YhlMfMu97thZ2NB05G/7/6iN7WVuHY4cFJS/
nBGN+HPMpLFe4Oagae9f9RgS4a+ML4A==; expires=Sun, 03-Jan-2021 18:56:42 GMT; path=/
X-Powered-By: ASP.NET
X-Cache: Miss from cloudfront
Via: 1.1 ffac2ff159127c5a76d86e0366cb430b.cloudfront.net (CloudFront)
X-Amz-Cf-Pop: LHR62-C5
X-Amz-Cf-Id: m1UAhfrMVeijn02gq4XgvB7gB1M6s01DzdmMpCwlX_mv2_GHSHX1tg==
```

图 2-2　Microsoft IIS httpd 的 Banner 信息

系统探测技术包括：基于 Telnet、FTP、ping 的识别，基于特定端口的识别，以及基于 TCP/IP 协议栈指纹的识别技术[3]。基于 Telnet 和 FTP 的识别技术依据的是探测源接收到的信息是服务器返回的包含操作系统类型的特定信息；基于 ping 的识别技术是根据返回的 TTL 值确定操作系统类型，利用的是不同操作系统的 TTL 值不同。然而，TTL 值是可以被人为修改的，这导致判断的操作系统类型可能不准确。基于特定端口进行操作系统识别的前提是该端口是开放的，若该端口未开放则不能使用此技术。基于 TCP/IP 协议栈指纹的识别技术依据的是 TCP/IP 协议栈在设计时存在差异，利用这些差异就能够识别操作系统。

5. 拓扑探测技术

拓扑探测的目的是通过对网络结构的探测获取网络拓扑结构。Traceroute[2] 技术是网络拓扑探测中最常用的探测技术，主要包括基于 UDP 拓扑探测和基于 ICMP 的拓扑探测。基于 UDP 的拓扑探测是通过向目标主机发送 UDP 探测包，首先设置 IP 头部中 TTL 值为 1，经过第一个路由时，TTL 值减 1，此时会返回一个超时 ICMP 并记下该跳的 IP 地址，之后设置 TTL 值为 2，重复进行此过程，直至接收到端口不可达的 ICMP 数据包为止。基于 ICMP 的拓扑探测是向目标主机发送的 ICMP Echo Request 报文，中间过程和 UDP 探测方式相同，当其接收到 ICMP Echo Reply 时表示报文已到达目标主机。如图 2-3[3]所示为 UDP(左)和 ICMP(右)两种拓扑探测方式。

2.1.2　网络实体资源识别技术

网络实体资源通常是指联接在互联网上的物理设备，以下统称为网络设备。网络设备识别是利用网络探测技术获取目标网络中设备的多类型数据，通过数据融合、数据分析等方法，实现对网络中物理设备和逻辑设备的识别。

1. 基于指纹匹配的网络设备识别技术

基于指纹匹配对网络实体进行识别的思想源自生物学中的人体指纹。指纹可以作为人的身份标识，设备也可以把指纹作为设备的唯一标识。设备指纹识别是指在不考虑现有易伪造

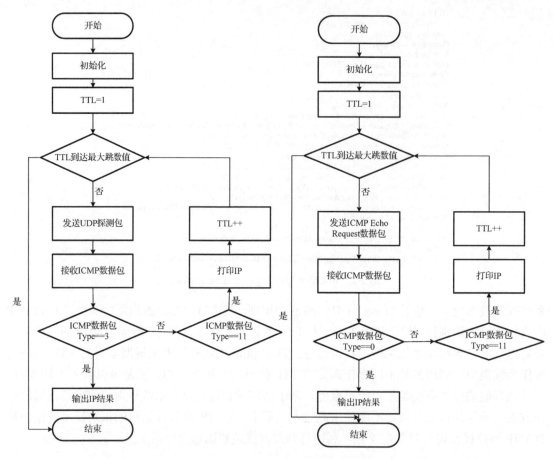

图 2-3 UDP(左)和 ICMP(右)两种拓扑探测方式

标识符(如 IP 和 MAC 地址)的情况下,对网络上的设备进行唯一身份识别。从网络协议的角度看,网络设备指纹主要有 TCP/IP 协议指纹和应用层协议指纹[4]。

基于指纹匹配的设备识别技术是目前主流的识别技术,将识别问题转化为分类问题,现有基于指纹匹配的设备识别技术能够在一定程度上解决设备识别问题,但是此类方法需要大量的人工工作,而且往往需要探测主机发送一系列的敏感探测包,由于这些探测包通常具有一定的特点规律,因此探测方很容易暴露,从而被封禁甚至反制。

基于指纹匹配的设备识别过程大致可分为五个步骤:数据采集、数据预处理、指纹提取、构造指纹库、指纹匹配,其中最关键的是特征提取和指纹匹配。特征提取根据设备的特点而定,对于某一网络设备而言,相同的探测所得的结果应是相同的。对于某一类设备的探测,特征选择应具有某一类设备独特的特点,而同一类设备因制造商不同对其探测所得信息可能存在差异,这就要求选择的网络特征值依旧具有可区分性,并能够被机器或者人工辨别。

指纹识别的原理图如图 2-4 所示,首先对网络空间中进行探测扫描,获取设备返回的数据包等,然后,经过指纹生成技术将所获数据转化为该设备的指纹,最后,目标设备指纹与指纹库中指纹匹配得到目标设备识别结果。

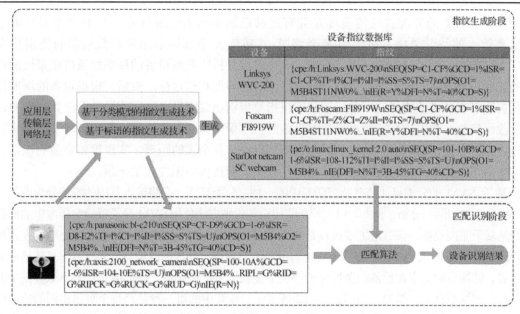

图 2-4　指纹匹配识别原理图

2. 基于机器学习的网络设备识别技术

基于机器学习的设备识别技术实质上是利用机器学习中的分类算法对设备进行分类，基于机器学习的网络设备识别技术大致可分为两类：基于传统学习的设备识别技术和基于深度学习的设备识别技术。基于深度学习的设备识别技术主要是通过对网络流量分类进行设备识别。基于传统学习的设备识别技术在处理原始形式的自然数据时，其性能会受到限制。例如，想要设计一个机器学习系统，需要具有专业知识的设计者将原始数据转化成合适的特征向量。后来随着深度学习在识别领域的应用，深度学习可以在原始数据中自动找出那些可以用来分类或识别的特征，基于深度学习的网络设备识别技术也应运而生。

常用于网络设备识别的传统学习算法有朴素贝叶斯(naive Bayes，NB)、K-means、决策树(decision tree，DT)、支持向量机(support vector machines，SVM)等；目前常用的深度学习算法有卷积神经网络(convolutional neural network)、递归神经网络(recurrent neural network)等。网络设备识别中应用的典型机器学习算法如表 2-1 所示。

表 2-1　几种典型机器学习算法比较

主要方法	主要依据	典型方法	优点	缺点
基于机器学习的识别方法	基于传统学习的设备识别	K 邻近值	能处理大量的类和不平衡的数据集	计算量很大
		K-means	运算速度快	在大规模数据集上收敛速度较慢
		朴素贝叶斯	相比于其他算法有最低的误差率	属性之间相互独立在往往是不成立的，影响分类的正确性
		决策树	能够对新出现的对象给出正确分类	当类别较多时错误增加的比较快
	基于深度学习的设备识别	卷积神经网络	能够自动提取设备的显著特征；识别精度高	缺乏时间维度，无法结合上下文信息进行设备识别
		递归神经网络	处理时间序列数据	时间梯度容易消失

　　基于 KNN 的分类算法的前提是拥有足够已知类别的训练样本。分类时在训练集中选取离输入的待分类样本最近的 K 个邻居,然后将 K 个邻居中出现次数最多的类别作为该样本的类别。例如,Samuel 等[5]提出了一种通过分析物联网设备的周期性通信流量快速有效的设备识别方法,该方法首先推断周期性流量的周期和稳定性,然后,根据设备的周期性流量提取可表示设备的指纹,最后,使用该指纹识别物联网设备。该方法是在已知类型的设备上收集指纹,使用 KNN 聚类算法将设备的指纹聚合为若干个小簇,并用有若干个邻居的小簇表示一个类,在识别未知设备时,根据其指纹与各个簇的距离,实现设备类型的识别。该方法的优点是不需要对数据进行标记,并且在识别过程中无需人工干预。

　　基于 SVM 的分类算法是有监督学习中的一种二分类算法,它将输入其中的特征分为两类:广泛用于分类和回归分析。例如,Li 等[6]在监控设备识别方法使用 SVM 分类器确定样本中的网页是否是属于监控设备。该方法主要过程是首先对在互联网上抓取的网页文件进行预处理,在预处理阶段使用 HTML 文档解析器提取网页内容并使用自然语言处理提取信息,之后将信息转换成文本列表。转换后的文本在设备相关性分析模块中被表示为特征向量。特征向量作为训练数据中的每一行,训练数据是一组混合的网页,用矩阵表示。矩阵中的每一行都是每个页面实例的特征向量,每一列是特征空间的中值字段。使用监督学习训练基于一组训练数据的分类器,对于来自在线设备的未知网页,分类器可以判断它是不是监控设备。图 2-5 是监控设备识别方法的总体架构。

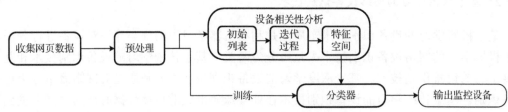

图 2-5　监控设备识别方法的总体架构

　　基于传统机器学习的识别技术往往需要人工投入大量的时间去提取合适的特征。而基于深度学习的识别技术通过构建深层的神经网络,从大量数据中自动学习可识别不同设备的的特征,省去人工构造特征的过程。与传统学习相比,深度学习具有相当高的学习能力,可以学习复杂的模式。

　　例如,Aneja 等[7]利用 CNN 根据接收两个数据包到达间隔时间(IAT)图识别设备,选择IAT 是由于不同设备由于硬件和软件的不同时间导致 IAT 的不相同。该算法首先是捕获路由器上的数据包信息,通过应用程序在日志中获取设备的 IAT,为数据包绘制 IAT 图,每个图中绘制 100 个 IAT。绘制出 IAT 图并将绘制的图作为 CNN 的图像分类,该算法可以仅根据IAT 图来区分设备。该方法的整体结构如图 2-6 所示。

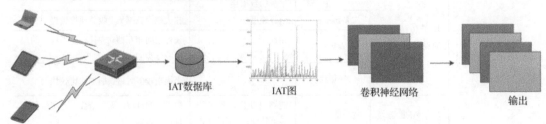

图 2-6　基于 CNN 的设备识别技术结构图

2.2　基于 TCP/IP 协议指纹的识别方法

2.2.1　IP 协议指纹

　　IP 协议指纹是指目标设备发出的 IP 数据报首部中，可用于区分不同操作系统或其他设备属性的各字段值或其变化规律。基于 IP 协议指纹的识别技术其基本原理是：通过向目标设备发送各种探测报文，然后分析返回的报文中 IP 数据报首部中各字段的取值，以得到能够区分不同操作系统的 IP 协议指纹特征，实现操作系统识别，推断出目标设备类型。常见的 IP 协议指纹有生存时间(TTL)指纹、不分片位(DF)指纹、服务类型(TOS)指纹、分片控制指纹等。

　　TTL 指纹。TTL 表示数据包"存活时间"，即数据包在被丢弃之前可以经过的跃点(hop)数量，即路由器数量。在关于 IPv4 的 RFC 中对 TTL 字段的取值并未明确规定，不同操作系统厂商在实现 IP 协议时设置的默认 TTL 值往往不同，如表 2-2 所示，利用这种差异可以实现对目标设备操作系统的识别。例如，通过 Ping 一个目标主机所得的应答报文中的 TTL 值为 32，可判定该目标主机的操作系统是 Windows 95/98。

表 2-2　不同操作系统的 TTL 值

操作系统	TTL 值	操作系统	TTL 值
Windows NT/2000 Intel	128	Windows 95/98/98SE	32
Windows 7	64	Linux 2.2.x Intel	64
WinXP-32bit	128	Cisco 12.0 2514	255

　　DF(don't fragment)指纹。在 RFC791 中定义了 IP 数据报首部中的 3 个标志位。第 0 位是保留标志位，必须设置为 0；第 1 位不分片位 DF，值为 0 表示可以分片，值为 1 表示不可以分片；第 2 位片未完位 MF(more fragment)，值为 0 表示此为最后一个分片，值为 1 表示后面还有分片。IP 报文头部如图 2-7 所示。另外，不同操作系统对数据包 DF 位的处理方式

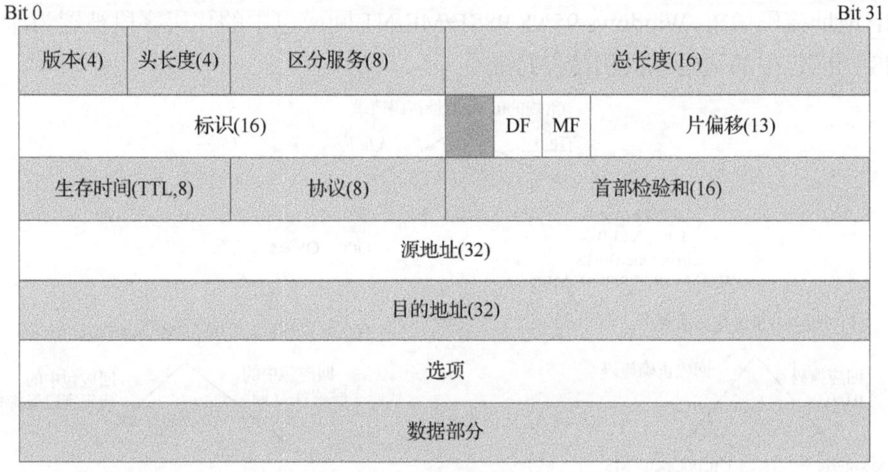

图 2-7　IP 报文头部

也会有所不同。操作系统会在发送的数据包中设置 IP 头部 DF 位，强制要求不允许对发送的数据包进行分片，例如，SUN 公司的 Solaris 操作系统。当检测到某个目标设备发送的数据包中的 DF 位都为 1 时，就可判断该设备安装的有可能是 Solaris 操作系统。

TOS（type of service）指纹。多数操作系统返回的 ICMP 错误信息（如端口不可达消息、超时等）包的 TOS 字段值是 0，但有些操作系统返回的 ICMP 错误信息包中 TOS 字段值却不一样，如 Linux 操作系统返回的 ICMP 错误信息包中 TOS 字段值是 0xC0。

分片处理指纹。协议中只规定了分片的正常处理方式，但对于一些异常的分片却并没有明确如何处理。比如当两个分片的数据内容出现重叠部分时，有的操作系统中 TCP/IP 协议软件可能会用后一个分片的数据覆盖前一个分片的数据，而有的操作系统的协议软件可能相反。

2.2.2　ICMP 协议指纹

ICMP 协议指纹[8]是指目标设备发出的 ICMP 报文中可用于区分不同操作系统或设备类型等属性的字段值，或者 ICMP 报文的发送规律。上海交通大学的刘英等[9]介绍了基于 ICMP 协议指纹的网络设备识别技术，该技术主要是向目标主机发送一些特定的 ICMP 报文，然后根据接收到的 ICMP 响应报文或者错误报告报文的指纹特征识别出目标主机的操作系统，进而推断出网络设备类型。常见的 ICMP 协议指纹有回送请求报文内容指纹、地址掩码请求指纹、消息引用指纹和错误信息抑制指纹。

回送请求报文内容指纹。不同操作系统发送的 ICMP 回送请求报文中的内容会有所不同。例如，Windows 操作系统发送的 ICMP 回送请求报文中包含字母；Solaris 操作系统发送的 ICMP 回送请求报文中包含数字和符号。

地址掩码请求指纹。对于 ICMP 地址掩码请求，未必所有的操作系统都支持，有的操作系统会有应答，而有些并不会响应。即使支持，对于不同的 ICMP 地址掩码请求，不同操作系统的回应结果也不尽相同。如图 2-8[8]所示，SUN Soloris/HP-UX11.0x/Ultrix OpenVMS/Windows 95/98/98SE/ME/NT 能够回应常规的 ICMP 地址掩码请求，而其他的操作系统不做出任何回应；对于分片 ICMP 地址掩码的请求，SUN Soloris/HP-UX11.0x 回应的掩码为 0.0.0.0，而 Ultrix OpenVMS/Windows 95/98/ 98SE/ME/NT 回应的是正确掩码；对于代码字段被置为非 0 的 ICMP 地址掩码请求，Windows 95/98/98SE/ME/NT 回应包中的代码字段被置为非 0，Ultrix OpenVMS 回应包中的代码字段仍然保持非 0。

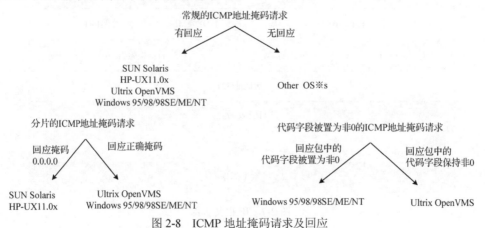

图 2-8　ICMP 地址掩码请求及回应

　　消息引用指纹。ICMP 错误消息可以引用一部分引起错误的源消息，即将引起差错的报文的一部分作为差错报告报文的数据，但对于引用的源报文的数据长度并没有规定。当发送 ICMP 差错报告报文时，不同的操作系统引用的源报文的数据长度也不尽相同。通过检测引用的源报文的数据长度，可以大致识别操作系统的类型所处的范围。例如，对端口不可达报文，大多数操作系统只会返回未能送达的 IP 数据报首部外加 8 个字节，而 Linux 则会返回更多。这使得即使在没有开放端口的情况下也可以大致区分出 Linux 和其他操作系统。

　　错误信息抑制指纹。按照 RFC 1812 的建议，各种差错报告报文的发送速率应该进行限制。但是，并不是所有操作系统中对 ICMP 协议的实现都严格遵从该建议，有的操作系统做了限制，而有的没做，即使做了限制，限制的规则也不尽相同。Linux 内核中将目标不可达消息的产生速率限制为 4s 内 80 个，一旦超过该限制，将增大目标不可达消息发送的时间间隔。因此，可通过向未开放的高位端口连续发送 UDP 用户数据报，根据给定时间段内接收到的端口不可达报文数量计算目标主机 ICMP 差错报告报文的发送频率，以识别出操作系统类型。

2.2.3　TCP 协议指纹

　　基于 TCP 协议指纹的识别技术主要通过向目标设备发送各种 TCP 报文段，然后分析目标设备返回的 TCP 报文段首部中各字段的取值，提取出网络设备指纹特征，以识别目标主机的操作系统，进而推断出网络设备类型[9]。文献[19]介绍了多种常用的 TCP 协议指纹，包括初始窗口大小指纹、ISN（初始序列码）采样指纹、ACK（序列号值）指纹、虚假标记指纹、SYN 洪水限度指纹、FIN 响应指纹等。

　　初始窗口大小指纹。TCP/IP 协议中并没有严格规定初始窗口大小应该设置多大。因此，不同的协议软件实现人员将根据他们的认识和理解做出自己认为合理的设置。这导致不同操作系统中 TCP 初始窗口大小很可能不同，因此可以根据初始窗口的大小来大致识别操作系统类型。如操作系统 AIX 设置的初始窗口大小一般是 0x3F25，Ubuntn 设置的初始窗口值一般是 0x3890。

表 2-3　操作系统及该系统的初始窗口大小值

操作系统	初始窗口大小值
AIX	0x3F25
OpenBSD、FreeBSD	0x402E
Ubuntu	0x3890
Windows 7	0x2000

　　ISN 采样指纹。网络在建立 TCP 连接时，通常会生成一个 ISN。不同的操作系统在选择 ISN 时采用的方式有所不同。有的系统不遵循 TCP/IP 规定，直接采用一个常数作为 ISN，例如 3Com 的一些设备用 0x803；Apple Laser Writer 打印机用 0xC7001；有的版本的 UNIX 系统会采取传统的 64KB 递增的方法；有的版本的 UNIX 系统（如 Solaris、IRIX、FreeBSD、Digital UNIX、Cray 等）则采用随机增量的方法；Windows 系统则每过一段时间就把 ISN 的值增加一个较小的固定数；还有一些版本的操作系统（如 Linux2.0.*和 OpenVMS）则采用真随机的方法。

　　ACK 指纹。文献[9]指出，不同操作系统对数据包的确认报文存在一定的差异。如，发送一个特定的带 FIN|PSH|URG 标志的 TCP 报文段到关闭的 TCP 端口，或者发送一个特定的

带SYN|FIN|URG|PSH标志的TCP报文段到打开的端口,有的操作系统返回的确认号是该TCP报文段的序列号,而有些操作系统返回的确认号却是该TCP报文段的序列号值加1;甚至有的操作系统返回的确认号还可能是一个随机数。

虚假标记指纹。当在发送的SYN包中设置一个未定义的TCP标记时,不同操作系统的响应也可能有所不同。如,2.0.35以前版本的Linux操作系统返回的报文段中会保留该标记,而有的系统则会关闭连接。

SYN洪水限度指纹。为了防止恶意攻击者发送太多的SYN报文段,导致系统瘫痪,一些设备在一定时间内收到的SYN报文段数量达到一定的阈值后,会停止尝试新的连接,不同的操作系统设定的这个阈值可能会有所不同。

FIN响应指纹。文献[9]指出,RFC 793文档规定,若向远程目标主机的开放端口发送只有FIN标记(或者不带ACK或SYN标记)的数据包,正常情况下得不到响应,但一些操作系统(如Windows、BSDI、CISCO、HP UNIX、MVS和IRIX等)会返回一个RESET。

除此之外,MSS(最大报文长度)、WS(窗口扩大因子)、SACK(选择确认选项)等选项字段中也经常存在一些可用于识别网络设备的指纹。

2.3　基于应用层协议指纹的识别方法

在应用层协议中,HTTP是Web服务的主要协议,具有简单灵活的优点,应用范围很广,在交换机、路由器、无线路由器、防火墙、网络打印机等很多类型的网络设备中均有使用。不同网络设备返回的HTTP响应报文内容及规律不尽相同,因此可从指纹中识别设备的类型和型号等信息。HTTP协议指纹是最常用的应用层协议指纹,主要通过发送HTTP请求报文得到。常用的HTTP协议指纹有服务标识(Banner)指纹、头部字段顺序和语法指纹、文件特征指纹、处理方式指纹等。

2.3.1　服务标识指纹[13]

服务标识:用户连接网络设备时,网络设备反馈的能够标识其产商、设备类型、型号、服务版本或操作系统的信息。头部字段Banner指纹在HTTP指纹中的信息量最大。根据Banner在反馈信息中的位置,可将服务标识指纹分为两类,头部字段Banner指纹和HTML页面Banner指纹。

在头部字段中的Server字段是服务器通过报文头字段告诉浏览器服务器的类型,用户访问网络设备的Web服务时,可根据HTTP响应头部的Server字段值对其运行的Web服务器软件做出判断。例如,Feng等[10]提出利用Banner指纹抓取来识别设备类型和正在运行的服务,并利用时钟偏差确定一个能唯一标记设备的标识,用来判断网络上两个可能在时间和IP地址上有变动的设备是否为同一物理设备。该方法能够有效并实时地对网络摄像机进行识别。

此外,有的网络设备产商会开发自己的服务器程序,或者将已公开的服务器程序改造成自己特有的服务器程序,为了扩大企业影响或者方便用户使用可能会在返回的HTTP报文中包含一些特定的信息。如:海康威视网络数字视频摄像机返回的管理服务页面的HTTP报文头部字段中的Server字段的内容为DVRDVS-Webs或Hikvision-Webs。有些设备在收到的

HTTP 请求报文头部中没有 Authorization 字段时，会返回带 WWW-Authenticate 头部字段的 HTTP 响应报文，以告知用户需要认证信息[11]。WWW-Authenticate 字段值的形式可能如下：WWW-Authenticate: Basic realm="****"。"****"有可能是网络设备相关的描述信息。

另外在文件传输协议 FTP、远程终端协议 TELNET、安全外壳协议 SSH、简单网络管理协议 SNMP 等其他协议中也同样存在 Banner 指纹。FTP 协议指纹探测时，只需要与目标设备建立 TCP 连接，等待一定时间后(通常 1～2s 内)就会收到目标的 Banner 指纹信息。如，对惠普服务器进行 FTP 连接时，会返回<vsFTPd 3.0.2>字样，从而可知该 FTP 服务器运行的服务端软件为 vsFTPd，软件版本为 3.0.2。对微软的 FTP 应用、UNIX/Linux 上的 FTP 服务器 vsFTPd 和跨平台的开源 FTP 软件 FileZila 探测得到的指纹如表 2-4 所示。

表 2-4　从 FTP 协议收集的设备 Banner 指纹

FTP 服务名称	抓取到的 Banner 指纹
Microsoft FTPd	220 on "(INTERKA) Microsoft FTP Service (Version 5.0)"
vsFTPd	220 (vsFTPd 3.0.2)
FileZila	220-DEM RACK2014FTTP SERVER 220- Admin : Simon Grunditz 220FileZila version: FileZilla Server version 0.9.49 beta

毕浩然[18]指出当将 FileZila 和 vsFTPd 等通用的 FTP 服务软件部署在其他类型设备时，很难根据它们的 Banner 指纹识别具体的设备信息。但是，许多设备产商会开发自己的 FTP 服务，为了区分于别的 FTP 服务，会在 Banner 指纹中暴露出一些的设备信息，表 2-5 显示了三种设备的 Banner 指纹中都包含了设备的名称，在 HP V1910-24G Switch 和 MikroTik router 的 Banner 指纹中还显示了操作系统的版本。

表 2-5　不同设备的 Banner 指纹信息

设备信息	抓取到的 Banner 指纹
HP V1910-24G Switch	HP V1910-24G Switch Software Version 5.20 Release 1111
MikroTik router	220 BIEDRONKA_KOLACZYCE FTP server (MikroTik 6.47.1) ready
Dell S2810dn Printer	220 Dell Printer S2810dn

利用服务标识指纹能够高效、精确地识别网络设备的多种信息，但如果对服务器软件的 Banner 指纹信息进行了修改、伪装和模糊，此类方法将会失效。目前 Banner 指纹信息的修改、伪装和模糊一是可通过修改服务器软件的源代码或相关二进制文件，二是使用成熟的工具软件。

文献[13]指出，由于很多网络设备的 Banner 指纹信息存储在固件或硬件当中，很难对其进行修改。现有的修改 Banner 信息的工具主要适用于传统的 IIS 等 Web 服务器软件，对于很多物联网终端尚不存在类似工具。因此，利用 Banner 信息识别网络设备，尤其是物联网设备，很多情况下仍然是有效的。

2.3.2　头部字段顺序和语法指纹

每个 HTTP 响应报文中都包含一个表示请求处理结果的状态码，如 200、404 等，同时包含该状态的原因短语，如 OK、Not Found 等[13]。文献[13]指出，不同的 Web 服务器软件对状态码解释的原因短语可能不同,如对于 404 类型错误码,Apache 返回是 Not Found,而 IIS 5.0 返回的是 Object Not Found,有的 Web 服务器软件返回的是 Not found。而且,对状态码解释的原因短语在词语表达和书写方式上的差异也可实现服务软件或设备的识别。

不同类型的网络设备返回的 HTTP 响应报文中可能含有头部字段的类型或者顺序也可能不同。如安装 Apache 1.3.23、IIS 5.0、Netscape Enterprise 4.1 等的网络设备对同样的 HTTP-HEAD 请求,所返回的 HTTP 报文头部序列不尽相同,且顺序也不相同,如表 2-6[13] 所示。

表 2-6　各 Web 服务器软件 HTTP 响应包头部字段

序号	各 Web 服务器软件 HTTP 响应包头部字段		
	Apache 1.3.23	IIS 5.0	Netscape Enterprise 4.1
1	Date	Server	Server
2	Server	Content-Location	Date
3	Last-Modified	Date	Content-type
4	ETag	Content-Type	Last-modified
5	Accept-Ranges	Accept-Ranges	Content-Length
6	Content-Length	Last-Modified	Accept-Ranges
7	Connection	ETag	Connection
8	Content-Type	Content-Length	

2.3.3　文件特征指纹

文件特征指纹,即返回的 Web 文件中能够反映出设备信息的内容。如文献[13]指出,客户端接收到 Web 服务返回的 HTML 页面中,包含了终端设备 Web 服务界面全部的布局、式和功能等信息,型号完全相同的网络设备的 Web 页面的布局、样式和功能往往完全一致,即客户端所得到的 Web 文件完全一致;同一类型不同版本的网络设备的 Web 页面往往具有一定的相似性,布局、功能等不会出现较大变动;不同类型的终端设备所具有的 Web 接口都各不相似。因此,根据返回的文件的差异有时也能够有效地识别出网络设备的产商、类型,甚至型号。例如,对 D-LINK DFL 系列 6 种不同防火墙设备返回的完整 HTML 源代码进行 MD5 哈希运算,结果如表 2-7[13]所示。

表 2-7　D-LINK DFL 系列 6 种不同防火墙设备 MD5 值

设备	MD5 值
英文版 1	a1667901437c68312ec4817b5d9cfb3b
英文版 2	777c44f3ca2afe9bf9360142e7afd4a4
英文版 3	877b43596a7048b069df1c337ce9225c
英文版+俄文版 1	0d362bb167ca86f467f4f43f4254071e
英文版+俄文版 2	974133c46c4c44b01ea2e523b1ffca87
英文版+中文版	be051d0c4a26efa083ef88fb417b8db7

2.3.4　处理方式指纹[13]

Web 服务器软件对正常的、合标准的 HTTP 请求的处理方式基本相同。由于 RFC 中并没有对如何处理特殊或畸形请求进行规定，软件开发者按照其认为合理的方式进行处理，这导致这些请求产生不同的处理方式。因此，这些对于各种特殊或畸形请求的处理方式也可作为指纹。

Lee 等[12]提出利用指纹识别技术从各种"正常"和"异常"请求返回的 HTTP 报头中收集有关服务器身份的信息。大多数服务器返回的信息中都有一个包含供应商信息的头部，该方法是通过收集各种 Web 服务器指纹对 Web 服务器进行识别，需要先建立指纹特征库，当指纹库中的指纹信息不够全面时，识别的准确度将受到很大影响。由于在一定程度上的响应是随机化的，因此难以构成目标设备的可靠指纹。

特殊请求处理方式指纹。对于一些具有特殊权限要求的 HTTP 请求，不同的 Web 服务器软件的处理方式可能有所不同，利用这些不同也能够对 Web 服务器软件进行识别。如 HTTP 1.0 及 HTTP 1.1 中定义的 DELETE 方法能够删除服务器中的指定资源，这对 Web 服务器来说是相当危险的。对于 DELETE 请求，Apache 1.3.23 会返回状态码 405 及其原因短语 Method Not Allowed；IIS 5.0 会返回状态码 403 及其原因短语 Forbidden；Netscape Enterprise 4.1 会返回状态码 401 及其原因短语 Bad Request。

畸形请求处理方式指纹。文献[13]中提到，由于官方文档中并未规定 HTTP 请求中的协议声明的大小写以及拼写规范，因此，对于协议声明拼写不规范的请求，不同的 Web 服务器软件的处理方式可能不同。例如，正常的 GET 请求是 GET URL HTTP/1.1，当请求为 GET / http/1.1 或 GET/asdf /1.1 时，有些 Web 服务器软件可能按正常的方式处理，而有些则认为请求错误。另外，不同的 Web 服务器软件对过高的主版本 GET / HTTP /2.1、错误的主版本 GET / HTTP /x.1 等错误的版本声明同样具有不同的处理方式[13]。

由于不同类型和型号的网络设备数量远大于处理方式差异的数量，此类方式识别的精度不高。而且，向目标设备发送多个畸形请求的行为本身较为危险，原因有二：①有的安全设备或软件会将畸形请求的报文判定为攻击行为，从而触发安全报警，甚至对探测方进行封堵或者反制；②可能会造成目标设备缓冲区溢出，形成拒绝服务，影响目标设备正常运行。因此，探测请求应当尽可能与正常请求相似，尽量不要使用畸形请求，以免影响网络设备的正常运行和避免被安全防护措施封堵。

2.4　网络实体资源扫描工具与探测分析系统

在本节中，我们介绍几种常用的扫描工具和国内外可用于网络实体资源探测分析的系统平台，并进行简单的对比。

2.4.1　网络扫描工具

1. Nmap[14]

Gordon Fyodor Lyon 于 1997 年开始创建的网络发现工具 Nmap（network mapper）[14]，是

主流网络扫描工具之一。Nmap 具有强大的可移植性，能够运行在不同的操作系统上，并且为方便用户使用，官方还提供了图形化界面 Zenmap。另外，Nmap 不仅为用户提供丰富的命令行参数用来执行扫描任务，而且还提供详细的文档资源以帮助完成网络扫描，是一款深受用户欢迎的网络扫描工具。

Nmap 系统具备主机发现、端口扫描、服务版本侦测和操作系统侦测四项基本功能，另外还有两项高级功能：防火墙/IDS 规避和 NSE 脚本引擎，对基本功能进行补充和拓展。如图 2-9 所示，四项基本功能在一般的扫描任务中大致存在依赖关系，例如，在确定目标设备身份时，首先确定目标设备是否在线，然后对主机开放的端口进行扫描，之后确定端口上开放的服务，最后获取目标主机的操作系统版本及型号。防火墙/IDS 规避和 NSE 脚本引擎可在各个阶段使用，以对 Nmap 的基本功能进行补充。

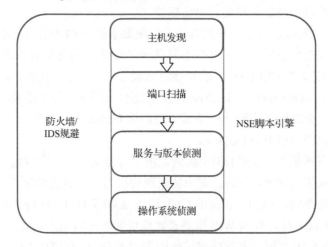

图 2-9　Nmap 功能架构图

主机发现。主机发现功能通常作为其他三项基本功能的基础性工作。Nmap 的主机发现原理与 Ping 命令类似，在默认情况下，Nmap 依次向目标主机发送 ICMP Echo request、TCP SYN packet to port 443、TCP ACK packet to port 80、ICMP timestamp request 这四种数据包，只要接收到其中一个包的回复，就说明该目标主机在线。

Nmap 的主机探测方式有数十种，例如，发送 ICMP Echo/Timestamp/Netmask 报文，TCP SYN/ACK 报文，发送 SCTP INIT/ COOKIE-Echo 报文，等等。用户可根据不同的情况选择不同的主机探测方式。图 2-10 展示了 ICMP Echo 方式主机发现的基本原理，用户在客户端向目的主机发送 ICMP Echo Request，如果源主机向目的主机发送的请求报文没有被防火墙屏蔽，目的主机就会给源主机发送 ICMP Echo Reply 包，源主机以此来判断目的主机是否在线。

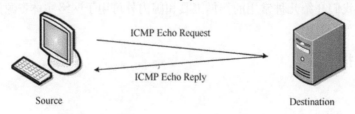

图 2-10　ICMP Echo 方式主机发现的基本原理

端口扫描。Nmap 具有强大的端口扫描能力，并且对于端口扫描提供了多种扫描方式，例如，TCP SYN scanning、TCP connect scanning、TCP ACK scanning 等。通过扫描探测将端口分为六种状态：①open 表示端口是开放的；②closed 表示端口是关闭的；③filtered 表示端口被防火墙屏蔽，无法判断其状态；④unfiltered 表示端口没有被防火墙屏蔽，但是端口是否开放还需进一步确定；⑤open|filtered 表示端口是开放的或是被屏蔽的；⑥closed|filtered 表示端口是关闭的或者是被屏蔽的。

服务与版本侦测。Nmap 将常见的服务指纹存储在数据库(nmap-service-probes)中，以便进行指纹匹配。Nmap 对于服务和版本的侦测首先是与目标端口进行通信，产生当前端口的服务指纹，将当前的端口服务指纹与指纹数据库中的指纹进行匹配，找出匹配的服务类型。服务与版本侦测的过程如图 2-11 所示。

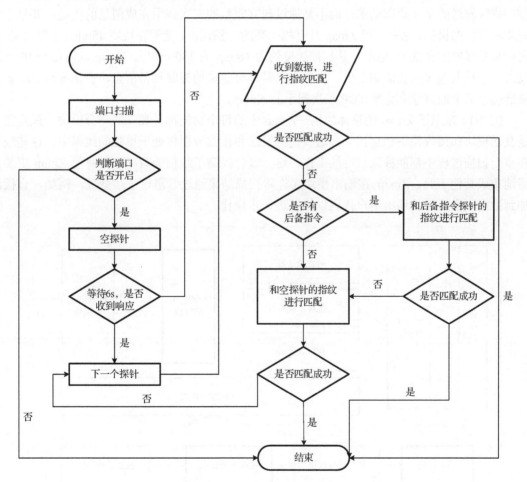

图 2-11　服务与版本侦测过程

操作系统侦测。侦测的内容包括源主机及目标主机的操作系统类型、版本号和其他附加信息(如 TCP 序号和 IPID 的产生方式、启动时间等)。

防火墙/IDS 规避。防火墙和 IDS 规避的目的是避免防火墙与 IDS 的检测与屏蔽，以便用户实时地掌握目标主机状况。Nmap 对于防火墙与 IDS 规避通常从数据包变换(packet change)和时序变换(timing change)两方面入手。常用的规避方式有分片(fragmentation)、IP 诱骗(IP decoys)、IP 伪装 (IP spoofing)、指定源端口、扫描延时等。另外，Nmap 还提供了使用某个指定的网络接口来发送数据包、指定发送数据包的最小长度、指定发送数据包的 MTU、指定TTL、指定伪装的 MAC 地址、使用错误检查等规避方法。

NSE (nmap scripting engine) 脚本引擎。NSE[15]是 Nmap 的高级功能之一，其目的是扩展Nmap 的基本功能，例如，用户可以通过 NSE 执行脚本进行漏洞侦测、漏洞利用、后门侦测、脆弱性探测等。截止到 2019 年 8 月，Nmap 中官方发布的 NSE 脚本共有 598 个。除此之外，NSE 还非常灵活，允许用户使用 Lua 语言编写脚本来执行特定的操作。

2. Zmap

Zmap 是美国密歇根大学的研究团队 2015 年推出的一款开源的网络扫描器。由于 Zmap在扫描时发送的是无状态请求，而不是通过建立完整的三次握手完成消息的传递，并且不具有超时重传的机制，这就使得 Zmap 具有相当高的扫描速度，能够在短短 45min (理想状态下)内扫描互联网的全部 IP 地址，其扫描速度约为 Nmap 的 1300 倍[1]。Zmap 只向每个 IP 地址发送一个数据包来查找活动主机，这种方法是尽可能多地提取设备信息，也就导致 Zmap 扫描准确率低于通过建立完整 TCP 三次握手的 Nmap。

图 2-12 显示了 Zmap 的整体架构。Zmap 中的每个功能都是独立的一个模块，最重要的是发送模块和接收模块相互独立，这就使得发送和接收数据包处于单独的线程中，这些线程在整个扫描过程中都能独立且持续工作，这一设计提高了线程的效率，同时使 Zmap 更加灵活地集成其他工具。Zmap 在输出模块允许将扫描结果通过管道进一步处理，例如，直接添加到数据库中或者传递给用户代码以执行进一步操作。

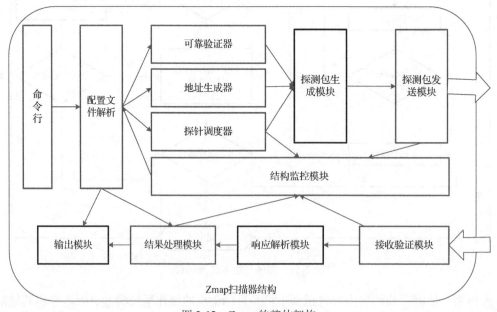

图 2-12　Zmap 的整体架构

3. Masscan

2014 年，Graham 设计了一款网络端口扫描工具 Masscan，可以在 3 分钟内扫描整个网络空间，是如今速度最快的扫描工具[16]。Masscan 端口扫描速度非常快的原因有两点：一是因为其使用的是同 Zmap 相同的无状态的扫描技术，无状态连接不关注 TCP 的状态，不占用系统 TCP/IP 协议栈资源；二是由于其发送数据包的速度非常快，并可以灵活配置。和其他扫描工具相比，Masscan 具有更好的兼容性，可以在 Windows、Linux 等多种操作系统的 32-bit 或者 64-bit 下运行[17]。在 windows 中，它的发包速度可以达到每秒 30 万个数据包，而在 Linux 下可以通过系统的驱动程序绕过内核发包，其速度可以达到每秒 160 万个数据包，默认情况下 Masscan 每秒发送 100 个探测数据包。此外，Masscan 的数据传输方式采用的是异步传输，执行扫描任务时能够灵活的自定义任意地址范围和端口范围。

表 2-8 所示为 Nmap、Zmap、Masscan 扫描工具的对比，主要从使用环境、功能、扩展性以及扫描速度及效率几方面比较，其中对于速度和效率的比较选取是 C 网段 138.186.177.0/24 和 105.198.227.0/24。

表 2-8　扫描工具比较

对比项		扫描工具		
		Nmap	Zmap	Masscan
使用环境		Linux、Windows、Mac OS	Linux、Mac OS（Windows 下借助 Cygwin）	Linux、Mac OS（Windows 下借助 Cygwin）
功能		主机发现，端口扫描，目标域名扫描；识别端口服务的类型及版本、操作系统、设备类型等；扫描模式：TCP SYN scan、TCP connect() scan、UDP scan、No Ping scan 等；规避检测：分片、IP 伪装、MAC 伪装	一次扫描支持单端口；设置有黑白名单；设置扫描数量和扫描时间；设置扫描速率；结果输出默认 csv 格式，经过额外的配置可输出 redis 和 JSON；扫描模式，支持 TCPSYN、ICMP echo、UDP 三种扫描模式	自定义地址范围和端口范围；设置黑白名单、扫描速率；结果输出支持 xml、binary、JSON、list 等多种格式；指定发包的源 IP 地址、源端口和源 MAC 地址进行伪装
扩展性		提供了 400 多个扩展脚本，用于增强基础功能和扩展更多功能，如漏洞检测、口令爆破等	提供了两个扩展模块用于获取 Banner	—
速度和效率	扫描用时	2h 18min 47s	22min 34s	1min 29s
	扫描数量	368	363	183

2.4.2　网络实体资源探测分析系统

本小节简要介绍国内外的两款主流的探测分析系统。

1. Shodan

2009 年由 Matherly 推出的 Shodan 搜索平台（网址：https://www.shodan.io），第一次让联网设备识别的概念被大众熟知。Shodan 搜索平台通过分布在世界各地的服务器不间断地对全网设备进行扫描，并且维护着一个相当大的数据库，通过各个设备返回的 Banner 指纹信息寻找所有连接到互联网的服务器、摄像头、打印机、路由器，将这些网络设备信息存储在数据库中。Shodan 的首页如图 2-13（a）所示，在首页设有搜索框，在搜索框中可输入 IP 地址、IP 地址段、设备名称、服务名称、端口号和国家名称缩写等。在搜索框中输入要搜索的内容，搜索结果图 2-13（b）所示，搜索结果包含两部分，左侧是大量的统计数据，中间是主要搜索结果。对于搜索出的结果可以进一步查看详细信息，如图 2-13(c) 所示。图 2-13(c) 左侧显示 IP 地址所在国家、所在组织、互联网服务提供商、最新更新时间、主机名及 ASN 信息，右侧显示开放的端口及服务。

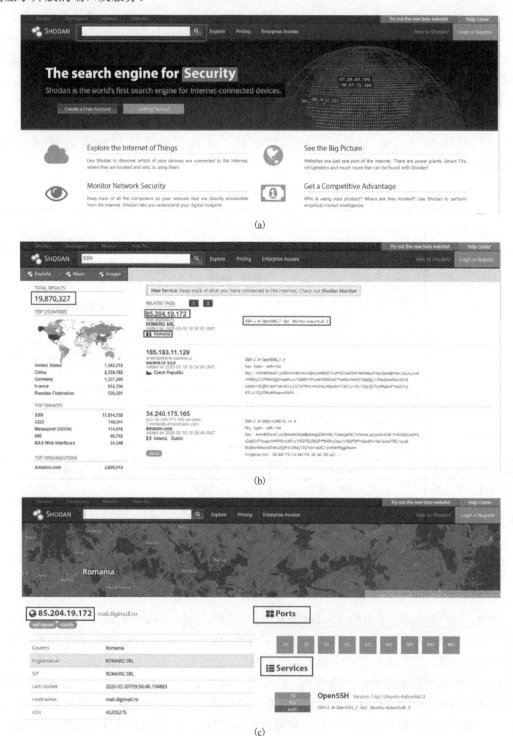

(a)

(b)

(c)

图 2-13　Shodan 搜索示意图

2. Zoomeye

2013 年，知道创宇公司推出了一款网络空间搜索引擎 Zoomeye，该搜索引擎能够对互联网空间中的网络设备、网站及其使用的服务或组件等进行探测和识别。ZoomEye 兼具信息收集功能与漏洞信息库资源，可帮助研究人员了解组件的普及率及漏洞位置范围等信息。ZoomEye 是一款搜索引擎，不会主动对网络设备、网站发起攻击，其网址是：https://www.zoomeye.org，网站首页如图 2-14(a)所示，网页中间部分是搜索输入框。图 2-14(b)是以 SSH 为例的搜索结果，其左上方显示搜索到的数量及用时，在其下方显示本次搜索结果的 IP 地址、使用的协议、开放的端口服务、所处的国家、城市、搜索时间、所用操作系统信息，右侧显示的是搜索类型，包括设备、年份、国家、网络应用等。

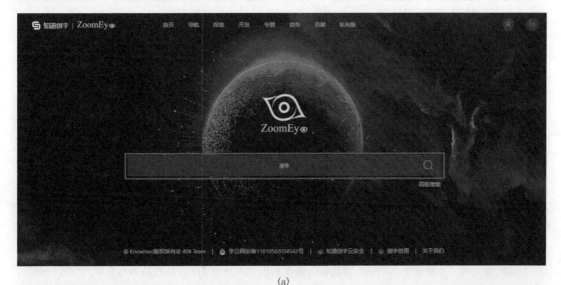

(a)

(b)

图 2-14 Zoomeye 首页及搜索结果页

表 2-9 给出了对 Shodan 系统和 Zoomeye 系统的一个简单对比。

表 2-9　Shodan 系统和 Zoomeye 系统优缺点

	Shodan	Zoomeye
优点	界面简洁，良好的深入挖掘和聚合功能，显示部分标题信息 提供方便可用的 API 和语言集成环境，便于开发 搜索结果等可集成到其他系统中	搜索结果能够与漏洞关联起来，历史记录，且可以限制特定时间的搜索 该项目提供良好的人力支持
缺点	每天的搜索次数有限 搜索结果有时会被屏蔽 对于付费客户缺乏人工远程服务	需要用手机号完成注册
共同点	都能够通过搜索获得所需信息 将搜索结果直观的展现出来 可下载搜索结果	
不同点	Shodan 的扫描是不间断地对网络空间实体资源扫描探测，而 Zoomeye 则不会	

参 考 文 献

[1] DURUMERIC Z, WUSTROW E, HALDERMAN J A. ZMap: Fast Internet-wide scanning and its security applications[C]// Proceedings - Annual Computer 22th USENIX Security Symposium, 2013: 605-620.

[2] 乐洁, 寇晓蕤, 罗军勇. 1Traceroute 及其在网络拓扑发现中的应用[J]. 微计算机信息, 2005, 21 (4): 228-229.

[3] 袁新昌. 网络空间资源探测系统的设计与实现[D]. 北京: 北京邮电大学, 2017.

[4] 沙超, 陈云芳. 一种基于 TCP/IP 协议栈的操作系统识别技术[J]. 计算机技术与发展, 2006, 16 (10): 125-127.

[5] SAMUEL M, MARKUS M, DUC N T, et al. AuDI: Toward autonomous IoT device-type identification using periodic communication[J]. IEEE Journal on Selected Areas in Communications, 2019, 37 (6): 1402-1412.

[6] LI Q, FENG X, WANG H, et al. Automatically discovering surveillance devices in the cyberspace[C]// Proceedings of the 8th ACM on Multimedia Systems Conference. ACM, 2017: 331-342.

[7] ANEJA S, ANEJA N, ISLAM M S. IoT device fingerprint using deep learning[J]. 2019: 174-179.

[8] 孙乐昌, 刘京菊, 王永杰, 等. 基于 ICMP 协议的指纹探测技术研究[J]. 计算机科学, 2002, 29 (1): 53-56.

[9] 刘英. 基于 TCP 协议可选项的系统识别工具设计[D]. 上海: 上海交通大学, 2007.

[10] FENG X , LI Q , HAN Q , et al. Active profiling of physical devices at internet scale[C]//The 25th International Conference on Computer Communication and Networks（ICCCN）. IEEE, 2016: 1-9.

[11] FIELDING R, GETTYS J, MOGUL J, et al. Hypertext transfer protocol—HTTP/1. 1[J]. 1999, 7 (4): 595-599.

[12] LEE D, ROWE J, KO C. Detecting and defending against Web-server fingerprinting[C]// Computer Security Applications Conference. IEEE, 2002: 321-330.

[13] 赵建军. 网络空间终端设备识别技术研究[D]. 兰州: 兰州理工大学, 2016.

[14] LYON G F. Nmap network scanning: The official nmap project guide to network discovery and security scanning[M]. Sunnyvale: Nmap Project, 2009.

[15] PALE P C. Mastering nmap scripting engine[M]. Birmingham: Packt Publishing, 2015.

[16] GRAHAM R. Masscan: The entire Internet in 3 minutes[EB/OL]. http://lcx.cc/post/4505/, 2018-12-06.

[17] 冉世伟. 基于 Masscan 漏洞扫描技术研究[D]. 天津: 南开大学, 2016.

[18] 毕浩然. 基于设备识别的网络扫描工具 Kscan 的设计与实现[D]. 北京：北京交通大学, 2017.

[19] FYODOR. Remote OS detection via TCP/IP stack fingerprinting[J]. Phrack Magazine, 1998, 17(3): 1-10.

第3章　网络虚拟资源发现

网络虚拟资源是网络空间资源的重要组成部分，也是社会人使用网络和信息系统最密切的媒介之一。网络虚拟资源链接了社会空间和网络虚拟空间，其资源种类繁多，形态各异。由于网络虚拟空间的匿名、虚假等现象普遍存在，对网络虚拟资源的获取、搜索、提炼和分析是网络虚拟资源定位的基础性工作。本章首先介绍网络虚拟资源的基本概念和特点，然后从微博群体分析和网络用户对齐两个方面重点介绍相关技术研究现状、网络敏感账户识别、网络群体发现、社交平台话题分析、跨平台用户对齐等关键技术。

3.1　网络虚拟资源发现概述

中科院信工所借鉴生物图谱、地学图谱、知识图谱等相关领域图谱的研究经验，从理论与机理研究、分类方法探索等方面入手，定义了全新的网络空间资源分类体系。从物质形态和社会形态，将网络空间资源分为实体资源和虚拟资源。其中，实体资源包括交换设备和接入设备，虚拟资源分为虚拟人、虚拟服务和虚拟内容。这里的虚拟人包括各类网络账号，虚拟服务包括基础服务(DNS/CDN 等)和应用服务(网站/邮件等)，虚拟内容则包括消息(聊天/通信等)和文档(文本/视频等)。

我们按照社会人使用网络和信息系统的一般规律将网络虚拟资源按照网络基础设施、信息系统和用户三个层次来理解网络虚拟资源的分布，其中用户层涵盖了社会实体中的自然人，以及自然人在各类社交媒体中使用的唯一标识码；信息系统层涵盖了各类应用协议支撑的基础服务和业务应用；网络基础设施层包括基础网络平台，以及在此之上承载的传输和交换协议与网络支撑服务。

一般而言，实体是客观存在的事物并具有唯一鉴别标识，鉴别标识遵循特定空间中的命名规则进行定义。社会实体包括具有社会属性的人、机构和组织等。自然人在网络中称为用户，用户以某种可鉴别的身份去获得网络及其信息系统的服务，参与其管理和操控。虚实体包括协议、进程、服务、应用、账户等，它们是信息生成、处理、传播、销毁等全寿命过程中的实施者，这些虚实体没有地域和疆界束缚。物理实体包括设备、控制器、传感器、存储介质、传输媒介等，它们是信息的存储、计算、传输和收发载体。其中，虚实体依附于物理实体而存在，受控和服务于社会实体。

在网络空间中，这三类实体纵向和横向之间存在密切关系。纵向上，社会实体通过一定规则映射到虚实体之上，虚实体必须按照规范宿主于物理实体之中；横向上，社会实体之间存在社会关系，虚实体之间存在关联关系，物理实体之间存在连接关系。

网络空间虚拟资源的数据来源于公开数据库、专用数据库、流量数据、搜索引擎、网站资源、数据交易平台等各种数据媒体，这些网络空间虚拟资源具有以下基本特征。

(1)资源数据多来源性。网络空间虚拟资源获取的数据来源涵盖公开数据(如论坛、微博等)、私有数据(个人上网日志、通信记录等)以及一些专用数据(如户籍信息、黄页等)，数据源多样且数据来源广泛。

(2)资源数据低质量性。主要表现在属性维度多样、信息碎片化和数据稀疏。

(3)资源数据高动态性。虚拟资源的内容随着网络操作、用户行为的产生而增加、变化，动态多变的特征导致从静态角度观察虚拟资源存在滞后问题。

(4)资源价值低可信度。大多数数据是由用户无审核发布的，其真实性取决于发布者的可信度，虚假现象常见。

(5)资源标识多表征性。同一资源在不同的数据源中有多个标识，且缺乏关联依据，导致虚拟资源属性孤立分散。典型的现象是一个用户在多个社交媒体中使用不同的账号进行社会活动。

综合网络虚拟资源的来源和特征来看，网络空间的信息缺失、虚假信息泛滥、资源形态多表征等现象导致网络空间虚拟资源的真实情况难以判断。在具体实施中存在以下难点。

(1)测不准。网络空间虚拟资源获取的数据来源涵盖公开数据(如论坛、微博等)、私有数据(个人上网日志、通信记录等)，这些数据来源广泛、缺失虚假现象常见，无法实现数据的精准获取。

(2)画不全。网络空间资源属性维度多样、信息碎片化和数据稀疏，导致已有画像技术仅能描绘虚拟资源的基础属性和行为，不能精准刻画其地理位置、真实身份、活动轨迹等维度。

(3)难追踪。由于属性缺失、表征不统一导致虚拟资源在跨数据源的追踪方面难度增大，另外考虑到隐私保护等问题，虚拟资源的追踪是有条件的。

以下重点围绕网络虚拟资源发现中虚拟资源获取、识别、融合分析讨论其中的关键技术。

3.2　网络虚拟资源发现技术研究现状

3.2.1　微博用户与群体分析技术

随着微博的快速发展，针对微博事件传播以及群体划分的研究引起了国内外学者的广泛关注。近几年一些相关研究的论文出现在 KDD、WWW、ICDM 等数据挖掘领域的著名国际会议和期刊上。下面将对微博网络建模、微博网络群体划分以及关键用户挖掘等国内外相关研究现状做简单的介绍。

1. 微博网络建模

微博自身特性使得其成为信息发布与传播的重要平台，对微博网络拓扑结构内在特征进行剖析，有助于认识和理解诸多因素对微博网络演化过程的影响，可以为微博消息传播、微博社区发现、微博影响力等方面的研究提供依据。现有对微博网络的建模以及拓扑结构分析的方法都是基于微博粉丝网络，从全网的角度进行的。但是对于热点事件传播过程的研究，不需要从全网的角度出发，同时热点事件以话题的形式在微博网络上传播时，用户之间的关系并不是单一的，而是存在多种关系。从话题的角度出发，结合参与话题讨论的用户的社会属性，同时需要将用户之间的多关系考虑到话题传播网络的建模当中，才能建立真正反映话题传播过程的网络模型。

2. 微博网络群体划分技术

目前针对微博用户的群体划分方法大致可分为三个方面。

(1)基于用户联系的群体划分方法。基于用户联系的群体划分方法是根据用户之间相互关系将网络划分为多个社区内部联系紧密、社区之间联系稀疏的多个子社区。

(2)基于用户发布内容的群体划分方法。微博不仅是一个网络社交平台，它更是一个信息分享与交流的场所。相关研究表明，用户之间关注关系的形成不单单是由于互惠，即由于对方关注了自己，而出于礼节性的关注对方，更多的是由于用户对对方所发布的微博内容感兴趣。因此，不考虑用户之间的联系，通过对用户属性及其发表的微博内容进行特征提取，单纯地从用户的兴趣特征相似度方面进行用户的聚类，实现对微博用户群体划分。常用基于用户兴趣的聚类方法有：划分式聚类方法、层次化聚类方法、基于密度聚类方法等。

(3)将用户的内容和用户联系相结合的方法。对于像微博这样用户之间链接关系和节点属性内容都比较丰富的网络，仅从网络节点之间的链接关系或是节点的属性内容角度出发进行群体划分，都不能很好地解决微博网络群体划分的问题。同时由于用户之间的联系是信息传播的桥梁，兴趣是信息传播的原因。因此，需要将两者综合起来，才能够挖掘出用户联系和用户兴趣双内聚的用户群体。

近年来，为了挖掘出用户兴趣和用户间联系双内聚的网络，许多研究者采用了先构建语义网络，然后在语义关系网络上进行群体划分的思路。其中，在构建用户的语义网络时，用户间的信息，不仅包括用户之间的兴趣的相似度，同时还包含用户之间联系的紧密度。按照这种思路挖掘出的群体，虽是兴趣和联系双内聚的，但是无法具体地描述群体的兴趣分布是什么。

目前微博群体划分的研究取得了一定的成果，但是现有的方法都是以用户的关注关系为基础进行的群体划分，很少专门针对微博话题传播过程中的用户进行。因此尝试从话题的角度出发，结合用户在话题传播过程中的联系以及共享的微博文本内容来划分群体，有助于及时地掌握热点事件传播过程中具有不同主题情感倾向性的群体的动态，做到对热点事件尤其是敏感事件在微博平台上传播的有效监管。

3. 关键用户挖掘

话题传播过程中的关键用户可以理解为在话题传播过程中对其他用户的行为或思想产生重要影响的用户。因此关键用户挖掘可以看作特定话题相关的用户的影响力排序问题。用户的影响力越大，则其在话题传播过程产生的作用就越大。由此，合理地度量用户影响力成为准确反映个体影响力的关键所在。目前用户的影响力分析方法大体可分为三种。

(1)基于个体自身属性的影响力分析。用户粉丝数是一个比较直观的影响力因素，常被用来对用户的影响力进行度量，例如，在国内知名的新浪微博的"人气总榜"就是按照粉丝数来进行排名的。

(2)基于网络结构的影响力分析。基于网络结构的影响力分析技术主要包括节点度、中间中心度、HITS、PageRank 算法及其扩展算法等。

（3）基于信息扩散的用户影响力分析。此类方法从用户在微博信息传播网络中的位置、被其影响的用户数目、被影响用户自身的扩散能力以及其自身信息扩散的速度等方面，综合衡量用户影响力的扩散能力。

现有的用户影响力分析方法都是从全网络的角度来度量用户整体的影响力。由于用户在不同话题中表现出来的影响力也不相同，在很多情况下，我们更关注用户在特定话题传播过程中的用户影响力。

3.2.2　网络用户对齐分析技术

发现同一用户的不同账户之间的对应关系是许多有趣的互联网应用程序的关键先决条件，对该问题的解决可以在不同的社交网络之间建立起表征线上与线下映射关系的"桥梁"，在人物搜索、跨平台推荐系统、用户画像等实际应用中具有十分重要的现实意义。

1. 基于网络拓扑结构信息的账户关联分析

基于网络拓扑结构的跨社交网络身份识别，本质上是在不同的好友关系图上利用网络拓扑结构进行节点匹配。

基于网络拓扑结构信息的账户关联分析技术从学习方面上又可以分为无监督学习技术和监督学习技术。无监督学习技术针对的是没有任何已知锚链情况下的账户关联分析，通常为 NP 难组合优化问题。主要计算 2 个网络结构的相似性来判断锚链，可分为局部相似、全局相似和准局部相似。局部相似计算只依赖于节点的直接邻居关系；全局相似考虑了所有路径上的节点，预测性能比局部相似好，但计算代价高，且仅能预测出少量结果；准局部相似方法通过路径节点相似度和有限长度的随机游走平衡了预测精度和计算复杂度，是当前应用较多的一种方法。但这些仅仅依靠图特征模型的方法不能处理大规模网络。有监督的学习方法是以已知锚链作为训练集，建立模型，预测更多未知的锚链。

2. 基于用户属性信息的账户关联分析

众所周知，用户在注册社交网站账号时，通常会填写自己的基本信息，如用户名、兴趣、公司、所在地等。这些信息称为用户属性信息，通常可以直观地反映用户身份。属性信息为识别出更多的社交用户提供了有力支撑。近年来，已有很多研究者利用用户属性数据进行身份识别，主要分为基于单属性的身份识别和基于多属性的身份识别两类。基于单属性的身份识别主要指的是利用用户名进行身份识别，这是最早出现的基于用户属性的方法。

虽然用户名在一定程度上可以反映用户特征，但是当数据集规模较大时，多个用户可能同时拥有相同的用户名，因此利用多项用户属性可以得到更好的识别效果。由此便产生了基于多属性的身份识别。目前，基于多属性的身份识别的方法主要步骤如下：首先，人工地根据用户属性的含义将不同的社交网络的用户属性一一对应；其次，按照不同属性的类型，选取相应的文本相似性度量方法计算属性值之间的相似度；最后，判断两个用户的属性档案是否匹配，按照选择的账户匹配方法不同主要分为赋权法和分类法两类。赋权法的思路是依据不同属性的重要程度对用户属性赋予权重，将各个属性的加权和作为两个用户档案的相似度，设定阈值来进行匹配判定，然后根据匹配结果不断修正属性权重，直到达到满意的结果为止。

分类法的思路是在得到账号对的相似性向量之后，利用事先训练好的分类器对向量进行二分类判决，判断账号对匹配或不匹配。

基于属性的方法是直接利用用户属性信息，方法简单，在一定场景中具有较好效果。但是，这类方法中依赖的用户属性信息大部分是用户自报道属性，出于保护隐私的考虑，这部分信息通常缺失、有噪声，不是特别可靠。另外，当异构网络上属性差异性较大、共同属性稀少时，此类方法不适用。

3. 基于用户行为信息的账号关联分析

用户行为信息即用户在社交网络中开展各类社交行为所产生的信息总和，如用户评论、发表的状态、地理标签以及上传的视频等。用户在社交网络发表、关注等行为在无形中反映出了自己的兴趣、关注领域、行为规律等信息，行为信息的存在进一步拓展了可以用来进行身份识别的信息维度。如果能够合理地加以利用，可为跨网络身份识别提供有效支撑。

4. 基于用户多维属性信息的账户关联分析

基于用户多维属性信息的身份识别是指综合利用上述两种或三种用户信息进行身份识别。无论是在理论上还是实践上，基于用户多维属性信息的身份识别算法效果都要优于利用单一维度信息的算法，原因在于基于用户多维属性信息算法利用了更多的信息来表示用户身份，使得提取出的用户特征更具独特性。

3.3 基于特征分析的微博炒作账户识别方法

针对炒作账户识别问题，本节引入数据挖掘中的分类思想，提出了一种炒作账户识别模型，并重点对模型中的主要部分进行了详细介绍。首先，本节对炒作账户的特征进行深入的分析，从账户资料、历史微博以及社会关系等多个角度构建了账户属性集；然后，介绍几种常用的分类器，并对其优缺点进行了比较；最后，通过实验对炒作账户识别方法的性能进行评估，验证本节方法的有效性。

3.3.1 问题描述

对炒作账户的识别是本节研究的重要环节，结合现有的相关研究，本节采用数据挖掘中的分类(classification)技术[1]，将微博账户分为两类：炒作账户和正常账户(非炒作账户)。分类是数据挖掘领域中的重要应用，适合预测或描述标称类型的数据集。下面将详细介绍一些相关概念以及本节提出的炒作账户识别模型。

1. 相关概念

属性集：是一组属性或特征的集合，一个属性集可用来表示一个样本(对象)。具有一个属性的属性集记为 $X = \{x_1, x_2, \cdots, x_l\}$。

类标号：也被称为分类属性或目标属性，用来表示样本(对象)所属的类别，记为 C。

分类：通过学习构造一个分类模型(classification model)，并用该模型将每个属性集 X 映射到一个预先定义的类标号 C 中。

2. 炒作账户识别步骤

本节借鉴了数据挖掘中的分类思想，并结合炒作账户的研究背景，提出了微博炒作账户识别基本框架，能够判别给定的微博账户是否具有炒作嫌疑。

第一步：特征分析是炒作账户识别模型中的关键部分，通过分析账户特征，找出炒作账户和正常账户的细微差别，并提取出能反映这些差别的多个属性。

第二步：得到账户属性集后，需要利用特征选择技术筛选出具有较强判别能力的属性，以提高识别的效率和准确率。

第三步：设计或选择适当的分类器对账户进行判决，对分类器的选取将直接关系到分类模型的好坏。

3. 炒作账户特征分析

由于炒作账户经常完成一些炒作任务，所以在账户属性上会与正常账户存在差异。为此，本节在对大量炒作账户数据分析的基础上，从多个角度构建炒作账户属性集，并采用特征选择方法对属性进行筛选，找出判别能力较强的属性作为最终的特征。

4. 属性集构建

通过研究发现，微博平台中与账户相关的信息主要包括基本资料、历史微博、好友关系、个人兴趣等。为了尽可能全面地发现炒作账户与正常账户的区别，本节充分利用能够获取到的账户信息，分别从账户状态、历史微博以及账户邻居三个方面对炒作账户进行分析，构建了炒作账户属性集。

1) 账户状态属性

账户状态属性来源于账户基本资料，反映了账户的基本状态，包括账户粉丝数、关注数、互粉数、微博数、账户等级、账户年龄等。虽然炒作账户种类繁多，但绝大多数炒作账户具有相似的属性，而且与正常账户的差异较为明显。图 3-1 为某疑似炒作账户的基本状态截图。

由于炒作账户经常发布一些炒作性质的虚假、营销类信息，因而吸引的粉丝数往往比正常账户少。为避免因粉丝太少而降低影响力，大多数炒作账户会通过随机批量关注其他账户的方法获取回粉，导致其关注数远远高于正常账户。另外，一些炒作账户很可能被正常账户举报而被运营商封号，为此不得不重新注册一批新的账户，因此炒作账户等级一般较低，账户年龄比较小。

图 3-1　某疑似炒作账户的基本状态截图

为了进一步反映炒作账户与正常账户的区别，本节利用账户的基本状态构造了两项新的属性——声望值和互粉率，具体定义如下。

声望值：用粉丝数与关注数的相对大小表示，能够反映账户的人气或声望。一般情况下，炒作账户的声望值要低于正常账户。

互粉率：用互粉数与关注数之比表示，反映账户的"回粉率"，间接反映与好友的亲密程度。一般情况下，炒作账户的互粉率要低于正常账户。

图 3-2 为炒作账户和正常账户部分状态属性的累积分布函数（cumulative distribution function，CDF）曲线图。从图 3-2(a)中可以看出，80%左右炒作账户的关注数超过 800，而大约 80%正常账户的关注数低于 300，两者具有明显区别；从图 3-2(b)中可以看出，炒作账户的互粉率一般低于正常账户；从图 3-2(c)中可以看出，大约有 80%的炒作账户年龄在一年之内，而 80%左右的正常账户年龄在 500 天以上；从图 3-2(d)中可以看出，绝大多数正常账户的声望值要高于炒作账户。

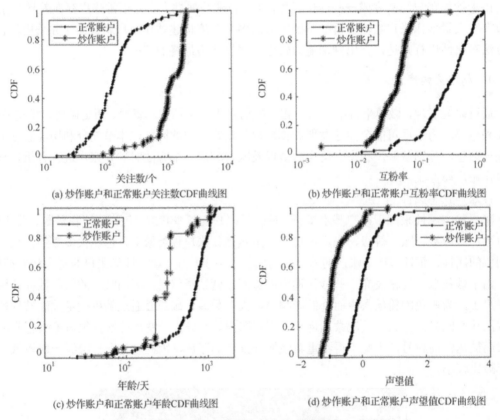

(a) 炒作账户和正常账户关注数CDF曲线图　　　(b) 炒作账户和正常账户互粉率CDF曲线图

(c) 炒作账户和正常账户年龄CDF曲线图　　　(d) 炒作账户和正常账户声望值CDF曲线图

图 3-2　炒作账户和正常账户部分状态属性 CDF 曲线图

2) 历史微博属性

历史微博属性是指从账户发布或转发的历史微博中提取的属性，能够反映账户使用微博的个人习惯以及发布微博的质量，主要包括发布微博频率、原创微博比例、垃圾转发比例以及微博平均被转发数和被评论数等。图 3-3 为某疑似炒作账户的历史微博截图。

通过对大量数据的观察发现，炒作账户往往发布微博的频率高于正常账户，一方面是为了避免因活跃度太低而被判定为"僵尸账号"，另一方面是因为要不定期地完成一些炒作任务。

另外，微博运营商会利用垃圾信息监测机制删除一些垃圾信息，而炒作账户转发的炒作微博很可能被判定为垃圾微博，所以垃圾转发比例要高于正常账户。同时，为了躲避这种垃圾信息监测机制，炒作账户也会经常转发其他微博，但很少直接发布一些反映个人意愿的原创微博，因而原创微博比例略低于正常账户。此外，由于炒作账户经常发布或转发一些炒作、营销性质的微博，很难从内容上吸引正常账户进行再次转发或评论，因而炒作账户的微博平均被转发数和被评论数较少。

图 3-3　某疑似炒作账户的历史微博截图

图 3-4 为炒作账户和正常账户部分微博属性的 CDF 曲线图。从图 3-4(a)中可以看出，大约有 80% 的炒作账户微博平均被评论次数低于 0.02，而 80% 以上的正常账户历史微博平均被评论次数高于 0.1。从图 3-4(b)中可以看出，绝大多数炒作账户微博平均被转发次数要低于正常账户。从图 3-4(c)中我们可以看出，大部分炒作账户的发布微博频率要高于正常账户。从图 3-4(d)中我们可以看出，大约 90% 的炒作账户原创微博比例低于 10%，而 80% 以上的正常账户原创微博比例高于 20%。

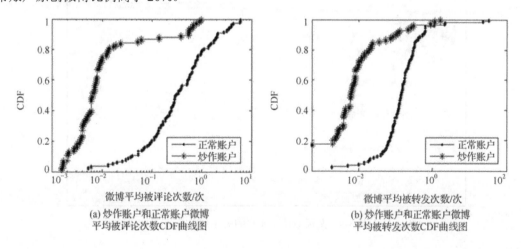

(a) 炒作账户和正常账户微博　　　　　(b) 炒作账户和正常账户微博
平均被评论次数CDF曲线图　　　　　平均被转发次数CDF曲线图

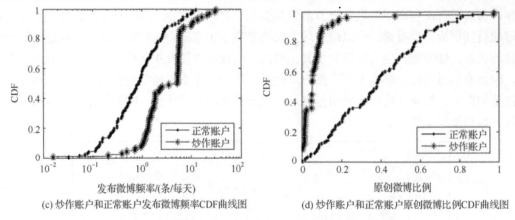

(c) 炒作账户和正常账户发布微博频率CDF曲线图   (d) 炒作账户和正常账户原创微博比例CDF曲线图

图 3-4 炒作账户和正常账户部分微博属性 CDF 曲线图

3) 账户邻居属性

账户邻居属性是一系列描述账户粉丝及关注好友特征的指标,我们把账户的粉丝及关注好友称为"邻居"。这些属性能够从不同角度反映账户的粉丝质量以及关注质量,也间接反映了该账户的特性,主要包括邻居的平均粉丝数、邻居的平均关注数、邻居的平均互粉数、邻居的平均声望值等。图 3-5 为某疑似炒作账户的关注列表截图。

相关研究发现[2],炒作账户的关注行为具有一定的随机性,而正常账户则更倾向于关注自己的亲朋好友或名人、媒体,这就导致炒作账户关注好友的质量一般低于正常账户。另外,炒作账户的粉丝中包含了大量的"僵尸粉"或其他炒作账户,而正常账户的粉丝大多来自真实的社交圈或是对自己感兴趣的正常账户,因而两者的粉丝质量也有高低之分。

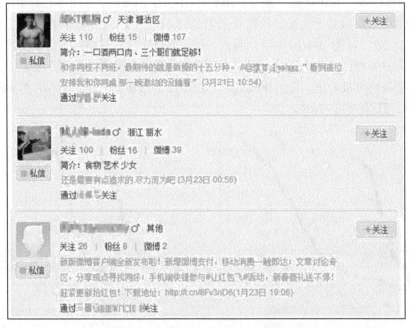

图 3-5 某疑似炒作账户的关注列表截图

图 3-6 为炒作账户和正常账户部分邻居属性的 CDF 曲线图。从图 3-6(a) 中可以看出，大约 80% 以上的炒作账户关注好友的平均粉丝数不足 10000，而 80% 以上的正常账户关注好友的平均粉丝数高于 1000000；从图 3-6(b) 中可以看出，绝大多数炒作账户关注好友的平均互粉数要低于正常账户。以上两图说明炒作账户关注好友的质量要低于正常账户。另外，从图 3-6(c) 和 3-6(d) 中可以看出，虽然炒作账户和正常账户在图中两种属性之间存在一定的差异，但是这种差异相对较小。

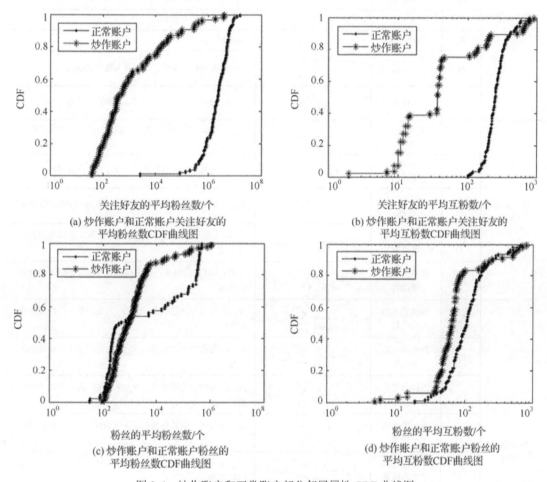

图 3-6　炒作账户和正常账户部分邻居属性 CDF 曲线图

综上所述，本节分别从账户状态、历史微博以及账户邻居三个方面共选取了 21 个属性，用于构建账户属性集。其中，账户状态属性有 8 个，历史微博属性有 5 个，账户邻居属性有 8 个。表 3-1 给出了所有属性的类别、名称以及计算公式等。

需要说明的是，表中属性的取值范围可能分布很大，例如，账户粉丝数最大值可以达到上千万，而最小值可以低于十，这将对分类的准确率造成影响。为此，本节采用幂率压缩的方式对一些取值范围较大的属性进行归一化。具体方法为：对于属性 F，其归一化后的值为

$$F' = \lg(F + 1) \tag{3-1}$$

表 3-1　账户属性集列表

类别	序号	属性名称	计算公式	说明
账户状态属性	F_1	粉丝数	$F_1 = N_{er}(u)$	$N_{er}(u)$ 为账户粉丝数
	F_2	关注数	$F_2 = N_{ee}(u)$	$N_{ee}(u)$ 为账户关注数
	F_3	互粉数	$F_3 = N_{bi}(u)$	$N_{bi}(u)$ 为账户互粉数
	F_4	微博数	$F_4 = N_s(u)$	$N_s(u)$ 为账户微博数
	F_5	账户年龄	$F_5 = \mathrm{Age}(u)$	$\mathrm{Age}(u)$ 为账户年龄(天)
	F_6	账户等级	$F_6 = \mathrm{Rank}(u)$	$\mathrm{Rank}(u)$ 为账户等级
	F_7	声望值	$F_7 = \lg\left(\dfrac{N_{er}(u)+1}{N_{ee}(u)+1}\right)$	$N_{er}(u)$ 为账户粉丝数；$N_{ee}(u)$ 为账户关注数
	F_8	互粉率	$F_8 = \dfrac{N_{bi}(u)}{N_{ee}(u)+1}$	$N_{bi}(u)$ 为账户互粉数；$N_{ee}(u)$ 为账户关注数
历史微博属性	F_9	发布微博频率	$F_9 = \dfrac{N_s(u)}{\lvert T_{\mathrm{Max}} - T_{\mathrm{Min}} \rvert}$	$N_s(u)$ 为账户微博数；$\lvert T_{\mathrm{Max}} - T_{\mathrm{Min}} \rvert$ 为账户发布微博的时间跨度(天)
	F_{10}	原创微博比例	$F_{10} = \dfrac{N_{os}(u)}{N_s(u)}$	$N_{os}(u)$ 为账户原创微博数；$N_s(u)$ 为账户微博数
	F_{11}	垃圾转发比例	$F_{11} = \dfrac{N_{spam}(u)}{N_s(u)}$	$N_{spam}(u)$ 账户转发的垃圾微博数；$N_s(u)$ 为账户微博数
	F_{12}	微博平均被转发数	$F_{12} = \dfrac{1}{N_s(u)}\sum\limits_{i=1}^{N_s(u)} N_{\mathrm{ret}}(i)$	$N_s(u)$ 为账户微博数；$N_{\mathrm{ret}}(i)$ 为账户第 i 条微博的被转发次数
	F_{13}	微博平均被评论数	$F_{13} = \dfrac{1}{N_s(u)}\sum\limits_{i=1}^{N_s(u)} N_{\mathrm{com}}(i)$	$N_s(u)$ 为账户微博数；$N_{\mathrm{com}}(i)$ 为账户第 i 条微博的被评论次数
账户邻居属性	F_{14}	粉丝的平均粉丝数	$F_{14} = \dfrac{1}{N_{er}(u)}\sum\limits_{i=1}^{N_{er}(u)} N_{er}(i)$	$N_{er}(u)$ 为账户的粉丝数；$N_{er}(i)$ 为账户第 i 个粉丝的粉丝数
	F_{15}	粉丝的平均关注数	$F_{15} = \dfrac{1}{N_{er}(u)}\sum\limits_{i=1}^{N_{er}(u)} N_{ee}(i)$	$N_{er}(u)$ 为账户的粉丝数；$N_{ee}(i)$ 为账户第 i 个粉丝的关注数
	F_{16}	粉丝的平均互粉数	$F_{16} = \dfrac{1}{N_{er}(u)}\sum\limits_{i=1}^{N_{er}(u)} N_{bi}(i)$	$N_{er}(u)$ 为账户的粉丝数；$N_{bi}(i)$ 为账户第 i 个粉丝的互粉数
	F_{17}	粉丝的平均声望值	$F_{17} = \dfrac{1}{N_{er}(u)}\sum\limits_{i=1}^{N_{er}(u)} \mathrm{Repu}(i)$	$N_{er}(u)$ 为账户的粉丝数；$\mathrm{Repu}(i)$ 为账户第 i 个粉丝的声望值
	F_{18}	关注好友的平均粉丝数	$F_{18} = \dfrac{1}{N_{ee}(u)}\sum\limits_{i=1}^{N_{ee}(u)} N_{er}(i)$	$N_{ee}(u)$ 为账户的关注数；$N_{er}(i)$ 为账户第 i 个关注好友的粉丝数
	F_{19}	关注好友的平均关注数	$F_{19} = \dfrac{1}{N_{ee}(u)}\sum\limits_{i=1}^{N_{ee}(u)} N_{ee}(i)$	$N_{ee}(u)$ 为账户的关注数；$N_{ee}(i)$ 为账户第 i 个关注好友的关注数
	F_{20}	关注好友的平均互粉数	$F_{20} = \dfrac{1}{N_{ee}(u)}\sum\limits_{i=1}^{N_{ee}(u)} N_{bi}(i)$	$N_{ee}(u)$ 为账户的关注数；$N_{bi}(i)$ 为账户第 i 个关注好友的互粉数
	F_{21}	关注好友的平均声望值	$F_{21} = \dfrac{1}{N_{ee}(u)}\sum\limits_{i=1}^{N_{ee}(u)} \mathrm{Repu}(i)$	$N_{ee}(u)$ 为账户的关注数；$\mathrm{Repu}(i)$ 为账户第 i 个关注好友的声望值

5. 特征选择

特征选择的一般过程包括搜索策略、评价函数、停止准则以及验证过程，共四个部分。该过程具体描述如下：首先，从原始特征集中产生出一个特征子集；然后，用评价函数对该特征子集进行评价，将评价结果与停止准则进行比较，若评价结果比停止准则好就停止，否则将继续产生下一组特征子集，继续进行特征选择；最后，采用一定的策略对筛选出的特征子集的有效性进行验证。

下面将简要介绍特征选择过程中各个部分的主要方法。

1) 搜索策略

假设原始特征集中有 n 个特征，那么存在 2^n-1 个可能的非空特征子集。搜索策略就是为了从包含 2^n-1 个候选项的搜索空间中寻找最优特征子集而采取的搜索方法。搜索策略一般分为三种。

(1) 穷举式搜索。可以搜索到每个特征子集，缺点是算法复杂度高，为 $O(2^n)$，尤其是当特征数比较大时，计算时间比较长，如广度优先搜索(breadth first search，BFS)。

(2) 序列搜索。避免了简单的穷举式搜索，在搜索过程中依据某种次序不断向当前特征子集中添加或剔除特征，最终得到最优特征子集。序列搜索策略比较容易实现，计算复杂度相对较小，但容易陷入局部最优。比较典型的序列搜索策略有序列前向搜索(sequential forward selection，SFS)、序列后向搜索(sequential backward selection，SBS)、双向搜索(bidirectional search，BS)等。

(3) 随机搜索。从随机产生的某个候选特征子集开始，依照一定的启发式信息和规则逐步逼近全局最优解，其缺点是依赖于随机因素。常用的随机搜索策略有遗传算法(genetic algorithm，GA)、模拟退火(stimulated annealing，SA)算法、随机产生序列选择(random generation plus sequential selection，RGSS)算法等。

2) 评价函数

评价函数的作用是评价产生过程所提供的特征子集的好坏，在特征选择过程中扮演着重要的角色[3]。评价函数根据其工作原理，主要分为筛选器(filter)和封装器(wrapper)两大类。

在 Filter 方法中，一般不依赖具体的学习算法来评价特征子集，而是借鉴统计学、信息论等多门学科的思想，根据特征集的内在特性(如相关性、距离、信息增益、一致性等)来评价每个特征的判别能力，从而找出排序最优的若干特征组成特征子集。

在 Wrapper 方法中，将后续的学习算法嵌入到特征选择过程中，通过检验特征子集在此算法上的分类性能来决定其优劣，而极少关注特征子集中每个特征的分类性能。因此，Wrapper方法并不要求最优特征子集中的每个特征都是最优的。

3) 停止准则

由于特征子集的数量可能很大，考察所有的子集是不现实的，因此需要某种停止搜索的准则来决定什么时候停止搜索。停止准则与搜索策略、评价函数以及具体的应用需求都有关系。常见的停止准则有：

(1) 执行时间。预先设定算法执行的时间，到达设定时间后强制终止算法。

(2) 评价次数。设定算法运算次数，一般用于随机搜索。

(3) 设定阈值。设定一个评价阈值，到达设定值后结束执行。

4) 验证过程

验证过程是对最终选定的特征子集分类性能的检验，是特征选择的最后一步。一种较为直接的验证方法是分别用原始特征集和筛选出的特征子集进行分类，并比较分类结果。如果特征子集的分类效果优于原始特征集，则说明特征选择是有效的。另一种验证方法是使用些不同的特征选择算法得到特征子集，然后比较两个子集的分类效果。

6. 分类器选取

选取适当的分类器是构建分类模型的关键一步，为了提高对炒作账户识别的准确率，本节将综合对比多个分类器的性能，并将性能最优的分类器应用到炒作账户识别模型中。下面简要介绍几种主流分类器的基本思想以及在分类中的优势。

1）NB 分类器

NB 分类器[4]是一种基于贝叶斯全概率公式的分类器，应用非常广泛。它发源于古典数学理论，有着坚实的数学基础以及稳定的分类效率。其基本思想是假设属性之间是相互独立的，根据各个属性在整个数据集出现的先验概率，利用贝叶斯公式计算新样本属于各个类别的后验概率，将其划分到概率最大的类别中。

假设数据集中的每个样本用一个 n 维特征集 $X = \{x_1, x_2, \cdots, x_n\}$ 表示，共包含 m 个类别 $\{C_1, C_2, \cdots, C_m\}$，由贝叶斯定理可得样本 X 属于第 k 类的概率为

$$P(C_k|X) = \frac{P(C_k)P(X|C_k)}{P(X)} \tag{3-2}$$

由于 $P(X)$ 是常数，所以只需 $P(C_k)P(X|C_k)$ 最大即可。假设属性之间是相互独立的，那么

$$P(X|C_k) = \prod_{i=1}^{n} P(x_i|C_k) \tag{3-3}$$

因此，NB 分类器将样本 X 判定到类别 C 中，其中 C 可以表示为

$$C = \arg\max P(C_k|X) \tag{3-4}$$

NB 分类器一般具有以下特点：

(1) 面对孤立的噪声点，该分类器是健壮的，可以处理属性值遗漏问题。

(2) 面对无关属性，该分类器是健壮的，具有较强的抗干扰性。

(3) 相关属性可能会降低 NB 分类器的性能，因为对于这些属性，条件独立的假设已经不再成立。

2）K-最近邻分类器

K-最近邻（K-nearest neighbor，KNN）分类器[5]是一个理论上比较成熟的方法，也是一种十分简单的有监督类分类器。其基本思想是，如果一个样本在特征空间中的 K 个最相似（即特征空间中最邻近）的样本中大多数属于某一个类别，则该样本也属于这个类别。在 KNN 分类器中，所选择的邻居都是已经正确分类的对象，在判决时只依据最邻近的一个或者几个样本的类别来决定待分样本所属的类别。

KNN 分类器通常采用投票方式，将得分最高的类别作为新样本所属的类别。为了降低分类器对 K 值的敏感程度，在投票时用它们与新样本之间的距离对得分进行加权。KNN 分类器的判决规则可以表示为

$$C = \arg\max_{C_i} \sum_{d_j \in D_{\text{knn}}} \text{Sim}(d, d_j) I(d_j, c_i) \tag{3-5}$$

式中，D_{knn} 表示 K 个最近邻样本组成的集合；$\mathrm{Sim}(d, d_j)$ 表示新样本 d 和训练样本 d_j 之间的距离；$I(d_j, c_i)$ 表示样本 d_j 对类别 c_i 的投票得分。

KNN 分类器的优点是无须建立模型，不存在模型的训练开销。但是，在计算样本距离时的计算开销比较大，目前常用的解决方法是事先去除对分类作用不大的样本。此外，KNN 分类器主要靠周围有限的邻近样本，而不是靠判别类域的方法来确定所属类别，因此对于类域的交叉或重叠较多的待分样本集来说，KNN 分类器较其他分类器更为适合。

3）支持向量机分类器

SVM 分类器[6]建立在统计学习理论的基础上，以结构风险最小化原则取代传统的经验风险最小化原则，具有良好的泛化能力。SVM 分类器的基本思想是寻找一个最大边缘的超平面，可以解决线性分类和非线性分类问题，其复杂度与样本集的维数无关。

对于线性分类问题，SVM 分类器通过对特征空间中的内积运算即可找到最大边缘超平面；对于非线性分类问题，SVM 分类器一般先将特征映射到某个高维空间中，使得原本线性不可分的样本在高维空间中线性可分，再利用线性可分时的方法构造最优超平面。

SVM 分类器性能的优劣主要取决于模型选择，模型选择主要包括两个方面：核函数类型的选择和核函数参数的选择。目前在 SVM 研究和应用最多的核函数主要有四类。

（1）线性核函数。

$$K(x_i, x_j) = x_i \cdot x_j \tag{3-6}$$

此时得到的 SVM 是样本空间中的超平面。

（2）多项式核函数。

$$K(x_i, x_j) = ((x_i \cdot x_j) + c)^q \tag{3-7}$$

此时所得到的是 q 阶多项式分类器，c 为常数。

（3）径向基核函数（RBF）。

$$K(x_i, x_j) = \exp\left(-\frac{\left|x_i - x_j\right|^2}{\sigma^2}\right) \tag{3-8}$$

径向基核函数的外推能力随着参数 σ 的增大而减弱。

（4）Sigmoid 核函数。

$$K(x_i, x_j) = \tanh(b(x_i \cdot x_j) - c) \tag{3-9}$$

式中 b、c 为常数。此时，SVM 分类器是包含一个隐层的多层感知器，隐藏节点数由算法自动确定，而且算法不存在困扰神经网络问题的局部极小点问题。

SVM 分类器专门针对有限样本情况，在小样本识别方面具有其他分类器无法比拟的优势。此外，SVM 分类器最终将转化为一个二次型寻优问题，具有简单的数学形式和直观的几何解释，人为设定的参数少，便于理解和使用。最后，SVM 分类器可以很好地应用于高维数据，避免了维数灾难问题。

4）随机森林分类器

随机森林（random forest，RF）分类器[7]是数据挖掘领域的前沿技术之一，是一类专门为决策树分类器设计的组合方法。它组合多棵决策树做出的预测，其中每棵树都是基于随机向量的一个独立集合的值产生的。

组成随机森林的基础是决策树，在单个决策树的分类器中，为了防止决策树和训练集的过度拟合，需要对决策树进行事先或事后的剪枝操作。然而在 RF 分类器中，每棵树任其生长，不进行剪枝。虽然随机森林是由单个的决策树组成的，但在随机森林中不进行剪枝操作却不会引起过度拟合问题。另外，RF 分类器还克服了单棵决策树的分类规则复杂和易收敛到局部最优解等缺点。

RF 分类器是一个由多个决策树结构分类器组成的组合分类器，可以表示为 $\{h(X, \theta_k)\}$，其中 $\{\theta_k\}$ 是相互独立且服从相同分布的随机向量。对输入 X，每个树分类器 h 对其类属投出一票，最终由票数最多的结果决定 X 的类属。

RF 分类器主要具有以下优点。

(1) 可以有效处理大规模数据。

(2) 可以对缺失数据进行有效估计，当数据集中有大比例数据缺失时仍有较高精度。

(3) 在构建随机森林的过程中，可以生成一个泛化误差的内部无偏估计。

(4) 对于非平衡数据集，可以平衡误差。

(5) 可以给出每一对输入样本之间的相似度信息，这些信息可以用来实现其他操作。

3.3.2　实验结果与分析

1. 数据集

本节以国内最大的新浪微博作为实验平台，利用新浪开放的 API 接口，并结合网络爬虫来获取相关数据。这些相关数据主要包括账户基本资料、历史微博信息、社会关系（关注及粉丝列表），并分别将这些数据存储到数据库的相应表中。本节只采集了账户的前 200 条微博和社会关系，一方面是为了降低时间和空间开销，另一方面是因为相关研究表明[8]，账户的部分历史数据在一定程度上可以判定账户是否具有炒作嫌疑。

由于目前尚没有标准的炒作账户数据集，本节采用人工标注的方式构造实验所需的数据集。微博中的炒作账户只占少数，如果随机从微博上选取账户进行分析，绝大多数将会是正常账户，最后标注的数据集将是非平衡的。为此，本节主要从广告营销类微博的转发账户列表中获取炒作账户，从正常微博的转发账户列表中获取正常账户。

为了避免数据集过于单一，本节获取了 50 条正常微博和 50 条营销类微博的转发账户列表，并分别从每条微博的转发账户列表中随机选择 20 个账户进行标注。此外，对每个账户都由两个人进行标注，当且仅当标注结果一致时才将该账户存储到数据集中。我们最终标注了 914 个正常账户、683 个炒作账户，共计 1597 个。采集到这些账户的历史微博数为 275617，社会关系数为 429241。

2. 评价指标

为了评估炒作账户识别效果的优劣，本节利用常用的分类模型评估体系对算法性能进行评估。表 3-2 为炒作账户识别结果的混淆矩阵，用来表示预测正确和错误的样本个数。

表 3-2　炒作账户识别结果混淆矩阵

实际类别	预测类别	
	炒作账户	正常账户
炒作账户	a	b
正常账户	c	d

常用的评估指标主要包括：准确率(precision)、召回率(recall)、误报率(false positive, FP)以及 F_1-Measure(F_1)，计算公式如下。

准确率：

$$P = \frac{a}{a+c} \times 100\% \qquad (3\text{-}10)$$

召回率：

$$R = \frac{a}{a+b} \times 100\% \qquad (3\text{-}11)$$

误报率：

$$FP = \frac{c}{c+d} \times 100\% \qquad (3\text{-}12)$$

F_1-Measure：

$$F_1 = \frac{2PR}{P+R} \times 100\% \qquad (3\text{-}13)$$

3. 结果分析

在对炒作账户识别效果进行评估前，本节首先在 WEKA 实验平台上，利用其内嵌的特征选择算法，从原始特征集中筛选出特征子集，然后分别利用原始特征集和特征子集对分类模型进行评估。

由前面内容可知，评价函数中的 Filter 类方法与具体的分类器无关，在不同的分类器之间的推广能力较强，而且计算量也较小。因此，本节选用 WEKA 中的两种 Filter 类算法进行特征选择，分别为 ChiSquaredAttributeEval 和 InfoGainAttributeEval，前者根据每一个属性的卡方值进行评估，后者则根据每一个属性的信息增益进行评估。

实验发现，利用以上两种特征选择算法得到的特征子集是基本一致的，只是对个别特征的重要性排序稍有不同。表 3-3 为利用信息增益方法得到的特征子集列表。

表 3-3　特征子集列表

排序	特征名称	所属类别	排序	特征名称	所属类别
1	关注好友的平均粉丝数	邻居	8	关注好友的平均关注数	邻居
2	关注好友的平均声望值	邻居	9	微博平均被转发数	微博
3	关注好友的平均互粉数	邻居	10	粉丝的平均声望值	邻居
4	声望值	状态	11	互粉数	状态
5	微博平均被评论数	微博	12	垃圾转发比例	微博
6	关注数	状态	13	账户午龄	状态
7	互粉率	状态	14	原创微博比例	微博

从表 3-3 中可以发现，账户关注好友的质量最能体现炒作账户和正常账户之间的区别，其次为反映账户状态和微博质量的特征，而较难从账户粉丝质量和发布微博的个人习惯上区分炒作账户和正常账户。

为了评估筛选后特征子集的判别能力，本节在 WEKA 实验平台上，分别利用原始特征集和特征子集对分类模型进行评估，分类器选用 3.3.1 节中介绍的四种分类器。进行评估时，采用 10 折交叉验证(10-fold cross validation)的方式，并依据 4 个常用的评价指标综合比较分类器的性能。实验结果如图 3-7 所示。

从图 3-7 中可以看出，将筛选出的特征子集应用于 4 个分类器的评估效果要明显优于原始特征集，说明本节的特征选择方法是有效的。此外，SVM 分类器的分类效果最好，准确率可以达到95%，而且误报率只有 0.9%。因此，本节最终选用 SVM 分类器构建炒作账户识别模型，对输入的未知账户进行判别。

从图 3-7(b)中可以看出，本节方法的召回率低于 95%，说明仍有一小部分炒作账户无法用基于特征分析的方法检测出来。通过分析发现，这部分炒作账户主要是一些粉丝数较多的炒作大号，平常隐藏于正常账户之间，一些特征指标甚至高/低于正常账户。

综上所述，本节提出的基于特征分析的微博炒作账户识别方法能有效识别出微博中的大部分炒作账户，具有较高的准确率，但是由于方法本身的局限性，仍有一小部分隐蔽性较高的炒作账户难以发现。为了提高微博炒作账户识别方法的适用性，还需要结合其他方法进行判别。

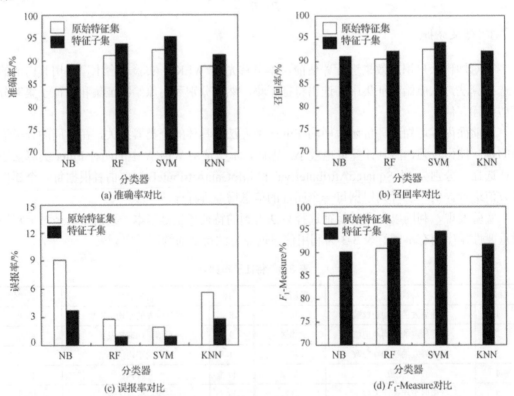

图 3-7　不同分类器在两种特征集下性能对比

本节首先对炒作账户识别问题进行了描述,将其转化为数据挖掘中的分类问题,并在此基础上提出了针对炒作账户识别的模型;接着,本节对该模型的主要部分进行了介绍;最后,设计了实验并对该模型的识别效果进行了评估。实验表明,本节提出的炒作账户识别方法能够有效地识别出微博中的炒作账户,准确率可达 95%。

3.4　基于最大频繁项集挖掘的炒作群体发现方法

针对炒作群体发现问题,本节提出了一种基于最大频繁项集挖掘的炒作群体发现方法,该方法将炒作群体发现问题转化为数据挖掘中的最大频繁项集挖掘问题,能有效发现微博中的炒作群体。为了提高发现炒作群体的效率,本节还提出了一种基于迭代交集算法(iteration intersection algorithm,IIA)的最大频繁项集挖掘方法,并将其应用到炒作群体发现中。

3.4.1　问题描述

1. 问题提出

之前介绍的针对微博中炒作账户的识别方法是一种基于特征分析的方法,能识别出微博中的大部分炒作账户,而且准确率比较高。然而,由于炒作账户种类繁多,炒作模式多种多样,一些隐蔽性高的炒作账户往往会在炒作过程中相互协作、密切配合,用基于特征分析的方法较难识别出这类账户。此外,基于特征分析的方法需要尽可能全面地获取账户特征,导致数据集采集和构建过程比较耗时,不适合对海量账户进行分析。

为了弥补基于特征分析的炒作账户识别方法的不足,本节提出了一种基于最大频繁项集挖掘的炒作群体发现方法,可以发现经常共同参与微博炒作的账户群体。下面将介绍对该问题的具体描述。

从对炒作群体的定义中可知,属于同一炒作群体的炒作账户可能会在相同或相近时间执行同一个任务,一段时间后又会同时执行新的任务,我们将这种规律称为炒作群体"共现"。根据这种规律,本节从具有炒作嫌疑的微博出发,找出经常共同参与炒作微博传播的账户群体,并对这些群体中账户的炒作嫌疑进行分析。

为了便于理解,以下给出了上述问题中相关概念的形式化定义。

炒作微博事务库:记为 $D = \{T_1, T_2, \cdots, T_m\}$。其中,炒作微博事务 $T_i = \{u_1, u_2, \cdots, u_l\}$ $(1 \leq i \leq m)$,$u_1, u_2, \cdots, u_l$ 为所有参与转发 T_i 的账户。

炒作群体:给定 $D = \{T_1, T_2, \cdots, T_m\}$,记 $U = \{u_1, u_2, \cdots, u_n\}$ 为所有参与 D 中微博转发的账户集合。定义账户集合 $H \subseteq U$,记 $D_H = \{T_i | H \subseteq T_i, T_i \in D\}$ 为 H 中账户共同参与转发的微博集合,如果 D_H 中的微博数 $|D_H|$ 大于设定的阈值,则称 H 为炒作群体。

由上述定义可知,本节的目的在于找出多次共同参与 D 中微博转发的炒作群体 H,这样的群体可能有多个。为解决此问题,本节引入了数据挖掘中的最大频繁项集挖掘(mining maximum frequent itemsets)思想,相关定义如下。

支持度计数:记 $U = \{u_1, u_2, \cdots, u_n\}$ 为由 n 个不同项目组成的集合,给定事务数据库 $D = \{T_1, T_2, \cdots, T_m\}$,称 $T_i (1 \leq i \leq m)$ 为一个事务。对任意 $X \subseteq U$,X 在 D 中的支持度计数(以下

简称为支持数)是指 D 中包含 X 的事务数,记为 $\mathrm{Sup}(X)$。记最小支持数为 minSup (以下也简记为 S)。

频繁项集:对于项集 $X \subseteq U$,如果 $\mathrm{Sup}(X) \geqslant \mathrm{minSup}$,那么称 X 为 D 中的频繁项集。其中,频繁 1 项集又称为频繁项目。

最大频繁项集:对于项集 $X \subseteq U$,若 $\mathrm{Sup}(X) \geqslant \mathrm{minSup}$,且 $\forall (Y \subseteq U \wedge X \subset Y)$,均有 $\mathrm{Sup}(Y) < \mathrm{minSup}$,那么称 X 为 D 中的最大频繁项集。

本节利用最大频繁项集挖掘算法找出多次共同参与微博炒作的群体,炒作微博对应事务,参与微博转发的账户对应事务中的项,如表 3-4 所示。

表 3-4 炒作微博事务库示例

事务	项集
T_1	$u_1, u_2, u_3, u_4, u_5, u_6$
T_2	$u_5, u_6, u_7, u_8, u_9, u_{10}$
T_3	u_3, u_4, u_5, u_6
T_4	u_5, u_6, u_7, u_8
T_5	$u_3, u_4, u_5, u_6, u_7, u_8$

由于最小支持数的限制,最终得到的最大频繁项集(账户集合)很可能是真实炒作群体的子群,因此还需要对结果进行归并处理。以表 3-4 中事务数据库为例,如果 minSup 设为 3,则最终得到的最大频繁项集为 $\{u_3, u_4, u_5, u_6\}$ 和 $\{u_5, u_6, u_7, u_8\}$,而这两个账户群体很可能属于同一个炒作群体(如 T_5 所示)。

综上所述,为了找出经常共同参与炒作微博传播的账户群体,本节需要着重解决以下问题:

(1) 如何构建炒作微博事务库 D。

(2) 如何快速有效地从海量数据中发现最大频繁项集。

(3) 如何对发现的最大频繁项集进行归并,以还原真实的炒作群体。

(4) 如何对炒作群体中账户的炒作嫌疑进行验证。

在后续内容中将对以上问题进行说明。

2. 迭代交集算法挖掘最大频繁项集

结合课题研究背景,本节提出通过 IIA 算法挖掘最大频繁项集,该算法采用深度优先的遍历策略,充分考虑到本节事务库中事务规模较大、最小支持数较小的特点,能快速有效地挖掘出最大频繁项集。与文献[9]和[10]相比,IIA 算法只需扫描事务数据库一次,采用基于二分查找的候选最大频繁项集筛选策略对事务数据库进行缩减,并利用多种方式减少事务间取交集的次数。经实验验证,与其他算法相比,IIA 算法更加适用于本节研究的事务数据库。

在下面的内容中,我们将对 IIA 算法的主要思想、算法流程等进行详细的介绍。

1) 算法思想

IIA 算法挖掘最大频繁项集的主要思想为:事务库中任意最大频繁项集都应包含在某些事务中,利用迭代交集法找出所有事务中包含的最大频繁项集,对结果进行合并的同时剔除非最大频繁项集,最终结果即为所求的最大频繁项集集合,记为 MFS。相关定理和推论如下。

定理 1　给定事务数据库 $D = \{T_1, T_2, \cdots, T_m\}$，记最小支持数为 S，D 中的最大频繁项集集合为 MFS，则对 $\forall X \in$ MFS，必定 $\exists D_X \subseteq D$，$|D_X| = S$，使得 X 为 D_X 中所有事务的交集。

证明　X 是最大频繁项集，设 $D_{X'} = \{T_i | X \subseteq T_i\}(1 \leqslant i \leqslant m)$ 为 D 中包含 X 的事务集合。从 $D_{X'}$ 中任取 S 个事务并取交集，记为 Y，显然 Y 是频繁项集。如果 $Y \supset X$，则 X 不可能是最大频繁项集，违反已知条件；如果 $Y \subset X$，那么 $D_{X'}$ 中至少有一个事务中不包含 X，同样违反已知条件。综上，$X = Y$，证毕。

推论 1　给定事务数据库 $D = \{T_1, T_2, \cdots, T_m\}$，记最小支持数为 S，D 中的最大频繁项集集合为 MFS，$C = \{X | X$ 为 D 中任意 S 个事务的交集$\}$，则 MFS $\subseteq C$。

证明　由定理 1 可知，对 $\forall Y \in$ MFS，必定 $\exists D_Y \subseteq D$，$|D_Y| = S$，使得 Y 为 D_Y 中所有事务的交集，即 $Y \in C$。又因为 $\exists X \in C$，且 $X \notin$ MFS，故 MFS $\subseteq C$。

从定理 1 和推论 1 可知，任何一个最大频繁项集都可由事务库 D 中 S 个事务取交集产生；反过来，可以通过对 D 中任意 S 个事务取交集的方式挖掘最大频繁项集。

定理 2　给定事务数据库 $D = \{T_1, T_2, \cdots, T_m\}$，记最小支持数为 S，$M_1, M_2, \cdots, M_m$ 分别对应于出现在 $T_1, T_2, \cdots, T_m$ 中的最大频繁项集的集合，则 MFS $\subseteq M_1 \bigcup M_2 \bigcup \cdots \bigcup M_{m-S+1}$。

证明　显然，任一最大频繁项集必然来自 D 中某个事务，故 MFS $\subseteq M_1 \bigcup M_2 \bigcup \cdots \bigcup M_m$。对 $\forall X \in M_k (m - S + 2 \leqslant k \leqslant m)$，由于 X 也是频繁项集，所以 X 至少出现在 S 个事务中，其中至少有一个事务为 $T_i(1 \leqslant i \leqslant m - S + 1)$，因此 $\exists M_i(1 \leqslant i \leqslant m - S + 1)$，使得 $X \in M_i$，证毕。

定理 2 说明，在对事务迭代取交集时，无须找出所有事务对应的最大频繁项集集合，事务库 D 中前 $m - S + 1$ 个事务已经包含了所有的最大频繁项集，这将有效减少交集次数。

2) 算法流程

IIA 算法挖掘最大频繁项集主要分为两个过程：①筛选出最大频繁候选项集，该过程基于二分查找法，能有效缩减事务数据库规模；②利用迭代取交集的方法挖掘最大频繁项集。下面将对上述两个过程进行详细介绍。

(1) 基于二分查找的候选最大频繁项集筛选。

在本节研究中，由于炒作微博事务库中每个事务包含的项目大都数以万计，而且多数都属于非频繁项目，直接在原始事务库中挖掘最大频繁项集将会影响算法执行的效率。为此，本节提出了一种最大频繁候选项集快速筛选算法。该算法基于二分查找的思想，能够快速剔除事务中的非频繁项目，找出最大频繁项集的候选集合，缩减事务库规模，有效提高了后续分析的效率。相关性质、定理如下。

性质 1　任何非频繁项集的超集一定也是非频繁项集。

性质 2　频繁项集是最大频繁项集的子集。

性质 3　给定事务库 $D = \{T_1, T_2, \cdots, T_m\}$，事务 $T_i = \{u_1, u_2, \cdots, u_l\}$，NFI 为 T_i 中的非频繁项目集合，则 $T_i' = \{u_k | u_k \in T_i$ 且 $u_k \notin$ NFI$\}$ 可能是最大频繁项集。

证明　由性质 1 可知，如果事务 T_i 中包含了非频繁项目，则 T_i 必定不是频繁项集。T_i' 是剔除 T_i 中非频繁项目后的新事务，由于 T_i' 中的项都是频繁项目，所以 T_i' 可能是频繁项集。又由性质 2 可知，T_i' 也可能是最大频繁项集，证毕。

由定理 3 可知，剔除事务中的非频繁项目，不会影响最大频繁项集的生成，因而可以将剔除非频繁项目后的事务作为最大频繁候选项集。表 3-5 为最大频繁候选项集筛选的主要流程。

表 3-5　最大频繁候选项集筛选的主要流程

算法名称：最大频繁候选项集筛选（Reduce_D）

输入：事务数据库 D，最小支持数 S

输出：缩减后的事务库 D_1

算法流程：

(1) 记频繁项目集合 $FI=\varnothing$，非频繁项目集合 $NFI=\varnothing$，i 和 j 为事务库中事务的下标，k 为事务中项目的下标，初始值均为 1。

(2) 对事务 $T_i(1\leqslant i\leqslant |D|)$ 中的项目 $u_k(1\leqslant k\leqslant |T_i|)$。

①如果 $u_k\in FI$，则保留 u_k；

②如果 $u_k\in NFI$，则从 T_i 中剔除 u_k；

③如果 $u_k\notin FI \wedge u_k\notin NFI$，则转到 (5)，判断 u_k 是不是频繁项目。

(3) 当 $k=|T_i|$ 时，转到 (4)；否则，k++，返回到 2。

(4) 当 $i=|D|$ 时，转到 (6)；否则，如果此时 $T_i\neq\varnothing$，则将 T_i 移入事务库 D_1，令 $k=1$，i++，并返回到 (2)。

(5) 从 $j=i+1$ 开始遍历剩余的事务 $T_j(i<j\leqslant |D|)$，并利用二分查找法判断 T_j 中是否包含 u_k。遍历终止条件为：

①当包含 u_k 的事务个数达到 S 时，说明 u_k 是频繁项目，将 u_k 加入到 FI 中；

②当剩余的事务个数与包含了 u_k 的事务个数之和小于 S 时，说明 u_k 是非频繁项目，从 T_i 中剔除 u_k。若此时包含了 u_k 的事务个数大于 1，说明 u_k 还出现在 T_i 之外的事务中，则将 u_k 加入到 NFI 中；

③判断结束后，返回到 (3)。

(6) 输出事务库 D_1，算法结束。

　　本节提出的最大频繁候选项集筛选算法能显著提高后续分析的效率，其优越性主要体现在以下几个方面：

　　①在判断项目是否频繁时，采用一定策略记录了已经判断过的项目，有效避免了重复判断的情况；

　　②无须计算每个项目支持数的具体值，也无须遍历每个事务，能尽早判断出项目是否频繁；

　　③在判断事务 T_i 中是否包含项目 u_k 时，不再将 u_k 与 T_i 中的每个项目逐一比较，而是利用二分查找法判断，假设事务平均项目的个数为 n，算法复杂度可以由 $O(n)$ 降为 $O(\log_2 n)$。

　　(2) 基于 IIA 算法的最大频繁项集挖掘。

　　在得到缩减后的事务库 D_1 后，IIA 算法通过对事务迭代取交集的方式挖掘最大频繁项集。由于事务间取交集的时间开销相对较大，所以该过程面临的主要问题是如何减少事务取交集的次数。

　　表 3-6 为利用 IIA 算法挖掘最大频繁项集的主要流程，该流程中简要介绍了本节采取的减少取交集次数的策略。

表 3-6　IIA 算法挖掘最大频繁项集流程

算法名称：挖掘最大频繁项集(Find_MFS)

输入：缩减后的事务库 D_1，最小支持数 S

输出：最大频繁项集集合 MFS

算法流程：

(1) 将事务库 D_1 中的事务按项的个数从大到小排序，以尽早发现最大频繁项集；

(2) 为缩减事务库规模，合并事务库中重复的事务，并对事务个数计数；

(3) i，j，k，l 为事务的下标，初始值均为 1；

(4) 为减少取交集的次数，对于事务 $T_i(1\leqslant i\leqslant |D_1|-S+1)$，首先找出包含了 T_i 中任意项的事务集合 $D_{T_i}(T_j|T_j$ 至少包含了 T_i 中的一个项目；$j>i)$，T_i 依次与 T_j 取交集，将两者的交集移入新的事务库 D_2，同时剔除 $T_j(T_j\subseteq T_i)$；

(5) 对于 D_2 中的事务 $T_k(1 \leqslant k \leqslant |D_2|)$，如果 T_k 是由不小于 S 个事务取交集而得，则将 T_k 移入最大频繁候选项集集合 MFCS 中，同时剔除 $T_i(T_i \in D_2$，且 $T_i \subseteq T_k)$；

(6) 当 $k = |D_2|$ 时，转到 (7)；否则，k++，并返回到 (5)；

(7) 如果此时 D_2 中的事务个数小于 S，则结束对 D_1 的处理，转到 (8)；否则，将 D_2 作为 D_1，并返回到 (1)，继续进行此过程；

(8) 当 D_1 中剩余事务个数小于 S 时，说明已无法通过事务间交集产生最大频繁项集，转到 (9)；否则，i++，并返回到 (4)；

(9) 对 MFCS 中的项集进行合并同时剔除非最大频繁项集，输出最大频繁项集集合 MFS，算法结束。

在该算法的实现过程中，利用深度优先的策略遍历事务数据库，通过多种策略缩减事务库规模，并最大限度地减少交集次数。此外，事务间取交集时，采用二分查找法判断事务中是否包含某项目，显著提高了挖掘最大频繁项集的效率。

与现有的最大频繁项集挖掘算法相比，IIA 算法的优势主要体现在以下几个方面：

①算法只需扫描事务数据库一次，而且采用了一定的筛选策略，能有效地缩减事务数据库的规模；

②算法取交集的次数与最小支持数、剔除的事务个数、重复的事务个数呈负相关，保证了算法在实际运行时的效率；

③算法对于挖掘"项目多事务少"的数据库具有明显的优势，而且在海量数据库中也是有效可行的。

3）实例分析

为了便于对 IIA 算法的理解，下面将举例说明最大频繁项集的产生过程，事务数据库如表 3-7 所示。其中，最小支持数设定为 4，即 minSup = 4。

表 3-7　事务数据库 D

事务	项集	事务	项集
T_1	$u_1, u_2, u_3, u_4, u_5, u_6$	T_6	u_3, u_4, u_5, u_6
T_2	$u_5, u_6, u_7, u_8, u_9, u_{10}$	T_7	$u_5, u_6, u_7, u_8, u_{10}$
T_3	u_3, u_4, u_5, u_6	T_8	u_2, u_5, u_6
T_4	u_5, u_6, u_7, u_8	T_9	u_1, u_2, u_7, u_8
T_5	$u_3, u_4, u_5, u_6, u_7, u_8$	T_{10}	u_1, u_5, u_9

首先扫描事务库 D，从 D 中筛选出最大频繁候选项集，剔除事务中的非频繁项目。例如，对 T_1 中的项目 u_1，由于它是首次出现，所以判断其是否频繁。当遍历完 T_8 时，剩余事务个数与包含了 u_1 的事务个数之和小于 minSup，说明 u_1 是非频繁项目，从 T_1 中剔除，并将 u_1 加入 NFI 中。类似地，还剔除了 u_2, u_9, u_{10}。最终得到了缩减后的事务数据库 D_1，如表 3-8 所示。

表 3-8　缩减后事务数据库 D_1

TID	项集	TID	项集
1	u_3, u_4, u_5, u_6	6	u_3, u_4, u_5, u_6
2	u_5, u_6, u_7, u_8	7	u_5, u_6, u_7, u_8
3	u_3, u_4, u_5, u_6	8	u_5, u_6
4	u_5, u_6, u_7, u_8	9	u_7, u_8
5	$u_3, u_4, u_5, u_6, u_7, u_8$	10	u_5

将 D_1 中的事务按项的个数从大到小排序，并合并事务库中重复的事务，得到表 3-9 中的结果。

表 3-9　排序并合并后的事务数据库 D_1

TID	项集	事务个数/个
1	u_3,u_4,u_5,u_6,u_7,u_8	1
2	u_3,u_4,u_5,u_6	3
3	u_5,u_6,u_7,u_8	3
4	u_5,u_6	1
5	u_7,u_8	1
6	u_5	1

找出包含了表 3-9 事务 1 中任意项的 TID 集合，即 {2,3,4,5,6}，依次取与集合中每个事务的交集并存入事务库 D_2，同时剔除 D_1 中事务 1 的子集事务(剔除后，事务库 D_1 中仅剩事务 1)。最终得到的事务库 D_2 如表 3-10 所示。需要说明的是，事务个数表示当前项集由几个事务取交集而产生，其中"+1"表示 D_1 中事务 1 的个数。

表 3-10　事务 1 取交集后的事务库 D_2

TID	项集	事务个数/个
1	u_3,u_4,u_5,u_6	3+1
2	u_5,u_6,u_7,u_8	3+1
3	u_5,u_6	1+1
4	u_7,u_8	1+1
5	u_5	1+1

对于 D_2 中的事务 1，它由 4 个事务取交集生成，将其移入 MFCS，并剔除其在 D_2 中的子集事务，即事务 3 和 5。类似地，也将事务 2 移入 MFCS，并剔除事务 4。

此时 D_2 中已经没有事务，结束对事务库 D_2 的处理，返回到上层事务库 D_1。

此时事务库 D_1 中剩余的事务数小于 minSup，结束对 D_1 的处理。

此时 MFCS 中包含两个最大频繁候选项集 {{u_3,u_4,u_5,u_6},{u_5,u_6,u_7,u_8}}，该结果即为所求的最大频繁项集集合 MFS。

在该实例中共有 10 个事务，只需扫描事务库 1 次，通过取 5 次交集就得到了最终的 MFS。在实际应用中，随着事务库中剔除事务的增多，取交集的次数会不断减少，保证了 IIA 算法的效率。

3.4.2　算法原理与主要步骤

1. 炒作群体发现模型

为了将最大频繁项集挖掘技术应用于炒作群体发现，本节构建了一个基于最大频繁项集挖掘的炒作群体发现模型，该模型主要分为三个模块：炒作微博事务库构建、最大频繁项集挖掘以及最大频繁项集归并。

炒作微博事务库构建模块主要负责采集数据并进行预处理，构建事务数据库 D；最大频繁项集挖掘模块利用 IIA 算法，从事务数据库 D 中挖掘出最大频繁项集 MFS；最大频繁项集归并模块主要对 MFS 进行归并处理，以尽可能还原真实的炒作群体。

由于最大频繁项集挖掘模块已经在前面的节中详细说明，在接下来的两节中将着重介绍炒作微博事务库构建以及最大频繁项集归并模块。

2. 炒作微博事务库构建

构建炒作微博事务库是炒作群体发现模块的基础，事务库的合理性和完备性将会影响最终炒作群体的规模和数量。由于目前尚没有可用的炒作微博数据集，本节采用人工识别的方式筛选出具有炒作嫌疑的微博，获取炒作微博的切入点主要有以下两个。

(1)选取与特定主题相关的炒作微博。同一个炒作群体参与炒作任务时往往需要转发多条微博，这些微博都与特定的事件、人或产品相关。

(2)选取特定炒作账户参与过的炒作微博。结合之前经识别出的炒作账户，从这些账户中选择某些具有一定关联的炒作账户，并进一步从其参与转发的微博中筛选出具有炒作嫌疑的微博。

此外，在选取炒作微博时还应遵循以下原则。

(1)选取转发数相对较高的热门微博。为提高炒作微博的热度，往往会有成千上万的炒作账户参与，因此这些微博的转发数相对较高。

(2)微博发布时间要在一定时间段内。通过对大量数据分析发现，炒作账户多次参与炒作任务的时间跨度不是很大，所以选取在相同时间段内发布的微博更能有效发现炒作群体，时间跨度一般选择半年以内。

按照以上原则筛选出研究所需的炒作微博后，通过数据采集程序获取这些微博的转发账户列表，并按照事务数据库的相应格式进行存储，最终得到炒作微博事务数据库 D。

3. 最大频繁项集归并

通过对数据分析发现，由于最小支持数的限制，使得 MFS 中最大频繁项集规模较小，而且有些项集之间存在大量的重叠项，这些项集代表的账户群很可能从属于同一个炒作群体，即 MFS 中的最大频繁项集很可能是真实炒作群体的子群。

为解决这一问题，本节提出了一种最大频繁项集归并算法，该算法借鉴 Jaccard 系数的思想对最大频繁项集进行合并。Jaccard 系数可用来计算两个集合之间的相似度，计算方法为两个集合交集的元素个数与并集的元素个数之比。本节对最大频繁项集进行归并的目标是，尽量将规模较小的项集并入规模较大的项集中，而且归并的项集之间具有一定的相似性。为此，我们定义了重叠率(overlap rate)这一概念。

重叠率：重叠率用来反映两个项集之间的相似性。设项集 $X_1, X_2 \in \text{MFS}$，那么 X_1 和 X_2 的重叠率记为

$$\text{ORate}(X_1, X_2) = \frac{|X_1 \cap X_2|}{\text{Min}(|X_1|, |X_2|)} \tag{3-14}$$

式中，$|X_1 \cap X_2|$ 表示 X_1 与 X_2 重叠项目的个数；$\text{Min}(|X_1|, |X_2|)$ 表示规模较小的项集中项目

的 个 数 。 例 如 , 假 设 $X_1 = \{u_1, u_2, u_3, u_4, u_5, u_6, u_7\}$, $X_2 = \{u_5, u_6, u_7, u_8\}$, 那 么 重 叠 率 $\mathrm{ORate}(X_1, X_2) = 75\%$ 。

记最小重叠率为 minOR , 当 $\mathrm{ORate}(X_1, X_2) \geqslant \mathrm{minOR}$ 时, 将 X_1 和 X_2 合并。表 3-11 为最大频繁项集归并算法的主要流程。

表 3-11　最大频繁项集归并算法的主要流程

算法名称：最大频繁项集归并(Merge_MFS)
输入：最大频繁项集集合 MFS
输出：合并后的新集合 MMFS
算法流程：
(1) 将 MFS 中的项集按项目的个数从大到小排序；
(2) i, j 为项集的下标, 初始值均为 1; Flag 为是否需要继续合并的标识, 初始值为 False (表示不需要继续合并)；
(3) 对于 $X_i \in$ MFS $(1 \leqslant i \leqslant \lvert \text{MFS} \rvert)$, 依次计算 X_i 与剩余项集 X_j $(i < j \leqslant \lvert \text{MFS} \rvert)$ 的重叠率, 如果 $\mathrm{ORate}(X_i, X_j) \geqslant \mathrm{minOR}$, 则将 X_i 和 X_j 的并集添加到新集合 MMFS 中, 同时剔除 X_j, 令 Flag=True；
(4) 当 $i = \lvert \text{MFS} \rvert$ 时, 转到(5)；否则, i++, 返回到(3)；
(5) 如果 Flag=True, 将 MMFS 作为 MFS, 返回到(1), 继续进行此过程；否则, 转到(6)；
(6) 输出 MMFS, 算法结束。

通过对最大频繁项集的归并, MFS 的规模将被明显缩减, MMFS 中项集所代表的账户群体也更加接近于真实的炒作群体。

3.4.3　实验结果与分析

1. 数据集

本节的实验同样以新浪微博作为研究平台, 基于事务库构建原则, 最终共获取了 81 条具有炒作嫌疑的微博, 实际参与其转发的账户数量为 380726 (不含多次参与转发的账户), 平均每条事务的项目个数为 6286, 如表 3-12 中数据集 A 所示。这些微博大多属于广告营销类, 极有可能存在多个炒作群体参与其传播过程。利用我们设计的爬虫程序爬取了参与这些微博转发的所有账户标识 (ID) , 并存储到事务数据库中 (SQL Server 2008), 事务库中部分数据的格式如图 3-8 所示。

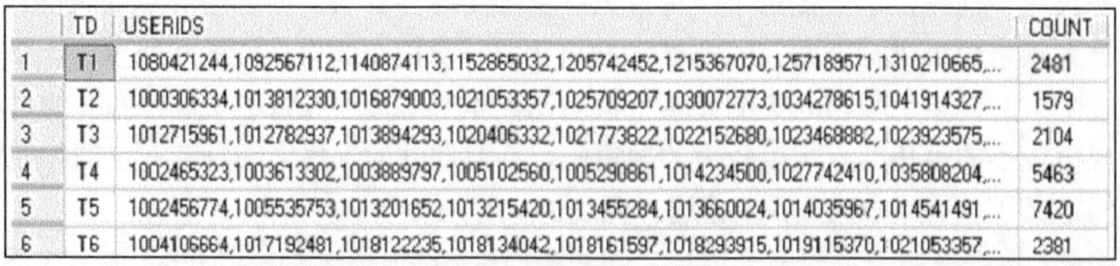

	TD	USERIDS	COUNT
1	T1	1080421244,1092567112,1140874113,1152865032,1205742452,1215367070,1257189571,1310210665,...	2481
2	T2	1000306334,1013812330,1016879003,1021053357,1025709207,1030072773,1034278615,1041914327,...	1579
3	T3	1012715961,1012782937,1013894293,1020406332,1021773822,1022152680,1023468882,1023923575,...	2104
4	T4	1002465323,1003613302,1003889797,1005102560,1005290861,1014234500,1027742410,1035808204,...	5463
5	T5	1002456774,1005535753,1013201652,1013215420,1013455284,1013660024,1014035967,1014541491,...	7420
6	T6	1004106664,1017192481,1018122235,1018134042,1018161597,1018293915,1019115370,1021053357,...	2381

图 3-8　炒作微博事务数据库截图

另外, 为了验证本节提出的 IIA 算法应用于最大频繁项集挖掘的效率, 我们还获取了经典的 Mushroom 数据集。该数据集包含了 8124 条记录, 每条记录有 23 个项, 记录了 Mushroom 的 23 个属性, 如表 3-12 中数据集 B 所示。

表 3-12   数据集描述

编号	数据集名称	事务个数/个	事务平均项目数/个
A	炒作微博	81	6286
B	Mushroom	8124	23

2. IIA 算法性能评估

为了能保证快速有效地发现炒作群体, 本节首先对提出的 IIA 最大频繁项集挖掘算法的性能进行了评估。我们在 4GB 内存、2.0 GHz 双核 Duo T5800 CPU、Windows7 32 位操作系统的机器上, 用 Java 实现了该算法, 并分别与经典的 MAFIA 算法和 DFMFI 算法进行了比较。

图 3-9(a) 中为三种算法在 Mushroom 数据集中不同支持度下的执行情况, 可以看出 IIA 算法的效率明显高于其他两种算法, 即使在最小支持度很低的情况下执行时间也是很短的。图 3-9(b) 中为三种算法在炒作微博数据集上执行情况, 可以看出 IIA 算法的执行效率最高, 更加适用于本节的数据集。

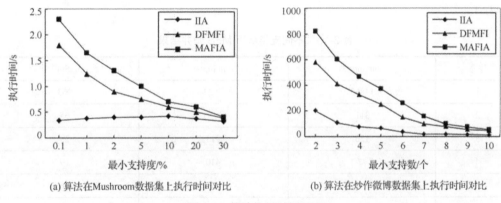

(a) 算法在Mushroom数据集上执行时间对比   (b) 算法在炒作微博数据集上执行时间对比

图 3-9   算法执行时间对比

3. 相关参数设定

图 3-10 为在不同最小支持数下从炒作微博数据集中发现的 MFS 结果, (a) 和 (b) 分别表示 MFS 中项集个数和 MFS 中项集的最大长度随最小支持数的变化。结合本节研究背景可以发现, minSup 设定越大, 发现的账户群体炒作嫌疑越大, 但群体规模和数量也会随之减小; 反之, minSup 设定越小, 发现的账户群体炒作嫌疑越小, 但群体规模和数量会增大。为此, 需要给 minSup 设定一个合理的阈值, 以发现具有一定规模且炒作嫌疑较高的群体。

另外, 在对 MFS 中的项集进行归并时, minOR 的设定也将直接影响合并后项集的规模。通过对数据的不断分析, 我们将 minOR 设定为 50%, 即当两个项集超过一半的项目相同时将其合并。

为了进一步确定 minSup 的取值, 我们分别列出了 minSup=3, 4, 5 时对 MFS 归并后的结果, 如表 3-13 所示(按归并后项集长度排序, 这里仅列出了前 8 个)。从表 3-13 中可以看出, 当 minSup=3 时, 第一个项集规模过大, 不符合实际(本节平均每条事务的项目个数低于

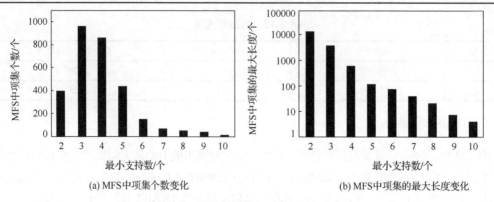

(a) MFS中项集个数变化 (b) MFS中项集的最大长度变化

图 3-10 不同支持数下 MFS 结果变化

1 万），而其他项集规模太小，说明设定的 minSup 过小；当 minSup=5 时，除了第一个项集规模相对较大外，其他项集规模都过小，说明设定的 minSup 过大；而当 minSup=4 时，可以明显看到有多个规模适当的项集，说明取值相对合理。综上，本节将 minSup 的取值设定为 4。

表 3-13 不同支持数下 MFS 归并结果

序号	minSup=3	minSup=4	minSup=5
1	14863	2623	963
2	311	1755	65
3	156	813	29
4	77	410	19
5	59	129	9
6	56	98	9
7	55	82	7
8	55	54	5

4. 结果分析

为了验证本节炒作群体发现算法的准确率，即发现的炒作群体中实际炒作账户所占比例，我们结合炒作账户识别方法和人工标注方法综合验证结果的准确率。假设待验证的炒作群体为 H，首先，我们利用炒作账户识别方法对每个账户进行判别，得到的炒作账户集合记为 H_1；然后，我们采用人工标注的方法对剩余的账户进行判别，得到的炒作账户集合记为 H_2。那么炒作群体 H 的准确率计算公式为

$$\text{Precision} = \frac{|H_1| + |H_2|}{|H|} \times 100\% \tag{3-15}$$

式中，$|H|$ 表示 H 中的账户总数；$|H_1| + |H_2|$ 表示 H 中实际的炒作账户数。我们对表 3-13 中 minSup = 4 且群体规模（即项集长度）大于 100 的部分群体进行了验证，具体结果如表 3-14 所示。

表 3-14　炒作群体发现的准确率（minSup=4）

序号	$\lvert H_1 \rvert$	$\lvert H_2 \rvert$	$\lvert H \rvert$	Precision/%
1	2016	395	2623	91.9
2	1465	163	1755	92.8
3	673	97	813	94.7
4	354	32	410	94.1
5	109	10	129	92.2

从表 3-14 中可以看到，对于我们发现的每一个炒作群体，实际炒作账户所占的比例均高于 90%，具有较高的准确率，特别是对于识别较为隐蔽的炒作账户（即 H_2）具有更好的效果。经分析发现，H_2 中的大部分炒作账户都属于炒作大号，某些特征值更接近正常账户，不太适用于特征分析的方法进行识别。

综上所述，本节提出的基于最大频繁项集挖掘的炒作群体方法是有效可行的，在一定程度上弥补了基于特征分析的炒作账户识别方法的不足，适用于快速挖掘微博中较为隐蔽的炒作账户。

本节首先对炒作群体发现问题进行了描述，并将其转化为最大频繁项集挖掘问题；然后，对现有的最大频繁项集挖掘算法进行了分析，提出了一种基于 IIA 算法的最大频繁项集挖掘方法，并详细介绍了该算法的基本思想和主要流程；接着，构建了针对炒作群体发现的模型，并介绍了各模块的实现方法；最后，通过实验分析了 IIA 算法的性能，并验证了炒作群体发现方法的有效性。实验发现，本节提出的炒作群体发现方法能快速、有效地识别出一些隐蔽性较高的炒作账户，准确率在 90% 以上。

3.5　基于概率生成模型的话题传播群体划分方法

在话题传播过程中用户会围绕着事件的某个主题而进行聚合，并相互影响，从而形成网络群体的现象。为了及时感知在话题传播过程中这些网络群体以及群体的情感倾向分布和其在话题传播过程中的活跃度，本节深入分析了微博话题数据，综合考虑了话题传播过程中的用户交互、微博文本内容以及情感极性，同时结合用户的行为信息，提出了一个基于概率生成模型的微博话题传播群体划分方法 BP-STG（sentiment topic model combine with participants' behavior pattern for group partition）。采用吉布斯采样对模型进行了推导。在真实的微博话题数据上进行的实验表明，BP-STG 模型不仅能够挖掘出具有不同主题倾向性的群体，同时还能够挖掘出群体的情感倾向分布以及用户在群体中的活跃度和其行为表现，有助于对微博话题进行舆情引导和管控。

3.5.1　问题描述

1. 问题提出

对话题相关内容的分析可知，在话题传播过程中参与用户可以围绕话题相关的核心事件对事件的各个方面发布言论。因此，话题传播内容包含着多个与话题核心事件相关的主题。

此外，在话题传播过程中，用户与微博之间的交互存在多种方式。例如，在话题传播过程中，用户的原创行为，是话题相关信息的源头，而用户的转发和评论行为使得信息得以进一步扩散。同时由于任何普通用户都可以以#话题名#参与到特定话题的讨论中去，因此用户可以随意发布相关信息，以表达对事件相关方面的情绪(可能是负面不满情绪，也可能是正面积极情绪)。但是在话题传播过程中这些信息的真实性无法保证，因此话题有可能被利用为用户谣言传播的载体、不满情绪的导火索。

当新的热点事件以话题形式在微博中扩散时，政府部门需要及时掌握热点事件的主题、参与者以及舆论的情感倾向，以便对后期的舆论引导具备快速响应能力。同时为了防止团伙利用话题进行虚假信息扩散或者负面不良情绪煽动，政府部门需要掌握话题传播中具有不同主题的群体以及群体的情感倾向分布和群体在话题传播中的活跃度。

为了解决上述问题，需要同时从文本语义和用户之间的联系两个角度对微博话题传播过程中的群体进行划分。对于结合文本内容和用户之间联系进行群体划分的方法目前主要有两种思路：①进行两次社区划分。该类算法的思想逻辑相对比较复杂，复杂度相对比较高。由之前的实验结果可知，微博话题传播关系网络是一个边非常稀疏的网络，同时参与的用户规模较大，因此该类方法并不能很好地解决微博话题传播过程中群体的划分问题。②利用概率生成模型。例如 Zhou 等[11]提出的一个社团整合模型(COCOMP)，该模型能够识别出与给定用户相关的社团以及社团相关的主题和人群。但是该模型发现的社团只具有主题倾向性，并没有考虑情感信息以及用户的行为模式。

针对于此，本节受到 LDA 概率生成模型[12]的启发，将群体看作话题传播过程中的隐含变量，话题集中的每一条微博看作某个群体在话题讨论中的一次会话，从而将群体引入概率生成模型，将出现微博文本的词汇、参与讨论用户之间的交互以及微博文本的情感倾向性看作已知变量，通过模拟文档的生成过程来划分群体。即本节在 LDA 概率生成模型的基础上，结合微博文本信息、用户在话题传播中的交互以及用户的行为模式，将文本的主题情感元素考虑进去，提出了一个群体划分模型 BP-STG。

2. LDA 概率生成模型

LDA 模型是三层贝叶斯模型，其中包括文本、主题和单词。基本思想是每一个文本都可以表示成 K 个隐含主题的多项分布；每个主题被表示成一个在词汇表当中所有单词的多项分布 ϕ_k。图 3-11 表示了 LDA 三层贝叶斯网络。

在这个图当中，阴影部分表示文档中的单词是可观测的数据，而文档中的主题等其他变量都是隐含的。箭头表示变量之间有条件依赖关系，方框表示重复采样，右下角是重复的次数。

对于语料库 D 中的任意一篇文档 d_m，其生成过程为：首先，从参数为 α 的狄利克雷分布中采样出该文档与各个主题之间的关系 θ_m；其次，对于文本 d_m 中的词 $w_{m,n}$ 的主题 $z_{m,n}$，需要从参数为 θ_m 的多项式分布中抽取出来；最后，从参数为 $\varphi_{z_{m,n}}$ 的多项式分布中抽取具体单词 $w_{m,n}$。这一生

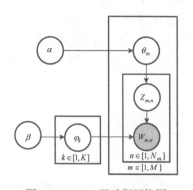

图 3-11　LDA 贝叶斯网络图

成过程可以表示为

$$\begin{cases} \phi_k \sim \text{Dirichlet}(\alpha) \\ \theta_m \sim \text{Dirichlet}(\beta) \\ z_{m,n} = k \sim \text{Multinomial}(\theta_j) \\ w_{m,n} \sim \text{Multinomial}(\phi_k) \end{cases} \tag{3-16}$$

文本 d_m 的生成概率即所有单词与其所属主题的联合概率分布

$$p(w,z \mid \alpha, \beta) = p(\theta_m \mid \alpha) \prod_{n=1}^{N_m} p(w_{m,n} \mid z_{m,n}, \phi) p(z_{m,n} \mid \theta_m) \tag{3-17}$$

式中，单词是可观测到变量，参数 α 和参数 β 是根据经验给定的先验参数；$z_{m,n}$、θ_m 和 ϕ_k 都是未知的隐含变量，需要我们根据观察得到的变量来学习估计。常用的推导方法有变分贝叶斯（Variational expectation maximisation）[13]、吉布斯采样（Gibbs sampling）[14]等。由于吉布斯采样的扩展性比 VEM 好，所以很多算法使用吉布斯采样来挖掘文本中潜在话题。在本节提出的模型中隐含参数的求解也采用吉布斯采样的方法。下面对吉布斯采样的方法进行简单的介绍。

Griffiths 等提出了基于吉布斯采样的 LDA 模型参数推算法方法[14]。吉布斯采样是 Markov-chain Monte Carlo（MCMC）算法的一个特例。这个算法的运行方式是每次选取概率向量的一个维度，给定其他维度的变量值采样当前维度的值，不断迭代，直到收敛输出待估计的参数，如图 3-12 所示。

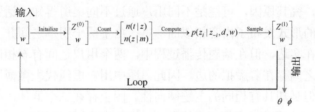

图 3-12　利用吉布斯采样对 LDA 模型参数求解过程

初始化时，随机给文本中的每一个单词分配主题 $Z^{(0)}$，作为马尔可夫链的开始状态，然后统计每个主题 z 下，出现单词 t 的数量以及每个文档 m 下出现主题 z 中的词的数量，即出现主题的数量，每一轮计算 $p(z_i \mid z_{-i}, d, w)$，即排除当前词的主题分配，根据其他所有词的主题分配估计当前词分配各主题的概率。得到当前词属于所有主题 z 的概率分布后，根据这个概率分布为该词采样一个新的主题 $z^{(1)}$，不断的迭代更新后，最后马尔可夫链达到一个稳定状态，输出待估计的参数 θ_m 和 ϕ_k，最终每个单词的主题 $z_{m,n}$ 也同时得出。

3. 相关定义

定义 1　群体：不同于传统的用户群体定义，本节定义的群体指在微博话题传播中，具有直接或者间接联系同时具有相同主题倾向性的用户团体，如图 3-13 所示。

在话题传播的双关系网络基础上，进一步考虑用户之间交互的文本内容信息进行群体划分。因此，网络中边和节点的含义和之前的相同，即节点代表参与话题讨论的用户，边代表用户之间的交互。

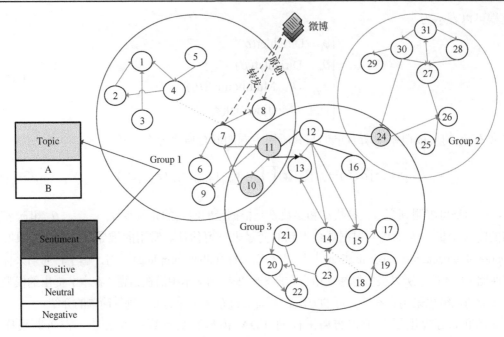

图 3-13　话题传播网络中群体的定义示意图

事实上，一些群体中存在这样的子团体，它们在群体中有相同的主题兴趣，但是它们之间并没有真实的交互，这种现象在微博话题的传播账户中普遍存在。例如，在话题传播网络中信息的重复现象，究其原因，可能是不同用户通过不同渠道得知了话题相关事件的进展，并先后以原创微博的形式发布了内容相似的信息。由于两个用户之间并不存在实际的交互，因此用户之间不存在实边，但在话题传播过程中，两个用户之间有着相同的主题兴趣，本节即认为这两个用户之间存在着虚拟的边。因此，图用户虚线代表微博用户之间虽没有存在实际的文本交互，但是却具有相同的主题倾向性。图中存在三个群体，有三个重叠节点，分别为 10,11,24。节点 4 与节点 7 之间用虚线表示，代表着两个微博用户之间有相同的主题兴趣。

定义 2　群体相关分布：与群体相关的分布有三个，分别是群体主题分布，群体情感倾向性分布以及用户的活跃度分布。根据这三个分布来对话题传播网络中的群体进行划分。在有些群体中，两个子群体之间并没有实际的交互，但由于有相同的分布，被划分为同一个群体当中，例如，图 3-13 中的用户 4 和用户 7，而传统的基于网络结构的群体划分方法是无法做到的。

4. 微博话题数据处理流程

特定微博话题的群体划分方法处理流程如图 3-14 所示。

将采集的原始数据转化成话题传播关系网络。由于本节在构建话题传播关系网络的基础之上，同时结合用户之间交互的微博文本内容进行群体的划分，因此需要在网络基础之上，再次进行数据筛选与转换，要有以下几个步骤。

(1)根据网络中边的指向节点，从特定话题的微博文本数据库中，筛选出该节点相关的所有微博的文本内容 t，微博类型 h。

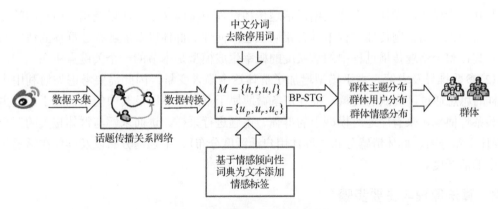

图 3-14 微博话题数据处理流程

(2)根据微博 $M_i, i \in 1,2,\cdots,D$ 其中 D 为特定话题 T 中的微博总数,从转发关系表中,抽取出与该用户直接进行交互的用户;从评论关系表中,抽取出与该用户直接进行交互的用户,分别构造该微博相关的评论用户集 u_r 和转发用户集 u_c。

(3)对微博文本进行预处理。主要包括三部分工作。

①去除无用的 HTML 标签以及文本分词。本实验是利用正则表达式去除文本中的 HTML 标签,然后利用中文分词系统,对文本进行分词。

②为文本添加情感标签。本节是基于台湾大学整理发布的 NTUSD 情感词典对微博文本进行情感极性分析。由于 NTUSD 并不是专门针对微博构建的情感词典,而微博文本中常常会出现一些表情符,以表达博主的情感。例如,👍表示赞,是积极情感的表达;👎表示鄙视,是消极情感的表达。因此,本文在 NTUSD 情感词典的基础之上添加了一些微博表情符,将微博的表情符转化成对应的情感语义词。

③去除停用词。停用词主要指的是代词和表示时间的常用词等,本文采用的是基于停用词字典的方法将停用词去除。如果去除停用词以后,微博内容为空,且该微博的类型是转发或者评论,则将用原创微博的内容进行替换。

重复(1)到(3),直到整个网络中的入度不为零的节点和孤立节点遍历完。

给定预处理后的特定话题集 $T = \{M_1, M_2, \cdots, M_D\}$ 以后,利用 BP-STG 模型,挖掘出在话题传播过程中具有不同主题倾向性的群体以及群体的情感分布,活跃用户以及用户的行为模式。

5. 群体划分的关键问题

本节通过模拟文档的生成过程,来对参与话题讨论的用户进行群体划分。其中,群体可看作话题传播过程中隐含的变量,话题集中的每一条微博看作某个群体在话题讨论中的一次会话。每个参与会话的成员的情感倾向性由微博文本内容的情感倾向体现。同时参与话题讨论的用户成员在话题讨论过程中的行为具有偏好性,不同用户之间在行为模式上存在一定的差异。因此,基于概率生成模型的群体划分方法需要考虑以下两个关键问题。

(1)模型的设计及描述。如何根据可观察到的微博文本信息及其情感倾向性分布和参与用户及其行为模式，设计一个通过模拟话题传播过程中微博文本生成以及相关用户间的交互过程，自动识别出话题传播过程中具有相同主题倾向性的群体以及能够描述群体的情感倾向分布及其在整个话题传播过程中的活跃度的概率生成模型是本节的一个关键点所在。

(2)参数推导及求解。由于模型增加了群体这个隐含变量，因此需要考虑如何利用吉布斯采样的思想通过可观测的变量，推导每条微博属于不同群体以及其中的单词属于不同主题的后验条件概率，来有序地对模型中的群体、主题进行采样，进而求解与群体相关的三个分布(群体主题分布、群体情感分布、群体用户活跃度分布)、主题词分布以及群体在话题传播过程中的活跃度。

3.5.2 算法原理与主要步骤

1. 基于概率生成模型的群体划分方法

1)BP-STG 群体划分模型描述

BP-STG 模型是在 LDA 概率生成模型的基础上进行拓展的。由于 LDA 主要用来对文本内容进行主题提取，因此，在 LDA 的贝叶斯网络中，可观测的变量只有构成文本的单词。本节提出的 BP-STG 模型主要是用来挖掘话题传播过程中具有不同主题倾向性的群体以及对群体进行描述，需要考虑到话题传播过程中微博的情感倾向性以及通过其关联的用户和用户的行为方式。该模型较 LDA 的贝叶斯网络增加了参与用户、文本的情感倾向分布和用户的行为表现三个可观测的变量。

由于本节将话题传播中的每条微博看作某个群体的一次会话，因此，微博中隐含了群体这个变量。由于在该方法中隐含群体的分配，是由主题兴趣分布、参与人员交互以及微博文本的情感极性共同决定的，而在贝叶斯网络中箭头表示条件依存，因此，在模型中需要由从群体变量指向主题、用户和情感标识的边。同时可知该微博的主题需从其所属的群体的主题分布中抽取，相关参与用户是该群体中相对比较活跃的用户，情感倾向需从群体的情感倾向分布中抽取。基于上述思想，本节构造的 BP-STG 贝叶斯网络如图 3-15 所示。

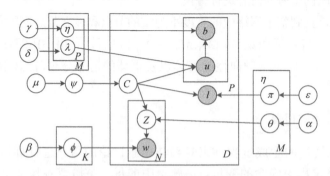

图 3-15　BP-STG 模型的贝叶斯网络

(1)模型中的变量。在模型中主要有两种变量，即可观察到的变量和隐含变量。其中隐含变量：群体 $C(1,2,\cdots,M)$ 和话题 $Z(1,2,\cdots,K)$；可观察到的变量：文档中出现的单词 W；共享这篇文档的用户集合 u；用户与文档的交互方式 b；文档的情感极性 l。

（2）模型中的超参数。图 3-15 中，γ 是每个群体中成员的行为的多项式分布的狄利克雷超参数；δ 是每个群体中成员活跃度的多项式分布的狄利克雷超参数；μ 是群体在话题传播过程中活跃度的多项式分布的狄利克雷超参数；α 是每个群体中主题的多项式分布的狄利克雷超参数；β 是每个主题下词的多项式分布的狄利克雷超参数。ε 是每个群体中情感极性的多项式分布的狄利克雷超参数。

（3）参数。假设有 K 个隐含主题。$\mathrm{Dir}(\cdot)$ 表示狄利克雷分布。其中 ϕ_k 表示词汇表中分配给主题 k 的单词的概率，服从 $\mathrm{Dir}(\beta)$，$k=1,2,\cdots,K$。

假设有 M 个群体和 S 个情感极性，每个群体与四个参数有关：主题矩阵 $\boldsymbol{\theta}$，用户的参与矩阵 $\boldsymbol{\lambda}$，情感矩阵 $\boldsymbol{\pi}$，用户在群体中行为矩阵 $\boldsymbol{\eta}$。在群体 m 中 $(m=1,2,\cdots,M)$：

①θ_m 表示群体 m 的主题分布，代表不同主题在群体 m 中的权重，其中 $\theta_m \mid \alpha$ 服从参数为 α 的狄利克雷分布，可表示为 $\theta_m \mid \alpha \sim \mathrm{Dir}(\alpha)$。

②λ_m 表示不同用户在群体 m 中的活跃度矩阵，其中 $\lambda_m \mid \delta$ 服从参数为 δ 的狄利克雷分布，可表示为 $\lambda_m \mid \delta \sim \mathrm{Dir}(\delta)$。

③π_m 表示不同情感极性在群体 m 中权重，其中 $\pi_m \mid \varepsilon$ 服从参数为 ε 的狄利克雷分布，可表示为 $\pi_m \mid \varepsilon \sim \mathrm{Dir}(\varepsilon)$。

④$\eta_{m,p}$ 表示群体 m 中成员 p 的行为分布，其中 $\eta_{m,p} \mid \gamma$ 服从参数为 γ 的狄利克雷分布，可表示为 $\eta_{m,p} \mid \gamma \sim \mathrm{Dir}(\gamma)$。

⑤ψ 表示的在整个话题传播中群体的活跃度，其中 $\psi \mid \mu$ 服从参数为 μ 的狄利克雷分布，可表示为 $\psi \mid \mu \sim \mathrm{Dir}(\mu)$。

2）模型的生成过程

对于整个微博话题集 T 中的每一篇微博 $M_i(i=1,2,\cdots,D)$ 的生成过程如下（$\mathrm{Mult}(\cdot)$ 表示多项式分布）。

（1）为微博 M_i 选择一个群体 c_{M_i}：$c_{M_i} \mid \psi \sim \mathrm{Mult}(\psi)$。

（2）假定有 P_{M_i} 个用户共享微博 M_i，设 $p=1,2,\cdots,P_{M_i}$，对于每一个与微博 M_i 交互的用户 $u_{M_i,p}$，生成过程如下。

①从群体 c_{M_i} 的用户活跃度矩阵中抽取用户 $u_{M_i,p}$：$u_{M_i,p} \mid \lambda, c_{M_i} \sim \mathrm{Mult}(\lambda_{c_{M_i}})$。

②选择用户 $u_{M_i,p}$ 的行为模式 $b_{u_{M_i,p}}$：$b_{u_{M_i,p}} \mid \eta, u_{M_i,p}, c_{M_i} \sim \mathrm{Mult}(\eta_{c_{M_i}, u_{M_i,p}})$。

（3）假定一篇微博的文本内容包含 N_{M_i} 个词汇，对于每个词汇 $w_{M_i,n}$（$n=1,2,\cdots,N_{M_i}$），生成过程如下。

①从第 c_{M_i} 个群体的主题矩阵中抽取一个主题 $z_{M_i,n}$：$z_{M_i,n} \mid \theta, c_{M_i} \sim \mathrm{Mult}(\theta_{c_{M_i}})$。

②根据抽取出的主题 $z_{M_i,n}$，从主题单词分布中抽取单词 $w_{M_i,n}$：$w_{M_i,n} \mid z_{M_i,n}, \phi \sim \mathrm{Mult}(\phi_{z_{M_i,n}})$。

（4）从 c_{M_i} 群体的情感矩阵中抽取一个情感极性：$l_{M_i} \mid \pi, c_{M_i} \sim \mathrm{Mult}(\pi_{c_{M_i}})$。

一条微博生成概率，即其所属群体 c，所有参与人员 u，所有单词 w 与其所属主题 z 及主题的情感倾向 l 的联合概率分布如式（3-18）所示。

$$p(u,c,z,l,w \mid \delta,\mu,\beta,\alpha,\varepsilon)$$
$$= p(u \mid c,\lambda)p(c \mid \psi)p(z \mid c,\theta)p(l \mid c,\pi)p(w \mid z,\phi)p(\lambda \mid \delta)p(\psi \mid \mu)p(\theta \mid \alpha)p(\pi \mid \gamma)p(\phi \mid \beta) \tag{3-18}$$

3)模型的参数和估算

BP-STG 模型的训练与推导采用吉布斯采样的方法。吉布斯采样是一种高效的 MCMC 采样方法，通过迭代采样的方式对复杂的概率分布进行推导，多用于贝叶斯图模型的求解。在这个模型中，一篇微博只能被分配给一个群体。为了方便模型的推导，模型推导公式中涉及的参数如表 3-15 所示。

表 3-15　参数符号定义说明

参数	定义
D	话题集 T 中的微博总数
S	情感极性的个数
K	隐含主题的数目
V	单词的总数
P	参与话题讨论的总的人数
$D_m(D_m^{-d})$	表示被分配群体 m 的总的微博数(不考虑微博 d)
$n_{m,k}^{-d}$	出现在群体 m 的文档中被分配主题 k 的单词总数
z_d	表示微博 d 的主题集合
$N_{d,k}$	微博 d 中分配给主题 k 的单词总数
$D_{m,s}^{-d}$	群体 m 中情感极性为 s 总的微博个数
l_d	微博 d 的情感极性的集合
$h_{m,p}(h_{m,p}^{-d})$	表述 p 参与群体 m 讨论的次数(不考虑参与微博 d 中用户的讨论次数)
u_d	参与微博 d 讨论的用户集合
e_d	参与微博 d 讨论的总的用户数
t	微博 d 中的第 i 个单词
z_t	微博 d 中第 i 个单词被分配的主题
$n_{k,v}^{-t}$	单词 v 分配给主题 K 的次数(不考虑微博 d 的第 i 个单词)

对于每一篇微博 d，分配给它的群体的后验条件概率为

$$p(c_d = m \mid c_{-d}, u, z, l, w) = \frac{p(c, u, z, l, w \mid \mu, \delta, \beta, \varepsilon, \alpha)}{P(c_{-d}, u, z, l, w \mid \mu, \delta, \beta, \varepsilon, \alpha)}$$

$$\propto \frac{D_m^{-d} + \mu_m}{\sum_{j=1}^{M} \mu_j + D - 1} \times \frac{\prod_{k \in z_d} \prod_{i=0}^{N_{d,k}} (\alpha_k + n_{m,k}^{-d} + i)}{\prod_{i=0}^{N_d - 1} \left(\sum_{k=1}^{K} \alpha_k + n_{m,k}^{-d} + i \right)} \tag{3-19}$$

$$\times \frac{\prod_{s \in l_d} (D_{m,s}^{-d} + \varepsilon_s)}{\sum_{s=1}^{S} \varepsilon_s + D_m - 1} \times \frac{\prod_{p \in u_d} (\delta_p + h_{m,p}^{-d})}{\prod_{i=0}^{e_d - 1} \left(\sum_{p=0}^{P} \delta_p + h_{m,p}^{-d} + i \right)}$$

当微博 d 分配给群体 c_d，微博 d 的文本内容的第 i 个单词，它的隐含主题 $z_{d,i}$ 的条件后验概率如下：

$$p(z_t = j \mid w, z_{-t}, c_d) = \frac{p(z_t, w, c_d)}{p(z_{-t}, w, c_d)}$$

$$\propto \frac{n_{c_d,k}^{-t} + \alpha_k}{\sum\limits_{k=1}^{K} n_{c_d,k}^{-t} + \alpha_k} \times \frac{n_{k,v}^{-t} + \beta_v}{\sum\limits_{v=1}^{V} n_{k,v}^{-t} + \beta_v} \tag{3-20}$$

对式(3-19)和式(3-20)反复迭代，并首先对所有群体进行采样，然后根据群体对所有主题进行采样，最后达到采样结果稳定。由于抽取群体，参与人员及其行为模式、主题、单词以及微博情感倾向性时服从多项式分布，ψ_m、$\lambda_{m,p}$、$\eta_{m,p,b}$、$\theta_{m,k}$、$\pi_{m,s}$ 和 $\phi_{k,y}$ 的结果如下：

$$\psi_m = \frac{D_m + \mu_m}{\sum\limits_{m=1}^{M} \mu_m + D} \tag{3-21}$$

$$\lambda_{m,p} = \frac{h_{m,p} + \delta_p}{\sum\limits_{p=1}^{P} h_{m,p} + \delta_p} \tag{3-22}$$

$$\eta_{m,p,b} = \frac{h_{m,p,b} + \gamma_b}{\sum\limits_{p=1}^{P} \sum\limits_{b=1}^{B} h_{m,p,b} + \gamma_b} \tag{3-23}$$

$$\theta_{m,k} = \frac{n_{m,k} + \alpha_k}{\sum\limits_{k=1}^{K} n_{m,k} + \alpha_k} \tag{3-24}$$

$$\pi_{m,s} = \frac{D_{m,s} + \varepsilon_s}{\sum\limits_{s=1}^{S} D_m + \varepsilon_s} \tag{3-25}$$

$$\phi_{k,v} = \frac{n_{k,v} + \beta_v}{\sum\limits_{v=1}^{V} n_{k,v} + \beta_v} \tag{3-26}$$

4) 算法伪代码

吉布斯采样过程的算法如表 3-16 所示。

表 3-16　模型的吉布斯采样算法

算法：Gibbs Sampling for BP-STG
输入：话题集 T，超参数 $\gamma, \delta, \mu, \beta, \alpha, \varepsilon$，主题数目 K，群体数目 M
输出：群体活跃度 ψ，参与成员在每个群体中的活跃度分布 λ，参与用户在群体中的行为模式分布 η，每个群体的主题分布 θ，群体的情感极性分布 π，主题词分布 ϕ
算法流程： 1. for each microblog d=1 to D 2.　　randomly assign a community m to c_d 3.　　Increment community-document sum: $D_m + 1$ 4.　　Increment community-sentiment count: $D_m^s + 1$ 5.　　for each word n=1 to N_d

6.　　　　randomly assign a topic k to $Z_{d,n}$

7.　　　　Increment community-topic count: $n_m^{(k)}+1$

8.　　　　Increment document-topic sum: $N_{d,k}+1$

9.　　　　Increment topic -word count: $n_k^{(v)}+1$

10.　　end for

11.　　for each people p=1 to G_d

12.　　　　Increment community-people count: $h_{m,p}+1$

13.　　　　Increment doument-people sum: $N_{p,d}+1$

14.　　　　Increment community-people-behavior　count: $h_{m,p}^b+1$

15.　　　　Increment community-people-behavior　sum: $N_{d,p}^b+1$

16.　　end for

17.end for

18.for each Gibbs Sampling iteration

19.　　for each microblog d=1 to D

20.　　　　//for the current assignment community m to document d

21.　　　　Decrement counts and sum:

22.　　　　D_m-1 , D_m^s-1 , $n_m^{(k)}-N_{d,k}$, $h_{m,p}-N_{p,d}$, $h_{m,p}^b-N_{d,p}^b$

23.　　　　Multinomial sample

24.　　　　Draw a community　c_d

25.　　　　//use the new assignment community m to document d

26.　　　　Increase counts and sums:

27.　　　　D_m+1 , D_m^s+1 , $n_m^{(k)}+N_{d,k}$, $h_{m,p}+N_{p,d}$, $h_{m,p}^b+N_{d,p}^b$

28.　　　　for each word n=1 to N_d

29.　　　　　　// for the current assignment topic k to term t

30.　　　　　　Decrement counts and sums: $n_m^{(k)}-1$, $N_{d,k}-1$, $n_k^{(t)}-1$

31.　　　　　　Multinomial sample

32.　　　　　　Draw a topic　$Z_{d,n}$

33.　　　　　　//use the new assignment of　$Z_{d,n}$ to document d

34.　　　　　　Increase counts and sums: $n_m^{(k)}+1$, $N_{d,k}+1$, $n_k^{(t)}+1$

35.　　　　end for

36.　　end for

37.end for

38.Check convergence and read out parameters

39. Estimate model parameters　$\psi,\lambda,\eta,\theta,\pi,\phi$,respectly

　　至此，模型通过吉布斯采样求解出给定话题集 T 中群体在话题传播过程中的活跃度 ψ ，群体中每个参与成员的活跃度 λ ，以及每个参与成员在群体中行为分布 η ，每个群体中的主题分布 θ ，群体中的情感极性分布 π 。对 ψ_m 进行比较，可以得到整个话题传播过程中最活跃的群体，对 $\lambda_{m,p}$ 进行排序，可得群体中相对活跃的用户，同时通过计算 $h_{m,p}$ 可以挖掘出相对活跃用户在群体中的行为模式。通过 $\theta_{m,k}$ 的计算，可以挖掘出每个群体最感兴趣的主题。

2. 算法复杂度分析

　　在本小节中，讨论 BP-STG 模型在话题集 $T=\{M_1,M_2,\cdots,M_D\}$ 上的时间复杂度。其中 D 为话题相关的微博文本个数，N 为每篇微博的平均单词个数，语料库中总的单词数目为 N^* ，P 为参与该篇微博讨论的平均人数，P^* 为话题传播过程中总的参与人数，K 为隐含的主题数目，C 为隐含的群体数目。设吉布斯迭代的次数为 I 。由于吉布斯采样主要分两个阶段：第一是初始化阶段，其时间复杂度 $O(D*(N+P))$ ；第二是迭代采样阶段，其中迭代采样过程中又分为两步：①微博群体采样。其时间复杂度为 $O(K+P+C)$；②微博中每个单词的主题采样。其时间复杂度为 $O(N*K)$，故迭代采样阶段的时间复杂度为 $O(I*D*(K+P+C+N*K))$。所以总的时间复杂度为 $O(D*(I*(K+P+C+N*K)+(N+P)))$，近似于 $O(I*(N*P^*))$。

3.5.3 实验结果与分析

1. 数据集

本节采用新浪微博的数据作为实验数据，通过新浪微博提供的官方 API 并结合网络爬虫技术获取了两个话题的微博、微博转发信息和微博评论信息，详细信息如表 3-17 所示。

表 3-17 数据信息

话题	原创微博数/个	转发数/个	评论数/个	用户数/个
两会	7728	83609	48846	69849
庆安枪击案	1696	77823	91005	105322

2. 评价指标

1）模型建模质量的评价指标

混淆度（perplexity）能够在给定参数环境下预测单词在文本中出现的概率，常被用来度量概率模型在语料库上的建模好坏，其值越小表明模型的建模能力越好。

在 BP-STG 模型中 perplexity 的定义如下：

$$\text{perplexity}(W)=\exp\left\{\frac{\sum\limits_{m}\ln(w_m\mid w)}{\sum\limits_{m}N_m}\right\} \tag{3-27}$$

式中，N_m 表示分配给群体 m 中的单词的总的数目；w 为测试集；w_m 为观测到被分配给群体 m 的单词。

2）群体的可区分度指标

由群体的定义可知，群体的可区分度的比较，应当从两个方面进行考虑，即参与人员的可区分度和群体的主题兴趣分布的可区分度。本节将群体的可区分度转化为群体的相似度计算问题。利用余弦相似度计算任意两个群体的主题兴趣分布相似度和群体-参与人员活跃度的相似度。当两个群体的综合相似度越小，表明群体的可区分度越大。用 C_{sim} 表示任意两个群体 i，j 且 i 不等于 j 的相似度。

$$C_{\text{sim}}(c_i,c_j)=0.5\times\cos(\lambda_i,\lambda_j)+0.5\times\cos(\theta_i,\theta_j) \tag{3-28}$$

整个模型划分出的群体平均可区分度用 C_d 表示如下：

$$C_d=\frac{2\sum\limits_{i=1}^{M-1}\sum\limits_{j=i+1}^{M}(1-C_{\text{sim}}(c_i,c_j))}{M\times(M-1)} \tag{3-29}$$

式中，M 表示模型划分出的群体数目；C_d 越大表明划分出的群体平均可区分度越大，模型划分出的群体的质量越好。

3. 参数选取

在 BP-STG 模型中，超参数的设置参考文献[15]中的使用经验值设置方法。其值设置为 $\alpha = \dfrac{50}{K}, \beta = \delta = \gamma = \mu = 0.1$。其中主题数目 K 和群体数目 C 的设置是根据文献[16]的方法即采用计算 perplexity 的值来确定，根据式(3-27)，其中 perplexity 值越小表明选取的 K 值越优。图 3-16 展示了在庆安枪击案话题数据集上总的划分的群体的数目 C 和主题个数 K 的不同取值，所对应的 perplexity 的值的变化。

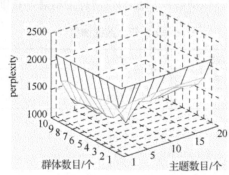

图 3-16　不同主题与群体数目下的 perplexity 的值

从图 3-16 中可以直观地分析出当 C 取 9，K 取 8 时，perplexity 的值最小，模型在这个话题集上建模达到最佳效果。同理，也可分析出在两会话题集中，当 C 取 10，K 取 25 时，模型建模性能达到最佳。

3.6　基于双重随机游走思想的话题传播关键用户挖掘算法

话题传播过程中关键人挖掘的主要任务是找出对话题传播范围或传播趋势产生重要影响的用户，该用户可能是产生话题的源头，或是导致话题迅速扩散的用户。关键人物挖掘是微博网络舆情分析研究中的重要内容，对谣言传播源头发现，相关热点事件积极正面的观点的传播等都具有重要意义。本节在话题传播双关系网络模型的基础上，从用户自身属性特征和用户网络重要性两个方面出发，对用户的影响力进行分析，提出了相应的用户影响力排序算法 AI-UIRank (user influence rank based on user's attributes and interactions)，同时对算法的时间复杂度和空间复杂度进行了分析。在真实的微博话题传播数据集下，验证了算法的有效性，同时交叉验证的方法表明算法的平均准确率在 90% 以上。

3.6.1　问题描述

1. 问题提出

话题传播过程中用户影响力可以近似理解为网页的权威度：用户的影响力取决于在话题传播过程中与它主动发生交互的用户(即评论或者转发其发布的与话题相关微博的用户)影响力之和；同时它对其他用户的影响力取决于其他用户在话题传播过程中对其发布信息的接受

程度。这一思想促使我们使用类似 PageRank 随机游走的思想来分析话题传播过程中的用户影响力。

虽然话题传播过程中用户影响力与网页权威度存在相似处，但是也有明显的差异。其中，PageRank 假设网络中每个节点以 $1/n$ 的概率被随机访问，但是在话题传播过程中，用户间交互行为表现复杂，用户往往以更高的概率转发或者评论那些自身"吸引度"比较高的用户发布的信息。而用户自身"吸引度"是通过用户的基本静态属性特征(如粉丝数)、发布微博内容以及参与话题的活跃度等综合度量等得出的。同时传统的 PageRank 并没有考虑到网络中负关系的存在。通过分析可知，在真实的微博话题传播过程中用户接收到话题相关信息，会产生自己的理解与观点，并在话题传播过程中与其他用户进行观点的交互，表明自己的观点以及表达对其他用户观点的支持与反对的态度，因此网络存在负关系，并且负关系的存在对于准确衡量用户在话题传播过程中的影响力至关重要，不能忽略。

由于用户参与话题讨论交互的方式不同，因此话题传播过程中用户之间存在由多种不同交互方式所构成的关系网络。用户在不同的关系网络中其影响力是不同的，如图 3-17 所示。因此为了全面衡量用户在话题传播过程的影响力，需要综合多个关系网络上用户的影响力。

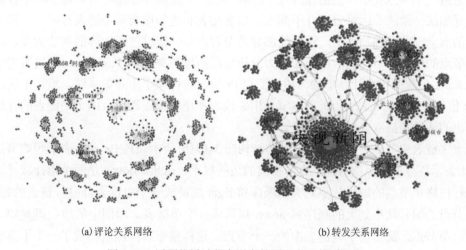

(a)评论关系网络   (b)转发关系网络

图 3-17 话题传播过程中用户的不同交互关系网络

通过以上分析，为了更加准确地分析话题传播过程中用户的影响力，基于提出的话题传播双关系网络模型，结合用户自身属性特征和在话题传播过程中的交互信息，提出了一种用户影响力分析算法 AI-UIRank。该算法针对传统计算转移概率方法无法应用到存在负关系网络中的不足以及在话题传播过程中用户的择优选择行为的存在，结合离散选择原理创新性地将多项 logit 模型引入到转移概率的计算中；采用类随机游走的思想，在关系网络内部存在两种游走方式，即利用节点权重随机跳转和按边权值进行随机游走，通过综合游走到节点的概率来分析用户的影响力。

2. 相关定义

影响力：本节将用户对其他用户的影响力表示为在话题传播过程中，该用户对其他用户的思想观点或者行为产生作用甚至使之改变的能力。这种能力在本节的算法中是通过随机游走者游走到该节点的概率的大小来衡量的。

3. 话题传播过程中关键用户挖掘的基本流程

话题传播过程中 AI-UIRank 流程如图 3-18 所示。

图 3-18　AI-UIRank 算法流程图

本节的算法是在构建的话题传播双关系网络模型基础上进行的。而话题传播双关系网络的本质就是一个带有节点权重和边权重的有向图。其中，有向图的存储方式主要有三种：①邻接矩阵；②邻接表；③三元组。邻接矩阵是一种比较简单的存储方式。它的缺点是当边很少，顶点很多的时候，数组中存储的有效值很少，这就造成内存的浪费，即邻接矩阵表示的方法并不适合稀疏矩阵的存储。为了能够高效地表示稀疏矩阵，提出了三元组存储。在三元组中每一条边由一个节点表示，包括{起点，终点，权重}。这两种存储方式都属于顺序存储，对矩阵进行加法、乘法等运算效率并不高效。而邻接表和逆邻接表属于链表存储，将图中一个点连接的点全部链接到顶点上，这样能够显著省内存，同时便于矩阵的乘法运算、以及快速求解节点的度。本节提出的用户影响力分析算法的思想类似于 PageRank 随机游走思想，而 PageRank 思想的核心计算步骤为图中节点 Pr 值与转移概率矩阵做乘法，然后不断地更新节点 Pr 值，直到算法收敛。因此，本节采用邻接表和逆邻接表相结合的十字链表的存储方式存储提出的话题传播双关系网络模型。

在十字链表中节点由 5 项组成，具体结构图 3-19(b)所示。其中，row 表示起始节点的编号，col 表示终点的节点编号，v 表示存储的边的权重，right、down 是两个指针域。链表中的每一行按终止节点的编号从小到大的顺序将 right 域链成一个单链表。同样，链表的每一列，按起始节点的编号从小到大的顺序将 down 域构成一个单链表。即图中的边 e_{ij} 既是第 i 行链表中的一个节点，又是第 j 列链表中的一个节点，这样整个有向图就构成了一个十字交叉的链表。将所有行链表的头指针和所有列链表的头指针分别组成一个指针数组 rlink 和 clink。采用这种方法，图 3-19(a)可以表示成图 3-19(c)所示的十字链表。

给定特定话题集 $T = \{M_1, M_2, \cdots, M_D\}$ 以后，首先，基于提出的话题传播双关系网络模型构建方法建立一个带有节点权重和边权重的话题传播双关系网络模型，并将其以十字链表的形式存储，同时剔除网络中自己指向自己的边；其次，利用 AI-UIRank 算法计算网络中节点的影响力；最后，对节点的影响力进行排序，进而挖掘出话题传播过程中具有较大影响力的用户，即话题传播过程中的关键用户。

4. 话题传播过程中关键用户挖掘的关键问题

由于 AI-UIRank 算法采用类似于 PageRank 随机游走思想，即随机游走者在网络内部表现为两种游走方式：按网络节点的权值(即考虑到用户在话题传播过程中自身"吸引度")随机跳转和按网络中的边进行随机游走(即考虑了用户在话题传播过程中交互情况)，最终随机游走者综合游走到节点的概率即为用户在话题传播过程中的影响力，因此会面临三个关键问题。

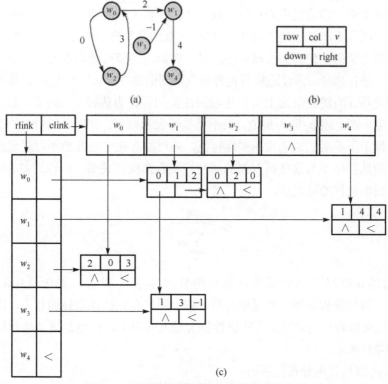

图 3-19 双关系图模型的十字链表存储表示

(1)转移概率的计算。由于本节算法是在构建的话题传播双关系网络模型基础上进行的，而该双关系网络考虑了用户之间观点交互时的情感倾向性，因此网络中不仅存在正关系同时还存在负关系，而传统的 PageRank 算法并没有考虑到网络中的负关系存在。如何针对话题传播过程中的负关系计算转移概率是一个关键问题。

(2)当网络中出现出度为零的终止节点或者网络中出现循环子图(子图内的节点相互连通，但却没有指向该集合之外的边)时，在算法不断迭代过程中，最终会使网络中集合外节点的 Pr 全部为 0，致使算法失效，即所谓的采集器陷阱问题。如何有效地解决采集器陷阱问题也是本节要解决的一个关键问题。

(3)算法的收敛性分析。从实验结果可以看出，话题传播双关系网络并不是一个完全连通的网络，网络中存在着许多孤立节点和子图。而基于随机游走思想的数学理论依据是平稳马尔可夫过程，只有当图是强连通图时，通过多次迭代随机游走者游走到网络各节点的概率才将趋于稳定。因此，在话题传播双关系网络图模型上，如何保证算法的收敛性是一个关键问题。

3.6.2 算法原理与主要步骤

1. 用户影响力分析算法 AI-UIRank

1)转移概率计算

PageRank 算法无法直接应用到话题传播过程中的用户影响力分析的原因在于 PageRank 并不适用于存在负关系的网络。通过构建的话题传播双关系网络模型可知，在该话题传播网络中不仅存在正关系，即边权重为正值；同时还存在负关系，即边权重为负值。而传统的转移概率的计算方法并不能够适用于这样的网络。传统的计算概率的方式应用到这样的网络时，会出现转移概率为负值，使之失去概率的意义。例如，当随机游走者要访问下一个节点时，将在给定的选项进行选择。假设随机游走者所观察到的选项 a 的属性值 m_a，传统的用户选择概率简单地将选项 a 的属性值比上所有选项属性值的和作为选择 a 的概率，如式(3-30)。但若属性值为负值，则上述 p_a 即为负值，其不再能够表示概率。同时，用户对一个选项做出选择，不仅仅依赖于所观察到的选项的属性特征，还可能存在一些其他不可观测的因素，不能简单地将用户的选择概率与这些可观测的属性特征看作线性关系，所以式(3-30)并不能够很好地预测用户做出选择的可能性。

$$p_a = \frac{m_a}{\sum_{j=1}^{n} m_a} \tag{3-30}$$

我们将选项 a 观察不到的属性特征由随机误差项 ε_a 表示，则选项 a 真实属性值是 $m_{a-r} = m_a + \varepsilon_a$。通过分析可知，在话题传播过程中用户存在择优选择的行为，因此用户选择选项 a 的概率就可以转化为选项 a 真实属性值为最大的概率，这也是离散选择原理的基本原理[17]，如式(3-31)所示。

由于概率 p_a 服从累积分布，因而

$$p_a = \int_\varepsilon I(\varepsilon_{nj} - \varepsilon_{ni} < V_{ni} - V_{nj}, \forall j \neq i) f(\varepsilon_n) \mathrm{d}\varepsilon_n \tag{3-31}$$

式中，$I(*)$ 表示的是指示函数，当括号内的项为真时，等于 1；否则，为 0。式(3-31)是关于误差项密度函数 $f(\varepsilon_n)$ 的一个多维积分。

文献[18]证明了假设每个 ε_i 服从独立同极值($i.i.d$)分布，则每个误差(不可观测的节点)部分的密度函数为：$f(\varepsilon_j) = \mathrm{e}^{-\varepsilon_j} \mathrm{e}^{\mathrm{e}^{-\varepsilon_j}}$，其联合分布为 $F(\varepsilon_{vj}) = \mathrm{e}^{\mathrm{e}^{-\varepsilon_j}}$。

文献[18]证明决策者 n 选择选项 a 的概率可以写成一种简单的封闭的表达形式：

$$P_a = \frac{\exp(m_a)}{\sum_j \exp(m_j)} \tag{3-32}$$

式(3-32)就是通常被称作多项 logit 模型。该选择概率的计算避免了上述问题，适合我们构造的存在负关系的网络模型。

在双关系网络中按边权值游走指的是当前节点沿着网络中的边，以一定概率选择该节点直接到达邻近节点进行访问。若所有节点按边游走的概率可由边转移矩阵 S 表示，用户之间按边转移的概率表示如下：

$$s_{ij} = \begin{cases} 0, & e_{ij} \notin E \\ \dfrac{\exp(w_{ij})}{\sum_{e_{ik} \in E} \exp(w_{ik})}, & e_{ij} \in E \end{cases} \tag{3-33}$$

式中，w_{ij} 表示的是用户 i 在话题传播过程中对用户 j 发布的信息的接受程度。若 w_{ij} 为负值，则说明在话题传播过程中用户 i 反对用户 j 发布信息的次数要大于其接受的次数，说明在话

题传播过程中，用户 j 对用户 i 观点改变的程度很小，几乎不能动摇其思想。因此，用户 i 到用户 j 的可能性就比较小，但是在话题传播过程中用户 i 与用户 j 发生了交互，因此用户 i 到用户 j 并不是不可能，而是可能性比较小。若 w_{ij} 为正值，则说明在话题传播过程中用户 i 接受用户 j 发布信息的次数要大于其反对的次数，说明在话题传播过程中，用户 i 更信任用户 j，因此从用户 i 更容易转移到用户 j。

2）采集器陷阱问题分析

为了避免采集器陷阱问题，PageRank 采用了"抽税"法。即构造一个所有元素都为 $1/n$ 的列随机矩阵，与原来的转移矩阵加权（权值一般取 0.15 和 0.85）叠加变成一个新的转移矩阵，使得网络得以连通，解决了采集器陷阱的问题。但是"抽税"法中的跳转概率始终固定不变，没有考虑不同节点的差异。

通过对参与话题讨论的用户属性特征分析发现，用户之间存在较大的差异，这些差异在之前的分析中可知，构成了在话题传播过程中用户对他人"吸引度"的不同，同时反映在了话题传播双关系网络模型的节点的权重中。在度量用户自身"吸引度"时不仅考虑了节点的自身价值还考虑了节点话题讨论的参与度以及在话题传播过程中发表微博与话题内容的相关度。

由于在话题传播过程中，用户不仅可以通过其好友获得话题相关信息，同时还可以通过微博主页上的热门话题等路径接收到其他用户发布的话题相关信息，而且用户往往以更高的概率转发或评论自身"吸引度"较大的话题相关信息。因此，随机游走者在话题传播双关系网络模型中除了可以沿边进行随机游走之外，还可以按照节点的权值进行随机跳转。

根据式(3-32)，随机游走者从节点 i 按权重跳转到节点 j 的概率定义为

$$J_j = j_{ij} = \frac{\exp(w_j)}{\sum_m \exp(w_m)} \tag{3-34}$$

式中，w_j 表示节点 j 的权重，节点自身的吸引度。所有节点进行按节点权值跳转概率可由跳转矩阵 J 表示，其中每一列元素相同，即 j_{ij} 取值和 j_j 取值一致。

与 PageRank 的抽税方法相比，该方法不仅能够解决采集器陷阱的问题，同时能够更加真实地反映用户的转发与评论行为。

3）算法的收敛性分析

用户在话题传播双关系网络模型内部的表现为随机游走，类似于 PageRank 算法，随机游走者不仅沿着网络边随机游走，同时还以一定的概率按节点权重随机跳转到其他节点，假设用户按节点权重随机跳转的概率 $1-\alpha$，则 α 表示按边游走的概率，令转移概率矩阵为 B：

$$B = \alpha S + (1-\alpha)J \tag{3-35}$$

令 $r^{(t)}$ 和 $r^{(t+1)}$ 分别表示更新前后所有节点被访问的概率向量，B 为节点间的 N 阶转移概率矩阵，N 表示迭代时的节点数。

$$\begin{aligned} r^{(t+1)} &= r^{(t)}B \\ &= r^{(t)}((1-\alpha)S + \alpha J) \end{aligned} \tag{3-36}$$

通过式(3-35)和式(3-36)可知，本节提出的 AI-UIRank 算法中，随机跳转概率计算，不

仅考虑了在双关系网络上用户之间的交互的紧密程度，同时还考虑到了用户个人自身的"吸引度"。由此能够更加准确地挖掘出话题传播过程中的关键用户。

算法的收敛性是指式(3-36)迭代计算的结果是收敛的。文献[19]指出：当转移矩阵式满足不可约和周期性时，PageRank 算法会收敛到唯一到一个向量。

通过对话题传播双关系网络模型分析可知，传播网络中存在有出度为 0 的终止节点即网络边缘节点和孤立节点，因此会导致矩阵 S 某一行全为 0。但由于矩阵 P 中每个元素均大于 0，所以矩阵 B 中的每个元素均大于零，同时每一行和为 1。由此可知转移矩阵 B 是强连接的，即矩阵 B 不可约。虽然在对网络拓扑结构特征的统计分析中可知，网络中存在指向自己的边，但是为了防止在话题传播过程中通过不断转发自己发布的信息提高知名度的情况，在进行基于十字链表的网络存储时，将指向自己的边过滤了出去。同时分析可知矩阵 B 中其对角线上的元素均大于零，原因在于用户进行按节点权重随机跳转时，以一定的概率停留在自己的位置，所以存在自循环现象，但循环到同一节点的周期是不定的，因此矩阵 B 也具有非周期性。通过上述分析可知，本节构建的转移概率矩阵满足不可约和周期性，因此算法会收敛。

2. 算法复杂度分析

1) 算法的伪代码描述

AI-UIRank 算法伪代码如表 3-18 所示。

表 3-18　AI-UIRank 算法伪代码

算法：AI-UIRank 算法
输入：特定话题的双关系融合网络 $G(V,E)$，需要挖掘的关键用户数目 m
输出：话题相关的关键用户 Top_m
1.Calculate[S_{ij}]　　//根据输入的网络的边权重，结合离散选择原理，计算按边转移概率
2.Calculate[P_j]　　//根据网络的节点权重，计算任意两个节点之间的按权重转移概率
3.[B_{ij}]=$(1-\alpha)$[S_{ij}]+α[P_j] //将两个种转移加和
4.$k \leftarrow 1$
5.Repeat
6.　　$\pi_k \leftarrow [B_{ij}]\pi_k$　//迭代计算网络中节点的得分
7.　　$k \leftarrow k+1$　//继续下一次迭代
8.Until $|\pi_k - \pi_{k-1}| < \varepsilon$ // 判断两次迭代的结果值是否小于指定阈值，小于则停止循环
9.Return $Top_m(\pi_k)$ //对最后用户的得分进行排序，得到前 m 个得分高的用户即为关键用户

2) 算法复杂度

(1) 时间复杂度。假设网络中总的节点数为 N，所有节点的平均入度为 K。AI-UIRank 算法主要分两步。第一步要计算出节点之间两种游走方式的转移概率。由于按节点权值游走时，需要计算任意两个节点之间的转移概率，时间复杂度为 $O(N^2)$，节点之间沿边游走的转移概率为 $O(N*K)$。第二步进行迭代运算。每一次迭代过程中所有节点被访问的概率需要被更新，因此需要遍历该节点在网络中的所有与之相连的边。本节话题传播双关系网络模型采用的是十字链表的方式存储，因此，设迭代次数为 I，总的节点数为 N^*（除去网络中的孤立节点），所有节点在网络中平均度为 K，则算法的时间复杂度为 $O(I*N^**K)$。由于 K 是远小于 N^* 的，因此 AI-UIRank 算法在迭代时的时间复杂度接近于 $O(I*N)$。所以总的时间复杂度为 $O(N*K+N^2+I*N)$，近似于 $O(N^2)$，与 PageRank 的时间复杂度相当。

(2)空间复杂度。AI-UIRank 算法主要用存储话题传播过程中用户的节点权重以及节点之间的关联信息,其中话题传播双关系网络模型采用的是十字链表的存储方式。网络中的边为 M,节点数为 N,则空间复杂度为 $O(3*N+M)$,由于 M 远远小于 N,故空间复杂度为 $O(3*N)$。

3.6.3 实验结果与分析

1. 数据集

为了验证 AI-UIRank 算法在挖掘话题传播过程中关键用户的有效性,本节从国内知名微博平台新浪获取了两个特定话题的数据集:一个是在"嫦娥三号"发射成功时,参与讨论"嫦娥三号"相关话题的数据集,记为 T_1;另一个是在两会期间,讨论"两会雾霾"相关话题的数据集,记为 T_2。表 3-19 统计了两个数据集的基本数据规模。

表 3-19 话题相关数据集的基本数据规模

话题	原创微博数/个	转发微博数/个	评论数/个	参与用户数/个
T_1	2690	2241	1038	4933
T_2	6997	7731	7752	17156

2. 评价指标

本节从三个大方面对用户在话题传播过程中用户的影响力做出评价。

(1)综合考虑用户发布信息的传播力(TD)、扩散范围(TR)以及其所处的网络中心度(WC)来衡量用户的影响力。其中,传播力通过计算有效影响的用户数来衡量意见领袖能力;扩散范围通过计算能够接收到其发布信息的人数来衡量用户的影响力;网络中心度与传统的点度中心度有所区别,这是由于构建的话题传播双关系网络模型有一个带边权值且权值有正有负,故不能够简单地认为是节点的入度或者是出度。本节定义的网络中心度为所有入边的边权重之和,即 $\sum_m w_{ij}$。本节将这三个方面的指标看作同等重要来度量用户的影响力 TM。

$$TD_j = \sum_{m=1}^{N} \frac{N-m+1}{N} w_{kj} \tag{3-37}$$

$$TM = \frac{1}{3}TD + \frac{1}{3}TR + \frac{1}{3}WC \tag{3-38}$$

由于不同的评价指标,其数值的取值范围有所不同,因此采用归一化的方法进行处理。为了保持数据本身的原态,实验采用的归一化的方法是极值线形模式,即新数据=(原数据-极小值)/(极大值-极小值)。在进行数据处理时,需将数据的异常点进行抛出,否则就会出现严重的数据倾斜。将那些异常点的归一化的值用 0 或 1 表示。

(2)人工评价,是指通过人为分析用户的相关特征来判断其影响力的评价方法。在进行人工评价时,综合考虑了用户本身属性和网络属性,其中用户本身属性包括用户的属性特征(粉丝数、关注数和相互关注数、发布微博总数)和用户在现实社会的权威度(是否认证等);网络属性包括用户在话题传播网络中的出度和入度。

(3)微博话题传播过程中实际影响力个体难以人为确定，为此本节实验中利用交叉验证的方法，即将多种方法都认为正确的结果作为参考集。在此参考数据集上，分别考察各类算法挖掘出的影响力用户的准确率、召回率。例如，给定 3 种算法 A、B、C，得到 Top-k 高影响力个体集合分别为 I_A、I_B、I_C，假设将两种算法都认为是正确的结果作为参考的正确结果，则将参考标准集合为

$$I = (I_A \bigcap I_B)\bigcup(I_A \bigcap I_C)\bigcup(I_B \bigcap I_C) \tag{3-39}$$

准确率反映了算法挖掘出来的话题传播过程中具有影响力用户的真实性，算法 A 的准确率：

$$P_A = \frac{|I_A \bigcap I|}{|I_A|} \tag{3-40}$$

召回率反映话题传播过程中具有影响力的用户被发现的程度，算法 A 的召回率：

$$R_A = \frac{|I_A \bigcap I|}{|I|} \tag{3-41}$$

F 值综合考虑召回率与准确率，反映了算法整体召回率和准确率的程度。算法 A 的 F 值：

$$F = \frac{2PR}{P + R} \tag{3-42}$$

3. 对比算法及参数选取

由于社会网络中用户的影响力分析已经成为社会网络的经典问题，很多成熟的用户影响力排序的方法被提出，其中比较有代表性的主要是以下几种。

(1)按照用户粉丝数进行排序：对话题传播过程中用户的影响力进行分析，该方法简单，但由于其只考虑到用户粉丝数这一单一属性，难以准确地对用户的影响力做出分析。

(2)PageRank：经典的影响力排序方法。借助随机过程中随机游走的基本原理来对用户的影响力进行分析。但是该方法仅考虑用户间交互关系，而忽略了用户的本身属性、话题参与度等，同时不能够应用于存在负关系的网络中。

(3)网络的入度：以话题传播网络中的节点的入度(即被转发和评论数之和)作为用户影响力的度量标准，节点的入度越大，影响力值越大。

方法(1)和(3)并不需要额外的参数，而 PageRank 和本节提出的 AI-UIRank 算法中存在着对算法有一定影响的阻尼系数 α，它是算法有效性和收敛性之间的平衡参数。由于本节 AI-UIRank 算法在 PageRank 算法的基础上进行的改进，因此在算法中 α 均取 0.85。

4. 实验结果

图 3-20 展示了 AI-UIRank 算法与 PageRank 算法在数据集 T_1 上挖掘出的 top10 的影响力用户。其中，由于 PageRank 并不能应用存在负关系的网络中。因此，在将 PageRank 应用到双关系网络时，不考虑网络中边的正负关系，只要用户之间有交互，两个用户之间就存在一个正关系的边。

图中节点的大小由用户在话题传播过程中的影响力大小决定，影响力越大，节点越大。同时，节点标签的大小也由其影响力的大小决定。从图 3-20 结果可以看出，华为荣耀在本节提出的算法中，挖掘出来的影响力较小，而在 PageRank 算法中，其影响力相对比较大。深

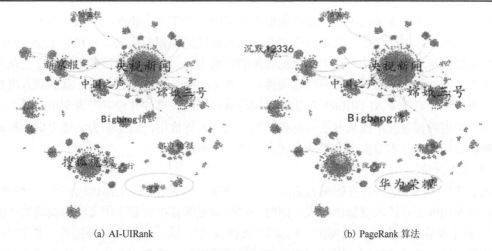

(a) AI-UIRank　　　　　　　　　　　　　　　　(b) PageRank 算法

图 3-20　结果展示图

入分析了产生这种差异的原因，主要是由两个方面：①通过观察华为荣耀在话题传播中发布的微博内容可知，其发布的内容与话题传播内容并不相关，只是想借助话题进行炒作。在本节中在计算根据节点进行随机跳转时，考虑到节点发布信息与话题内容的相关度，因此，网络中其他节点游走到该节点的概率比较小，而 PageRank 并没有考虑到这一点。②用户在对其发布的内容进行评论时，出现了负面反对的情况，因此一些直接链向其边的权重出现负数，因此，随机游走者沿网络游走到该节点的概率也减小了，但是 PageRank 将所有关系看作正关系，因此，其计算出的游走者游走到该节点的概率就会比本节提出的算法计算出来的值要大。可见本节提出的算法能够有效地解决将一些想借助话题进行炒作的营销大号计算为话题传播过程中的关键用户的问题。

5. 实验分析

(1)综合考虑用户发布信息的传播力、扩散范围以及其所处的网络中心度来衡量用户的影响力 TM。如图 3-21 所示。

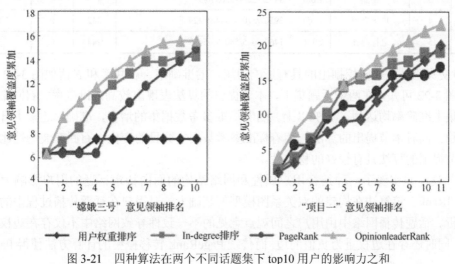

◆ 用户权重排序　　■ In-degree 排序　　● PageRank　　▲ OpinionleaderRank

图 3-21　四种算法在两个不同话题集下 top10 用户的影响力之和

由图 3-21 可知，本节提出的算法挖掘出的关键用户的 TM 之和在两个数据集上总体优于其他算法。其中，按用户粉丝数进行排序的方法表现性能较差的原因是：TM 主要从网络信息扩散角度出发，考察算法挖掘出的意见领袖的影响力，而按用户粉丝数进行排序是从用户自身属性出发并没有考虑用户的网络重要性，故表现出性能最差。PageRank 算法和入度排序算法之所以性能略低于 AI-UIRank 算法的原因是前面的两种算法并没有考虑到用户的自身属性，本节提出的覆盖度不仅从网络信息扩散的角度出发评价用户的影响力，还考虑到被影响节点的自身属性，故本节提出的算法会优于前面三个算法。

(2) 人工评价。

由表 3-20 可知，这些具有影响力的用户在自身属性和网络属性上都比较突出，总微博数、粉丝数以及相应节点的入度都比较大。同时，这些意见领袖中有属于国家机构微博的"国家电网"，属于现实名人和媒体微博的"杨澜""央视新闻"，属于草根意见领袖的"老徐时评"，而且这些用户都经过了认证。因此，算法的效果比较理想。需要注意的是，两个话题集中的影响力排名靠前的用户的出度比较小，基本上为 0。原因是话题传播过程中的关键用户往往是那些话题讨论的发起者，它们的微博一般都是原创的，本身对其他微博用户的转发和评论信息都比较少。

表 3-20　在 T_1 和 T_2 两个话题下排名前五的用户的信息

话题	排名	昵称	(话题相关微博数/评论数/转发数) 总微博数/关注数/粉丝数/相互关注数		入度	出度	是否认证
T_1	1	央视新闻	1/0/0	23197/159/10988391/142	558	0	是
	2	搜狐视频	1/0/0	24500/480/1313994/242	245	0	是
	3	嫦娥三号	1/0/0	28847/880/ 3904636/685	92	0	是
	4	中国之声	1/0/0	34876/516/4871778/387	68	0	是
	5	新京报	2/0/0	1685/ 61/ 259762/ 46	100	0	是
T_2	1	国家电网	1/0/0	575/436/54768/210	413	0	是
	2	南方都市报	1/0/0	34150/381/5825222/329	386	0	是
	3	杨澜	1/0/0	4442/122/34826396/93	420	0	是
	4	中国之声	1/0/0	39507/570/5944466/429	342	0	是
	5	老徐时评	2/1/1	14626/655/580193/543	244	0	是

(3) 交叉验证法比较挖掘出的具有影响力用户的准确率、召回率和 F 值如图 3-22 所示。

由图 3-22 可知，在两个话题集下，本节提出的算法表现出较高的准确率、召回率，在两个数据集上准确率均达到了 90% 以上。随着标准参考数据集的增多，准确率逐渐上升，最后趋于平稳。同时本节提出的算法，随着标准参考数据集数目的变化，召回率波动性比较小，说明本节提出的算法具有较好的稳定性。

本节设计并实现了一种结合用户属性和网络结构的面向特定话题的用户影响力分析算法 AI-UIRank。该算法在构建的双关系图模型的基础上，对用户在话题传播过程中的影响力进行分析。话题传播网络中由用户之间观点意见的不一致性导致网络中不仅存在边权重为正值的边，同时还存在边权重为负值的边，而传统 PageRank 转移概率的计算方法使得 PageRank

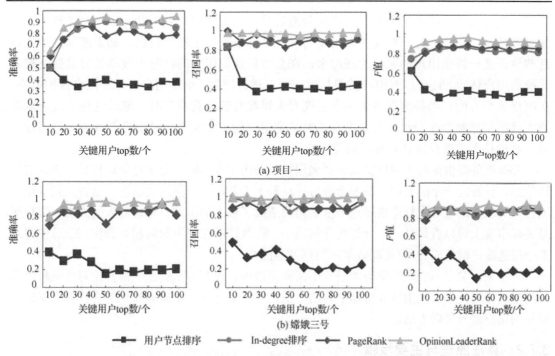

图 3-22　四种算法在两个不同话题集下的准确率、召回率和 F 值

无法应用到这样的带符号的网络上，同时 PageRank 并没有考虑到节点的差异性而平均分配转移概率。基于上述不足，AI-UIRank 算法在转移概率的计算中结合离散选择原理创新性地将多项 logit 模型引入了转移概率的计算中，同时用户在双关系融合网络中按两种方式游走，一种是沿网络的边进行随机游走；一种是按照节点权重进行游走。其中按节点权重进行随机跳转解决了基于 PageRank 思想的采集器陷阱以及算法的收敛性问题。

最后，利用微博上收集的两个真实的关于"嫦娥三号"和"两会雾霾"的话题数据，对本节提出面向特定话题的用户影响力排序算法 AI-UIRank 进行性能分析。通过与经典的用户影响力排序算法(用户粉丝数排序、PageRank、网络入度排序)进行比较发现，AI-UIRank 算法在特定话题相关的关键人挖掘方面的稳定性和准确性要优于传统基于粉丝数或网络拓扑结构的影响力排序算法。

3.7　基于合作博弈支持向量机的网络用户对齐算法

基于合作博弈支持向量机的用户账号关联(cooperative game SVM，CGSVM)方法是从 Web 数据出发，利用 Pairwise 和博弈机器学习思想，通过支持向量机计算后验概率，利用稳定匹配理论，综合考虑了账号所反映的用户主体的行为以及用户的先验知识，最终对用户账号进行稳定有效的关联。

3.7.1　问题描述

如今每一种 Web 社交服务往往都有其独特的信息分享模式来维持其社交关系。这些独特的信息分享模式吸引了不同的用户群体，例如，用户选择 Twitter 来分享一些公共信息，对于那些私人圈子则选择 Facebook，而对于分享旅行中的风景和美食，Instagram 则是最佳选择。在这些社交服务平台上，用户通常通过唯一标识的用户名以及其他一些属性标签，如基本信息、兴趣爱好、好友关系以及历史活动等来唯一地标识自己。如果能够有效地将这些属于某一特定用户的账号关联起来，在全方位认识用户的同时不仅能够显著提升推荐系统的用户体验，还可以对用户的隐私泄露情况进行评估，给予用户更好的匿名保护策略。在网络安全方面，当检测在多个平台上拥有大量账号的恶意用户时，通过这种手段可以将跨媒体的信息整合在一起，大大提升了对恶意用户的发现能力，对于提高政府舆论引导能力、维护社会和谐稳定具有重要的现实意义。

Web 服务提供商对于用户隐私的匿名保护以及用户在不同社交平台中选择分享不同的属性信息，导致同一个匿名用户的多个账号往往看上去并没有很强的关联性。这种大量变化的无直接关联的账号对完整地描述这个匿名用户造成了很大的困难。考虑到人的因素，用户账号关联事实上可以看作是一个合作博弈问题——在候选的账户中如何相互合作（关联）使得对整个候选账户群体的利益（关联效果）是有所提升的。

近年来，关于博弈机器学习的研究不断取得进展，现有方法验证了博弈论对传统机器学习的提高作用。本节采用博弈机器学习的方法，提出了一种基于先验知识的合作博弈支持向量机的用户账号关联方法。

3.7.2　算法原理与主要步骤

1. 相关定义

我们给出用户账号关联问题所涉及的相关概念，为了叙述方便，我们着力于在两个异构的网络中进行账号关联。用到的符号在表 3-21 中给出。

表 3-21　本节所用到的符号

符号	意义
u	用户
a	用户账号
A	账号集
pair	账号对
l_p	账号对标识
s	源网络
t	目标网络

定义 3　用户 $u_i = a_i^1, a_i^2, a_i^3, \cdots, a_i^n$，其中，$a_i^k = f_1, f_2, \cdots, f_p$ 代表用户 u_i 在网络 k 中的账号；f_p 代表该账号的某个特征。本节为了描述方便，在两个异构网络中进行分析，因此 $u_i = \{a_i^s, a_i^t\}$，其中 a_i^s 为来自源网络 s 中的账号，a_i^t 为来自目标网络 t 中的账号。

定义 4　源网络账号集 $A^s = \{a_1^s, a_2^s, a_3^s, \cdots, a_p^s\}$，目标网络账号集 $A^t = \{a_1^t, a_2^t, a_3^t, \cdots, a_q^t\}$，其中 q、p 分别为两个网络中的用户数量。

定义 5　账号对 $\text{pair} = (a_m^s, a_n^t)$，任一账号对 pair 是由来自源网络 s 中的用户 u_m 的账号 a_m^s 和来自目标网络 t 中的用户 u_n 的账号 a_n^t 组成的二元组。

定义 6　账号对标识 $l_{pair} = (a_m^s, a_n^t) = \begin{cases} 0, & u_m = u_n \\ 1, & u_m \ != u_n \end{cases}$ 即来自同一用户的账号对 pair 的标识 $l_{pair} = 1$，反之标识 $l_{pair} = 0$。

问题定义给定源网络 s 和目标网络 t 并抽取候选账号集 A^s、A^t，将两个网络中的账号分别一一组成二元组，最终得到 $n*m$ 个账号对 pair，然后采用某种关联算法计算得到所有账号对标识 $l_{pair} = 1$ 的二元组，即对来自两个异构网络 s,t 中的任一用户账号 a_i^s、a_j^t 进行关联。

2. 基于合作博弈的用户账号关联流程

用户账号关联本质上是将不同的用户账号按照它们所属的用户进行分类的多分类问题。然而，由于多分类问题通常难以得到令人满意的解，因此，本节采用 Pairwise[20] 的思想，通过将账号 a_i^k 两两结成账号对 pair，对这些账号对 pair 按照是否关联进行分类。首先将用户账号关联转化为一个二分类问题并计算每个账号对是否关联的概率。然后根据这个概率的大小分别构建账号的偏好顺序集，最终将这个问题转化为如何在源账号偏好顺序集中选择合适的目标账号对其进行匹配关联，并通过引入先验知识尝试提高匹配效果。因此，本节提出了一个分为三个阶段的框架：

基于后验概率支持向量机的用户偏好顺序集构建：在候选账号集 A^s、A^t 之间分别构建关于账号对 pair 的训练集与测试集，在账号对标签特征基础上计算特征向量，并使用支持向量机对训练集特征向量进行训练建模，根据该模型计算测试集中任一账号对在其标识 $l_{pair}=1$ 的条件下的后验概率 P，最终对后验概率 P 进行排序从而构建源账号和目标账号之间的偏好顺序集。

基于稳定匹配的用户账号关联：根据每个账号的偏好顺序集在候选账号集 A^s、A^t 之间进行稳定匹配算法，最终得到所有账号之间的关联结果。

基于先验知识的用户账号关联：在账号的偏好顺序基础上增加已关联账号作为先验知识，通过使用这个先验知识提升稳定匹配算法中的关联优先级，最终得到加强的账号关联结果。

3. 基于合作博弈的用户账号关联的关键问题

目前所面临的关键问题如下。

(1) 传统的账号关联技术往往试图通过最大化某一目标函数从而使得整体候选账号获得最优的关联结果。然而，用户的不同账号行为往往不能用理性、稳定的分布去刻画，而且不同账号所具有的稀疏特征相互之间对于关联有很大的影响，致使传统的最优化方法在大规模稀疏的数据集上并不一定有很好的效果。结合合作博弈论，考虑到账号关联是试图在双边市场主体中进行匹配的问题，本节将稳定分配理论[21]与传统的支持向量机相结合，通过账号之间的合作博弈来最终对用户账号进行稳定关联。

(2) 在用户账号关联传统方法中往往会通过计算不同账号在某些特征之间的"相似度"来决定是否关联。然而，在真实的环境中，某一用户在多个平台上的账号往往反映了用户的不同需求，导致其账号在特定特征下的"相似度"很低进而致使无法关联。考虑到"账号关联问题"实际上和"账号相似问题"是有所区分的，因此，本节通过在(1)中所述方法引入一部分已经关联的用户账号作为先验知识，从而加强用户账号之间的关联性。

下面将具体介绍如何解决这两个问题。

4. 基于后验概率支持向量机的用户偏好顺序集构建

根据 Pairwise 思想，用户账号关联可以首先转化为一个二分类问题，然后通过计算账号对的分类概率来为每个账号构建账号偏好顺序集，定义如下。

账号偏好顺序集：针对某一账号 a^s，其关于目标账号集 A^t 的有序列 $\{a_1^t > a_2^t > \cdots > a_n^t\}$ 称为账号 a^s 的偏好顺序集，该有序序列反映了账号 a^s 与目标账号集中的账号进行关联的偏好顺序。

近年来大量研究表明，支持向量机在解决二分类问题中具有很强的解决能力。由于支持向量机对特征向量十分敏感，因此选择合适的特征向量极为关键。传统方法对用户分析都采用了大量的特征，例如，命名习惯、个人简介、写作风格、用户行为轨迹以及社会关系等。然而，由网络数据的不完整性和异质性导致能够获取的用户数据特征不仅十分有限，而且往往需要对构建的大量特征进行筛选补全。因此，本节通过对用户账号进行标签化，从而解决对用户账号特征进行筛选以及补全的困难。

从现实中的网络来看，一部分网络平台提供了用户账号的标签标注，简洁明了地反映用户账号的某些特性，因此可以直接获取这部分特征。在另一部分没有提供已标注过的用户账号平台中，可以通过很多主题模型，例如，LDA 等方法，对用户历史文本进行主题提取，从而将这些主题作为用户标签。通过主题模型提取特征的方法近年来研究已经颇为成熟，在此不再赘述。

将这些账号与其标签 f 看作词袋模型，分别计算账号 a_m^s、a_n^t 的特征向量 $T_m^s = f_1, f_2, \cdots, f_p$、$T_n^t = \{f_1', f_2', \cdots, f_q'\}$ 之间的以下几种特征值作为账号对 pair 特征。

特征向量余弦相似度：

$$\cos = \frac{(T_m^s \cdot T_n^t)}{\left\| T_m^s \right\| \times \left\| T_n^t \right\|} \tag{3-43}$$

特征向量交集数：

$$n = \#(T_m^s \bigcap T_n^t) \tag{3-44}$$

根据上述特征向量通过支持向量机可以对训练数据进行训练从而对测试数据精确分类。然而在大规模的数据中，存在很多账号由于其自身特征标签的稀疏性以及不同用户账号之间可能存在的相似性，很多情况下无法对这些账号做出精确的分类。因此直接使用标准的支持向量机进行分类时这些噪声样本会对分类效果产生极大影响。事实上账号关联是一个非确定性分类问题：存在某些样本并不一定能够精确地归属到某一类别中，只能通过概率来反映其归属于某一类别的可能性。针对该不确定性分类问题，根据 Platt[22] 提出的 sigmoid-fitting 方法利用支持向量机计算账号对 pair 在其标识 $l_{pair}=1$ 的条件下的后验概率 P：

$$P(l_{pair} = 1 \mid f) = \frac{1}{1 + \exp(Af + B)} \tag{3-45}$$

式中，f 为支持向量机无阈值输出，$f(x) = w^t x + b$；A, B 两参数可以通过对训练集的极大似然估计得到。这个后验概率实际上反映了对于某一账号而言，该账号与目标网络中的账号关联可能性的大小。根据这个后验概率进行对目标网络中账号排序，整体流程如下。

基于 Pairwise 的思想在候选账号集 A^s, A^t 之间构建账号对 pair 的训练集与测试集，通过上述两种特征构建计算任一账号对的特征向量，并利用支持向量机对训练集进行训练建模。针对某一测试集账号 a^s，根据该模型计算其和测试集目标网络 A_{test}^t 中任一账号 a^t 所构成的账号对 pair $= (a^s, a^t)$ 在其标识 $l_{pair} = 1$ 的条件下的后验概率 P，并根据这个概率由大到小对 A_{test}^t 中账号排序，得到 a^s 关于 A_{test}^t 的序列 $\{a_1^t > a_2^t > \cdots > a_n^t\}$ 即 a^s 的偏好顺序集。

下面将介绍如何根据账号偏好顺序集对用户账号进行关联。

5. 基于稳定匹配的用户账号关联

通过前面的转化，用户账号关联问题实际上转变为如何从账号的偏好顺序集中选择出合适的目标账号进行关联使得对候选账号集整体而言关联结果最优。我们结合稳定匹配理论尝试在源网络和目标网络之间进行账号匹配。稳定匹配理论是 Shapley 使用合作博弈的方法来解决双边市场主体中匹配问题而创建的理论，Shapley 凭借该理论获得 2012 年诺贝尔经济学奖。该理论自提出以来在学生择校(学生和学校匹配)、婚姻选择(男方和女方匹配)、求职(员工和用人单位匹配)等多个实践场景中都得到了广泛的应用。该理论的核心在于实现"稳定"这一状态，在完成匹配时在双边市场中不存在一对主体，使得他们对对方的偏好程度高于对现在的匹配对象的偏好程度。实际上，如果将源网络 s 和目标网络 t 看作双边市场，将分别来自这两个网络的账号 a_m^s、a_n^t 看作双边市场的主体，用户账号匹配问题可以转化成寻求在这两个网络中不同账号之间的稳定匹配关系这一问题。因此，我们基于稳定匹配思想，通过账号偏好顺序集对用户账号进行关联。

破坏性账号对：假设完成匹配时账号 a_m^s 匹配 a_p^t，账号 a_n^t 匹配 a_q^s，如果存在某一账号对 pair $= (a_m^s, a_n^t)$，其中账号 a_m^s 在其偏好顺序集中有 $a_n^t > a_p^t$，其中账号 a_n^t 在其偏好顺序集中有 $a_m^s > a_q^s$，那么称账号对 pair $= (a_m^s, a_n^t)$ 为破坏性账号对。

稳定账号匹配：在完成匹配时不存在任一破坏性账号对，那么称整个账号匹配是稳定账号匹配。

采用 Gale-Shapley 提出的 GS 延迟算法即可在双边市场中做到对市场主体进行稳定匹配，然而，标准的 GS 算法要求在双边市场中主体数量必须都为 N，其中每一个主体的偏好顺序集大小也必须为 N，即必须满足"双边市场主体数量一致"以及"主体偏好顺序列表完全"两个限定条件。然而，双边市场中主体数量很难满足一致，而且由于属性缺失造成一部分特征向量无法计算，进而无法满足这样严格的要求，因此本节对其条件限制进行了两点适应性调整。

虚假账号：针对账号数量较少的一方补充差额的虚假账号 a_f，在匹配完成时将一切和虚假账号 a_f 组合成的账号对 pair $= (a_m^s, a_f)$ 进行排除。

不完全偏好顺序集：在匹配的同时进行检测，如果目标匹配账号 a_t 不在当前账号 a_s 的偏好顺序列表中，直接拒绝匹配。

据此，本节所改进的基于合作博弈支持向量机的用户账号关联算法如表 3-22 所示。

表 3-22　CGSVM 算法

算法：CGSVM 算法
输入：源网络账号集 A^s，目标网络账号集 A^t 输出：关联结果集 T

Initializes the result set　$T = \phi$
Calculate the posterior probability　P　of any　pair $= (a_s, a_t), a_s \in A^s, a_t \in A^t$
Sort to get the preference order set for each account
if　$(A^s.\text{length}() \neq A^t.\text{length}())$
　　Add　$\left\vert A^s.\text{length}() - A^t.\text{length}() \right\vert$　fake accounts to the small parties
　　Set the preference order set keeps empty
end if
while $(\text{exists any account}\ a_s \in A^s\ \text{is not linked}\ \&\&\ a_s's\ \text{preference order set}\ \neq \phi)$
　　Find the most preferred target account　a_t　from　$a_s's$　preference order set and remove it
　　if $(a_t$　is not linked　$\&\&\ a_s$　is in the preference order of　$a_t)$
　　　　Set　a_s, a_t　linked,　$T = T \cup \{(a_s, a_t)\}$
　　else if $(a_t$　is linked$)$
　　　　Get the linking object　a_m　of　a_t
　　　　if $(a_s$　is in the preference order set of　$a_t\ \&\&\ a_s > a_m)$
　　　　　　Cancel the linking state of　a_m,　$T = T - \{(a_m, a_t)\}$
　　　　　　Set　a_s, a_t　linked,　$T = T \cup \{(a_s, a_t)\}$
　　　　end if
　　end if
end while
Remove all the accounts linked with　a_f
Return　T

通过上述算法，本节将后验概率的支持向量机和合作博弈的稳定匹配思想结合在一起，最终达到用户账号关联的目的。下面将对如何加强账号关联效果做进一步分析。

6. 基于先验知识的用户账号关联

与传统关联分析方法本质上一致的是，上述方法仍然是基于用户某些方面特征的相似度来进行关联的。然而，事实上，随着网络平台趋于功能分化，用户在不同的平台上使用不同的账号来专一地表达自身某一兴趣，而这些不同兴趣之间的账号极有可能在特征上并不具有相似性。因此，用户账号关联不仅仅是"关联相似的用户账号"这一问题，它还包括如何识别以及关联"不相似但属于同一用户的账号"。而后者这一问题富有极大的挑战性，据资料显示，迄今为止并没有非常有效的解决方案。本节试图引入已知的特定用户的关联账号作为先验知识，来加强文中所提出的账号关联方法。

考虑到双边市场中的主体的偏好顺序集是一种基于特征相似度的单调顺序集，并不能充分反映出不同账号之间的关联信息，因此，本节通过将引入的先验知识作为先验候选账号进行如下定义。

先验候选账号：针对某一账号 a^s，已知其关联账号 a^t，将 a^t 称为 a^s 的先验候选账号。在匹配过程中，假设账号 a^s 当前匹配 $a^{t'}$，若目标账号 a^t 为先验候选账号，无论 a^t 与 $a^{t'}$ 偏好序顺序集如何，优先选择 a^t 进行匹配；若 $a^{t'}$ 也为先验候选账号，则再按照偏好顺序进行匹配。

基于上述定义，本节进一步提出了基于先验知识的增强（cooperative game SVM extend，CGSVMEX）算法，如表 3-23 所示，在此只展示改进的部分（表 3-23）。

表 3-23　CGSVMEX 算法

算法：CGSVMEX 算法
输入：源网络账号集 A^s，目标网络账号集 A^t
输出：关联结果集 T^ϕ
if（a_t is not linked && a_s is in the preference order of a_t）
Set a_s, a_t　linked，$T = T \cup \{(a_s, a_t)\}$
else if（a_t is linked）
Get the linking object a_m of a_t
if（a_s is a prior candidate account of a_t）
if（a_m is not a prior candidate account of $a_t \| a_s < a_m$）
Cancel the linking state of a_m，$T = T - \{(a_m, a_t)\}$
Set　a_s, a_t　linked，$T = T \cup \{(a_s, a_t)\}$
Clear all the accounts behind $a_s's$　preference order list
end if
end if
end if

根据算法 2 通过引入已知的关联账号作为先验知识，从而进一步加强账号之间潜在的关联性，最终将所有得到的符合条件的账号对 $\text{pair} = (a_m^s, a_n^t)$ 作为在网络 s 和网络 t 中用户账号关联的最终结果。

3.7.3　实验结果与分析

1. 实验数据

LifeSpec 项目[23]是由微软亚洲研究院进行的为了对城市市民生活方式进行探索发现并进行层次化分类的一个计算性框架，其项目数据来自大众点评、豆瓣、新浪微博和街旁，包含上千万条用户关于签到、电影评论、书籍评论、音乐评论以及活动的数据。本节选取其中电影和书籍两个部分，将书籍评论作为源网络 s，电影评论作为目标网络 t，在此基础之上对用户进行账号关联。

如表 3-24 所示，选取的数据集总计 62558 个不同的用户。

（1）书籍数据集：包含 34942 个不同账号对 523064 部书籍共计 2118400 条评论信息，每部书籍都含有题目、作者、出版商、发行日、页数、价格、包装、网站标签、用户评分等信息。

（2）电影数据集：包含 41823 个不同账号对 82868 部电影共计 8397846 条评论信息，每部电影都含有名称、导演、编剧、主演、类别、国家、时长、上映日、网站标签、用户评分等信息。

表 3-24　本节选取的 LifeSpec 项目数据集

数据集	合计账号数量/个	评论数量/个	作品数量/个
书籍数据集	34942	2118400	523064
电影数据集	41823	8397846	82868

整个数据集账号对合计 1461379266 个。由于在这样一个规模较大账号对数据集中正例和负例的比例差距往往在 1:10000 以上，因此本节通过对负例随机欠采样的方法将正负例比例控制在大约 1:1 附近，然后进行后续的实验。

以书籍、电影的网站标签作为用户账号标签构成特征，并将每个账号的标签频率作为特征的值，分别计算得到所有账号对 pair 之间的特征向量余弦相似度 cos 以及特征向量交集数 n，以此作为 SVM 的输入并计算后验概率 P。由于输入特征维度较少，因此本节采用高斯核的 SVM，cost 值为 1，其余参数默认，作为基线算法的传统 SVM 采用 10 折交叉验证。SVM 及后验概率 P 计算由 LibSVM[24]工具提供。本节对比的三种算法如下：

（1）SVM_TAG 算法：基线算法，即仅使用标签特征的 SVM。

（2）CGSVM 算法：在 SVM 的后验概率基础上引入稳定匹配算法的合作博弈支持向量机。

（3）CGSVMEX 算法：引入先验知识的增强合作博弈支持向量机（引入占电影账号约 5% 的先验知识）。

由于用户账号关联问题只关注正确关联（正例），因此，本节选取精确率 p、召回率 r 以及 F_1 值作为评价标准，结果如表 3-25 所示。

表 3-25 用户账号关联结果分析

算法	p	r	F_1
CGSVMEX 算法	86.8%	84.2%	85.5%
CGSVM 算法	80.5%	77.6%	79.0%
SVM_TAG 算法	66.2%	40.9%	50.6%

从结果中可以看出，本节的两种方法在精确率 p、召回率 r 以及 F_1 值上都超过了 SVM_TAG 算法，其中 CGSVM 算法在准确率上有约 21.6%的提升，在加入先验知识后的 CGSVMEX 算法上，进一步约 7.8%的提升。而相比迄今为止其他研究人员的研究都使用了大量的用户个人信息、文本、行为轨迹等特征，本节在只使用了网站标签作为特征的情况下就已经达到比较理想的准确率。而且，对比其他的稳定匹配[25]算法，本节取消了原有的"双边市场主体数量一致"以及"主体偏好顺序列表完全"两个限定条件。因此，在复杂稀疏的真实数据集中，可以认为本节算法具有更好的实践意义。

2. 先验知识对用户账号关联准确度的影响

从上述实验上可以得知，先验知识确实能够对本节算法有所提升。但是，显然先验知识所占未能正确分类的结果的比重会影响最终关联的结果。因此，本节通过从 CGSVM 算法中所得到的未正确分类结果（总计 2158 个）中抽取一部分作为先验知识来进行 CGSVMEX 算法，并不断改变这个先验知识所占未正确分类结果的比重来分析先验知识对关联准确度的影响。

扩展率表示 CGSVMEX 算法对关联结果的扩展能力：

$$\text{ExtendRate} = \frac{\#当前CGSVMEX正确分数 - \#CGSVM正确分数}{当前先验知识占未能正确分类结果比重} \tag{3-46}$$

实验结果如图 3-23 所示，横轴 Size ratio 为先验知识比重。

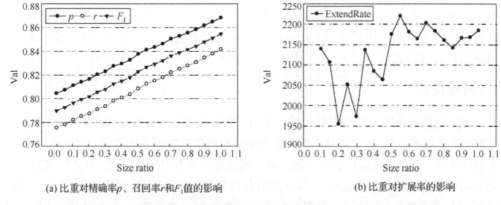

(a) 比重对精确率 p、召回率 r 和 F_1 值的影响　　　　　　　　　(b) 比重对扩展率的影响

图 3-23　先验知识占 CGSVM 算法未正确分类结果比重对算法效果的影响

从结果中可以看出随着比重的逐渐增加，CGSVMEX 算法的精确率 p、召回率 r 和 F_1 值都稳定增长，可以认为先验知识的规模与算法效果成正比。在精确率上的提升效果最大可达约 7.8%。扩展率则反映了算法效果随着先验知识规模增大逐渐趋于稳定。上述实验充分证明了先验知识对于用户账号关联问题中账号之间的关联性的增强能力，说明了本节算法的有效性。

3. 关联结果分析

本节选取 4 个关联结果进行展示与分析，如表 3-26 所示，受篇幅影响共同出现标签只显示出现频率较高的 10 个，其中 1-3 为正确关联结果，4 为错误关联结果。

表 3-26　用户账号关联结果

序号	书籍标签数量/个	电影标签数量/个	在两个数据集中共同出现标签
1	142	1332	日本爱情动漫魔幻青春凉宫春日东野圭吾新海诚达芬奇密码哈利波特
2	421	940	美国日本爱情经典中国香水傲慢与偏见岩井俊二五月天神话
3	453	948	日本童年英国魔幻七龙珠圣斗士灌篮高手机器猫哈利波特加菲猫
4	163	220	美国爱情英国人性香港科幻中国青春成长日本

从表 3-26 中可以看出，受标签语义影响，当共现的标签内容足够具体时账号就能够被正确关联。这实际上进一步说明了根据每个用户具体独特的兴趣标签是可以解决账号关联问题的。然而，如第 4 条所示，当这些标签所表示的内容多为抽象概括性的词语时，就无法对这些账号作出正确的关联。当本节引入的作为先验知识的已关联账号的标签符合这样抽象概括性的词语时，实际上就可以有效地减轻分类器通过计算特征向量而造成的误分类问题。

本节通过使用合作博弈方法来改进传统使用基于 Pairwise 的支持向量机解决用户账号关联问题的方法，针对传统稳定匹配算法的限制条件做出了一定的放宽并通过引入先验知识增强用户账号之间的关联性。

3.8　基于双阈值密度聚类的块数据对齐算法

针对现有基于共有属性相似度的网络用户对齐算法，在判别两个用户是否相似时，未考虑不同属性对用户对齐的标识作用不同导致对齐结果不准确的问题，将网络用户数据简称为块数据，并提出了基于双阈值密度聚类的块数据对齐算法。该算法通过区分不同属性的标识作用，可以更准确地识别出描述同一网络用户的两个块数据，进而实现了具有较丰富共有属性的网络用户对齐问题。

3.8.1　问题描述

互联网用户数据丰富，结构多样，同一个用户的数据通常分布在多个数据源中，为了获取人物更加准确全面的信息，需要将从不同数据源中抽取的用户数据中描述同一用户的实体进行对齐。本节将从单一数据源抽取出的一个网络用户的信息定义为用户块数据。具体定义如下。

用户块数据(person block data)：从互联网各数据源中抽取得到的用以描述同一个网络用户信息的一个或者多个三元组<网络用户标识，属性类型，属性值>，简称为块数据。块数据可分为属性块数据与关系块数据，其中属性块数据描述用户的自身属性，关系块数据描述用户之间的社会关系。块数据统一表示为 pbd。

在块数据的定义下，网络用户对齐就转化为用户块数据的对齐，即将从各数据源中抽取得到的大量块数据集中描述同一个用户的块数据进行对齐。本节算法主要基于用户的属性块数据实现用户对齐。假设从各类数据源中抽取得到的属性块数据集合 $D=\{ pbd_1,pbd_2,\cdots,pbd_n \}$，块数据对齐目标即将 D 中描述同一个用户的块数据进行归并。

分析属性块数据所具有的特点，是解决属性块数据对齐问题的基础。网络用户的属性块数据主要具有属性类型组成不确定、维度不均匀以及表达不统一等三大特点。属性类型组成不确定是指属性块数据中可能出现的属性类型是无法事先确定及穷举的，这主要是人物的复杂性及彼此之间的巨大差异性形成的。维度不均匀是指来自不同数据源的块数据的属性类型组成及数量是不一样的，并没有统一的属性维度。表达不统一是指自然语言表达方式的复杂性与多样性导致的同一语义的属性类型与属性值可能存在多种表达方式，如表达人物名字的属性类型有姓名、中文名、名字等，以目前的技术水平，除了人工识别方法之外难以做到智能精准判断。

块数据对齐的本质即用户信息的对齐，从人名消歧相关研究开始，用户信息的对齐引起了国内外学者的广泛研究，提出了许多对齐算法，基本思想是通过聚类的方法实现对齐，聚类结果的每一个类对应一个网络用户。人名消歧是指确定不同数据来源的相同人名是否指代同一个网络用户，本质上是相同人物标识的辨析问题，而块数据对齐需要解决的是确定不同数据源的用户信息是否描述同一个网络用户，人名消歧只是不同来源块数据包含相同人名情形下的特例，因此，块数据对齐相比人名消歧更加复杂。

通过聚类实现块数据对齐存在两个关键问题：一是聚合条件的确定；二是聚类算法的选择。

聚合条件是指如何确定两个块数据的信息描述同一个网络用户。两个块数据的属性值既有相同的部分也有不相同的部分，相同的部分反映彼此相似度，不相同的部分反映彼此的相异度。本节在评估两个块数据是否描述同一网络用户时，将两者结合起来，同时考虑块数据的相似度以及相异度。

在块数据相似度及相异度度量的过程中，需要区分各个属性类型的权重，通过分析属性类型区分网络用户的特点，属性类型权重在属性值相同及不相同时有着不一样的作用。如姓名属性类型，当两个块数据姓名相同时，由于重名现象严重，难以确定两者描述同一个网络用户，但若两者姓名不一样，我们基本可以确定两者不是描述同一个网络用户，因此姓名属性类型在计算块数据相似度及相异度时所起的作用是不一样的。基于上述分析，我们将属性类型权重分为两个方面——"赞成"权重与"反对"权重。

在属性类型权重的具体度量上，传统的人工定义权重的算法过于主观化且难以大范围拓展，李丽采用基于信息增益的算法[26]度量用户属性的重要性程度，这种算法能够取得比较好的效果，但前提是需要预先知道用户属性的组成结构，然后利用标记好的训练集训练用户属性类型的权重，这对于属性类型组成不确定的块数据对齐是不适合的。本节在分析属性类型区分网络用户特点的基础上，采用基于统计的比值算法度量属性类型的权重。

块数据对齐的第二个关键问题——聚类算法选择。从各类数据源抽取的块数据数量十分庞大，在聚类算法选择上需要同时考虑到有效性与复杂性两方面因素。

基于以上分析，本节提出一种基于双阈值密度聚类的块数据对齐方法，与传统人名消歧的网络用户对齐相比，在属性类型权重组成以及属性类型权重度量方面做出了改进，更加适合块数据的对齐。

3.8.2　算法原理与主要步骤

1. 算法基本流程

基于双阈值密度聚类的块数据对齐算法的基本流程，主要分为属性类型权重度量、块数据相似度度量与相异度度量以及聚类三个阶段。

(1)根据网络用户属性的其特殊性，为每种类型的属性赋予两种权重："赞成"权重、"反对"权重。根据块数据中网络用户各类型属性的出现情况，计算各属性类型的赞成权重和反对权重。

(2)对两个网络用户，分别根据其共有属性中的相似属性计算块数据的相似度、根据相异属性计算块数据的相异度。

(3)基于块数据的相似度和相异度，利用双阈值密度聚类算法聚合块数据，将同一网络用户的多个块数据聚合到一个簇中。

2. 属性权重的计算

不同类型的用户属性，在属性值相同及不相同时有着不一样的标识作用。例如，民族、性别、国籍等属性，值相同时并不能判断是否描述同一个用户，而当其属性值不同时，基本可以判断两个块描述的是不同的用户。为此，对每种属性赋予两种权重："赞成"权重和"反对"权重，其具体含义如下。

A 类型属性的"赞成"权重 agreeweight(A) 为属性类型的属性值丰富程度与出现范围的比值，而其"反对"权重 opposeweight$(A) = 1 - $ agreeweight(A)。属性类型"赞成"权重反映相似属性值的重要性，属性类型"反对"权重反映相异属性值的重要性。"赞成"权重 agreeweight(A) 具体公式如下：

$$\text{agreeweight}(A) = \frac{|T_{A'}|}{|T_A|} \tag{3-47}$$

式中，$|T_A|$ 为块数据集中含有属性类型 A 的块数据个数，$|T_{A'}|$ 为属性类型 A 对应的不重复的属性值个数。

在统计属性类型对应的不重复属性值个数 $|T_{A'}|$ 时，同样的属性值可能存在多个相似语义的表达，通过计算属性值的语义相似度，相似语义的属性值在统计时只能被统计一次。

3. 块数据相似度及相异度度量

从各类数据源抽取的描述网络用户的庞大的块数据中，不同块数据中的属性值既有相同的部分也有不相同的部分，相同的部分反映彼此相似度，不相同的部分反映彼此的相异度。方法在判断两个块数据是否描述同一用户时，将两者结合起来，同时考虑了块数据的相似度以及相异度。块数据相似度以及相异度的定义如下。

(1)块数据相似度：两个块数据 pbd_i 和 pbd_j 由于属性值的相似性而属于同一个网络用户的可能性大小，记为 $simpbd(pbd_i, pbd_j)$。

(2)块数据相异度：两个块数据 pbd_i 和 pbd_j 由于属性值的差异性而不属于同一个网络用户的可能性大小，记为 $dispbd(pbd_i, pbd_j)$。

对于块数据 pbd_i 和 pbd_j，若 pbd_i 的属性值 v_k 也存在于 pbd_j 中，则称 v_k 为相似属性值，反之称为相异属性值。采用 Jarcard 的方法衡量块数据的相似度与相异度，具体计算公式如下：

$$块数据相似度 = \frac{\sum agreeweight(type(v_1))}{\sum agreeweight(type(v))} \tag{3-48}$$

$$块数据相异度 = \frac{\sum oppseweight(type(v_2))}{\sum oppseweight(type(v))} \tag{3-49}$$

式中，v_1 为彼此的相似属性值，v_2 为彼此的相异属性值，v 为彼此的属性值，$type(v_1)$、$type(v_2)$ 以及 $type(v)$ 皆为属性值对应的属性类型。

基于式(3-48)、式(3-49)度量块数据的相似度和相异度的具体过程如表 3-27 所示。

表 3-27 块数据相似度及相异度度量算法

算法：块数据相似度及相异度度量算法
输入：块数据 $pbd_i = \{(i, a_i^l, v_i^l) \mid l = 1, L, m_{pbd_{p_i}}\}$，块数据 $pbd_i = \{(i, a_j^l, v_j^l) \mid l = 1, L, m_{pbd_{p_i}}\}$，属性类型 A 的赞成权重 agreeweight(A)，反对权重 opposeweight(A)，语义一致性阈值 α。
输出：块数据相似度及相异度
1. initialize: //初始化
2.　　　 sumagreeweight ← 0 //属性类型"赞成"权重和初始化为 0
3.　　　 sumopposeweight ← 0 //属性类型"反对"权重和初始化为 0
4.　　　 similarityweight ← 0 //相似部分"赞成"权重和初始化为 0
5.　　　 dissimilarityweight ← 0 //相异部分"反对"权重和初始化为 0
6. for $v_i^l \in value(pbd_i)$ do //遍历属性块数据 pbd_i 的属性值集合
7.　　　 sumagreeweight=sumagreeweight+ agreeweight (a_i^l) //累加属性类型"赞成"权重和
8.　　　 sumopposeweight=sumopposeweight+ opposeweight (a_i^l) //累加属性类型"反对"权重和
9.　　　 if(max $v_j^l \in value(pbd_j)$ Sim $(v_i^l, v_j^l) > \alpha$) similarityweight=similarityweight+agreeweight (a_i^l)

	//假如 pbd_{jA} 包含该属性值，则将该属性值对应的属性类型"赞成"权重累加至 similarityweight
10.	else dissimilarityweight= dissimilarityweight+ opposeweight (a_i^l) //否则将该属性值对应的属性类型"反对"权重累加至 dissimilarityweight
11.	for $v_j^l \in$ value(pbd_j) do //遍历属性块数据 pbd_j 的属性值集合
12.	sumagreeweight=sumagreeweight+ agreeweight (a_j^l) //累加属性类型"赞成"权重和
13.	sumopposeweight=sumopposeweight+ opposeweight (a_j^l) //累加属性类型"反对"权重和
14.	if(max $v_j^l \in$ value(pbd_{LA}) Sim $(v_j^l, v_i^l) > \alpha$) similarityweight=similarityweight+agreeweight (a_j^l) //假如 pbd_{jA} 包含该属性值，则将该属性值对应的属性类型"赞成"权重累加至 similarityweight
15.	else dissimilarityweight= dissimilarityweight+ opposeweight (a_j^l) //否则将该属性值对应的属性类型"反对"权重累加至 dissimilarityweight
16.	simpbd (pbd_i, pbd_j) = similarityweight/sumagreeweight //计算块数据相似度
17.	dispbd (pbd_i, pbd_j) = dissimilarityweight/sumopposeweight //计算块数据相异度

　　针对块数据相似度及相异度度量方法，对来自互动百科和百度百科的两个块数据，举例说明其具体计算过程，块数据具体信息如表 3-28 所示。

表 3-28　块数据信息表

pbd$_1$(互动百科)		pbd$_2$(百度百科)	
中文名	张伟	姓名	张伟
政党	中共党员	职业	黑龙江省委副秘书长
国籍	中国	出生日期	1952 年 7 月
职业	黑龙江省委副秘书长	民族	汉族
民族	汉族		

　　根据属性类型权值计算方法，求得表 3-28 中各属性类型的"赞成"权重如下：agreeweight（中文名）=0.15，agreeweight（政党）=0.13，agreeweight（国籍）=0.01，agreeweight（职业）=0.59，agreeweight（民族）=0.02，agreeweight（姓名）=0.12，agreeweight（出生日期）=0.58。

　　然后按下列过程逐步计算出两个块数据的相似度和相异度。

　　属性类型"赞成"权重和：

$$sumagreeweight=(0.15+0.13+0.01+0.59+0.02)+(0.12+0.59+0.58+0.02)=2.21$$

　　属性类型"反对"权重和：

$$sumopposeweight=9-2.21=6.79$$

　　相似属性值"赞成"权重和：

$$similarityweight=0.15+0.12+0.59+0.59+0.02+0.02=1.49$$

　　相异属性值"反对"权重和：

$$dissimilarityweight=(1-0.13)+(1-0.01)+(1-0.58)=2.28$$

　　块数据相似度：

$$simpbd(pbd_1, pbd_2)=1.49/2.21=0.67$$

　　块数据相异度：

$$dispbd(pbd_1, pbd_2)=2.28/6.79=0.33$$

4. 块数据聚类

常用的聚类算法主要分为基于划分的聚类算法、层次聚类算法以及基于密度的聚类算法。基于划分的聚类算法需要预先确定类别个数，这对于网络用户个数无法事先确定的块数据来说并不合适。层次聚类算法优先聚合相似度最大的两个对象，能够取得比较高的聚类准确率，但由于时间复杂度太高，不适合大规模的块数据聚类。基于密度的聚类算法采用迭代的方法发现密度相连的最大对象集合，不需要预先知道簇的数量，能够发现任意形状的簇且对样本的聚类顺序不敏感。而网络用户块数据具有属性分布不均匀的特点，块数据是网络用户所有属性组成的一部分，因此每个块数据只和属于该网络用户的部分块数据满足块数据聚合准则。基于以上分析，本方法采用基于密度的 DBSCAN 算法，将满足块数据聚合准则的两个块数据看作密度相连，寻找同一个网络用户所有块数据的过程可以看作寻找密度相连块数据的最大集合，从而实现同一网络用户的多个属性块数据的对齐。

在进行密度聚类的过程中，两个块数据聚合的准则为：块数据 pbd_i 和 pbd_j 相似度满足 $simpbd(pbd_i pbd_i, pbd_j pbd_j) > P_1$ 且相异度满足 $dispbd(pbd_i, pbd_j) < P_2$，则将 pbd_i 密度 pbd_i 聚合到 $pbd_j pbd_j$，即两个块数据指代同一个网络用户。

基于密度聚类的 DBSCAN 算法的详细流程图如表 3-29 所示。

表 3-29　块数据聚类算法

算法：块数据聚类算法
输入：块数据集 $D = \{pbd_1, pbd_2, \cdots, pbd_n\}$，相似度阈值 p_1，相异度阈值 p_2
输出：各网络用户类，每一个类内块数据描述同一个用户
1.While(Size()>0)//若块数据集不为空
2.　　Select pbd$_i$ from D //从中随机选取一个块数据 pbd$_i$
3.　　　flag(pbd$_i$)=1; //将 pbd$_i$ 设置为已访问
4.　　　D.remove(pbd$_i$); //从块数据集中移除 pbd$_i$
5.　　create cluster$_{pbd_i}$; //为 pbd$_i$ 创建类 cluster$_{pbd_i}$
6.　　create queue; //创建队列
7.　　queue.add(pbd$_i$); //将 pbd$_i$ 加入队列
8.　　While(queue.size>0) //若队列不为空
9.　　　pbd=queue.poll(); //取出队列头块数据 pbd
10.　　　For pbd$_j$ In D//遍历块数据集中所有元素
11.　　　　If(simpbd(pbd, pbd$_j$)>p_1 and dispbd(pbd, pbd$_j$)<p_2)
//如果块数据 pbd 与 pbd$_j$ 满足聚合条件
12.　　　　　cluster$_{pbd_i}$.add(pbd$_j$); //将 pbd$_j$ 加入 cluster$_{pbd_i}$
13.　　　　　queue.add(pbd$_j$); //将 pbd$_j$ 加入队列
14.　　　　　flag(pbd$_j$)=1; //将 pbd$_j$ 设置为已访问
15.　　　　　D.remove(pbd$_j$); //从块数据集中移除 pbd$_j$

3.8.3　实验结果与分析

1. 实验数据与评价指标

本实验采用的数据集来自百度百科和互动百科，百科的信息模块正好相当于人物块数据，能够非常好地支持本文的实验验证，实验采集的数据集分为数据集 A 和数据集 B。

数据集 A 包含 24 个常用重名的百科页面，其中百度百科页面 1754 个，互动百科页面 542 个，总共提取了 2296 块数据，包含 2113 个人物实体。

数据集 B 采集了 4380 个无重名百度百科页面，提取了 4380 个块数据，总共包含了 4380 个人物实体。

本节通过准确率 P、召回率 R 与 F 值三项指标来综合评价对齐效果。设实验聚类结果为 $S=\{S_1,S_2,\cdots,S_m\}$，标准聚类为 $R=\{R_1,R_2,\cdots,R_n\}$，则各评价指标计算方法如下：

$$P=\frac{\left|对齐准确的块数据\right|}{\left|所有的块数据\right|}=\frac{\sum_{S_i\in S}\max_{R_j\in R}\left|S_i\cap R_j\right|}{\sum_{S_i\in S}\left|S_i\right|} \tag{3-50}$$

$$R=\frac{\left|召回准确的块数据\right|}{\left|所有的块数据\right|}=\frac{\sum_{R_i\in R}\max_{S_j\in S}\left|R_i\cap S_j\right|}{\sum_{R_i\in R}\left|R_i\right|} \tag{3-51}$$

$$F=\frac{2PR}{P+R} \tag{3-52}$$

2. 预设参数的选取实验

α 参数的设置是为了一定程度上解决同一属性值多种表达方式的现象。α 的设置非常关键，若 α 设置过小，则可能引起匹配失误；若 α 设置过大，则可能导致同一含义的属性值无法实现匹配。为了设置一个比较合适的 α 值，我们选取了 200 对属性值，包括 100 对相同语义属性值和 100 对相异语义属性值进行了十组实验，比较 α 的不同取值对 100 对属性值的辨别准确率，α 取值从 0.1～1.0，通过选取最优值来确定 α 的取值，实验结果如图 3-24 所示。从图中可以看出，准确率随着 α 先增加后降低，并在 0.8 左右取得最大值。本实验取 $\alpha=0.8$。

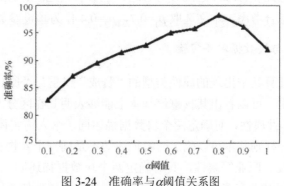

图 3-24　准确率与 α 阈值关系图

为了选取合适的 p_1 及 p_2，我们对 2000 个不同人物实体块数据之间的相似度及相异度，以及 116 对相同人物实体的块数据之间的相似度及相异度进行了计算，并统计这些相似度及相异度在 0～1.0 内的分布比例，结果如图 3-25、图 3-26 所示。

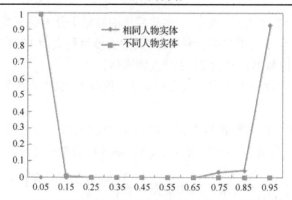

图 3-25　相同人物实体以及不同人物实体块数据之间相似度比例分布

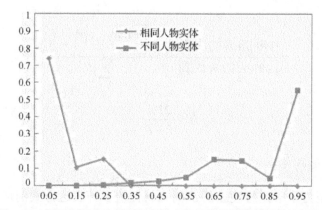

图 3-26　相同人物实体及不同人物实体块数据之间相异度比例分布

由图 3-25 可以看出，相同人物实体的块数据相似度主要分布在 0.7～1.0 区间，而不同人物实体的块数据相似度主要分布在 0～0.3 区间，因此 p_1 取值分布在 0.3～0.7 之间较为合适，能够有效地区分开相同人物实体以及不同人物实体的块数据。同理，由图 3-26 可以看出，相同人物实体的块数据相异度主要分布在 0～0.4 区间，而不同人物实体的块数据相异度主要分布在 0.4～1.0 区间，因此 p_1 取 0.4 之间较为合适，能够有效地区分开相同人物实体以及不同人物实体的块数据。综合考虑，本文选取 $p_1=0.7$，$p_2=0.4$ 作为预设参数的大小。

3. 属性权重计算与块数据对齐实验

基于上述块数据计算其中出现的属性类型的"赞成"权重与"反对"权重，表 3-30 列出了其中部分属性的结果。可以看出其权重值基本上能够表明其在区分人物上的作用大小，国籍、性别、民族是群体性属性，对确定两个块数据描述同一个人物实体的作用低，其"赞成"权重小，但若两者不一样则基本可以确定两者描述的不是同一个人物实体，其"反对"权重大。而对于如毕业院校、职业等属性，其对确定两个块数据描述同一个人物实体的作用大，"赞成"权重高，而由于其存在多值的可能性也大，即使彼此属性值不同也可能是描述同一人物实体，因此"反对"权重比较低。由于本实验的数据集规模还比较小，部分属性类型的权重度量可能不太精准，如毕业院校的"赞成"权重偏高，"反对"权重偏低。若能在海量的块数据规模上进行实验，将能够更加准确地刻画属性类型的权重。

表 3-30　本文方法度量的部分属性类型"赞成"权重与"反对"权重

属性类型	"赞成"权重	"反对"权重
身高	0.8	0.2
出生日期	0.58	0.42
政治面貌	0.16	0.84
毕业院校	0.67	0.33
出生地	0.73	0.27
国籍	0.01	0.99
性别	0.01	0.99
星座	0.42	0.58
民族	0.02	0.98
血型	0.34	0.66
职业	0.34	0.66
别名	0.93	0.07
学历	0.52	0.52
外文名	0.70	0.30

通过上面实验确定的预设参数：$\alpha=0.8$，$p_1=0.7$，$p_2=0.4$，分别在重名数据集 A、非重名数据集 B 以及两者混合数据集 A+B 上进行数据块对齐实验。实验结果如表 3-31 所示。

表 3-31　块数据对齐实验结果表

数据集类型	P	R	F
数据集 A	99.2%	96.0%	97.6%
数据集 B	100%	100%	100%
数据集 A+B	99.5%	96.3%	97.9%

从实验结果可以看出，方法总体取得了比较好的对齐效果，但由于重名的影响，在非重名数据集 B 上的对齐效果比重名数据集 A 上的更好，说明重名因素对对齐的影响依然比较大。

在本节中，我们给出了数据块的定义，在块数据集上，对每个属性进行权重的度量，度量方法有两种，一种是"赞成"权重度量，另一种是"反对"权重度量。基于两种不同的度量方式，分别计算块数据集的相似度和相异度。基于相似度和相异度进行聚类，对数据块进行对齐。利用中文百科数据集，对算法进行验证，发现其准确率均大于 99%，召回率均大于 96%，F_1 值均大于 97%，效果良好。

参 考 文 献

[1]　韩家炜等. 数据挖掘: 概念与技术[M]. 3 版. 北京: 机械工业出版社, 2012.

[2]　YANG C, HARKREADER R, ZHANG J. Analyzing spammer's social networks for fun and profit[C]//

International Conference on World Wide Web（WWW'12），2012.

[3]　THEODORIDIS S, KOUTROUMBAS K. 模式识别[M]. 4 版. 北京: 电子工业出版社, 2009.

[4]　RISH I. An empirical study of the naive Bayes classifier[C]// IJCAI workshop on Empirical Methods in Artificial Intelligence, 2005.

[5]　FAYED H A, ATIYA A F. A novel template reduction approach for the K-nearest neighbor method[J]. IEEE Transactions on Neural Networks, 2009, 20（5）.

[6]　LEE G. Nested support vector machines[J]. IEEE Transactions on Signal Processing, 2010, 58（3）.

[7]　ARCHER K J, KIMES R V. Empirical characterization of random forest variable importance measures[J]. Computational Statistics & Data Analysis, 2008, 52（4）.

[8]　MCCORD M, CHUAH M. Spam detection on Twitter using traditional classifiers[C]// The 8th International Conference on Autonomic and Trusted Computing, 2011: 175-186.

[9]　陈波, 王乐, 董鹏. 挖掘最大频繁项集的事务集迭代算法[J]. 计算机工程与应用, 2009, 45（6）: 141-144.

[10]　刘黎明, 王水. 基于迭代事务集与交集剪枝的最大频繁项集挖掘算法[J]. 南开大学学报（自然科学版）, 2009, 42（4）: 97-102.

[11]　ZHOU W, JIN H, LIU Y. Community discovery and profiling with social messages[C]// The 18th ACM SIGKDD International Conference on Knowledge Discovery and Data Mining. ACM, 2012: 388-396.

[12]　BLEI D M, NG A Y, Jordan M I. Latent dirichlet allocation[J]. Journal of Machine Learning Research, 2003, 3: 2003.

[13]　MINKA T, LAFFERTY J. Expectation-propagation for the generative aspect model[C]// The 18th Conference on Uncertainty in Artificial Intelligence. Morgan Kaufmann Publishers Inc, 2002: 352-359.

[14]　STEYVERS M, GRIFFITHS T. Probabilistic topic models[J]. Handbook of Latent Semantic Analysis, 2007, 427（7）: 424-440.

[15]　HOFMANN T. Unsupervised learning by probabilistic latent semantic analysis[J]. Machine Learning, 2001, 42（1-2）: 177-196.

[16]　SACHAN M, CONTRACTOR D, FARUQUIE T, et al. Probabilistic model for discovering topic based communities in social networks[C]// Proceedings of the 20th ACM International Conference on Information and Knowledge Management. ACM, 2011: 2349-2352.

[17]　ANDERSON S P, DE P A, THISSE J F. Discrete Choice Theory of Product Differentiation[M]. MIT Press, 1992.

[18]　MCFADDEN D. Conditional logit analysis of qualitative choice behavior[J]. Frontiers in Econometrics, 1974: 105-142.

[19]　LANGVILLE A N, MEYER C D. Google's PageRank and Beyond: The Science of Search Engine Rankings[M]. Princeton: Princeton University Press, 2011.

[20]　WU T F, LIN C J, WENG R C. Probability estimates for multi-class classification by pairwise coupling[J]. Journal of Machine Learning Research, 2004, 5: 975-1005.

[21]　GALE D, SHAPLEY L S. College admissions and the stability of marriage[J]. The American Mathematical Monthly, 1962, 69（1）: 9-15.

[22]　PLATT J. Probabilistic outputs for support vector machines and comparisons to regularized likelihood methods[J]. Advances in Large Margin Classifiers, 1999, 10（3）: 61-74.

[23] YUAN N J, ZHANG F, LIAN D, et al. We know how you live: exploring the spectrum of urban lifestyles[C]// The First ACM Conference on Online Social Networks. ACM, 2013: 3-14.

[24] CHANG C C, LIN C J. LIBSVM: A library for support vector machines[J]. ACM Transactions on Intelligent Systems and Technology（TIST）, 2011, 2（3）: 27.

[25] KONG X, ZHANG J, YU P S. Inferring anchor links across multiple heterogeneous social networks[C]// The 22nd ACM International Conference on Information & Knowledge Management. ACM, 2013: 179-188.

[26] 李丽. 基于属性信息的中文人名消歧研究[D]. 北京: 北京邮电大学, 2012.

第4章 目标网络结构分析

随着网络的发展，网络拓扑结构的复杂性也在增长，对网络结构的认识从 ARPANET 时代简单精确拓扑图的绘制，到 NSFNET 时代对网络物理基础设施连接图的绘制，直到现在没有人能够完成全球互联网拓扑图的精确绘制。目标网络结构侧重于从连接关系的角度观察和理解网络全局特性和局部特征，涉及网络结构测量、网络区域划分、网络边界识别和网络变化分析等多个研究内容。

作为网络资源测绘的基础，目标网络结构提供了从多个层面对目标网络进行宏观理解和微观认知的能力。近年来，对网络拓扑的研究不断深入，涉及通过 Internet 分层体系结构对各种连接结构类型的研究。同时完整、准确、实时的网络结构分析需求对现有传统方法提出了新的挑战。

4.1 目标网络结构分析概述

互联网是世界上最大的网络，主要由多个网络服务提供商(internet service provider，ISP)负责运营和维护。通过分析数据在网络中各个节点间路由转发情况，进而得到的网络节点间的逻辑连接关系，即为网络拓扑[1-3]。网络拓扑可分为五个层次：IP 接口级网络拓扑、路由器级网络拓扑、子网级网络拓扑、入网点(point of presence，PoP)级网络拓扑和自治系统(autonomous system，AS)级网络拓扑。

在互联网中，每一个网络节点都具有一个独立的 IP 地址，通过 Tracert 等方式分析各个IP 之间的连接关系，即可得到 IP 接口级网络拓扑；在互联网中，路由器通常具有多个物理接口，每个接口可分配一个 IP 地址，因此可能出现多个 IP 地址同属一个路由器的情况，将这些 IP 地址进行合并即可得到路由器级网络拓扑；在互联网中，IP 地址由网络号和主机号两部分组成，将具有相同网络号的 IP 地址进行合并，即可得到子网级网络拓扑；在互联网中，不同地区的网络之间通常存在若干个 PoP 级网络，根据 PoP 级网络内节点间的地理分布相似性(通常在一个城市内)以及连接紧密性，对 IP 地址进行合并，即可得 PoP 级网络拓扑。AS是各个 ISP 管理网络的基本单位，其内所含 IP 地址通常覆盖多个城市，ISP 为每一个 AS 都指定一个 AS 号，根据 IP 地址所属的 AS 号进行合并，即可得到 AS 级网络拓扑。

4.2 目标网络结构分析研究现状

4.2.1 路由器级网络拓扑分析算法

互联网中的路由器一般都有多个物理接口，连接多个网络，不同的接口也被分配有不同的 IP 地址，因此一个路由器往往持有多个 IP 地址，这种情况称为路由别名。路由别名将导致由探测得到的网络结构和实际网络结构存在差异。为了提高网络拓扑分析的准确性，需要对路由别名的情况进行解析，现有典型的别名解析算法主要包括：Mercator[4]，Ally[5]，RadarGun[6]，APRA[7]等。

由 Spring 等[4]提出的 Mercator 算法，通过向目标不常用的高段端口发送探测报文，对比接收到的 ICMP 差错报文中的源地址与目标地址来推测路由别名。在对具有多个网络接口的网络目标进行探测时，目标有可能会从其他接口(非接收到探测报文的接口)发送响应报文，因此若接收到的报文中的源地址与目标地址不同，则可判断其二者为同一路由器的不同别名。

由 Eriksson 等[5]提出的 Ally 算法，通过向一组疑似为路由器别名的 IP 对交叉发送探测报文，比较接收到的响应报文中的 IP-id 值来判断二者是否属于同一路由器。网络中的每个路由器都维持了一个递增的 IP-id 计数器，并且各个接口都共享这个计数器，因此如果接收到的响应的 IP-id 是有序的并且值是相近的，则判定这两个 IP 是同一路由器的别名。

由 Bender 等[6]提出的 RadarGun 算法，通过对每一个 IP 地址探测 30 次，根据每一个 IP 地址的 30 个响应报文计算出其 IP-id 增长的速度，进而估算其某一刻的 IP-id 范围，通过对两个 IP 地址的探测响应报文进行分析，若这些响应报文中的 IP-id 相近，并且 IP-id 增长速率相近，则二者很有可能是同一路由器的别名。

由 Gunes 等[7]提出的 APAR 算法，通过对网络中的子网进行分析，来确定候选的路由别名。路由器连接着不同的网络，因此，同一子网内的 IP 地址肯定不属于同一个路由器，而对于那些与同一子网直接相连的不同的 IP 地址，则有可能属于同一个路由器上，进一步对这些 IP 地址进行探测和别名判别。

4.2.2　PoP 级网络拓扑分析算法

在 PoP 级网络拓扑分析方面，Spring 等[4]提出了基于 DNS 解析的 PoP 级网络拓扑分析算法，通过对大量探测结果进行分析，推断出了 DNS 的命名惯例。由 Madhyastha 等[8]提出 iPlane 算法，对生成 PoP 级网络拓扑分析算法提出了一些改进措施。首先，利用 Mercator 算法[4]对各个 IP 地址进行别名解析；其次，有一些网络接口并没有 DNS 域名，因此该算法通过两个额外的数据源：Rocketfuel[9]和 Sarangworld[10]，将 DNS 域名指定到尽可能多的网络接口，进而减少 PoP 级网络提取过程中产生的误差，分析更为完整和全面的 PoP 级网络。由 Feldman 等[11]提出的基于时延的 PoP 级网络拓扑分析算法，通过对 PoP 级网络的结构进行分析，指出由于 PoP 级网络中的节点地理位置分布接近，并且连接紧密，同一 PoP 级网络中的节点间的通信时延相对较小，因此该算法首先测量并选择了时延值低的探测路径信息，在此基础上，通过从中提取具有紧密连接结构的节点集合，进而完成对 PoP 级网络的提取和分析。由 Shavitt 等[11]提出的基于 IP 数据库和时延测量的 PoP 级网络定位算法，是对 PoP 级网络拓扑分析算法的一个扩展。该算法首先查询现有 IP 数据库，确定各个 PoP 级网络中所含 IP 节点的位置，进而估计各个 PoP 级网络所在大致区域；其次，对于未知位置的 PoP 级网络，通过分析与其相邻 PoP 级网络之间的时延信息，根据时延和距离的相关系数 RA(RA 是根据已知位置的 PoP 之间的距离和时延计算得到的一个范围)，设置距离约束条件，进而确定这些 PoP 级网络的位置。

4.2.3　网络异常检测算法

网络异常检测算法是指在静态或动态网络中识别异常事件、异常节点、异常链接或异常子图等，就检测对象不同可分为静态网络异常检测算法和动态网络异常检测算法。

静态网络异常检测算法，其核心思想是通过自我图、社团、频繁子图等方式对节点的邻域特征进行提取和表达，在特征值的基础上利用 out-line 方程、最大流-最小割等算法确定异常节点。

动态网络异常检测算法可分为基于社团或聚类的异常检测算法、基于特征抽取的异常检测算法、基于矩阵或张量分解的异常检测算法及基于窗口的异常检测算法。其核心思想是抽取基于节点的结构特征，通过特征聚合最终计算不同时间点的网络相似度，通过相似度变化标识异常时间点。

在网络异常检测算法领域，鉴于网络中成员的异质性与动态性难以简单地描述，现有的网络异常检测模型对成员演化过程的刻画往往存在较多局限性。现有的基于网络拓扑结构进行异常检测的算法对待检验的网络结构参数的分布要求较为严格，因此在现实中应用于某些实际动态网络中时效果欠佳。传统的动态网络异常检测算法主要基于网络结构特征统计，一方面难以全面地捕捉图中的结构特征，另一方面在面对大规模复杂的网络数据时具有较高的时间复杂度。

4.3　基于单跳时延分布的城市区域网络拓扑分析算法

4.3.1　问题描述

获取准确的网络拓扑信息，是实现目标网络实体可靠定位的重要基础之一。针对现有网络拓扑研究中局部区域网络拓扑信息获取不全、缺乏与实际地理区域的关联分析的问题，本节提出了基于单跳时延分布的城市区域网络拓扑分析算法。首先，通过分布式部署多个探测源，综合多种协议下的探测报文和多种路由器别名解析算法，提高网络拓扑数据获取的准确性和完整性；其次，通过对探测路径中所经相邻路由器之间的单跳时延的分析，指出城市内与城市外的网络节点在通信中，单跳时延呈现的"低-高-低"分布现象，并以此为依据完成对探测路径的分析，确定城市区域网络的边界，完成对城市区域网络拓扑的获取与分析。

4.3.2　算法原理与主要步骤

1. 算法原理与主要步骤

现有网络拓扑的数据获取，主要以基于 Tracert 探测的方式获得，通过网络节点间的相互探测，收集数据在网络传输过程中的相关拓扑信息，包括途径的网络节点、网络节点之间的连接关系以及网络节点之间的时延[12]。本节所研究的城市区域网络拓扑，是将获得的网络拓扑数据限定在一个城市的地理范围之内，进而对一个城市内部的网络拓扑进行分析。

通常情况下，一个城市区域的网络是通过不同的网络设备与其他网络进行连接的，不同区域的探测源在对目标城市区域内的网络节点进行探测时，会经由不同路由器转发进入目标城市区域网络。对于与探测目标位于同一城市区域内的探测源，其探测数据通常是在城市内部网络中进行路由转发，因此其结果可直接作为该城市区域内的网络拓扑信息；对于位于探测目标所在城市区域外部的探测源，其探测数据要经过多次转发才能到达目标所处的城市区域网络，需要依据数据在不同区域网络传输中所具有的不同的时延特性，对得到的探测结果进行划分，从中提取出目标所处城市区域网络内的拓扑信息。

大量的探测数据表明，城市内与城市外的网络节点在通信中，其间相邻路由器之间的单跳时延存在"低-高-低"的分布现象，这种现象与数据传输过程中途经路由器所处的地理位置有关。当数据在同一城市网络内部进行转发时，由于城市区域中各个路由器节点间的地理位置接近，传输过程中的时延值较低；当数据需要进行跨城市远距离的转发时，由于路由器节点间地理距离的增加以及 ISP 骨干网中大量网络数据的汇聚，传输过程中的时延值会增高。因此，通过对探测路径中单跳时延的分析，可以推断出城市区域网络的边界。基于上述原理，提出了一种基于单跳时延分布的城市区域拓扑分析算法，具体步骤如下：

输入：城市区域内 IP 段；

输出：城市区域网络拓扑；

Step 1：通过部署的多个位于同一城市区域内部的探测源 $I_1 \cdots I_n$，以及位于城市区域外部的探测源 $O_1 \cdots O_n$，综合利用多种探测手段，对城市区域内所含的 IP 节点进行探测，并完成对探测结果中路由器的别名解析；

Step 2：统计分析由内部探测源得到的探测结果中相邻路由器之间的单跳时延分布，确定该城市区域网络内单跳时延的范围，将城市区域内所含网络节点间单跳时延的最大值作为该城市区域单跳时延阈值 D_t；

Step 3：依据确定的城市区域网络单跳时延阈值 D_t，对由外部探测源得到的探测结果进行划分。从其最后一跳开始，比较该跳的单跳时延 d_{hop} 是否小于单跳时延阈值 D_t，若小于单跳时延阈值 D_t，则接着分析上一跳的单跳时延(hop=hop−1)，若大于单跳时延阈值 D_t，则选取保留该跳之后的探测结果；

Step 4：通过查询相关网站中 ISP 骨干网络的信息，去除经划分后探测结果中的 ISP 骨干路由节点；

Step 5：统计由各个探测源得到的探测结果，对得到的拓扑信息进行归并，完成对目标城市区域网络拓扑的获取。

2. 目标区域网络探测

由于在网络探测的过程中，探测源所处的位置往往会对目标区域网络拓扑获取产生较大影响，不同位置的探测源在对目标区域进行探测时会得到不同的探测结果。为了获取更丰富的网络拓扑信息，本节算法在探测源选择方面采用了内外结合、多源部署的策略。当探测源处于目标城市区域网络内，并且与目标节点属于同一个 ISP 时，通常只需在城市内部的网络中进行转发即可；当探测源处于其他城市时，在对目标进行探测的过程中，通常需经过多次转发后才能进入目标城市区域网络，而由于网络边界路由器不同的路由策略，因此从不同边界路由器进入的探测数据包可能会返回不同的内部结构。

在探测方式方面，由于目前网络中存在的多种防护措施，如防火墙端口限制、ICMP 协议封包限制、路由负载均衡等，单一的探测方式往往获取不到完整的网络拓扑信息。虽然由于自身所设置的安全策略，网络中的路由器会选择性地过滤某些协议下的探测数据包，不发送响应报文，但对于其他协议下的探测数据包，目标节点有可能会发送响应报文，例如，某些不响应 ICMP 探测包的路由器，对于收到的 UDP 探测包(目标端口通常高于 30000)，会返回给探测源端口不可达差错报文。因此,本节算法在探测过程中,综合了多种协议下的 Tracert 的探测报文,扩展了目标探测的形式和种类,主要包括 ICMP、UDP、TCP、ICMP-PARIS[13] 和 UDP-PARIS[13]五种类型,通过多协议的探测方式,减少目标探测过程中路由器以及目标节点无回应的情况,提高网络拓扑信息获取的完整性。

在路由器别名解析方面,由于网络中探测结果的复杂性,路由器存在别名的现象,多个 IP 地址可能属于同一个网络中的路由器,这些 IP 节点彼此在网络拓扑中存在时延等连接信息,但却拥有相同的地理位置,若无法分析出这些别名的情况,将会影响到拓扑分析和网络实体定位的准确性。为了更加全面地分析出网络拓扑中路由器别名情况,综合运用 Mercator[4]、Ally[5]和 RadarGun[6]等 3 种别名解析算法,可完成对网络拓扑中的路由器别名归并,提高网络拓扑信息获取的准确性。

3. 基于单跳时延的探测路径分析

大量的探测数据表明,在位于不同城市网络节点之间的通信过程中,其相邻路由器之间的单跳时延存在"低-高-低"的分布现象。以中国河南省中的部分探测结果为例,通过部署在北京市内的 10 个中国电信的探测源,对位于中国河南省郑州市、开封市、洛阳市的各 200 个中国电信已知 IP 地标,在一周的时间内分别进行了 500 次探测,统计分析了不同城市区域目标探测过程中,相邻路由器间单跳时延的最小值分布情况,如图 4-1 所示。其中为了使数据更直观连续地展示,截取了在地区内所有目标探测过程中,所经最短跳数之前的探测路径信息,其中郑州市为 14 跳之前,开封市和洛阳市为 12 跳之前。

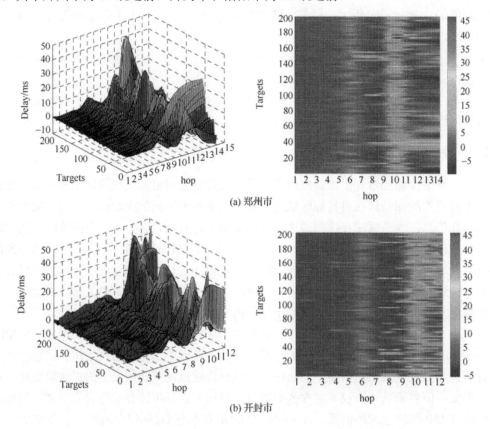

(a) 郑州市

(b) 开封市

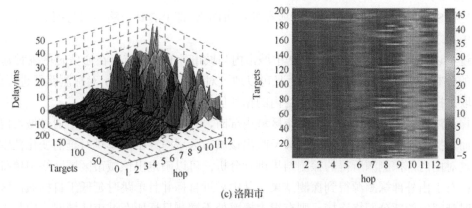

(c) 洛阳市

图 4-1　不同城市区域目标探测过程中单跳时延最小值分布

从图 4-1 中可以看出，城市内与城市外的网络节点在通信中，其间相邻路由器之间的单跳时延存在"低-高-低"的分布现象，进而对这种现象进行了分析。

数据在网络传输的过程中，节点间的时延主要由传输时延和路由时延两部分组成。传输时延是信号在主机之间的网络链路上传输时消耗的时间，由链路长度与信号在链路中的传输速度决定。路由时延指的是信号在路由器中产生的时延，主要分为排队时延和路由器处理时延等，由路由器个数、路由器性能、网络通信质量等多个因素决定。实际上，完整时延中还包括一些其他的时延，如探测报文从主机传入到链路中的时间等，但相对传输时延和路由时延太小，不再考虑。假设完整时延为 d，传播时延为 d_t，路由时延为 d_r，则可得式(4-1)：

$$d = d_t + d_r \tag{4-1}$$

单跳时延指的是数据在网络传输的过程中，途经相邻两路由器之间的时延。由于探测能力的有限，探测路径中所经路由器之间的绝对时延难以测量，在数据分析时统一采用计算相对时延的算法来近似估计。

假设单跳时延为 d_{onehop}，路由器 R_1 和路由器 R_2 之间的单跳时延如式(4-2)：

$$d_{\text{onehop}} = \mid d_2 - d_1 \mid = \mid d_{t2} - d_{t1} + d_{r2} \mid \tag{4-2}$$

从式(4-2)可得，路由器 R_1 和路由器 R_2 之间的单跳时延主要包括两者间的传输时延以及在路由器 R_2 处的路由时延，因此高单跳时延值的出现主要是以下两种原因造成的：

(1)由 R_1 和 R_2 之间的地理距离远造成的传输时延高；

(2)在 R_2 处数据量的汇聚较多造成的 R_2 处的路由时延高。

由于在远距离的数据传输通常由 ISP 骨干网络负责，并且 ISP 骨干网络中的数据量远高于城市网络中的数据量，同一 ISP 中城市内与城市外的网络节点在通信时，当数据包在城市内部网络中传递时，由于城市内部网络中路由器之间的地理位置接近，数据量与 ISP 骨干网中相比较少，这部分传输过程中的单跳时延低；而当数据包在 ISP 骨干网络内传递以及从 ISP 骨干网络进入城市网络的过程中，由于地理距离的增加和数据量的增长，传输时延和排队时延增加，单跳时延明显增高，在探测路径中单跳时延的峰值往往也出现在这个阶段。因此，不同城市内网络节点通信过程中高单跳时延可能出现在以下的阶段：

(1)在 ISP 骨干网络的传输过程中，即 ISP 骨干路由器之间；

(2) 从 ISP 骨干网络进入探测目标所在的城市网络，即 ISP 骨干路由器与探测目标所属城市级路由器之间。

通过上述分析可以得知，同一 ISP 中城市内与城市外的网络节点在通信时单跳时延"低-高-低"的分布符合网络的基本特性，而且可以通过对单跳时延的分析，对探测路径进行分析，从中提取出探测目标所处城市区域网络内的拓扑信息。

当探测源与探测目标位于同一城市区域内部时，它们之间数据的转发是通过城市内部的网络，而其探测过程中的单跳时延能够反映出该城市区域网络中的单跳时延的变化范围。因此，通过对由内部探测源所得的探测结果进行分析，可以确定出该城市区域网络中单跳时延的阈值；对于由外部探测源得到探测结果，其中靠近目标并且单跳时延低于目标城市区域网络单跳时延阈值的部分网络连接，则有很大概率处于探测目标所在城市区域网络内部。

依据单跳时延的分析可以初步完成对探测路径的划分，但对于地理距离远造成的高单跳时延值，通常出现在 ISP 骨干路由器之间，在这种情况下，基于单跳时延划分的探测路径中会包含有部分 ISP 骨干路由节点，而这些 ISP 骨干路由属于目标城市级的区域网络。为了实现进一步的精确划分，需要对这些骨干路由节点进行去除。对于 ISP 的骨干网络信息，通常可在 Internet 的相关管理机构中查询可得。本节算法通过查询相关管理机构网站中 ISP 骨干网络分布，从划分后的结果中删去 ISP 骨干路由节点，进而提高目标城市区域网络拓扑信息获取的准确性。

4.3.3　实验结果与分析

为验证提出的基于单跳时延分布的城市区域网络拓扑分析算法，选取北京市、武汉市以及郑州市 3 个城市进行实验分析。

1. 实验设置

在目标区域为北京市的实验中，选用部署在北京市、上海市以及郑州市内的共 30 个探测源，对从北京市 203 个 C 类网段中随机选取的 1015 个目标 IP 进行探测；在目标区域为武汉市的实验中，选用署在北京市、上海市以及武汉市的共 30 个探测源，对从武汉市 141 个 C 类网段中随机选取的 705 个目标 IP 进行探测；在目标区域为郑州市的实验中，选用部署在北京市、上海市以及郑州市的共 30 个探测源，对从武汉市 112 个 C 类网段中随机选取的 560 个目标 IP 进行探测。实验中所有探测源和目标 IP 均属于中国电信。在探测实验中，从各个探测源对每个目标 IP 分别进行了综合 5 种探测报文的共 100 次探测，并通过 3 种别名解析算法，完成对探测结果中的路由器别名归并。不同区域中实验设置的具体参数如表 4-1 所示。

表 4-1　不同目标城市区域网络探测实验参数设置

目标区域	探测源位置/个数	目标 IP	探测报文	别名解析	ISP
北京市	北京市/10 上海市/10 郑州市/10	1015	ICMP UDP TCP ICMP-paris UDP-paris	Mercator Ally RadarGun	中国电信

续表

目标区域	探测源位置/个数	目标 IP	探测报文	别名解析	ISP
武汉市	北京市/10 上海市/10 武汉市/10	705	ICMP UDP TCP ICMP-paris UDP-paris	Mercator Ally RadarGun	中国电信
郑州市	北京市/10 上海市/10 郑州市/10	560	ICMP UDP TCP ICMP-paris UDP-paris	Mercator Ally RadarGun	中国电信

2. 城市区域网络拓扑分析结果

在实验中，综合利用了多种协议下的探测报文，通过位于不同区域的多个探测源对北京市、郑州市以及武汉市中选取的目标 IP 进行了探测分析，探测过程如图 4-2 所示，对于不同城市区域目标的多源多协议探测响应结果如表 4-2 所示。

由表 4-2 可以看出，不同协议下探测报文的响应程度不同，不同的探测源能到达的目标个数也不同。通过分布式部署的多个探测源，综合多种协议下的探测报文，能有效提高的网络拓扑信息获取的完整性。在此基础上，对基于本节算法得到的城市区域内的网络拓扑，通过多种算法完成对其中所含节点的别名解析，实验结果如表 4-3 所示。

由表 4-3 可以看出，在城市区域的网络中存在着较多的路由器别名现象，不同的别名解析算法能够分析出的路由器别名结果存在部分差异，而通过综合多别名解析算法，能有效提高网络拓扑信息获取的准确性。

Source_IP	Router_IP	Destination_IP	RouterHop	RouterDelay	ProbingBatch	ProbingLocation	Type
192.168.1.108	192.168.1.1	60.30.128.1	1	0	2016-07-18 20:40:15	Zhengzhou1	ICMP_Paris
192.168.1.108	100.64.0.1	60.30.128.1	2	0	2016-07-18 20:40:15	Zhengzhou1	ICMP_Paris
192.168.1.108	61.168.85.169	60.30.128.1	3	15	2016-07-18 20:40:15	Zhengzhou1	ICMP_Paris
192.168.1.108	61.168.33.193	60.30.128.1	4	16	2016-07-18 20:40:15	Zhengzhou1	ICMP_Paris
192.168.1.108	219.158.8.146	60.30.128.1	5	16	2016-07-18 20:40:15	Zhengzhou1	ICMP_Paris
192.168.1.108	202.99.116.162	60.30.128.1	6	16	2016-07-18 20:40:15	Zhengzhou1	ICMP_Paris
192.168.1.108	117.8.153.42	60.30.128.1	7	15	2016-07-18 20:40:15	Zhengzhou1	ICMP_Paris
192.168.1.108	117.8.157.18	60.30.128.1	8	16	2016-07-18 20:40:15	Zhengzhou1	ICMP_Paris
192.168.1.108	60.30.128.1	60.30.128.1	9	62	2016-07-18 20:40:15	Zhengzhou1	ICMP_Paris
192.168.1.108	192.168.1.1	60.30.132.1	1	0	2016-07-18 20:40:15	Zhengzhou1	ICMP_Paris
192.168.1.108	100.64.0.1	60.30.132.1	2	0	2016-07-18 20:40:15	Zhengzhou1	ICMP_Paris
192.168.1.108	125.40.97.69	60.30.132.1	3	0	2016-07-18 20:40:15	Zhengzhou1	ICMP_Paris
192.168.1.108	61.168.253.133	60.30.132.1	4	16	2016-07-18 20:40:15	Zhengzhou1	ICMP_Paris
192.168.1.108	219.158.8.146	60.30.132.1	5	31	2016-07-18 20:40:15	Zhengzhou1	ICMP_Paris
192.168.1.108	202.99.116.194	60.30.132.1	6	15	2016-07-18 20:40:15	Zhengzhou1	ICMP_Paris
192.168.1.108	117.8.153.34	60.30.132.1	7	32	2016-07-18 20:40:15	Zhengzhou1	ICMP_Paris
192.168.1.108	117.8.147.206	60.30.132.1	8	46	2016-07-18 20:40:15	Zhengzhou1	ICMP_Paris
192.168.1.108	218.69.7.161	60.30.132.1	10	47	2016-07-18 20:40:15	Zhengzhou1	ICMP_Paris
192.168.1.108	192.168.1.1	61.48.1.1	1	0	2016-07-18 20:40:15	Zhengzhou1	ICMP_Paris
192.168.1.108	100.64.0.1	61.48.1.1	2	0	2016-07-18 20:40:15	Zhengzhou1	ICMP_Paris
192.168.1.108	125.40.97.69	61.48.1.1	3	0	2016-07-18 20:40:15	Zhengzhou1	ICMP_Paris
192.168.1.108	61.168.195.65	61.48.1.1	4	15	2016-07-18 20:40:15	Zhengzhou1	ICMP_Paris
192.168.1.108	219.158.21.105	61.48.1.1	5	16	2016-07-18 20:40:15	Zhengzhou1	ICMP_Paris
192.168.1.108	124.65.194.94	61.48.1.1	6	32	2016-07-18 20:40:15	Zhengzhou1	ICMP_Paris
192.168.1.108	61.148.1.152	61.48.1.1	7	16	2016-07-18 20:40:15	Zhengzhou1	ICMP_Paris

图 4-2　北京地区部分探测结果

表 4-2　不同城市区域目标的多源多协议探测响应结果

目标IP	探测源	ICMP 响应个数	UDP 响应个数	TCP 响应个数	ICMP-Paris 响应个数	UDP-Paris 响应个数	探测可达个数
北京市 /1015	北京市	549	757	606	677	743	903
	上海市	551	539	511	634	806	837
	郑州市	533	658	623	504	692	775
武汉市 /705	北京市	421	457	355	562	477	599
	上海市	459	499	412	473	545	621
	武汉市	432	533	503	471	569	577
郑州市 /560	北京市	359	441	430	397	451	462
	上海市	375	427	347	387	403	433
	郑州市	399	357	402	412	467	471

表 4-3　路由器别名解析结果

目标城市	初始所含网络节点	别名解析结果			
		Mercator	Ally	RadarGun	总计
北京市	2125	253	167	202	306
武汉市	1075	105	129	116	189
郑州市	886	156	138	142	206

在实验过程中，针对 1015 个北京市目标 IP，705 个武汉市目标 IP，560 个郑州市目标 IP，共得到 200 多万条探测数据。通过本节算法对这些数据进行分析，最终得到的城市区域网络拓扑数据如下：北京市内 2125 个网络节点，2813 条连接信息，城市单跳时延阈值为 7.357ms；武汉市内 1075 个网络节点，1856 条连接信息，城市单跳时延阈值为 6.997ms；郑州市内 886 个网络节点，1015 条连接信息，城市单跳时延阈值为 5.965ms。部分实验结果如图 4-3 所示，其中 IP1，IP2 代表直接相连的两个节点。

(a)北京市

ip1	ip2	delay	city
1.202.254.106	218.241.244.130	4.146	Beijing
1.202.92.102	1.202.92.102	3.023	Beijing
1.252.205.110	58.229.93.86	5.512	Beijing
1.255.23.189	1.255.26.86	6.684	Beijing
1.255.26.86	61.255.133.14	3.679	Beijing
1.255.36.10	175.124.170.110	7.675	Beijing
1.255.36.16	175.124.53.39	1.095	Beijing
1.255.74.126	211.117.1.102	3.585	Beijing
1.255.74.126	58.229.11.170	2.183	Beijing
1.255.74.214	118.221.6.6	0.613	Beijing
10.16.10.33	10.16.10.113	3.009	Beijing
10.255.30.10	192.168.80.6	3.683	Beijing
10.255.32.222	219.238.212.154	2.776	Beijing
10.255.36.46	10.255.30.10	4.367	Beijing
101.4.112.1	101.4.112.106	1.688	Beijing
101.4.112.1	101.4.112.34	1.533249	Beijing
101.4.112.1	101.4.112.5	1.811060	Beijing
101.4.112.1	101.4.112.9	5.508946	Beijing
101.4.112.1	101.4.115.13	5.620057	Beijing
101.4.112.1	101.4.115.17	5.628626	Beijing
101.4.112.1	101.4.115.9	1.9648	Beijing
101.4.112.1	101.4.116.134	2.6285	Beijing
101.4.112.1	101.4.116.137	5.449718	Beijing
101.4.112.1	101.4.118.206	3.009	Beijing
101.4.112.106	101.4.117.102	5.06	Beijing
101.4.112.106	101.4.117.98	1.392	Beijing
101.4.112.106	210.25.189.92	6.227	Beijing
101.4.112.34	101.4.117.102	5.155	Beijing
101.4.112.34	101.4.117.98	4.700666	Beijing
101.4.112.42	101.4.114.250	3.992	Beijing
101.4.112.5	202.112.53.178	1.141364	Beijing
101.4.112.50	202.112.62.50	6.920027	Beijing
101.4.112.62	101.4.117.26	5.37025	Beijing
101.4.112.9	202.112.53.178	1.953068	Beijing

(b)武汉市

ip1	ip2	delay	city
111.175.208.110	111.175.219.70	4.882999	Wuhan
111.175.208.122	219.140.237.163	2.929000	Wuhan
111.175.208.122	219.140.238.204	3.907	Wuhan
111.175.208.162	111.175.216.2	0.001000	Wuhan
111.175.208.162	111.175.249.170	2.928999	Wuhan
111.175.208.162	219.140.193.46	0.975999	Wuhan
111.175.208.162	221.232.250.42	1.331909	Wuhan
111.175.208.162	221.232.250.46	0.196000	Wuhan
111.175.208.162	221.232.250.50	0.488500	Wuhan
111.175.208.165	111.175.165.1	4.882999	Wuhan
111.175.208.169	219.139.231.1	1.952999	Wuhan
111.175.208.169	219.140.141.19	0.975999	Wuhan
111.175.208.169	219.140.143.1	1.954000	Wuhan
111.175.208.169	58.49.150.136	2.929000	Wuhan
111.175.208.169	59.175.41.233	5.859999	Wuhan
111.175.208.178	111.175.246.122	3.907	Wuhan
111.175.208.178	111.175.248.118	4.395499	Wuhan
111.175.208.218	111.175.208.10	5.127250	Wuhan
111.175.208.218	111.175.208.162	1.864454	Wuhan
111.175.208.218	111.175.208.169	1.953333	Wuhan
111.175.208.218	111.175.208.182	1.951999	Wuhan
111.175.208.218	111.175.208.2	4.395000	Wuhan
111.175.208.218	111.175.208.238	0.977000	Wuhan
111.175.208.218	111.175.208.26	2.929500	Wuhan
111.175.208.218	111.175.208.30	5.273599	Wuhan
111.175.208.218	111.175.208.54	0.977000	Wuhan
111.175.208.218	111.175.208.58	2.929749	Wuhan
111.175.208.218	111.175.208.6	2.197249	Wuhan
111.175.208.218	111.175.208.66	1.952999	Wuhan
111.175.208.218	111.175.208.70	0.488500	Wuhan
111.175.208.218	111.175.208.98	2.929999	Wuhan
111.175.208.218	111.175.209.18	0	Wuhan
111.175.208.218	111.175.209.2	0	Wuhan

(c)郑州市

ip1	ip2	delay	city
1.194.0.182	171.13.40.1	2	Zhengzhou
101.4.112.1	101.4.115.70	0.5009999	Zhengzhou
101.4.112.1	101.4.115.9	3.7198655	Zhengzhou
101.4.112.1	101.4.117.161	2.7501250	Zhengzhou
101.4.112.1	101.4.117.57	1.7996000	Zhengzhou
101.4.112.1	101.4.118.57	3.6670833	Zhengzhou
101.4.112.42	101.4.114.202	4.8338333	Zhengzhou
101.4.112.42	101.4.115.177	1.8892222	Zhengzhou
101.4.112.78	202.127.216.205	4.00025	Zhengzhou
101.4.114.202	202.127.216.205	5.125125	Zhengzhou
101.4.115.177	202.127.216.205	1.5714285	Zhengzhou
101.4.115.185	202.112.61.10	1	Zhengzhou
101.4.115.185	202.112.61.14	0	Zhengzhou
101.4.115.222	219.158.34.57	1.8752499	Zhengzhou
101.4.115.225	202.112.61.10	1.0009999	Zhengzhou
101.4.115.225	202.112.61.102	0	Zhengzhou
101.4.115.225	202.112.61.122	0.0009999	Zhengzhou
101.4.115.225	202.112.61.14	1	Zhengzhou
101.4.115.70	101.4.117.49	3.5000000	Zhengzhou
101.4.115.70	101.4.117.110	1.7125752	Zhengzhou
101.4.116.25	101.4.115.125	1.4829416	Zhengzhou
101.4.116.25	101.4.117.145	1.2671417	Zhengzhou
101.4.117.110	202.97.57.137	0.5755853	Zhengzhou
101.4.117.110	202.97.57.169	0.8459142	Zhengzhou
101.4.117.110	202.97.57.173	1.9117441	Zhengzhou
101.4.117.110	202.97.57.189	3.0001111	Zhengzhou
101.4.117.110	202.97.57.193	3.0128085	Zhengzhou
101.4.117.110	202.97.57.197	2.8205897	Zhengzhou
101.4.117.110	202.97.57.33	3.6627999	Zhengzhou
101.4.117.110	202.97.57.37	3.3964074	Zhengzhou
101.4.117.110	202.97.57.41	0.0355183	Zhengzhou
101.4.117.110	202.97.57.45	1.7692307	Zhengzhou
101.4.117.110	202.97.57.49	2.2052307	Zhengzhou
101.4.117.110	202.97.57.53	0.1892432	Zhengzhou
101.4.117.110	202.97.57.57	1.9303488	Zhengzhou
101.4.117.110	202.97.88.225	2.5019433	Zhengzhou

图 4-3　目标城市区域网络拓扑数据部分获取结果

针对现有网络拓扑研究中缺乏与实际地理区域的关联分析、局部区域网络拓扑信息获取不全的问题，本节提出了一种基于单跳时延分布的城市区域网络拓扑分析算法。在探测方式方面，综合多种协议下的探测报文和多种路由器别名解析算法，通过分布式部署的多个探测源完成对目标的探测；在探测结果分析方面，指出同一 ISP 内不同城市网络节点在通信过程中单跳时延的"低-高-低"分布现象，并基于单跳时延完成对探测路径的分析，从中提取出城市区域内部的网络连接信息。实验结果表明，该算法提高了网络拓扑信息收集的准确性和完整性，并且能够有效地完成对城市区域内部网络拓扑的获取与分析。在此基础上，利用 PoP 级网络的特性，对城市区域网络中的核心网络进行分析，并提出了基于 PoP 级网络分析的目标 IP 城市级定位算法。

4.4 目标城市区域 PoP 级网络分析算法

4.4.1 问题描述

本节进一步分析了城市区域内的 PoP 级网络，并针对现有 IP 城市级定位算法易受时延测量准确性、目标 IP 可达性等因素影响的问题，提出了一种基于 PoP 级网络分析的目标 IP 城市级定位算法。首先，基于本章提出的城市区域拓扑分析算法，获取城市级网络拓扑信息；其次，基于 PoP 级网络中存在的 Bi-fan 网络结构，提取城市区域网络内的 PoP 级网络，依据 PoP 级网络中所包含的 IP 地标，确定 PoP 级网络的地理区域；最后，通过分析探测源与目标 IP 之间的探测路径是否经过某个 PoP 级网络，完成对目标 IP 的定位。

4.4.2 算法原理与主要步骤

对于一个城市区域网络，其核心网络通常包含有若干个 PoP 级网络。PoP 级网络主要包括一系列具有强连接关系并且地理位置分布接近的路由器节点，它们承担着区域业务的接入、汇聚、传输和交换，同时面向 ISP 骨干网吸纳和汇聚业务量。

同一 ISP 内处于不同城市内的网络节点在进行通信的过程中，通信路径可以大致表示为：源节点所在城市级网络—ISP 骨干网—目标节点所在城市级网络。根据节点所属的 PoP 级网络，进一步分析它们之间的通信过程。

基于上述原理，提出一种新的 IP 城市级定位算法，依靠城市 PoP 级网络完成对目标 IP 的定位，该算法主要包括城市 PoP 级网络划分算法和目标 IP 定位算法两个部分。

1. 城市 PoP 级网络划分算法

城市 PoP 级网络分析算法具体步骤如下：

输入：城市区域网络拓扑；

输出：城市内 PoP 级网络；

Step 1：根据本章所提出的基于单跳时延的城市网络拓扑分析算法，得到城市级网络拓扑信息；

Step 2：从得到的城市区域网络拓扑中，提取具有紧密连接特性 Bi-fan 结构的网络节点集合；

Step 3：对提取到的 Bi-fan 网络节点集合进行分析，合并具有重合部分的 Bi-fan 集合，并将最终得到的节点集合确定为该城市区域内的 PoP 级网络；

Step 4：通过对已知 IP 地标的探测，分析在 IP 地标探测过程中所经过的 PoP 级网络，根据 PoP 级网络内所含 IP 地标，确定其所处的地理区域范围。对于不含 IP 地标信息的 PoP 级网络，则将该 PoP 级网络所处地理区域直接确定为其所在城市区域。

2. 目标 IP 定位算法

目标 IP 定位算法具体步骤如下：

输入：目标 IP，城市 PoP 级网络；

输出：目标 IP 定位结果；

Step 1：通过部署的多个探测源 $H_1, \cdots, H_n$，结合多种协议下的探测报文和多种别名解析算法，完成对目标 IP 的路径探测和路由器别名解析。

Step 2：根据本章提出的基于单跳时延的路径划分，通过对目标 IP 探测路径的分析，结合所得的 PoP 级网络相关信息，确定目标 IP 在探测过程中所经过的 PoP 级网络。

Step 3：根据目标 IP 探测过程中所经 PoP 级网络所处的地理位置区域，确定目标 IP 所在的实际地理位置区域。

3. 城市 PoP 级网络划分

现有网络拓扑结构的分析算法中，通常将网络分解为不同的基础单元进行分析。Milo 等[14]对这些基础网络单元进行了大量的统计分析，指出 Bi-fan 结构最具强连接性和代表性。PoP 级网络大多具有多核心星形结构，其内具有很强的连接特性，所以采用 Bi-fan 这种结构作为 PoP 级网络的基础网络单元，进而完成对城市区域网络内 PoP 级网络的划分和提取。

在 Bi-fan 结构中，网络节点之间的连接紧密。Bi-fan 结构中的网络节点需满足以下两个条件的其中之一：

(1) 每个网络节点被两个或以上不同网络节点指向，即有两个以上的上一跳节点。

(2) 每个网络节点指向两个或以上不同网络节点，即有两个以上的下一跳节点。

如图 4-4 所示，其中的 B_1、B_2、B_3 都是典型的 Bi-fan 结构，在 B_1 中包含 4 个节点 (n_1, n_2, n_4, n_5)，以及四条连接关系 $(e_{1,4}, e_{1,5}, e_{2,4}, e_{2,5})$，其中每一个节点都满足上述的条件之一，例如，节点 n_1 同时指向了节点 n_4 和 n_5，节点 n_4 同时被节点 n_1 和 n_2 所指向。

在提出的城市 PoP 级网络划分算法中，首先，以 Bi-fan 结构为基础单元结构，提取城市区域网络中的 PoP 级网络。从得到的城市区域网络拓扑信息中，提取出满足 Bi-fan 结构的网络节点集合，若不同的 Bi-fan 节点集合中存在重合的部分，则将这些集合进行合并，合并后的节点集合也满足紧密连接的特性，最终得到的网络节点集合即为该城市区域内的某个 PoP 级网络。PoP 级网络提取合并过程如图 4-4 所示，通过对得到的城市级网络拓扑信息的分析，从中提取出三个具有 Bi-fan 结构的集合 B_1、B_2 和 B_3，由于其中 n_2 既属于 B_1 又属于 B_2，n_4 和 n_5 既属于 B_1 又属于 B_3，因此将 B_1、B_2 和 B_3 进行合并，将其视为该城市区域内的某一个 PoP 级网络，记为 PoP_1。

在确定 PoP 级网络的构成之后，需要更进一步确定其所处的地理位置区域。由于 PoP 级网络负责管理一定区域内的网络用户，该区域内的网络用户在进行数据传输时通常经过同一

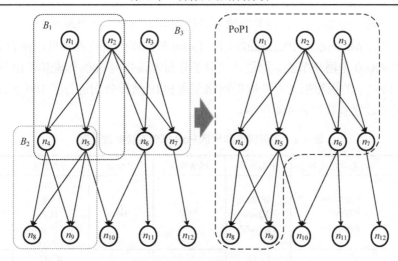

图 4-4　PoP 级网络提取合并示意图

个 PoP 级网络，因此，可以结合对 IP 地标探测路径的分析，统计各个 PoP 级网络内的 IP 地标信息，进而确定各个 PoP 级网络所处的地理区域范围。

4．目标 IP 定位

在对目标 IP 进行探测的过程中，在到达目标之前通常需要经过目标 IP 所属的 PoP 级网络，因此可以分析目标 IP 的探测路径，查找其所经过的城市 PoP 级网络，并根据 PoP 级网络的位置，完成对目标 IP 的定位。

在探测路径中，不仅包含了目标所属的 PoP 级网络信息，同时也包含了探测源所属的 PoP 级网络信息。因此，首先需要 4.3 节所提出的基于单跳时延的路径划分，从中提取出目标所在城市区域网络内部的路径信息，进而对这些路径信息进行分析，结合分析所得的城市 PoP 级网络中所含的网络节点，确定目标 IP 在探测过程中所经过的 PoP 级网络，最后，根据 PoP 级网络所处的城市地理位置区域，完成对目标 IP 的定位。

此外，该算法在定位的过程中并不需要到达目标 IP，只需确定在对目标 IP 探测过程中所经过的 PoP 级网络，便可确定目标 IP 的位置区域，因此该算法能有效地完成对某些探测不可达的目标 IP 的位置估计。

4.4.3　实验结果与分析

为验证提出的基于 PoP 级网络分析的目标 IP 城市级定位算法，选取位于中国河南省、中国湖北省以及美国佛罗里达州 3 个省(州)内的目标 IP 进行了定位实验。

1．实验设置

在中国河南省的实验中，探测源部署在北京市、上海市以及郑州市，通过在 IP138，QQwry，TaobaoIP 数据库查找河南省电信网段，从中随机选取 7000 个网络节点，并通过现有的基于 Web 和网络论坛的 IP 地标挖掘算法，选取分布于该省内 180 个城市级 IP 地标；在中国湖北省的实验中，探测源部署在北京市、上海市以及武汉市，通过在 IP138，QQwry 和 TaobaoIP 数据库查找湖北省的电信网段，从中随机选取 9000 个网络节点，挖掘并选取分布于该省内 300 个城市级 IP 地标；在美国佛罗里达州的实验中，探测源部署在硅谷市、纽约市和迈阿密市，通过 Maxmind，IP2Location 和 Hostip 数据库中查找佛罗里达州的 AT&T 网段，从中随机选取 40000 个网络节点，挖掘并选取了分布于该州内 700 个城市级 IP 地标。在实验中，采用多种协议下的探测报文对选取的网络节点和 IP 地标分别进行了 100 次探测。不同国家和地区中实验设置参数如表 4-4 所示。

表 4-4　不同国家和地区 PoP 探测实验参数设置

目标区域	探测源位置/个数	IP 数据库	网络节点	IP 地标	探测报文	ISP
河南省	北京市/10 上海市/10 郑州市/10	IP138 QQwry TaobaoIP	7000	180	ICMP UDP TCP ICMP-paris UDP-paris	中国电信
湖北省	北京市/10 上海市/10 武汉市/10	IP138 QQwry TaobaoIP	9000	300	ICMP UDP TCP ICMP-paris UDP-paris	中国电信
佛罗里达州	硅谷市/10 纽约市/10 迈阿密市/10	Maxmind IP2Location Hostip	40000	700	ICMP UDP TCP ICMP-paris UDP-paris	AT&T

2. 城市 PoP 级网络分析结果

在实验中，分析在目标省级区域内得到的城市 PoP 级网络结果，利用 IP 地标确定各个 PoP 级网络所处城市，并将 PoP 级网络所在城市范围与实际中城市级行政区划进行了比较，结果如表 4-5 所示。

表 4-5　城市 PoP 级网络分析结果与城市行政区划比较

省(州)	PoP 级网络	PoP 级网络所处城市	城市级行政区划
河南省	21	18	18
湖北省	25	14	17
佛罗里达州	215	41	67

在中国河南省的实验中，一共得到了 21 个城市 PoP 级网络，分布在该省内全部的 18 个城市当中；在中国湖北省的实验中，一共得到了 25 个城市 PoP 级网络，分布在该省内 14 个城市当中；在美国佛罗里达州的实验中一共得到了 215 个城市 PoP 级网络，分布在该州内 41 个城市当中。

在实验的过程中存在部分城市区域未能分析到其中的 PoP 级网络，其原因主要是目标网络节点选取的不足，未能得到完整的城市区域网络拓扑。除此之外，部分城市区域网络还存在重合的现象，例如，在中国湖北省的实验中，经查询得知该省具有三个省直管市，分别为仙桃市、潜江市和天门市，这三个城市在地理位置上相邻并且城市区域范围较小，由此推断该省将此三个城市作为一个整体进行网络部署。

实验中得到的河南省郑州市、河南省开封市、湖北省武汉市、湖北省襄阳市、佛罗里达州奥兰多市以及佛罗里达州迈阿密市的城市内主要 PoP 级网络如图 4-5 所示。

(a) 郑州市

(b) 开封市

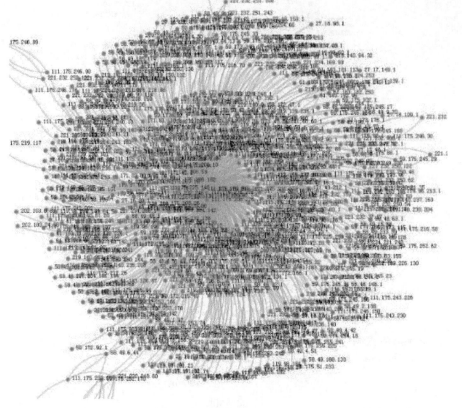

(c)武汉市

(d)襄阳市

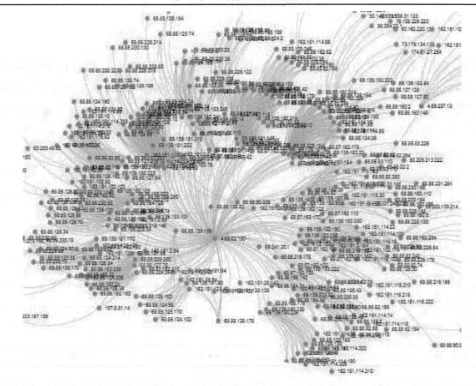

(e) 奥兰多市

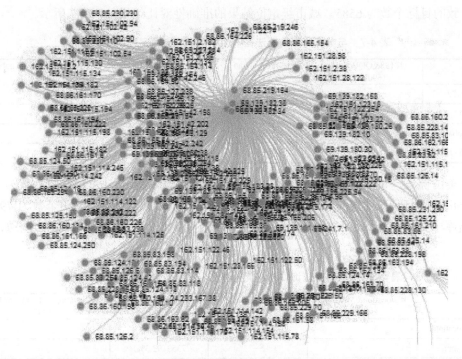

(f) 迈阿密市

图 4-5　各城市主要 PoP 级网络示意图

3. 与基于数据库查询的 IP 城市级定位对比

本节将提出的基于 PoP 级网络分析的目标 IP 城市级定位算法，与基于 IP 数据库查询的定位算法进行了对比。对于位于中国的目标 IP，选用的数据库为 IP138，QQWry 和 TaobaoIP，对于美国的目标 IP 选用的数据库为 IP2location，Maxmind 和 Hostip。选取其中在两个数据库中查询结果一致的目标 IP 以及其城市级位置作为对比集，将算法所得定位结果与另一个 IP 数据库的查询定位结果进行对比。

在中国河南省 7000 个目标 IP 中，IP138 与 QQWry 中相同的个数为 5859，QQWry 与 TaobaoIP 中相同的个数为 5366，IP138 与 TaobaoIP 中相同的个数为 6090，三个数据库中结果均一致的目标个数为 8846。城市级定位结果的准确性对比结果如表 4-6 所示。

表 4-6　与数据库查询算法在中国河南省城市级定位准确性对比

	IP138&QQWry (5859)	QQWry&Taobao (5366)	IP138&Taobao (6090)	IP138&QQWry&Taobao (4980)
IP138		5021 (93.5%)		
QQWry			5203 (85.4%)	
Taobao	5655 (96.5%)			
本节算法	5783 (98.7%)	5205 (97.1%)	5964 (97.9%)	4868 (95.7%)

在中国湖北省 9000 个目标 IP 中，IP138 与 QQWry 中相同的个数为 6902，QQWry 与 TaobaoIP 中相同的个数为 6877，IP138 与 TaobaoIP 中相同的个数为 6641，三个数据库中结果均一致的目标个数为 6585。城市级定位结果的准确性对比结果如表 4-7 所示。

表 4-7　与数据库查询算法在中国湖北省城市级定位准确性对比

	IP138&QQWry (6902)	QQWry&Taobao (6877)	IP138&Taobao (6641)	IP138&QQWry&Taobao (6585)
IP138		6010 (87.4%)		
QQWry			5572 (83.9%)	
Taobao	6577 (95.3%)			
本节算法	6812 (98.7%)	6636 (96.5%)	6262 (94.3%)	6486 (98.5%)

在美国佛罗里达州 40000 个目标 IP 中，IP2location 与 Maxmind 中相同的个数为 10960，IP2location 与 Hostip 中相同的个数为 9880，Maxmind 与 Hostip 中相同的个数为 7960，三个数据库中结果均一致的目标个数为 7328。城市级定位结果的准确性对比结果如表 4-8 所示。

表 4-8　与数据库查询算法在美国佛罗里达州城市级定位准确性对比

	IP2location&Maxmind (10960)	Maxmind&Hostip (9880)	IP2location&Hostip (7960)	IP2location&Maxmind&Hostip (7328)
IP2location	—	7983 (80.2%)	—	—
Maxmind	—	—	7353 (92.3%)	—
Hostip	8213 (74.9%)	—	—	—
本节算法	8534 (77.9%)	8328 (84.3%)	7391 (92.9%)	6214 (84.8%)

通过表 4-6～表 4-8 中的对比结果可以看出，不同 IP 数据库之间的城市级定位存在较大

的差异性。实验结果表明本节提出的基于 PoP 级网络分析的目标 IP 城市级定位算法比传统基于 IP 数据库查询的定位算法具有更高的准确性。

4. 与基于网络测量的 IP 城市级定位对比

将提出的基于 PoP 级网络分析的目标 IP 城市级定位算法与基于网络测量的 LBG(a learning-based approach for IP geolocation)定位算法[15]进行了准确性对比。对于位于中国的目标 IP，选取 QQwry，IP138，TaobaoIP 三个数据库中查询结果相一致目标 IP；对于美国的目标 IP，选取 IP2location，MaxmindGeoIPLite City 和 Hostip 三个数据库中查询结果相一致目标 IP，分别构建目标集，其中河南省内包含 4980 个目标 IP，分布在 18 个城市中，湖北省内包含 6585 个目标 IP，分布在 14 个城市中，佛罗里达州内包含 7328 个目标 IP，分布在 41 个城市中。此外，选取了位于河南省内的 1800 个地标，湖北省内的 1700 个地标，佛罗里达州内的 2000 个地标用于 LBG 算法中的城市模型的训练。利用本节算法与 LBG 算法对选取的目标 IP 进行定位，实验结果对比如表 4-9 所示，在目标区域内各个城市的定位准确率对比如图 4-6 所示，图中每条线代表了一个城市。

表 4-9　与 LBG 算法城市级定位结果对比

目标区域	目标 IP	定位算法	城市级定位准确个数	城市级定位准确率
河南省	4980	LBG 算法	3605	72.4%
		本节算法	4868	97.8%
湖北省	6585	LBG 算法	4610	70.3%
		本节算法	6486	98.4%
佛罗里达州	7328	LBG 算法	4294	58.6%
		本节算法	6214	84.7%

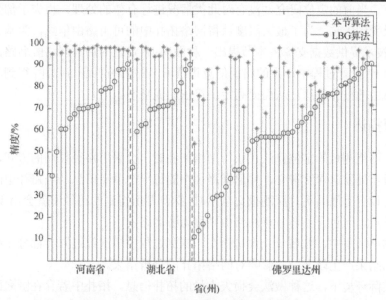

图 4-6　与 LBG 算法城市级定位准确性对比

由表 4-9 和图 4-6 可知，在相同实验条件下，本节所提出的基于 PoP 级网络的目标 IP 城市级定位算法的准确率明显高于基于网络测量的 LBG 定位算法，但在部分城市中，由于所含目标 IP 个数较少，城市区域 PoP 级网络获取不全，进而导致本节算法的准确率低于 LBG 算法。在对实验结果的进一步分析中发现，在目标探测的过程中，对于河南省内的 4980 个目标 IP，其中有 959 个探测不可达，对于湖北省内 6585 个目标 IP，其中有 1245 个探测不可达，对于佛罗里达州内的 7328 个目标 IP，其中有 984 个探测不可达，对于这些探测不可达的目标 IP，基于网络测量的 LBG 算法无法实现对其的有效定位，而本节提出的算法，则分别实现了对河南省内 884 个，湖北省内 1154 个，佛罗里达州内 984 个探测不可达目标 IP 的城市级定位。因此，从实验结果可以看出，本节算法能够有效地完成对部分探测不可达目标的定位，同时有效提升了现有城市级定位算法的准确率。

针对现有 IP 城市级定位算法准确性不足，且易受时延测量准确性、目标 IP 可达性等因素影响，本节提出了一种基于 PoP 级网络分析的目标 IP 城市级定位算法。通过对城市区域网络的分析，基于 Bi-fan 结构完成对城市内 PoP 级网络的提取，并根据其所管理的 IP 地标，确定各个 PoP 级网络的地理位置区域，在此基础上，通过分析目标 IP 探测过程中所经过的 PoP 级网络，完成对目标 IP 的城市级定位。实验结果表明，该算法适用于具有分层结构的网络，平均定位准确率明显高于现有基于数据库查询的和基于网络时延测量的城市级定位算法 LBG，此外，由于 PoP 级网络的地理区域特性，该算法对部分探测不可达的目标 IP，仍具有可靠的定位能力。

4.5   局部网络匿名路由分析算法

基于网络测量的定位算法通过收集目标节点所在网络的拓扑、时延、域名等信息并进行分析处理，从而完成目标的位置估计。但在复杂的实际网络环境中进行路径探测会产生大量匿名路由节点。当前的定位研究并没有对此类情况进行有效的处理，损失了部分拓扑信息，导致定位结果受到影响。为了最大限度获得网络拓扑中的可用路由信息，为基于网络拓扑信息的 IP 定位技术提供数据支撑，本节提出一种面向 IP 定位的局部网络匿名路由分析算法。该算法通过对 IP 探测过程中产生的路径信息进行匿名路由的纠错与归并，得到相对完整的包含可用匿名路由的拓扑信息，从而提高定位算法的成功率。

4.5.1   问题描述

现有基于网络测量的定位算法在获得网络拓扑时，会采用路径探测的方式，通过探测源向目标节点所在处发送探测报文，并记录路径中的每一个节点信息。当路径中的路由器因网络拥塞或自身设置等原因不对探测报文响应时，探测源所得到的路径中就会出现未知 IP 的节点，即匿名节点。而包含匿名节点的路由则称为匿名路由。

在实际网络环境中，匿名节点大量存在。探测过程中多次经过同一部分拓扑时，匿名节点会使探测的结果产生歧义，并影响对网络拓扑的分析结果。

但是在实际环境下，这种做法会损失大量的拓扑信息。拓扑中若存在匿名路由，将会导致部分局部网络结构无法被识别，使得拓扑无法被完整提取。例如，在图 4-7 中，以 Bi-fan 结构[14]为最小单元进行拓扑提取时，可以找出 $\{N_1, N_2, N_4, N_5\}$、$\{N_2, N_3, N_6, N_7\}$、$\{N_4, N_5, N_8, N_9\}$ 共计 3 个单元；若节点 N_6 不对探测响应，成为匿名节点，则只能找出 $\{N_1, N_2, N_4, N_5\}$、$\{N_4, N_5, N_8, N_9\}$

这两个单元；若节点 N_5 成为匿名节点，则只能找出 $\{N_2,N_3,N_6,N_7\}$ 这一个单元。确定路径信息中匿名节点，使其能够参加到拓扑分析的过程中，对提升拓扑提取的效果有很大帮助，进而将改善基于网络测量的定位算法的定位能力。

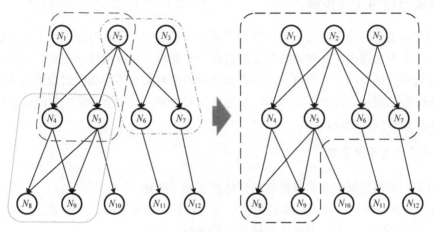

(a) 正常情况下拓扑的提取

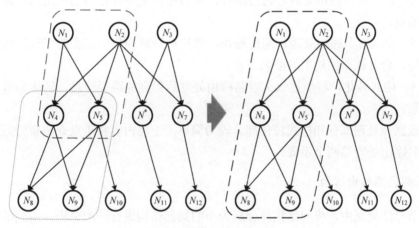

(b) N_6 为匿名节点时拓扑的提取

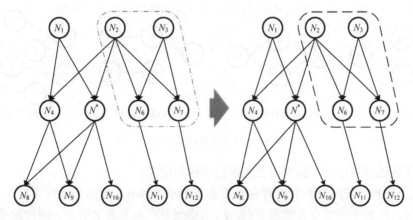

(c) N_5 为匿名节点时拓扑的提取

图 4-7　匿名路由节点对拓扑提取的影响

因此，如何面向 IP 定位，设计一种匿名路由分析算法，减轻匿名路由对定位过程和结果的影响，是一个有待研究的问题。

4.5.2 算法原理与主要步骤

现实网络环境中路由节点会因为网络拥塞或自身设置等，无法对探测报文进行响应。此类情况将会产生匿名路由，并对拓扑分析的过程产生影响。实际网络中不对探测报文响应的路由节点可根据具体原因，分为网络流量拥塞造成的暂时匿名路由和固定设置为不对探测报文响应的永久匿名路由。针对以上因素，按照依次对探测路径中所存在的暂时匿名路由和永久匿名路由进行查找与处理。

1. 算法原理与主要步骤

所提出的局部网络匿名路由分析算法具体步骤如下所述。

Step 1：数据预处理。将路径信息用唯一序号标识，将每条路径中匿名结点用该路径序号标识，然后遍历路径，去除未到达目标节点的路径。

Step 2：暂时匿名路由处理。遍历路径，检查路径集中存在的幻象结构，还原幻象结构中的匿名节点。

Step 3：永久匿名路由处理。遍历路径，依次检查路径集中存在的平行结构、星形结构和二叉结构，合并这些结构中的匿名节点。

Step 4：格式转化。将经过永久匿名路由处理后得到的路径信息，转化为节点两两对应的连接关系。

由于数据预处理部分和格式转化部分较为简单，下面内容将重点介绍暂时匿名路由处理和永久匿名路由处理等两个步骤。

2. 局部匿名路由结构

在本节算法处理中，将网络拓扑分解为小的局部结构进行匹配分析。用到的匿名路由结构如图 4-8 所示。

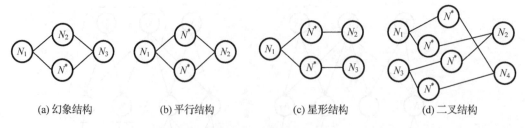

(a) 幻象结构　　　　(b) 平行结构　　　　(c) 星形结构　　　　(d) 二叉结构

图 4-8　局部匿名路由结构示意图

为方便描述该算法，下面给出匿名路由结构的定义。

(1)幻象结构：若路径 P_1、P_2 存在长度为三的重合部分，此部分中两端节点 N_1、N_2 的 IP 公开且相等，P_1 的中间节点为匿名节点，P_2 的中间节点为非匿名节点，则称此重合部分构成一个幻象结构。

(2)平行结构：若路径 P_1、P_2 存在长度为三的重合部分，此部分中两端节点 N_1、N_2 的 IP 公开且相等，中间节点均为匿名节点，则称此重合部分构成一个平行结构。

(3)星形结构：若路径 P_1、P_2 存在长度为三的重合部分，此部分中 N_1 的 IP 公开且等于 N_2 匿名，每条路径中 N_2 的下一跳节点 N_3 的 IP 公开，且 IP 不一致，则称上述节点集合构成一个星形结构。

(4)二叉结构：若路径 P_1、P_2、P_3 和 P_4 存在长度为三的重合部分，其中第 i 条路径中第 j 个节点记为 $N_j^{P_i}$，此部分中 $N_1^{P_1}$ 与 $N_1^{P_2}$ 的 IP 相等，$N_3^{P_1}$ 与 $N_3^{P_3}$ 的 IP 相等，$N_1^{P_4}$ 与 $N_1^{P_3}$ 的 IP 相等，$N_3^{P_4}$ 与 $N_3^{P_2}$ 的 IP 相等，$N_2^{P_1}$、$N_2^{P_2}$、$N_2^{P_3}$、$N_2^{P_4}$ 均为匿名节点，则称上述节点集合构成一个二叉结构。

在实际网络环境中，匿名节点若具有完全相同的相邻节点，起到相同的连接作用，即合并为一个节点，并用于基于网络测量的定位技术。

3. 暂时匿名路由处理

暂时匿名路由节点通常在短时间内大量数据包经过路由节点并产生网络拥塞时产生。在此类情况下，路由节点会依据本身设置的转发优先级，选择性丢弃部分报文，而探测路径所使用的报文在大部分情况下都属于优先级较低的类型。本节使用相似路径对比的方式对其进行处理。

如图 4-9 所示，路径 P_1 和 P_2 的节点中存在相似部分 N_1–$N_2(N^*)$–N_3，该部分构成一个幻象结构。在确定幻象结构的位置后，将属于路径 P_2 的匿名节点 N^* 修改为路径 P_1 的对应节点 N_2。在拓扑分析中，该两个节点视为同一个节点来进行分析。而在遍历完所有路径后，幻象结构被合并成完全由公开节点组成的路径，暂时匿名路由处理完成。

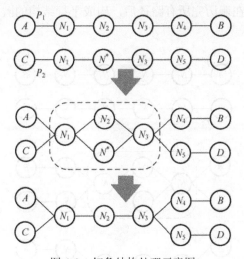

图 4-9　幻象结构处理示意图

如前面内容所述，当节点 N_5 为匿名节点时，会对网络的拓扑产生影响。以图 4-10 为例，当进行多次探测时会因网络拥塞等产生暂时匿名路由，如左图所示。由于同时存在多条路径，无法判断不同路径中的匿名节点是否为同一节点。通过本节算法，按幻象结构对暂时匿名路由进行查找与去除，最后还原出原始网络拓扑结构，并可以在此基础上进行拓扑的提取或分析工作。

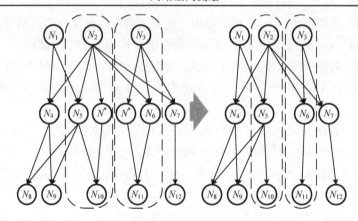

图 4-10　暂时匿名路由处理流程

4. 永久匿名路由处理

永久匿名路由节点因为内置的转发规则，不会对探测报文进行响应。而在路径探测过程所产生路径信息中存在的大量匿名路由节点时，不能确定不同路径中的匿名节点是否相互对应，故无法应用于网络拓扑分析中。本节根据网络拓扑中广泛存在的局部网络结构，依据平行结构、星形结构、二叉结构的递进关系，依次使用这三种结构对路径信息中的匿名节点进行归并处理。

首先对平行结构进行查找并处理。如图 4-11 所示，路径 P_1 和 P_2 的节点中存在相似部分 N_1–N^*–N_3，该部分构成一个平行结构。在确定平行结构的位置后，将属于路径 P_1 的匿名节点 N^* 和属于路径 P_2 的匿名节点 N^* 合并为一个匿名节点。在拓扑分析中，将该两个节点视为同一个节点来进行分析。而在遍历完所有路径后，构成平行结构的匿名路由节点均被合并，减少了匿名节点的数量。

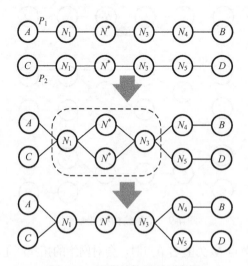

图 4-11　平行结构处理示意图

平行结构处理完成后，对路径中存在星形结构进行查找并处理。如图 4-12 所示，路径 P_1 和 P_2 的节点中存在相似部分 N_1–N^*–$N_2(N_3)$，该部分构成一个星形结构。在确定星形结构的位置后，将属于路径 P_1 的匿名节点 N^* 和属于路径 P_2 的匿名节点 N^* 合并为一个匿名节点。在拓扑分析中，将该两个节点视为同一个节点来进行分析。而在遍历完所有路径后，构成星形结构的匿名路由节点均被合并，减少了匿名节点的数量。

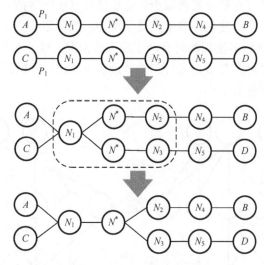

图 4-12　星形结构处理示意图

　　最后对路径中存在二叉结构进行查找并处理。如图 4-13 所示，路径路径 P_1、P_2、P_3 和 P_4 的节点中存在相似部分 $N_1(N_3)$–N^*–$N_2(N_4)$，该部分构成一个二叉结构。在确定二叉结构的位置后，将属于路径 P_1 的匿名节点 N^* 和属于路径 P_2 的匿名节点 N^* 合并为一个匿名节点，然后将属于路径 P_3 的匿名节点 N^* 和属于路径 P_4 的匿名节点 N^* 合并为一个匿名节点，最后将上述两个匿名节点合并。在拓扑分析中，将该四个节点视为同一个节点来进行分析。而在遍历完所有路径后，构成二叉结构的匿名路由节点均被合并，减少了匿名节点的数量。

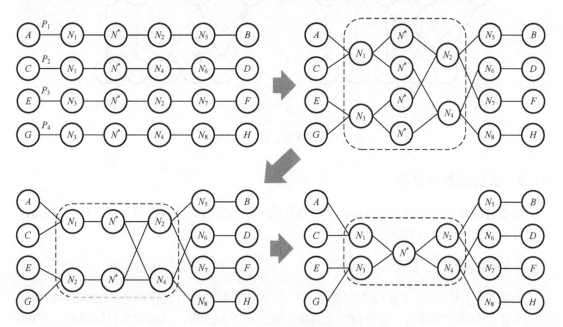

图 4-13　二叉结构处理示意图

对平行结构的处理减少了大量雷同的路径。在平行结构处理完毕的基础上对路径信息进行星形结构的查找与处理，可以减少查找的工作量，提升算法效率。类似地，在星形结构处理完毕的路径信息进行二叉结构的查找处理，同样可以缩短算法的执行时间。经过一系列处理后，路径信息中的匿名节点数量显著减少，更加接近真实网络拓扑。此时匿名节点可信度高，可以参与到拓扑分析中，使拓扑中节点数量增加，改善拓扑分析的效果。

以图 4-14 为例，当进行多次探测时会产生左上的情况。通过本节算法，按平行结构、星形结构、二叉结构的顺序对匿名节点进行归并，最后还原出原始网络拓扑结构，并可以在此基础上进行拓扑的提取或分析工作。

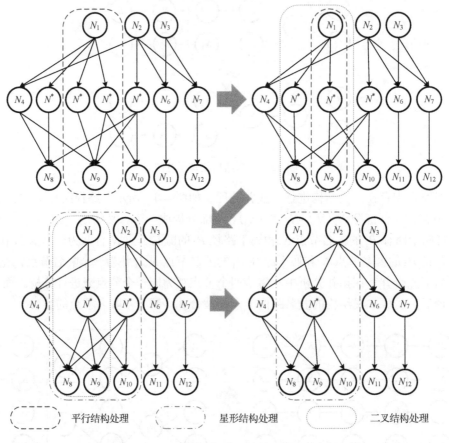

图 4-14 永久匿名路由处理流程

4.5.3 实验结果与分析

本节给出算法的实验参数设置，并对该算法的匿名路由处理性能和对定位算法效果的提升进行实验验证，给出实验结果。

1. 实验设置

为验证本节算法的匿名路由处理能力和对定位算法效果的提升，设置实验参数如表 4-10 所示。实验以中国的郑州市、北京市、上海市、武汉市、长沙市、成都市为目标城市，在其中各随机选取 2500 个 IP 作为拓扑训练 IP,对其进行路径探测。为避免跨 ISP 通信对实验结果产生影响,采用中国电信的单一 ISP 环境进行实验。通过对目标城市的探测数据进行拓扑分析,比较采用本节算法前后获得的拓扑数据。随后,在目标城市中再次各选取 4000 个 IP,分别以原始路径和经本节算法处理过的路径为输入进行定位实验,对两次定位结果进行对比分析。选择了较新的 PBG 和经典的 SLG(Street-Level Geolocation)作为验证算法,验证本节算法对定位性能的提升。

表 4-10　实验设置

探测源	目标城市	训练 IP 数量	ISP	目标 IP 数量	验证算法
郑州 广州 香港 美国	郑州、武汉、长沙、 北京、上海、成都、 广州、南京	15000	中国电信	24000	PBG[16] SLG[17]

2.　匿名路由处理能力实验及分析

为验证匿名路由结构在探测结果中所占比例,本节实验对中国郑州、武汉、长沙、北京、上海、成都、广州、南京等八个城市进行了路径探测,并统计了探测路径中构成幻象结构、平行结构、星形结构和二叉结构的路由节点在全部拓扑数据中所占的比例。实验结果如图 4-15 所示。

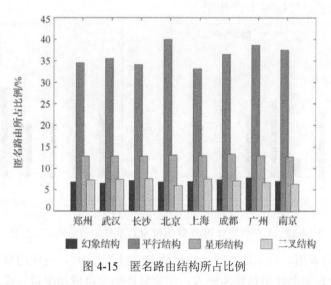

图 4-15　匿名路由结构所占比例

从图中可以看出,匿名路由确实大量存在,其中平行结构存在数量最多,平均占总节点数的 36.24%,构成星形结构的节点平均占比为 12.99%,构成幻象结构的节点平均占比为 7.05%,而构成二叉结构的节点平均占比为 6.98%。

随后,本节实验对位于目标城市的 IP 进行路径探测。在对探测得到的路径进行格式化并去除掉未到达目标的路径后,对其所包含的路由节点及节点连接关系进行统计。随后使用本节提出的算法,对路径信息中的匿名路由进行查找与处理,并在算法完成后对输出的路径信息进行路由节点和节点连接关系的统计。在所述的实验设置条件下,对中国郑州、武汉、长沙、北京、上海、成都、广州、南京等八个大型城市进行了实验。实验结果如图 4-16 所示。

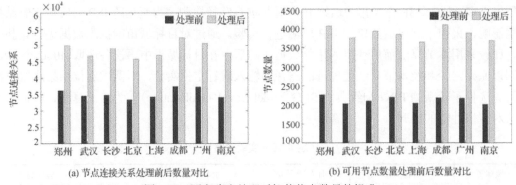

(a) 节点连接关系处理前后数量对比　　　　　　　　(b) 可用节点数量处理前后数量对比

图 4-16　匿名路由处理后拓扑信息数量的提升

从图中可以看出，对原始未处理数据进行统计时，对目标城市 IP 节点的探测可获得的路由节点数量在 2000 到 2500 范围内，节点连接关系在 35000 到 40000 范围内。而在使用本节算法对路径数据进行处理后，路由节点数量增长至 3500 到 4500，平均提升达 81.52%；节点连接关系增长至 45000 到 55000，平均涨幅达 37.91%。

3. 验证及分析

在本节的实验中，以原始路径数据和经本节算法处理过的路径数据为输入，分别使用 SLG 和 PBG 算法对中国的郑州、北京、上海、武汉、长沙、成都、广州、南京等 8 个城市进行定位实验。实验结果如图 4-17 所示。

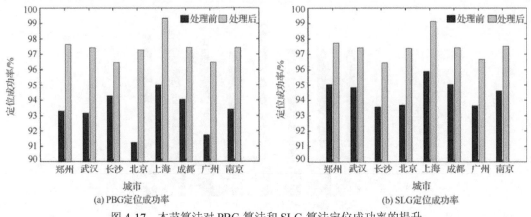

(a) PBG 定位成功率　　　　　　　　　　　(b) SLG 定位成功率

图 4-17　本节算法对 PBG 算法和 SLG 算法定位成功率的提升

从图 4-17 中可看出，对多地区同一批目标 IP 进行定位时，与使用原始路径数据相比，以经过本节算法处理的路径信息作为输入，定位算法的定位成功率得以提升。经统计，PBG 算法的平均定位成功率从 93.27% 上升至 97.43%，SLG 算法的平均定位成功率从 94.53% 上升至 97.46%。由上述结果可知，探测所得的路径数据经过本节算法的处理，其包含的拓扑信息得到大幅增长，进而提高了基于网络测量的定位算法的成功率。

为进一步分析本节算法对 PBG 和 SLG 算法定位效果的提升作用，在实验中，分别使用本节算法对原始数据中随机挑选的 0、20%、40%、60%、80% 和 100% 的路径信息进行匿名路由处理，并将结果作为定位算法的输入。定位结果如图 4-18 所示。

从图 4-18 中可以看出，在经过本节算法进行匿名路由处理后，PBG 和 SLG 算法的定位成功率得以提升。同时，进行匿名路由处理的路径信息占比越高，定位算法的成功率也就越高。

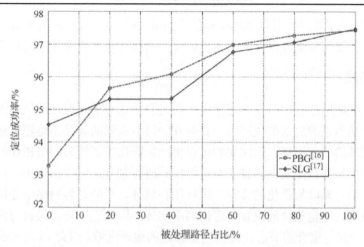

图 4-18　被处理路径的不同占比对定位成功率的提升的影响

最后，将各项实验结果汇总至表 4-11 中。如表 4-11 所示，通过对路径数据中的匿名路由进行处理，与原始输入相比，经本节算法处理后的可用节点数量总计由 17009 上升至 30875，城市平均增长 81.52%；节点连接关系由 282614 上升至 389764，城市平均增长 37.91%。将经本节算法处理后的数据作为输入，基于网络测量的定位算法 PBG 和 SLG 的定位成功率分别由 93.27%和 94.53%提升至 97.43%和 97.46%。

表 4-11　实验结果汇总

算法输入		原始输入	本节算法处理
拓扑信息	可用节点数量	17009	30875
	节点连接关系	282614	389764
算法定位成功率/%	PBG	93.27	97.43
	SLG	94.53	97.46

在基于网络测量的定位技术中，作为输入的拓扑信息的完整与准确程度，往往直接影响其定位结果的准确性与成功率。本节提出了一种面向 IP 定位的局部网络匿名路由分析算法，能够得到相对更加完整的包含可用匿名路由信息的网络拓扑，并将典型的定位算法 SLG 和 PBG 作为验证算法，测试了本节算法对定位效果的提升。实验结果表明，路径数据经本节算法处理后，可用拓扑信息有了大幅增加，基于网络测量的定位算法的定位成功率也得以提升。

4.6　基于模体的目标区域网络拓扑划分算法

随着信息社会的发展，网络安全的重要性日益凸显，准确获取网络实体的地理位置有助于更好地实施网络管理。现有经典的基于拓扑启发式聚类的网络实体定位算法，采用基于网络结构的集群划分对网络实体进行聚类，由于没有考虑网络拓扑的具体特性，导致最后的结果误差较大。为解决这一问题，本节提出一种基于模体的目标区域网络拓扑划分算法。该算法首先根据目标网络拓扑呈现局部节点高聚类性的特点，创新性地引入"模体"的概念，在目标网络拓扑中挖掘模体结构并进行分析；然后借鉴复杂网络研究领域内局部社团发现算法中初始种子扩展的思路，以模体结构为初始种子进行相应扩展，将拓扑中与模体紧密相连的节点划分为多个集合; 最后分别根据地标和公开的 IP 地理位置数据库对划分的节点集合进行定位, 将集合的位置作为集合内节点的地理位置, 从而实现网络实体的批量定位。

4.6.1　问题描述

虽然表面上互联网拓扑中节点的连接大多数是自由选择的, 但在地区和国家区域划分的现实环境下存在相当强的局部聚集现象, 说明互联网节点间的连接不是随机建立的, 节点更倾向于和邻近区域的节点连接。因此我们可以将此集群化特征视为网络拓扑的社团特性, 通过借鉴复杂网络中局部社团发现的算法对网络拓扑进行划分。钱学森也指出, 相近区域内部之间的网络拓扑呈现高度集群化的特征。进行拓扑划分, 目的是将网络中连接紧密的节点划分为集合, 从而通过确定集合的位置来定位网络实体。因此完全可以假设对网络拓扑进行集合划分之后, 属于同一集合的节点往往会位于邻近的地理区域, 对此 Li 等已经在实验的基础上得到了验证。

采用局部社团发现的方法, 主要是考虑到目标区域网络内部之间也会有异构性以及发展不均衡的现象出现, 从网络的局部特性入手进行社团发现, 可以忽略网络整体特性对社团划分结果的不利影响, 更加准确地贴合网络实际。在总结分析现有复杂网络局部社团发现算法中初始种子选取的局限性后, 引入"模体"概念, 将网络中挖掘出来的模体结构作为扩展的初始种子, 是因为模体作为复杂网络中显著出现的子图模式, 在局部微观层面刻画了网络内部相互连接的特定模式, 能够充分体现网络的局部特性。

综上所述, 提出一种基于模体的目标区域网络拓扑划分算法, 在充分考虑目标网络特性的基础上, 最终实现网络实体的地理定位, 具有相当大的可行性和现实意义。

4.6.2　算法原理与主要步骤

将目标区域网络拓扑抽象成一个无权无向的图, 引入"模体"的概念, 首先在目标网络拓扑中进行网络模体的挖掘; 然后将模体结构作为扩展的初始种子, 借鉴复杂网络领域局部社团发现方法中基于初始种子扩展的方法, 实现对网络拓扑的初步划分; 最后根据网络拓扑的具体结构特征, 借鉴集合密度的思想, 提出基于密度的集合二次扩展, 将网络中与各个集合相连的简单路径上的节点选择性地并入集合, 从而在不影响结果准确性的前提下实现更多网络实体的地理定位。具体方法框架主要包括数据预处理、模体结构挖掘、基于模体的集合划分、基于密度的集合二次扩展以及基于地标和 IP 地理信息数据库的集合定位五个部分, 其中后面四个部分是核心模块。

1. 数据预处理

我们分别选取中国香港地区和中国台湾地区的网络拓扑数据进行分析, 数据是基于 Traceroute 原理, 建立在长期、大量的多次测量结果基础上, 经过汇聚整理得到的。由于 IP 地址的动态性和可变性等特点, 无法形成相对稳定的拓扑连接映射, 因此将研究对象聚焦在路由器级的网络拓扑上, 将探测得到的 IP 级网络拓扑经过别名解析, 整理形成路由器级的网络拓扑。

我们统计拓扑网络中所有节点的度值, 将与度数较大节点相连的度为 1 的节点全部挑选出来, 用与它们相连的度数较大的节点替代它们。之所以采取这样的替换方法, 是基于我们对网络拓扑的认识决定的, 大量的仅与一个路由节点相连的节点, 其拓扑性质取决于这个相连的路由节点，这也从 Liu 等[16]的实验结果中得到验证。经过这样的处理，我们就将原始网络图中大量的"降落伞"结构，用特殊节点替换，从而减小其对实验方法与结果的干扰。图 4-19 为数据预处理后的香港与台湾地区的网络拓扑图，图中颜色较深的黑色小团是连接紧密的节点结构，可以看出网络呈现出明显的抱团现象。这就为后面我们参照复杂网络社团划分方法，进行目标网络拓扑的区域划分提供了依据。

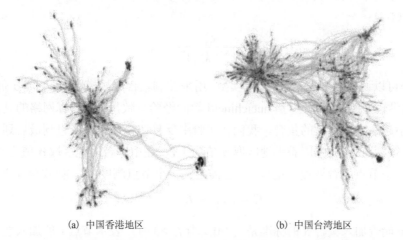

(a) 中国香港地区　　　　　　　　　　　　(b) 中国台湾地区

图 4-19　数据预处理后的中国香港与中国台湾地区的网络拓扑

2. 基于模体的网络拓扑划分

由于真实网络数据中会出现一些模体结构共享某些节点，或者会出现一些模体结构是另一些模体结构的子集情况，如果不加以合并剪枝，直接将所有的模体结构作为初始种子结构，那么通过这些模体最后扩展所得到的社团结构也几乎相同，因此，我们可以在初始种子选择的时候，先把共享重复节点模体进行合并剪枝，在不影响实验结果的同时，显著节省内存开销并且缩减算法的计算时间。

参考 Palla 等[18]提出的 k-clique 相邻连通的思想，将共享 2 个公共节点的模体结构合并为一个初始种子，显著减少了需要扩展的初始种子的数量。至于只共享 1 个公共节点的模体结构，我们将其作为两个初始种子之间的桥节点对待，实际网络中相当于连接两个不同子网的骨干节点，在扩展时暂不作考虑，最后在实际的扩展过程中可能会扩展形成一个集合。

模体挖掘的结果表明，在实验网络中存在大量的相邻连通模体，因此这一步的合并剪枝是很有必要的。例如，我们在中国台湾地区的网络拓扑上进行大小为 4 的网络模体挖掘，挖掘出来的模体数量达到 8.4 万多个，经过合并剪枝后，可以将初始种子的数量减少到 1402 个。

初始种子的结构确定以后，我们需要对初始种子进行相应扩展，从而得到所需的节点集合，这里我们借鉴复杂网络领域局部社团发现算法中初始种子扩展的方法。复杂网络中局部社团发现算法针对初始种子进行扩展，大多采用基于适应度函数的方式。适应度函数是指导初始种子扩展的函数，使其扩大到所需要的节点群体。

在前面的研究中，适应度函数返回的值越高，社团划分的结果就越好。许多相似的局部适应度函数已经在社团划分研究中使用[19,20]，它们都是以不同的方式来形式化社团内部边密度高于外部边密度的想法。正如跨越所有领域的社团没有普遍确定的概念一样，不能认为任何给定的适应度函数都适用于我们所选的目标区域网络拓扑。

我们借鉴 Lancichinetti 等定义的适应度函数 F_S，根据集合 S 的节点内部度 k_{in}^S 和外部度 k_{out}^S 来定义集合 S 的适应度，如式 (4-3) 所示。其中，k_{in}^S 等于开始和结束都在 S 中的边的数量的两倍 (即它是 S 中内部节点的度数之和)，而 k_{out}^S 是仅有一端在集合 S 中的边数量。适应度函数 F_S 定义为式 (4-3)：

$$F_S = \frac{k_{in}^S}{(k_{in}^S + k_{out}^S)^{\sigma}} \tag{4-3}$$

其中，σ 是一个可以调整的参数，是一个正实数，用来控制集合的规模。我们发现 σ 值在 $0.9\sim$ 1.5 范围内能提供较好的结果，这与 Lancichinetti 等的经验一致，也与目标网络的具体结构特性有关。σ 越小越适合检测大的集合，我们在实验中反复调整 σ 的值，直到最后划分的集合结果稳定为止。最后我们在中国香港地区取 σ 值为 1.1，在中国台湾地区取 σ 值为 1.0。

为了确定一个节点能否被加入集合 S，还需定义一个节点测度 f_S^v，如式 (4-4) 所示。

$$f_S^v = f_{S \cup \{v\}} - f_S \tag{4-4}$$

判断节点 v 能否加入集合 S 的标准是 $f_S^v > 0$。当 $f_S^v > 0$ 时，表示节点 v 的加入能够使 S 的适应性度量增大。利用公式 F_S，通过局部优化的技术有效地对初始种子进行扩展，基本步骤如下。

(1) 对于与 S 相邻的每个节点 v，分别计算 S 加入 v 后的适应度。

(2) 判断 $f_S^v > 0$ 是否成立，即向 S 中添加 v 是否会增加 S 的适应度。

(3) 选择使集合适应度增量最大的节点 V_{max}，将其加入 S。

(4) 循环回到前面 3 个步骤，直到 S 的邻居节点中没有满足步骤 (2) 的节点，终止并返回最终的 S。

因为这一步的初始种子扩展策略，在理论上只要集合 S 的邻居节点 v 的测度 $f_S^v > 0$，S 就会一直扩展下去。这样在网络中两个距离很近的初始种子，在扩展形成集合 S_1 和 S_2 的过程中，就可能将对方的节点当作自己的节点划入自己一边，就会形成近似重复的集合。从网络拓扑分析的角度来看，这是不可取的，所以我们就将这些近似重复的集合合并为一个，因为我们认为合并后其内部的连接程度也足够紧密 (都是基于 F_S 扩展得到的)。这样做的效果是显著的，以中国台湾地区的网络拓扑为例，理论上扩展前存在 1402 个初始种子结构，那么扩展后就应该形成 1402 个集合，但是在我们将近似重复的集合合并为一个后，最后仅仅只保留了 718 个不相互重叠的集合。

3. 基于密度的集合二次扩展

事实上，基于适应度函数 F_S 来对初始种子进行扩展，其根本前提是发现的集合满足内部连接紧密而外部连接稀疏这样的定义，这点在 Lancichinetti 等提出适应度函数 F_S 的概念时就已经阐述清楚，并且在 Lee 等的实验数据集上也得到了验证。因此我们基于自适应度函数 F_S 来对初始种子进行扩展，其划分出来的集合节点只占整个网络的一部分。基于 Traceroute 原理探测得到的网络拓扑图，其实质是由一条条的探测路径构成的网络。针对同一探测目标，从不同的探测源返回的路径结果，其共同之处就是会经过探测目标所在网络的边界路由器或者该地区网络的骨干路由器，因此显示在拓扑结构上，就会出现许多不交叉互连的单一路径。这种情况大多会发生在骨干路由器以及网络边界路由器上。

对于此类单一路径上的红色节点，一部分是进行网络测量时选择的目标节点，这样的节点在预处理前的网络中其节点度也为 1，且因为只与集合 S 中的节点相连，可以直接并入到集合 S。但是还有部分红色节点则是我们在数据预处理过程中经过折叠合并其叶子节点后所得到特殊节点，它们经过单一路径到达集合的路径长度大于 1，在真实网络拓扑中显示的是"降落伞"结构，往往是可以单独代表一个小范围区域内网络的拓扑结构，也就是自身就可以代表一个集合。我们在研究目标网络拓扑中发现，探测所得到的路由器级网络拓扑连接中，哪怕只相隔一跳的距离(路径长度为 1)，在现实距离中也可能相隔很远，因此不能够简单地将与 S 相连的所有单一路径上的节点直接与 S 进行合并。

为了解决这类节点的划分问题，我们提出基于集合密度的二次扩展算法，在保证集合密度稳定的同时，最大可能地确定这些节点的归属集合。我们采用的集合密度的公式如式(4-5)所示。

$$f_d^v = \frac{2M}{N \times (N-1)} \qquad (4-5)$$

其中，M 表示集合 S 内部的边数；N 表示加入节点 v 后集合 S 内部的节点数。

依次按照与 S 连接的顺序，将与 S 相连的带有"降落伞"结构的单一路径上的节点加入 S 中，计算节点的值，将值大于阈值 α 的节点加入 S 中，得到最终的拓扑划分结果。α 的值影响最终划分结果 S 的准确性，因此如何科学选择 α 的值是一个值得关注的问题。我们计算了经过初始扩展后得到的所有 S 的原始密度，取其中的最小值作为 α 的最终取值。我们的考虑是，经过前面初始种子扩展以及将与 S 直接相连的路径长度为 1 的节点并入到 S 中后，S 已经得到了充分的扩展，极限情况下已经没有与之相连的简单路径了，而且 α 选取 S 中的最小的密度值，可以将最终所得的网络拓扑划分结果 S 的密度统一起来，更有利于分析对比不同区域网络拓扑结构的差异性。

最后我们将那些没有划入到任何 S 的"降落伞"结构节点分别单独归为一个集合，正如前面我们分析的一样，它往往可以单独代表一个小范围的区域网络拓扑结构，可以为网络实体的定位分析以及分析其所处地域的网络拓扑状况提供相应的支撑。

4. 基于地标和 IP 地理信息数据库的集合定位

我们分别采用基于地标和 IP 地理信息数据库的两种集合定位算法，来验证基于模体的网络拓扑划分的正确性。基于地标的集合地理位置确定比较简单，我们在执行网络拓扑测量的时候，就有选择地将一些地理位置已知的地标节点作为探测的目标节点，这样在最后划分的集合中就会有地标节点的存在，我们可以根据这些地标节点来确定集合的可能位置。基于 IP 地理信息数据库的集合地理位置，我们采用基于投票的机制来确定。对于最终拓扑划分的结果，通过在已知的 IP 地址信息数据库里面，最大可能地查找每个集合内部路由器节点的位置信息(其中中国台湾地区查询到城市级地理位置，中国香港地区查询到行政区划对应的岛)，然后每个节点根据数据库中自身的位置信息对该节点所在集合的位置进行投票，将集合内多数节点一致的位置作为集合的地理位置。

　　这里有个得票数阈值的问题，即如何根据投票结果确定集合的地理位置。我们采用的策略是利用该社团中所有节点对集合所属位置进行投票(查询不到位置信息的社团节点视为弃权)，若某地理位置所得票数的比例超过一半，则认为该集合中所有节点均处于该区域。若无一个区域所得的票数超过一半，有两种不同的情况：一种情况是集合中的节点确实处于不同的地理区域，但是这些地理区域之间联系紧密(如城市群或者经济联系紧密的区域)，我们可以取它们的中间区域作为定位结果；另一种情况可能是当前集合中已知位置信息的节点数量过少，需要采取其他手段去更多的确定集合里面节点的位置信息，这种情况我们就认为集合无法定位。

　　我们将两种方法定位一致的集合当作正确的集合划分，定位不一致或两种方法都无法定位的集合当作错误的集合划分，计算最后集合划分的准确性，以此来评价我们方法的实用性。

4.6.3　实验结果与分析

1. 实验数据

　　实验所采用数据为中国香港和中国台湾两个地区的路由器级网络拓扑数据，它们均是在长期、大量的测量基础上得到的。网络中的节点和边都是多次测量过程中能够稳定发现的路由器节点与连接关系，其生存时间均在半年以上。

　　分别将两个地区的路由器级网络拓扑连接关系抽象成两个复杂网络图，得到的两个复杂网络图的基本特性，如表 4-12 所示。

表 4-12　中国香港、中国台湾地区网络拓扑基本特性

地区	节点数量	边的数量	节点平均度	网络直径	平均路径长度	平均聚类系数
HK	62901	67445	2.144	20	3.18	0.016
TW	280258	295428	2.108	23	5.27	0.034

　　在经过数据预处理，去除网络中的"降落伞"结构后，最终得到的两个复杂网络图的基本特性，如表 4-13 所示。

表 4-13　预处理后中国香港、中国台湾地区网络拓扑基本特性

地区	节点数量	边的数量	节点平均度	网络直径	平均路径长度	平均聚类系数
HK	12436	18010	2.896	19	7.39	0.026
TW	9334	24747	5.303	22	7.74	0.067

　　从网络平均聚类系数上看，虽然两个网络的平均聚类系数都很小，但是它们也比具有相同节点和边的完全随机网络的平均聚类系数高出 3 个数量级。以预处理后中国香港地区路由器级网络拓扑为例，虽然平均聚类系数只有 0.026，但是随机网络的平均聚类系数为 0.000154，也可以认为其具有较高的聚类系数。在网络模体挖掘结果中，挖掘出来大小为 4 的连接紧密的模体结构，也能够充分地证明这一结论。

2. 评价标准

　　为评价本节算法的有效性，我们分别从划分的集合数量、划入集合的节点数量和准确率

3 个方面,将本节的算法与 HC-Based 算法以及 NNC 算法进行比较分析。

划分的集合数量指方法最终在目标网络拓扑上发现的集合个数,划入集合的节点数量指最终所有集合中包含的节点的数目。将这两个指标结合起来分析,可以有效地衡量网络拓扑划分的粒度。因为网络拓扑限定在目标区域范围内,在很大程度上就已经缩小了其内部集合结构的数量,毕竟目标区域内人口聚集的邻近区域是可数的,理想情况下就是划分的集合数量与目标区域内人口聚集的区域数量相当。如果算法划分的集合数量太多,那么相应每个集合内部的节点数量就会很少,就会将临近区域内的网络拓扑更细粒度地划分,从而产生大量位于同一区域的集合,导致重复性的工作;如果划分的集合数量太少,就会将属于不同区域内的网络拓扑节点误认为在同一个区域,导致错误的结果。

准确率方面,主要是在最后确定集合地理位置的结果上进行对比分析。我们分别采用基于地标和 IP 地理位置信息数据库的两种集合定位算法,分别对三种算法划分的集合进行地理定位。若两种算法确定的集合地理位置相同,则认为集合划分准确;若两种算法确定的集合地理位置不同,则认为集合划分错误;对于两种算法都不能确定位置的集合,我们也将其视为划分错误。我们将准确率设定为划分正确的集合数量与总的集合数量的比值,准确率越高,表明算法的效果越好。

3. 模体挖掘结果

我们使用 FANMOD 工具对网络中的模体结构进行挖掘,将满足 Z-score>2 且 P-value< 0.01 的子图结构认定为最终的目标网络模体。表 4-14 显示了数据预处理后中国香港和中国台湾地区路由器级网络拓扑中大小为 3 的网络模体的挖掘结果。

表 4-14　预处理后中国香港和中国台湾地区网络拓扑的模体挖掘结果(k=3)

Area	Adj	Frequency[Original]	Mean-Freq[Random]	Standard-Dev[Random]	Z-score	P-value
HK		0.08512%	0.0020185%	0.000031889	26.06	0
TW		0.97635%	0.017876%	0.00026696	35.903	0

之所以没有展示原始网络中大小为 3 的网络模体,是因为原始网络中大量的存在"降落伞"结构,抽象到无权无向的网络图中,网络中大量存在的 3 节点大小子图就构成一条折线,在随机生成的网络中也大量存在,最终无法挖掘出符合模体条件的子图结构。

表 4-15 和表 4-16 分别显示了预处理后中国香港和中国台湾地区网络拓扑中大小为 4 的模体挖掘结果。

表 4-15　预处理后中国香港地区网络拓扑中的模体(k=4)

ID	Adj	Frequency[Original]	Mean-Freq[Random]	Standard-Dev[Random]	Z-score	P-value
2		0.011428%	0.00015161%	3.9733e-006	28.38	0
4		0.0002704%	3.781e-008%	2.8094e-009	962.34	0

表 4-16　预处理后中国台湾地区网络拓扑中的模体($k=4$)

ID	Adj	Frequency[Original]	Mean-Freq[Random]	Standard-Dev[Random]	Z-score	P-value
1		5.4373%	0.54172%	0.00029585	165.48	0
2		0.20179%	0.00091227%	1.5848e-005	126.75	0
3		2.114%	0.070005%	0.0011229	18.204	0
4		0.0094121%	0%	0	undefined	0

为了实验数据验证,预处理是必要的,我们也在原始的中国香港和中国台湾地区的网络拓扑上,进行大小为 4 的模体结构挖掘,结果如表 4-17 所示,分别多出一种 ID 为 5 的模体结构出来,而且该模体结构数量庞大,在原始网络所有子图数量中的占比能超过 1/4。由此可见原始网络拓扑中的"降落伞"结构对实验结果确实有着很大的干扰。

表 4-17　原始网络拓扑中比较显著的模体($k=4$)

Area	ID	Adj	Frequency[Original]	Mean-Freq[Random]	Standard-Dev[Random]	Z-score	P-value
HK	5		25.148%	20.061%	0.007106	6.3874	0
TW	5		28.466%	22.123%	0.0084844	7.4762	0

我们进一步对拓扑网络中结构大于 4 的模体进行挖掘,但是都没有挖掘出来符合模体条件的结果,并不是结构大于 4 的子图不存在,而是它们并不具有显著性。比如我们曾在两个地区的网络拓扑中,都发现了大小为 5 和 6 的完全子图结构存在,但是在网络中这样的子图结构数量非常少,都是个位数的存在,并且我们在网络中没有发现比 6 更大的子图结构。

4. 拓扑划分结果与评价

我们先比较三种算法最终划分的集合总数和划入集合的节点数。从表 4-18 可以看出,本节的算法在这两个方面,都具有优势。

我们对最后结果的分析发现,HC-Based 算法和 NNC 算法最终划分的集合里面,有一些集合的节点数量特别少,这也导致最终在集合定位的时候,用两种算法都无法确定其位置。

表 4-18　对集合划分数量以及划分的节点数的比较

地区	算法	社团数量	划分的节点数	网络总节点数	平均社团大小	划入节点数占比
HK	HC-Based 算法	3295	51460	62901	15.60	81.8%
	NNC 算法	1478	61741		41.80	98.2%
	Our algorithm 算法	679	62585		92.20	99.5%
TW	HC-Based 算法	5754	273672	280258	48.13	97.7%
	NNC 算法	1924	276258		143.6	98.6%
	Our algorithm 算法	829	279815		337.5	99.8%

我们将准确率设定为定位正确的集合数量与总的集合数量的比值,从而用准确率对三种

算法划分的结果进行对比，最后的结果如表 4-19 所示。从表中我们可以清晰地看到本节的算法在两个地区网络拓扑的实验中，均能够取得较高的准确率，尤其是在未确定地理位置的集合数量上面，本节的算法明显比其他两种算法要少很多，在定位错误的集合数量上面，本节的算法也有明显的优势。

我们还进一步统计了定位正确的集合里面节点的总数量，它可以用来说明哪种算法能够准确地一次性定位更多的网络实体。具体结果如表 4-20 所示，表明本节的算法效果更好。

表 4-19　三种算法的集合定位准确率对比

地区	算法	社团数量	正确的社团数量	未确定的社团数量	错误的社团数量	准确率
HK	HC-Based 算法	3295	2074	679	542	62.9%
	NNC 算法	1478	1127	306	45	76.3%
	Our algorithm 算法	679	603	74	2	88.8%
TW	HC-Based 算法	5754	3751	1196	807	65.2%
	NNC 算法	1924	1353	485	86	70.3%
	Our algorithm 算法	829	761	57	11	91.8%

表 4-20　三种算法的节点定位准确率对比

地区	算法	正确的社团数量	正确的节点数量	总节点数	准确率
HK	HC-Based 算法	2074	44903		63.2%
	NNC 算法	1127	48755	62901	77.5%
	Our algorithm 算法	603	53837		85.6%
TW	HC-Based 算法	3751	176994		65.2%
	NNC 算法	1353	200126	280258	71.4%
	Our algorithm 算法	761	251347		89.7%

本节将特定目标区域的路由器级网络拓扑看作是一种典型的复杂网络，通过引入生物学网络中常用的"模体"概念，提出一种基于模体的目标区域网络拓扑划分算法。该算法借鉴复杂网络领域局部社团发现算法中初始种子扩展的思想，首先在拓扑网络中进行网络模体的挖掘，然后将挖掘出来的模体合并剪枝，形成初始种子结构；再结合适应度函数进行扩展，将拓扑网络中与模体密切连接的节点以各个模体为中心聚合在一起形成节点集合，从而将拓扑网络划分为多个集合；然后考虑到互联网拓扑在测量时会出现单一路径的特性，提出基于集合密度的二次扩展；最后分别利用地标和已知 IP 信息库对集合地理位置进行确定，最终实现批量网络实体的地理定位。

4.7　基于自我图表示学习的动态网络异常检测算法

4.7.1　问题描述

1. 问题提出

动态网络是指随着时间的变化而变化的网络，类似社交网络、通信网络、拓扑网络等都是比较常见的动态网络，其广泛地存在于现实生活中。以社交网络为例，随着互联网上类似微信、微博等各种网络服务的广泛应用，人们广泛地通过网络进行交流、传递信息。因此，人与人之间就在虚拟网络空间中组成了一个庞大的社交网络，其中网络的节点代表每个参与活动的个人，边代表人与人之间的联系，同时该网络随时间推移而发生变化。通常情况下网络中的结构特征呈现一种稳定的状态，其随着时间的推移而轻微的改变。而在异常行为发生时，网络、相关节点往往会发生比较剧烈的变化，通过对动态网络结构变化进行检测能够在一定程度上检测网络异常事件的发生，进而定位异常节点。然而面对大规模复杂的网络数据时传统的动态网络检测方法往往难以较全面地抽取网络结构特征，从而影响了动态检测的效果。

网络表示学习在近年来引起了广泛的研究热潮，其原理为通过提取网络结构特征，并通过神经网络模型将图中的子结构或整个图转化为向量表示，该向量要尽可能多地反映原始网络的结构特征。我们发现节点的邻域结构特征在平时基本保持稳定，在异常事件发生时也会发生剧烈变化。据此我们提出了一种基于节点邻域结构特征的网络表示学习方法，并基于该方法进行动态网络变化检测。

主要贡献如下：

(1)我们提出 Egonet2Vec 算法，一种无监督的网络表示学习方法，它通过抽取节点的邻域结构信息来计算节点的向量表示；

(2)基于 Egonet2Vec 算法，设计了一个基于网络表示学习的动态网络异常检测方法，通过计算节点、网络的相似度来定位异常时间点及异常事件发生时的异常节点集；

(3)在真实动态网络数据集上进行实验验证：在安然邮件数据集、AS 级 Internet 数据集上进行验证，我们的方法取得了较好的效果，可以识别出大部分异常时间点并定位当前时间点最异常的节点集。

2. 问题描述

我们从动态网络建模、网络表示学习及异常检测策略三个方面分别进行分析。

动态网络建模：目前广泛采用的方法是在带有时间属性的静态网络上按时间片进行划分，需要谨慎地选择合适大小的时间片对网络进行划分。时间片设置过短可能导致各时间片网络中包含的信息太少，时间片设置得过长又有可能使得网络重要的突发变化信息无法凸显出来。

网络表示学习：现有的网络表示学习模型如 Line、graph2vec 等方法只能分别在各个时间片网络上进行表示学习，所得到的不同时间片的节点的向量表示无法比较相似性，同时基于随机游走路径并不能较全面地抽取节点的结构信息。因此需要一种新的网络表示学习方法，可以较全面地抽取节点结构信息，获得各节点在不同时间片网络的向量表示，同时不仅仅同一时间片内节点之间可以比较相似性，不同时间片的同一节点之间也可以相互比较相似性。

检测策略：在获得节点的向量表示后，为了检测当前时间片网络的整体变化情况，我们需要聚合各节点的向量表示为整个时间片网络的向量表示，通过计算相邻时间片网络之间的距离，设置正常范围阈值，若超出该阈值则判断当前网络发生了变化。

综上所述，网络表示学习是我们动态网络异常事件检测的核心，如何在表示学习过程中较全面地抽取节点邻域结构信息是网络表示学习的重点。

4.7.2　算法原理与主要步骤

1. Egonet2Vec 网络表示学习模型

本节将详细介绍基于网络表示学习的动态网络突发异常事件检测方法，该方法框架如图 4-20 所示，主要由网络表示学习与异常检测策略两部分组成。下面分别就这两部分内容进行叙述。

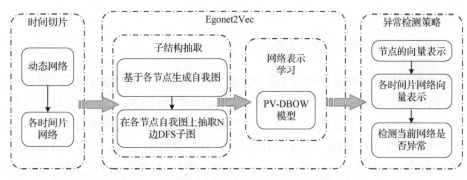

图 4-20　动态网络突发异常事件检测方法整体框架

2. Egonet2Vec 动态网络表示学习

Egonet2Vec 动态网络表示学习算法的目的是学习各个节点在不同时间片网络的向量表示，为此需要为各个节点构造邻域结构特征集，之后基于当前流行的 word2vec 及 doc2vec 模型，将单个节点的邻域结构特征集视为一篇文档，将基于节点的子结构视为文档中的单词，最终基于上述模型我们可以得到不同时间片网络中的各个节点的向量表示。

基于节点的自我图是指以某一节点为中心，由与其相连的所有节点及其节点之间的连边共同构成。在一个图中，为所有的节点构造自我图，将所有节点的自我图合并起来可以还原原始的图结构。一般来说，基于节点的自我图偏重于研究节点个体的邻域特征，因此，我们选择基于节点的自我图来作为节点邻域特征抽取的基础。在构造基于节点的自我图后，下面就如何从自我图中抽取子结构来作为节点的邻域特征集进行论述。图中的子结构可分为节点、边、子图等，单纯地考虑节点或边并不能表示图的结构特征，而子图作为图中节点的有序集合，可以表示图中部分结构特征。我们通过对图集中各个图进行遍历，抽取指定边数的所有子图结构作为该图的结构特征集，其中子图结构我们使用最小 DFS 编码来唯一标识。

在得到各个自我图的子结构特征集后，调用 doc2vec 模型来获得各个图的向量表示。采用 PV-DBOW 模型来学习图的表示。PV-DBOW 模型是 Skip-gram 模型的扩展，其训练方法是忽略输入的上下文，直接让模型去预测文档中的随机单词。具体而言，图被视为一个文档，而子图则被视为一个个单词。通过给定一组图集 $G = \{G_1, G_2, \cdots, G_n\}$，对于图集 G 中的一个图 G_i，其子图序列为 $c(G_i) = \{\mathrm{sg}_1, \mathrm{sg}_2, \cdots, \mathrm{sg}_n\}$，最终我们的目标是最大化下式：

$$\sum_{j=1}^{n} \log \mathrm{pr}(\mathrm{sg}_j \mid G_i) \tag{4-6}$$

式中，$\mathrm{sg}_j \in c(G_i)$，为图 G_i 中的一个子图。

$$\Pr(\mathrm{sg}_j \mid G_i) = \frac{\exp(\mathrm{sg}_j.G_i)}{\sum\limits_{i=1}^{V} \exp(\mathrm{sg}_i.G_i)} \tag{4-7}$$

其中，sg_j 为子结构；v 为所有子结构的数量。经过网络表示学习后，具有相似子结构的图将具有相似的向量表示。为了优化计算，可以采用负采样技术，通过负采样技术构造一个新的目标函数，同时最大化正样本的似然，最小化负样本的似然，进一步提升计算的效率。

3. 动态网络突发异常事件检测策略

获得各个节点在不同时间片网络中的节点的向量表示后，我们通过取同一时间片网络节点向量表示的均值作为整个网络的向量表示，整个动态网络 $G = \{G_1, G_2, \cdots, G_t, G_{t+1}, \cdots, G_n\}$ 的向量表示记为 $G' = \{G_1', G_2', \cdots, G_t', G_{t+1}', \cdots, G_n'\}$，其中 $G_1' \in R^d$，d 为向量表示的维度。之后计算两相邻时间片网络之间的相似度，例如，(G_1', G_2')，(G_2', G_3')，$\cdots$，(G_{n-1}', G_n') 的相似度，记为 $f = \{D(G_2'), D(G_3'), \cdots, D(G_m')\}$，其中 $D(G_n') = \mathrm{sim}(G_{n-1}', G_n')$，本节中 $\mathrm{sim}(G_{n-1}', G_n')$ 采用余弦相似度来计算。计算该相似度数组的均值和方差：

$$\mu = \frac{1}{n} \sum_{i=1}^{n-1} \mathrm{sim}(G_i', G_{i+1}') \tag{4-8}$$

$$\sigma^2 = \frac{1}{n} \sum_{i=1}^{n-1} (\mathrm{sim}(G_i', G_{i+1}') - \mu)^2 \tag{4-9}$$

给定一个阈值 α，当新的第 i 个时间片网络 G_i' 到来时，若 $D(G_i')$ 的值落在 $[\mu - \alpha, \mu + \alpha]$ 之外的区域，则判断网络在此时发生了变化。f 为正态分布时通常取 α 为 2σ 或 3σ，因为各时间片网络的值落在该区域外的概率仅为 5%或 0.3%，是一个小概率事件。当然也可以根据实际情况来确定 α 的取值。

在确定异常时间点后，我们通过分析在网络整体发生改变时各节点的变化情况，定位当前时间片变化较大的节点集，该节点集为可能的异常节点集。对于任一节点 v_i，在整个动态网络时间片范围内其向量表示记为 $V' = \{V_1', V_2', \cdots, V_t', V_{t+1}', \cdots, V_n'\}$，分别计算 v_i 在两相邻时间片网络节点之间的相似度，记为 $f_v = \{D(V_2'), D(V_3'), \cdots, D(V_m')\}$，其中 $D(V_n') = \mathrm{sim}(V_{n-1}', V_n')$，计算该数组均值与方差，节点异常判断方式与时间片网络异常判断方式相一致。

4.7.3　实验结果与分析

我们采用安然邮件数据集和 AS 级 Internet 数据集对我们的方法进行验证，其中安然邮件数据集属于有向加权图，边的权重为在指定时间段内员工之间的单向通信次数，AS 级 Internet 数据集属于无向图，是某一国家或地区所属的所有 AS 构成的网络快照。

1. 安然邮件数据集

安然邮件数据集是安然公司(原是世界上最大的综合性天然气和电力公司之一，在北美地区是头号天然气和电力批发销售商)数百名高层管理人员数年来的来往邮件,已被美国联邦能源监管委员会公开。我们使用文献[21]中的处理版本,该数据集仅保留了 184 个安然公司员工之间的通信数据。

1) 数据预处理

我们从安然邮件数据集中提取邮件记录中发送方和接受方的邮箱地址以及发送时间,用于构建邮件网络。网络中节点表示通信成员,若成员 a 向成员 b 发送了一封邮件,则在 ab 之间加一条边。以一周(7 天)为单位将 2000/1/4 到 2001/12/30 共 728 天的邮件通讯记录划分为 104 个时间片。

在依据时间片对网络进行切分后,将出现通联的员工视为网络中的节点,将不同时间片内节点间的通联次数作为节点间边的权重。在构建基于节点的自我图前我们需要对边的权重进行处理。鉴于边的权重无法直接应用于子图挖掘,我们采用等频分组方法将同一边在不同时间片网络中的权重映射为数个分组,使用分组的标号取代节点间的通联次数作为边的标签。在实验中,我们将分组数设为 3,即边的标签为 grade1、grade2、grade3。在确定边的标签后构建基于节点的自我图,在 N 边 DFS 子图抽取阶段,因为节点间的通联次数是包含关系,即 A 与 B 通联 2 次一定包含 A 与 B 通联 1 次,因此在同一边的标签上高级别的标签包含低级别的标签,即 grade2 包含 grade1,grade3 包含 grade2、grade1。如图 4-21 所示,图 4-21(a)为原始图,图 4-21(b)为经过不同时间片网络同一边权重等频分组后新的边的标签,图 4-21(c)为在 N 边 DFS 子图抽取阶段实际待抽取图。

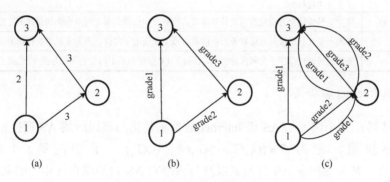

图 4-21　边权重转化

2) 实验结果

图 4-22 显示了 $D(G_i')$ 随时间的变化情况,计算得到的安然公司稳定情况下 $D(G_X')$ 的分布 f 的参数 $\mu = 0.89$,$\sigma = 0.05$,当 $a = 2\sigma$ 时,得到 $\mu \pm \alpha$ 区间为 [0.79, 0.99]。我们得到的潜在异常时间点为 95、93、92、73、94、96。上述时间点发生的异常事件如表 4-21 所示。由表 4-21 可以发现,在上述大部分潜在异常时间点安然公司均有较重要事件发生,其中以第 95 时间片证券交易委员会对安然公司进行调查对安然公司邮件网络结构影响最大,而第 94 时间片安然公司宣布第三季度亏损,该事件拉开了安然公司事件的序幕,是安然公司一个较重要的转折点。在第 92、93 时间片发生于安然公司破产事件转折点前,虽然该时间片安然公司没有重要事件发生,但也可以视其为在重要事件发生之前其内部邮件网络结构已发生了较大的改变,为异常事件的一个预警。

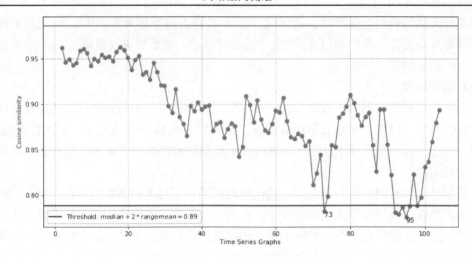

图 4-22　安然邮件数据集检测结果

表 4-21　安然公司重要事件

时间，时间片	事件
2001/5/22，73	乔丹·明茨(John Mintz)向杰弗里·斯基林(Jeffrey Skilling)(首席执行官)发送备忘录，要求他签署关于 LJM 文件。
2001/10/16，94	安然公司宣布，2001 年第三季度亏损 6.18 亿美元，对 1997 年至 2000 年的财务报表进行重述，以纠正会计违规行为。
2001/10/22，95	证券交易委员会对安然公司及其董事及其特殊合作伙伴关系之间潜在的利益冲突进行了调查。
2001/10/24-25，95	杰夫·麦克马洪接任首席财务官，向所有员工发送电子邮件，声明应保留所有相关文档。
2001/11/1，96	安然公司通过抵押了公司部分资产，获得了 J.P.摩根和所罗门史密斯巴尼的 10 亿美元信贷额度担保。

2. AS 级 Internet 数据集

在特定时刻 t，某个国家的 AS 级 Internet 数据集是指与该国所属 AS 直接相连的所有 AS 构成的网络快照，记为 $G = \{G_1, G_2, \cdots, G_t, G_{t+1}, \cdots, G_n\}$。其中的第 t 个时间片网络 $G_t = (V_t, E_t, W_t)$，V_t 为该国家 AS 自治域以及与该国家 AS 自治域直接相连的其他国家 AS 自治域；E_t 为 AS 自治域间的连边；W_t 为边权重集合。在一段时间内，由 $G_t = (V_t, E_t, W_t)$ 构成的动态网络 G 能够反映该国网络连通状态的演变趋势。通常情况下，G 的正常变化反映了 AS 级 Internet 数据集规模、拓扑关系循序渐进的平滑演变，但是大规模网络变化通常是由网络异常事件引起的，如光缆断开、路由器误配置、设备断电、网络攻击等，都会导致该国的 AS 级 Internet 的拓扑结构发生相应的变化。

本节选择黎巴嫩和委内瑞拉的 AS 级 Internet 数据集进行实验验证，通过分析 Route Views 项目[22]的公开路由表数据，可以得到黎巴嫩和委内瑞拉的 AS 级 Internet 数据集，数据集统计信息见表 4-22。Route Views 项目的路由表采样间隔为 2h，因此 AS 级 Internet 数据集中相邻网络快照的时间间隔也为 2h，与之相对应异常检测的精度也为 2h。在进行异常检测时，因国家级 AS 路由正常情况下较稳定，发生异常时波动较大，因此选择阈值 α 时我们取 α 为 3σ。当新的第 i 个时间片网络 G_i' 到来时，若 $D(G_i')$ 的值落在 $[\mu - \alpha, \mu + \alpha]$ 之外的区域，则判断网络在此时发生了变化。

表 4-22　路由表数据集信息

国家	起始时间	结束时间	快照个数/个
黎巴嫩	2012/7/3 00:00	2012/7/6 22:00	48
委内瑞拉	2019/3/1 02:00	2019/3/8 22:00	95

图 4-23 反映了 2012 年 7 月 3 日至 6 日的黎巴嫩 AS 级 Internet 数据集联通性检测结果，计算得到的黎巴嫩 AS 级路由稳定情况下 $D(G_X')$ 的分布 f 的参数 $\mu = 0.98$，$\sigma = 0.04$。当 $a = 3\sigma$ 时，得到 $\mu \pm \alpha$ 区间为 [0.87, 1.1]，我们得到的潜在异常时间点为 2012/07/04 18:00。由图可知，在 2012-7-4 日 18 时其网络结构发生了较大改变，因 AS 级路由信息每两个小时采样一次，因此，我们可以判断黎巴嫩 AS 级 Internet 在 2012 年 7 月 4 日 16 时～18 时之间发生了较大的改变。

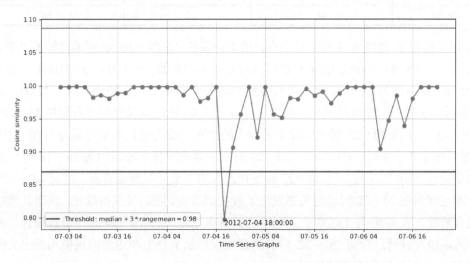

图 4-23　黎巴嫩 AS 级 Internet 数据集检测结果

据 BGPMon 报道[23]，从 2012 年 7 月 4 日 16 时 16 分开始，黎巴嫩的海底光纤被切断，互联网服务中断长达数日，其中黎巴嫩最大互联网运营商 LibanTeleccom（AS42020）等运营商的网络受到的影响最为严重。表 4-23 为黎巴嫩在 2012 年 7 月 4 日 16～18 时变化最大的 7 个互联网运营商在 16～18 时前后各一时间片的网络相似度统计情况。由表 4-23 可知，AS42020 在 16～18 时之间变化较大，与上一时间片网络相似度仅为 0.41。表 4-24 为上述 7 个互联网运营商在 7 月 4 日 14～20 时连边数统计，由表可知，黎巴嫩互联网运营商 16～18 时的网络快照显示节点集和边集的规模均发生大幅度降低，在 18～20 时有所回升。

表 4-23　黎巴嫩部分互联网运营商异常检测结果

运营商	14:00～16:00	16:00～18:00	18:00～20:00
AS42020	1.00	0.41	0.95
AS34370	1.00	0.47	0.47
AS31126	1.00	0.49	0.67
AS41211	1.00	0.55	1.00
AS39010	1.00	0.55	1.00
AS39275	1.00	0.64	1.00
AS9051	1.00	0.64	0.46

表 4-24　黎巴嫩部分互联网运营商动态网络节点、边统计信息

运营商	14:00～16:00	16:00～18:00	18:00～20:00
$|N|$	56	35	46
$|E|$	63	31	45
AS42020	19	6	7
AS34370	1	1	1
AS31126	9	10	11
AS41211	1	1	1
AS39010	11	5	5
AS39275	1	1	1
AS9051	14	0	14

图 4-24 反映了 2019 年 3 月 1 日至 9 日的委内瑞拉 AS 级 Internet 联通性检测结果，计算得到的黎巴嫩 AS 级路由稳定情况下 $D(G'_X)$ 的分布 f 的参数 $\mu=0.99$，$\sigma=0.004$。当 $a=3\sigma$ 时，得到 $\mu\pm\alpha$ 区间为 $[0.98-1.0]$，我们得到的潜在异常时间点为 2019-03-07 22:00。由图可知，在 2019 年 3 月 7 日 22 时其网络结构发生了较大改变，我们可以判断委内瑞拉 AS 级 Internet 在 2019 年 3 月 7 日 20～22 时之间发生了较大的改变。委内瑞拉本地时间与 UTC（时间标准时间）时间相差 4 个小时，UTC 时间 20～22 时对应委内瑞拉本地时间为 16～18 时。表 4-25 为委内瑞拉在 2019 年 3 月 7 日 20～22 时变化最大的 7 个互联网运营商，由表 4-25 可知，几乎所有的运营商在 20～22 时联通关系发生了较大的改变，随后又保持稳定，说明其通联异常依旧没有解除。表 4-26 为上述 7 个互联网运营商在 3 月 7 日 18～24 时连边数统计，由表可知，委内瑞拉互联网运营商 20～22 时的网络快照显示节点集和边集的规模均发生大幅度降低，在 18～20 时依旧没有好转。

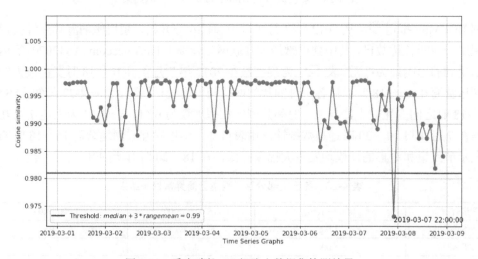

图 4-24　委内瑞拉 AS 级路由数据集检测结果

据 CNN 2019 年 3 月 9 日报道[24]，委内瑞拉 7 日傍晚大部分地区遭遇停电危机，直到 8 日凌晨，很多地方还处于黑暗中。虽然官方没有公布停电城市的具体数字，但当地媒体有统计称，该国 23 个州中的 22 个都停电了。

表 4-25　委内瑞拉部分互联网运营商异常检测结果

运营商	18:00～20:00	20:00～22:00	22:00～24:00
AS52320	1.00	0.45	1.00
AS27807	1.00	0.79	0.99
AS7908	1.00	0.87	1.00
AS8048	1.00	0.88	1.00
AS27893	1.00	0.92	1.00
AS27891	1.00	0.92	1.00
AS17287	1.00	0.95	1.00

表 4-26　委内瑞拉部分互联网运营商动态网络节点、边统计信息

运营商	18:00～20:00	20:00～22:00	22:00～24:00
$|V|$	176	166	167
$|E|$	212	196	197
AS52320	95	93	93
AS27807	7	0	0
AS7908	19	17	17
AS8048	23	22	23
AS27893	3	0	0
AS27891	1	0	0
AS17287	1	0	0

　　本节提出了一种基于节点自我图的网络表示学习算法，并且通过网络表示学习后节点的向量表示取平均获得各个时间片网络的向量表示，最终我们通过计算各时间片网络的向量相似性来判断当前时间片网络是否发生了剧烈波动。在安然公司数据集和 AS 级 Internet 数据集上的实验证明了此方法的有效性。

　　进一步的研究仍然需要在以下两个方面展开。

　　(1) 取各节点向量的平均作为各时间片网络向量表示，不可避免地会造成一定的精度损失，丢失了部分网络结构特征。

　　(2) 当网络规模较大时，分别计算各时间片网络各节点的向量表示时间及内存消耗都较高，需要通过进一步研究提高算法性能。

参 考 文 献

[1]　DONNET B, FRIEDMAN T. Internet topology discovery: A survey[J]. IEEE Journal on Communications Surveys & Tutorials, 2007, 9(4): 56-69.

[2]　HADDADI H, RIO M, IANNACCONE G, et al. Network topologies: Inference, modeling, and generation[J]. IEEE Journal on Communications Surveys & Tutorials, 2008, 10(2): 48-69.

[3]　KNIGHT S, NGUYEN H X, FALKNER N, et al. The Internet topology zoo[J]. IEEE Journal on Selected Areas in Communications, 2011, 29(9): 1765-1775.

[4]　SPRING N, MAHAJAN R, WETHERALL D, et al. Measuring ISP topologies with Rocketfuel[J]. IEEE/ACM Transactions on Networking, 2004, 12(1): 2-16.

[5] ERIKSSON B, BARFORD P, NOWAK R. Network discovery from passive measurements[J]. ACM SIGCOMM Computer Communication Review, 2008, 38(4): 291-302.

[6] BENDER A, SHERWOOD R, SPRING N. Fixing ally's growing pains with velocity modeling[C]// The 8th ACM SIGCOMM Conference on Internet Measurement. ACM, 2008: 337-342.

[7] GUNES M H, SARAC K. Resolving IP aliases in building traceroute-based Internet maps[J]. IEEE/ACM Transactions on Networking, 2009, 17(6): 1738-1751.

[8] MADHYASTHA H V, ISDAL T, PIATEK M, et al. iPlane: An information plane for distributed services[C]// The 7th Symposium on Operating Systems Design and Implementation. ACM, 2006: 367-380.

[9] ROCKETFUEL[EB/OL]. https://rocketfuel.com/[2017].

[10] SARANGWORLD[EB/OL]. http://forsale.sarangworld.com/[2017].

[11] FELDMAN D, SHAVITT Y. Automatic large scale generation of internet PoP level maps[C]// The IEEE Global Telecommunications Conference. IEEE, 2008: 1-6.

[12] 谢希仁. 计算机网络[M]. 7版. 北京: 电子工业出版社, 2017.

[13] AUGUSTIN B, CUVELLIER X, ORGOGOZO B, et al. Avoiding traceroute anomalies with Paris traceroute[C]// The 6th ACM SIGCOMM Conference on Internet Measurement. ACM, 2006: 153-158.

[14] MILO R, SHEN-ORR S, ITZKOVITZ S, et al. Network motifs: Simple building blocks of complex networks[J]. Science, 2002, 298(5594): 824-827.

[15] ERIKSSON B, BARFORD P, SOMMERS J, et al. A learning-based approach for IP geolocation[C]// The Passive and Active Measurement. Springer, 2010: 171-180.

[16] LIU S Q, LIU F L, ZHAO F, et al. IP city-level geolocation based on the PoP-level network topology analysis[C]// The 6th International Conference on Information Communication and Management. IEEE, 2016: 109-114.

[17] WANG Y, BURGENER D, FLORES M, et al. Towards street-level client independent IP geolocation[C]// The Usenix Conference on Networked Systems Design and Implementation. USENIX, 2011: 27-36.

[18] PALLA G, DERENYI I, FARKAS I J, et al. Uncovering the overlapping community structure of complex networks in nature and society[J]. Nature, 2005, 435(7043): 814-818.

[19] CLAUSET A. Finding local community structure in networks[J]. Physical Review E Statistical Nonlinear &Soft Matter Physics, 2005, 72(2).

[20] BAUMES J, GOLDBERG M K, KRISHNAMOORTHY M S, et al. Finding communities by clustering a graph into overlapping subgraphs[C]// The IADIS International Conference on. IADIS, 2005: 97-104.

[21] PADMANABHAN V N, SUBRAMANIAN L. An investigation of geographic mapping techniques for Internet hosts[C]// The ACM SIGCOMM 2001 Conference on Applications. ACM, 2001: 173-185.

[22] GUEYE B, ZIVIANI A, CROVELLA M, et al. Constraint-based geolocation of internet hosts[J]. IEEE/ACM Transactions on Networking, 2006, 14(6): 1219-1232.

[23] KATZ-BASSETT E, JOHN J P, KRISHNAMURTHY A, et al. Towards IP geolocation using delay and topology measurements[C]// The 6th ACM SIGCOMM Conference on Internet Measurement. ACM, 2006: 71-84.

[24] WONG B, STOYANOV I, SIRER E G. Octant: A comprehensive framework for the geolocalization of Internet hosts[C]// The 4th USENIX Symposium on Networked Systems Design & Implementation. USENIX Association, 2007: 313-326.

第 5 章　网络实体地标挖掘

网络实体地标简称地标，是指自身地理位置已知且具有稳定 IP 标识的网络实体，记为<IP，地理位置>二元组。根据网络实体地标的地理位置精度，可以将其分为城市级地标和街道级地标。大量分布广泛、位置准确、性能稳定的网络实体地标是提升网络实体定位性能的关键基础。

地标挖掘是采集网络中 IP 地址及其地理位置信息，并通过一定的手段进行筛选，获取位置准确的网络实体地标的过程，主要包括地标获取和地标评估。本章首先介绍网络实体地标的获取方法，使用自动化手段从公开数据源中获取候选地标，然后介绍地标的可信度评估方法，从候选地标中挑选出位置准确的可靠地标，并对其可信程度进行量化评估。

5.1　地标挖掘技术研究现状

经过多年的发展，国内外不少研究机构对网络实体地标挖掘技术进行了深入的研究，在USENIX、IEEE INFOCOM、ACM SIGCOMM、WASA、IWQoS 等著名国际会议/期刊上刊发了大量关于地标挖掘技术的相关研究成果。本节将其分为候选地标获取技术和地标可靠性评估技术两个部分进行介绍。

5.1.1　候选地标获取技术

候选地标获取是指采集网络中 IP 地址及其地理位置信息，对其格式进行规范进而构建候选地标的过程。根据获取地标的位置精度，候选地标获取技术可分为城市级地标获取技术和街道级地标获取技术。

1. 城市级地标获取技术

1）基于 IP 位置库的城市级地标获取技术

当前主要应用的城市级地标获取技术是基于 IP 位置库的城市级地标获取技术，该技术是指选取多个 IP 位置数据库中地理位置一致的 IP 地址段，从中挑选候选地标。部分从事 IP 定位的公司构建并维护了较为准确的 IP 位置数据库，其中国内较为常见的 IP 位置库包括：百度[①]、淘宝[②]、IPIP[③]、埃文科技[④]，国外知名的则有 IP2Location[⑤]、MaxMind[⑥]、DBIP[⑦]等，另

① Baidu. http://lbsyun.baidu.com
② Taobao. http://ip.taobao.com/
③ IPIP. https://www.ipip.net/ip.html
④ Aiwen https://www.ipplus360.com
⑤ IP2Location. http://www.ip2location.com/
⑥ MaxMind. http://www.maxmind.com/
⑦ DBIP. https://db-ip.com/db/

外 Whois①数据库中也包含了 IP 地址块及其所有者的位置信息。这些数据库包含了大量 IP 段的位置信息，数据量达到数百万条，部分城市级位置数据库能覆盖整个 IP 空间。

此类技术获取效率高，获取地标数量丰富、覆盖范围广，但是存在固有的缺陷，一方面，IP 位置库中的 IP 地址以 IP 地址段呈现，其存在大量非存活的 IP，难以满足定位方法对地标探测成功率的需求；另一方面，IP 位置库的数据准确性无法得到有效保障[1]。事实上，大部分 IP 位置库国家一级的准确率比较高，但是城市级位置准确率却比较低[2]。Gharaibeh 等[3]通过 IP 位置库两两对比发现，主要数据库之间只有 60%左右的一致性；通过 CAIDA 中的数据集验证发现，大部分 IP 位置库在欧洲、美国等互联网发达地区的准确率不到 80%，在其他地区的准确率更低。

2）基于 Web 页面的城市级地标获取技术

Web 网页中嵌入了丰富的地理位置信息，如行政区信息(省、市、区)、邮编、电话区号等，这些信息与 Web 页面对应的服务器 IP 地址关联起来可以实现地理位置与 IP 地址之间的映射，从而构建候选地标。Guo 等提出了基于 Web 页面的 Structon 算法[4]，该技术首先对 Web 网页进行处理根据 Html 标签将网页拆分为多个 Html 块，使用正则表达式提取其中的地理位置信息；然后将每个 Html 块中提取的位置信息与 Web 服务器域名对应的 IP 地址关联构建位置权重向量，并投票得到种子地标；最后使用启发式推测算法，根据/24 IP 段中种子地标的地理位置信息进行扩展，并根据 AS 以及 BGP 信息对地标进行纠正，最后进行投票确定其位置以提高地标的准确度和覆盖率。该技术率先提出从 Web 页面中提取位置信息实现 Web 服务器地标的挖掘，得到地标数量多、分布广泛、稳定性好，但是该技术的实现存在诸多困难，一方面获取海量网页资源不仅消耗流量和存储资源，也制约着地标挖掘的速度，另一方面不同的网页语言不同、格式不同、地理位置模式提取困难。

3）基于互联网论坛的城市级地标获取技术

Zhu 等提出了基于互联网论坛的城市级地标获取技术[5]，该技术基于论坛名称中的语义信息推测出论坛用户所处的城市，并从中收集用户 IP 地址，然后将二者关联构建地标。其主要步骤如下：首先选择区域性强和论坛用户相对集中的主题论坛(如"郑州高校"或"开封房产"等论坛)；然后从中提取出所有的 IP，使用多库投票的方法确定这些 IP 地址所在城市，并保留城市信息一致的 IP；最后将 IP 地址与城市关联构建城市级候选地标。该方法获取地标数量多、覆盖范围大，但是，每次仅能对一个城市进行挖掘，且需要人工分析论坛语义，因此挖掘效率不够高。特别是随着个人隐私保护意识逐渐增强，大部分论坛不再显示用户 IP 地址信息，该方法的应用受到了极大的限制。

4）基于在线交易市场的地标获取技术

Mun 等提出了基于在线交易市场的地标获取技术[6]，该技术从在线交易市场平台上收集公开的卖家信息，从中获取其 IP 地址和发货的位置信息构建候选地标，然后对同一/26IP 段中 IP 地址的位置进行投票确定其城市级位置。使用该方法以韩国交易平台 Ruliweb 中 29 个月的交易信息构建的韩国地标库的城市覆盖率达到 90.11%，地标的准确率也得到有效保障。但是大部分在线交易市场隐藏了卖家的 IP 地址，也不公开细粒度的位置信息，该技术的数据来源受到限制，地标挖掘的数量不能得到有效保证。

---

① Whois.https://www.whois.com

5) 基于搜索引擎日志文件的地标获取技术

Dan 等提出了基于搜索引擎日志文件的地标获取技术[7]，该技术从搜索引擎日志文件中提取用户的 IP 地址和搜索内容，然后根据包含位置信息的搜索内容确定用户所在城市，最后聚合城市位置信息与 IP 地址关联，并通过 IP 位置库查询的方法对其位置进行校正，构建城市级地标。通过已知位置的 IP 数据集验证发现，该技术的位置准确率显著高于当前的最新方法，但是该技术需要大量的搜索引擎日志文件，数据来源的单一性限制了该方法的应用。

综上所述，城市级地标获取技术从商业 IP 位置库、互联网资源等来源采集地标，获取的候选地标数量多，覆盖范围广，但在地标位置准确度上有待进一步评估。

2. 街道级地标获取技术

1) 基于 Web 资源的地标获取技术

(1) 基于在线地图的地标获取算法。

许多学校、医院、企业、政府部门等单位都拥有自己的 Web 服务器，并且往往将服务器部署在单位内部。因此，可以通过在线地图查询获取机构的位置及其 Web 服务器的域名，实现 Web 服务器类街道级地标的构建。Wang 等提出了基于在线地图的地标获取算法[8] (Online map-based landmark mining algorithm)，该算法首先在提供在线地图服务(如百度地图、谷歌地图)的网站中输入 "企业"、"学校"、"医院" 或 "政府" 等关键字以及行政区名称，地图服务器将会返回一系列相关组织机构的网站域名以及其经纬度信息，然后使用 DNS 服务将网站域名转换为 IP 地址，进而获取这些网站 IP 地址与其地理位置的映射关系，构建候选地标。该算法能够根据指定城市获取其中的 Web 服务器类地标，地标覆盖范围广、性能稳定，但是该算法使用在线地图的文本搜索服务，每次搜索存在返回数量上限，而且重复搜索获取的结果相同，因此该算法只能获取到在线地图中部分候选地标，数量较少，难以满足 IP 定位的需要。

(2) 基于社交网络签到数据的算法。

Liu 等提出了基于社交网络签到数据的地标获取算法，该算法又称为 Checkin-Geo 算法[9]，利用用户主动在社交网络共享的位置数据和从 PC 上登录的用户日志，关联用户的地理位置与 IP 地址，实现街道级地标的获取。该算法获取的地标位置精度比现有算法提升了一个数量级，且地标分布广泛、位置精度高。但由于隐私保护的需要这类数据获取难度较大，该算法的应用受到限制。

2) 基于 Wi-Fi 热点的地标获取技术

Zhao 等提出了基于 Wi-Fi 热点的地标获取技术[10]，该技术首先使用带有 GPS 定位功能的智能移动设备在待挖掘区域接入 Wi-Fi 热点；然后使用预设网络节点对 Wi-Fi 热点进行探测获取其接入路由器的公网 IP 地址，并根据 GPS 定位获取得到的位置数据确定 Wi-Fi 热点的地理位置；最后将其接入路由的公网 IP 地址与 Wi-Fi 热点的地理位置相关联构成地标，如图 5-1 所示。Wi-Fi 路由器使用广泛，在城市中密度较高，而且通过 GPS 定位获取的位置精度较高，因此该技术不仅保证了给定区域地标获取的数量，也确保了地标的位置精度。但是使用智能移动设备采集 Wi-Fi 热点需要人工介入效率较低，因此该技术仅适用小范围的给定区域，不适用于大范围的地标获取。

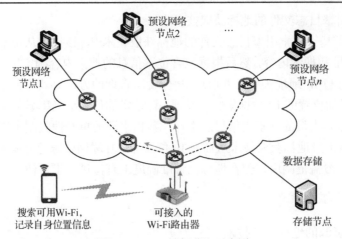

图 5-1　Wi-Fi 地标获取示意图

3)基于服务开放端口的地标获取技术

Li 等针对当前地标挖掘技术获取地标效率低、数量少的问题提出了基于服务开放端口的街道级地标挖掘技术[11]，该技术首先将 IP 地址按照服务等级进行分类；然后以 IP 地址的开放端口作为特征使用人工标注的数据训练 SVM 分类器,并挑选出给定地区的服务器 IP 地址；接着使用多个不同的 DNS 服务器反查 IP 地址对应的域名；最后使用域名备案库、Whois 等数据库或者在线地图查询的方法实现域名和位置的关联，得到街道级地标。该技术与当前最新技术相比，时间开销更小，定位精度也有一定的提升；但是服务器 IP 地址仅占 IP 空间的极小一部分，该技术在没有目标区域 IP 先验知识的情况下，对 IP 段的扫描效率不高，一定程度上影响了地标获取的效率。

4)基于智能终端的地标获取技术

Triukose 等提出了基于智能终端的地标获取技术[12]，该技术从第三方手机 APP 获取智能手机用户的 IP 地址及其 GPS 设备提供的位置信息，得到 IP 地址、地理位置、时间戳的对应信息，然后对 IP 地址对应的位置分布及其根据时间变化情况进行分析和计算，推测 IP 地址的街道级位置。随着智能终端的普及，该技术获取的移动终端类型地标在数量和分布上具有较大的优势，但是该技术依赖大量的协作数据随着用户隐私保护日益受到关注，该技术的应用受到较大限制。

5.1.2　地标可靠性评估技术

地标可信度评估是指通过一定的技术手段对候选地标的准确性进行判断和估算，从中筛选出位置准确的网络实体地标的过程。根据评估地标的位置精度，地标可靠性评估技术可分为城市级地标评估技术和街道级地标评估技术。

1. 城市级地标评估技术

城市级地标评估技术结合主机名、网络拓扑、多库查询结果等信息对候选地标的城市级位置进行校准，能够大幅提升地标的准确率。

1)基于路由识别的城市级地标评估技术

(1)基于路由识别的城市级地标评估技术。

Ma 等提出了基于路由识别的城市级地标评估技术[13]，该技术首先根据目标区域城市行政区划、标志性地点(如机场)构建路由地理位置词典,建立路由主机名匹配规则;然后使用多个探测源对候选地标进行 Traceroute 探测获取其路径信息,并结合路由主机名匹配规则对探测路径上路由的主机名进行抽取;接着根据路由位置词典确定路由所在城市;最后根据最近路由器与候选地标间的相对时延判断地标城市位置的可靠性。

(2)基于路由跳数的城市级地标评估技术。

考虑到同一网络服务提供商在配置网络环境和路由转发策略时,数据包在骨干网上的转发路径往往相对稳定,Zhu 等提出了一个基于路由跳数的城市级地标评估技术[12],该技术首先查询多个 IP 位置库,确定候选地标可能在的城市;然后使用预先配置的多个探测源,分别对候选地标以及其可能的城市中的基准节点进行探测;接着根据基准节点探测路径中探测源到城市的跳数以及城市内部的跳数,为这些城市建立基准跳数向量,并根据候选地标的探测路径建立候选地标跳数向量;最后计算基准跳数向量与候选地标跳数向量之间的相似度,将与候选地标相似度最高的基准跳数向量所对应的城市作为候选地标的所在的城市。

此类技术具有评估效率高、适用范围广等特点,但是均需要部署大量探测源对目标主机或者基准点进行探测,另外在评估过程中使用投票、推测、相似度计算等依赖统计规律的算法,一定程度上限制了地标评估的准确性。

2)基于 PoP 网络分析的城市级地标评估技术

Shavitt 等提出了基于 PoP 网络分析的城市级地标评估技术[15],该技术首先对目标地区的 IP 地址进行探测获取网络拓扑数据,然后对网络拓扑进行分析发现其中的 PoP 网络,最后使用多个 IP 位置库查询 PoP 网络每一个 IP 地址的声明位置,如果其中 50%的 IP 地址的声明位置在一定的范围之内(100km),则将这些声明位置的中心作为该 PoP 网络的位置,进而对该 PoP 网络中所有 IP 地址的城市级位置进行评估。Zu 等在此基础上对基于 PoP 网络分析的城市级地标评估技术进行了改进,他们在进行 PoP 网络分析之前,首先根据不同城市网络节点间单跳时延的分布规律,从探测路径中划分出属于目标城市的网络节点,并进行地标扩展;然后利用常见的匿名路由结构对路径信息中匿名路由进行查找与归并,实现城市级地标所在 PoP 网络的发现以及地标位置准确性评估。

3)基于投票的城市地标评估技术

Li 等提出了基于投票的城市地标评估技术[16],该技术首先使用多个 IP 位置库查询候选地标的位置信息;然后在不同的粒度上使用投票的方法确定 IP 的位置;最后进行位置验证实现地标的城市级位置评估。该技术评估效率高、获取地标数量多,但是,不同的数据库可靠程度不同,同一个数据库不同地区地标的可靠程度也不同,而且数据库之间存在拷贝现象,这些都导致该技术地标评估准确率不高,评估效果不佳。

2. 街道级地标评估技术

街道级地标评估技术主要使用网络测量手段和街道级 IP 定位的技术对候选地标进行评估。

1)基于网络测量的评估技术

(1)基于网页请求验证的街道级地标评估技术。

Wang 等针对 Web 服务器地标提出了基于网页请求验证的街道级地标评估技术[8],该技术简称为 LVM(landmark verification method),首先进行邮区验证,若候选地标信息中包含的邮政编码与其地理位置所在地的邮政编码不一致时，删除该候选地标；然后进行 Web 网页请求验证，分别通过候选地标提供的 IP 地址和域名访问网页，如果两次获取的"<head></head>"标签或"<title></title>"标签的内容不同，则认为该 Web 网站托管于共享主机或云服务器中，将该候选地标删除；最后进行分支机构排除，将域名相同而邮编或者地理位置不同的候选地标删除。该技术排除了部分主机托管、共享主机与 CDN 网络等情况的无效候选地标，大幅提升了地标的准确性，但是，该技术主要依赖地标的 IP 与域名能否打开相同的网页来判断地标位置是否可靠，导致位置准确的共享主机类、云服务类地标和不支持 IP 访问网页的地标可能被错误地删除，同时位置不准确的 CDN 网络类和托管主机类地标则可能被错误地评估为可靠地标，这些误删、误评一定程度上限制了地标位置的准确性。

(2) 基于最近共同路由器的街道级地标评估技术。

Li 等[17]提出了一种基于最近共同路由器的街道级地标评估技术，该技术简称为 SLE，首先将机构视为一个区域，利用地标的接入路由器将其分组并将时延值转换成距离约束；然后建立分组中任意两个地标间关于地理距离、距离约束和区域半径间的关系模型；最后基于建立的关系模型，结合二项分布计算评估后的地标可信度。该技术能够实现各种来源街道级地标的评估，大幅提升了地标精度。但该技术存在两个问题，一是对候选地标的密度要求高，最后一跳共同路由下至少有两个候选地标方可评估；二是评估效率低，采用"多次测量取最小"策略计算时延值，在地标数量较多时，对地标进行多次网络测量时间开销大，影响评估的效率。

2) 基于 IP 定位的街道级地标评估技术

首先使用街道级 IP 定位技术对候选地标的 IP 地址进行定位，然后将定位结果与候选地标的声明位置进行比较，根据其距离误差筛选出可靠地标。根据候选地标定位结果以及定位方法的误差，可以确定候选地标的真实位置范围——以定位结果为中心、定位误差为半径的圆形区域。然后结合地标声明位置与定位结果的误差距离，能够计算筛选得到的候选地标的最大误差——定位误差与误差距离之和。因此，此类评估方法获得的地标误差均在一定的范围之内，准确率较高，但仅适用于已经具有定位能力的区域。

5.2　基于互联网黄页的街道级地标获取算法

街道级地标是实现对目标 IP 高精度定位的重要基础。已有经典基于 Web 的街道级地标获取算法虽然能够获取部分可靠街道级地标，然而，由于 CDN 网络、共享主机及服务器托管等技术的使用，大量 IP 与域名存在非一一对应关系，该算法排除了大量 IP 对应多域名、域名对应多 IP 地标，筛选策略稍显粗糙，可能误评、误删部分可靠地标。

针对经典的基于 Web 的地标获取算法存在误评、误删部分地标的现象，本节提出了一种基于互联网黄页的街道级地标获取算法。首先，考虑到黄页中包含大量机构对应的 Web 和 E-mail 域名，且内容稳定、格式固定，基于正则表达式抽取黄页中机构的域名并解析对应 IP；其次，依据 IP 归属地与所有可能对应机构所在城市是否一致的规则筛选地标；最后，依据定位精度需求设定误差阈值，利用现有街道级 SLG 定位算法[8]将定位误差落入评估阈值范围内的地标评估为可靠地标。

5.2.1　问题描述

互联网黄页是一种收录机构公开信息的数据库，具有内容稳定、格式固定等特点，其中包含着大量机构名、机构的 Web 域名和 E-mail 域名，显然，其中的 Web、E-mail 服务器 IP 是获取街道级地标的重要数据源。黄页中各类数据的位置相对固定，便于利用正则表达式进行批量抽取，其中有大量机构的具体信息，包括标红的机构名、机构的 Web 域名、E-mail 域名等。

表 5-1 显示了中国高校信息网及美国 YP 黄页抽取得到的机构名、Web 域名、E-mail 域名数量，可以看出，获取的域名数量远多于机构数量，说明黄页中存在着大量机构、分支机构及机构的 Web 域名、E-mail 域名等。

表 5-1　中国高校信息网及美国 YP 黄页抽取机构名、域名数量

黄页名称	机构名数量/个	Web 域名数量/个	E-mail 域名数量/个
中国高校信息网	96573	270412	198752
美国 YP 黄页	845321	2451309	1252513

在网络建设的初期，为了便于对网络基础服务设施进行管理与维护，大多数机构往往将 Web 服务器、E-mail 服务器等网络基础服务设施设置在机构内部，本节正是基于这一特点，将机构地理位置作为机构对应域名服务器 IP 所处实际区域，通过制定的筛选规则获取候选地标，利用 SLG 定位算法[8]对候选地标进行评估，最终得到可靠的街道级地标。

5.2.2　算法主要步骤

基于黄页的街道级地标获取算法架构如图 5-2 所示。

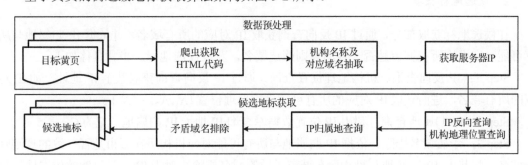

图 5-2　基于互联网黄页的街道级地标获取算法架构图

本算法包括数据预处理和候选地标获取部分，下面分别对其进行详细阐述。

1. 数据预处理

在数据预处理部分，抽取黄页中机构的名称及对应的 Web、E-mail 域名，并通过 DNS 服务器解析，获取域名对应的 Web 服务器、E-mail 服务器 IP。步骤具体如下。

Step 1：黄页选取。从互联网中选取数据格式相对固定的黄页，这类黄页便于利用正则表达式抽取数据。

Step 2：HTML 代码提取。选取黄页后，利用爬虫程序获取黄页中所有的 URL，提取黄页的所有 HTML 代码。

Step 3：机构名称及对应域名抽取。同一黄页中，不同属性数据对应不同的标签，而同一属性数据的位置相对固定，找到对应数据的标签后，分别利用不同的正则表达式抽取所需数据，具体如下。

机构名一般由数字、汉字、英文大小写字母、空格等组成，其正则表达式如式(5-1)所示：

$$[0\text{-}9\backslash s\backslash u4e00\text{-}u9fa5a\text{-}zA\text{-}Z]+ \tag{5-1}$$

式中，"0-9"匹配数字字符，"s"匹配空格，"\u4e00-\u9fa5"匹配中文字符，"a-zA-Z"匹配英文大小写字母，"\"用于区分字符类型，"+"匹配上述内容多次。

Web 域名通常由多级域名组成，域名为英文大小写字母、数字、特殊符号的组合，其正则表达式如式(5-2)所示：

$$[a\text{-}zA\text{-}Z0\text{-}9\_\text{-}]+(\backslash.[a\text{-}zA\text{-}Z0\text{-}9\_\text{-}]+)+ \tag{5-2}$$

式中，"a-zA-Z"、"0-9"、"+"匹配规则同式(5-1)，"_"匹配下划线，"-"匹配中划线，"\."用于匹配"."字符。

E-mail 域名通常由用户名及多级域名组成，并有相应的标识符，其正则表达式如下：

$$[a\text{-}zA\text{-}Z0\text{-}9\_\text{-}]+@[a\text{-}zA\text{-}Z0\text{-}9\_\text{-}]+(\backslash.[a\text{-}zA\text{-}Z0\text{-}9\_\text{-}]+) \tag{5-3}$$

式中，"a-zA-Z"、"0-9"、"+"匹配规则同式(5-1)，"\."匹配规则同式(5-2)，"@"匹配 E-mail 域名的标识符。

Step 4：获取服务器 IP。请求 DNS 服务器，利用 nslookup 命令解析域名对应 Web 服务器、E-mail 域名对应 E-mail 服务器，获取对应 IP 地址。

2. 候选地标获取

在候选地标获取部分，通过 IP 反向查询获取 IP 对应的所有域名，并依据 IP 归属地与所有可能对应机构所在城市是否一致的规则筛选域名，获取候选地标。步骤具体如下。

Step 1：IP 反向查询、机构地理位置查询。通过 IP 反向查询获取某个 IP 地址，如 IP_1 对应的所有域名，进而获取 IP_1 对应的所有可能机构地理位置 $\{N_1,N_2,\cdots,N_n\}$。

Step 2：IP 归属地查询。利用 IP 位置数据库查询 IP 地址 IP_1 归属地，记为 C_k。

Step 3：矛盾域名排除。依据 IP 归属地与所有可能对应机构所在城市是否一致的规则筛选域名，将其中 IP 归属地与机构所在城市矛盾的域名排除：对于 IP_1，记可能的候选地标集为 $A=\{(\mathrm{IP}_1,N_1),(\mathrm{IP}_1,N_2),\cdots,(\mathrm{IP}_1,N_n)\}$，若存在地理位置集合 $\{N_{i1},N_{i2},\cdots,N_{in}\}\subseteq\{N_1,N_2,\cdots,N_n\}$，且 $N_{ij}\notin C_k$，则从 A 中排除 (IP_1,N_{ij}) ($j=1,2,\cdots,n$)。最终得到候选地标。

5.2.3 算法分析

由数据预处理部分可获取域名及对应机构，通过 DNS 解析可得域名对应 IP 地址，由候选地标获取部分 IP 反向查询可获取 IP 对应的所有域名，而域名对应机构地理位置，因此，可用 IP 与域名的对应关系来描述候选地标。表 5-2 给出了部分 IP 地址(IP 归属地)、IP 对应域名及域名对应机构所在城市的对应关系。

　　由表 5-2 可以看出，服务器 IP 与域名之间并非一一对应，且存在 IP 归属地与对应机构所在城市矛盾的现象。如表 5-2 中 IP 地址 61.172.192.59 的归属地为上海，其对应的 Web 域名 分 别 是 www.bnuz.edu.cn、sww.changning.scn、cnq.sh.gov.cn、www.shskkq.com、www.changning.cn、www.zzsmfc.com，机构所在城市分别为珠海、上海、郑州等，按照算法候选地标获取部分的第 3 步，Web 域名 www.bnuz.edu.cn、www.zzsmfc.com 所对应的机构所在城市分别为珠海、郑州，与 IP 地址 61.172.192.59 的归属地上海矛盾，按筛选规则排除 $(61.172.192.59, 22.39019(N), 112.50923(E))$、$(61.172.192.59, 34.76791(N), 112.71742(E))$；同理，IP 地址 182.57.48.35 的归属地为深圳，对应 E-mail 域名 mx.elevatorbuy.com 机构所在城市为上海，排除 $(182.57.48.35, 31.23925(N), 121.47459(E))$，得到候选地标集。

表 5-2　IP 地址、对应域名与机构所在城市对应关系

IP 地址 (归属地)	对应域名	机构所在城市
60.247.18.3 (北京)	www.bnu.edu.cn、english.bnu.edu.cn	北京
219.142.121.58 (北京)	email.bnu.edu.cn	北京
59.38.32.56 (珠海)	www.bnuz.edu.cn	珠海
61.172.192.59 (上海)	www.bnuz.edu.cn sww.changning.scn、cnq.sh.gov.cn www.shskkq.com、www.changning.cn www.zzsmfc.com	珠海 上海 上海 郑州
182.57.48.35 (深圳)	mx.elevatorbuy.com	上海
220.181.14.139 (北京)	www.163.com 等 22 个域名	北京

　　由表 5-2 还可以看出，存在 IP 对应多域名现象，如 IP 地址 60.247.18.3 对应的 Web 域名有 www.bnu.edu.cn 和 english.bnu.edu.cn；存在域名对应多 IP 现象，如 IP 地址 220.181.14.139 对应的域名有 www.163.com 等 22 个域名，此时 IP 归属地与域名对应机构所在城市一致，均难以直接判断 IP 所处真实地理位置，本算法将其作为候选地标以供进一步评估。

　　依据算法的候选地标获取部分，由表 5-2 最终获取的候选地标如表 5-3 所示。

　　由表 5-2、表 5-3 可以看出，与将每个 IP 和对应域名作为候选地标的基于 Web 地标获取算法相比，本算法有效缩减了候选地标数量。综上所述，算法该部分步骤是合理且有效的。

表 5-3　由表 5-2 获取候选地标

地标所在城市	地标对应 IP
北京	60.247.18.3
北京	219.142.121.58
珠海	59.38.32.56
上海	61.172.192.59
北京	220.181.14.139

5.2.4　实验结果与分析

1. 实验设置

　　实验设置包括黄页选取、使用工具(IP 位置数据库、在线地图)、探测源、探测策略设定和已知准确地标选取 5 个方面，具体如表 5-4 所示。

表 5-4　实验设置

黄页选取	中国: 北京市、上海市、香港市、西安市、郑州市	华企黄页网、网易邮箱黄页、中国电信黄页、中国黄页网、全球黄页、黄页 88、114 黄页、HK 黄页、中国企业在线、全国高校信息网
	美国: 纽约市、奥兰多市、亚特兰大市	Superpages、YP.com、Yellowpages
使用工具	IP 位置数据库: 百度数据库、Maxmind 数据库	
	在线地图: 谷歌地图	
探测源	中国: 中国电信, 北京、上海、郑州各 1 个	
	美国: PlanetLab 节点, 洛杉矶市、旧金山市各 2 个, 西雅图市 1 个	
探测策略设定	多源多协议 Traceroute 探测	
已知准确地标选取	中国: 北京市 1000 个, 上海市 800 个, 香港市、西安市、郑州市各 500 个	
	美国: 纽约市 1000 个, 奥兰多市、亚特兰大市各 800 个	

表 5-4 显示,本节分别选取了中国及美国部分数据格式相对固定的黄页开展实验。在工具使用方面,对于中国,选取可靠性较高的百度数据库,对于美国,选取可靠性较高的 Maxmind 数据库;在网络探测方面,一是采取多探测源的方式进行 Traceroute 探测,二是通过多协议的探测方式提高获取拓扑信息的完整性;在已知准确地标选取方面,通过 Wi-Fi 热点采集、多数据库比对及公共网络平台 PlanetLab、RIPE NCC 查询,将地理位置已知的 IP 作为已知准确地标。

2. 候选地标获取实验

对实验设置中共 13 个黄页,中国北京市、上海市、香港市、西安市、郑州市和美国纽约市、奥兰多市、亚特兰大市 8 个城市的机构公开信息进行抽取,对获取的 Web 域名、E-mail 域名进行解析,结果如表 5-5 所示。

表 5-5　域名及 IP 获取结果　　　　　　　　　　　　（单位: 个）

域名总数/个	Web 域名数量	E-mail 域名数量	获取 IP 总数	Web 服务器 IP 数量	E-mail 服务器 IP 数量
187947	155996	31951	398567	346753	51814

表 5-5 显示,实验共抽取了 18 万余域名,共获取了近 40 万服务器 IP。其中,在域名数量分布上,Web 域名数量明显多于 E-mail 域名;在 IP 数量分布上,Web 服务器 IP 数量明显多于 E-mail 服务器。

通过 IP 反向查询获取 IP 对应所有域名,建立域名与 IP 的对应关系,如表 5-6 所示。

表 5-6　IP 反向查询结果　　　　　　　　　　　　（单位: 个）

查询 IP 总数/个	Web 服务器 IP 数量	E-mail 服务器 IP 数量	对应域名总数	Web 域名数量	E-mail 域名数量
398567	346753	51814	2911393	2891790	19603

表 5-6 显示,通过 IP 反向查询,实验获取了更多的域名数量。在域名数量分布上,Web 服务器 IP 获取的域名数量明显增加,而 E-mail 服务器 IP 通常仅对应 E-mail 服务器名,获取的域名数量有所下降。

依据算法筛选规则,对 IP 归属地与对应机构所在城市矛盾的域名筛选,结果如表 5-7 所示。

表 5-7 矛盾域名筛选结果 （单位：个）

城市	IP 总数	域名总数	排除域名数量	保留域名总数	Web 域名数量	E-mail 域名数量
北京市	19404	345762	253206	92556	89896	2660
上海市	17374	328732	246401	82331	79865	2466
香港市	12966	298754	224674	74080	72487	1593
西安市	10319	189747	136464	53283	52224	1059
郑州市	8960	183421	149596	33825	32908	917
纽约市	45075	598138	328964	269174	264967	4207
奥兰多市	29919	489771	303317	186454	183720	2734
亚特兰大市	29509	477068	318925	158143	154176	3967

由表 5-7 可以看出，存在一定数量的 IP 与域名对应机构所在城市矛盾，依据筛选规则，此类域名将被排除，有效减小了 IP 对应多个域名的数量。

通过建立域名与 IP 的对应关系，对矛盾域名进行筛选，8 个城市候选地标对应 IP 获取结果如表 5-8 所示。

表 5-8 候选地标 IP 获取结果 （单位：个）

城市	候选地标数量	IP 总数	Web 服务器 IP 数量	E-mail 服务器 IP 数量	对应域名总数
北京市	97891	19404	15583	3821	92556
上海市	89877	17374	14552	2822	82331
香港市	91228	12966	10725	2241	74080
西安市	58329	10319	8630	1689	53283
郑州市	40331	8960	7920	1040	33825
纽约市	299633	45075	39248	5827	269174
奥兰多市	228621	29919	27234	2685	186454
亚特兰大市	198743	29509	26588	2921	158143

由表 5-8 可以看出，结果中存在大量的 IP 对应多域名，域名对应多 IP 现象，而每个 IP 与关联域名(机构地理位置)对应即为候选地标，实验由此获取了一定数量的候选地标。

上述实验获取地标中，部分地标与基于 Web[4] 地标获取算法一致，为了对两种算法进行比对，利用基于 Web 地标获取算法[4] 对目标城市的 17 种常见机构获取候选地标并进行评估，两种算法获取的候选地标及评估后的街道级地标数量比对结果分别如表 5-9、表 5-10 所示。

表 5-9 两种算法获取候选地标数量比对 （单位：个）

城市	本节算法	基于 Web 地标获取算法
北京市	97891	487329
上海市	89877	438521
香港市	91228	553289
西安市	58329	297634

续表

城市	本节算法	基于 Web 地标获取算法
郑州市	40331	273225
纽约市	299633	836723
奥兰多市	228621	693657
亚特兰大市	198743	599932
总计	1104653	4180310

由表 5-9 可以看出，本算法获取候选地标数量明显少于基于 Web 地标获取算法[4]，共减少了 3077657 个候选地标。由算法原理可知，本算法排除了大量 IP 归属地与对应机构所在城市矛盾的无效地标，候选地标规模得到下降，可有效减小下一步地标评估的算法开销，这与候选地标获取部分的分析相符。

表 5-10　两种算法获取街道级地标数量比对　　　　　（单位：个）

城市	本节算法	基于 Web 地标获取算法
北京市	7507	1834
上海市	5025	1711
香港市	5154	2933
西安市	4368	957
郑州市	3429	793
纽约市	12563	3672
奥兰多市	8661	2889
亚特兰大市	9253	3067
总计	55960	17856

由表 5-10 可以看出，本算法获取街道级地标数量明显多于基于 Web 地标获取算法[4]，共扩充了 38104 个街道级地标。由算法原理可知，本算法获取地标经过 SLG 定位算法[8]评估，具有较高的可靠性，而基于 Web 地标获取算法获取地标中存在部分误评地标。

针对经典的基于 Web 的地标获取算法获取地标数量少的不足，本节提出了一种基于互联网黄页的街道级地标获取算法。考虑到黄页中包含大量机构对应的 Web 和 E-mail 域名，且内容稳定、格式固定，基于正则表达式抽取黄页中机构的域名并解析对应 IP，实现了地标获取。算法分析与实验结果表明，本算法能够获取更多数量的可靠街道级地标，为街道级 IP 目标定位提供较好的地标支持。

5.3　基于服务开放端口的街道级地标获取算法

现有基于 Web 的地标获取该算法能够获得街道级地标，但该算法存在时间开销大、地标数量少的不足。为此，本节提出一种基于服务开放端口的街道级地标获取算法。该算法将 IP 的开放端口作为特征进行 SVM 分类器训练和分类，对于分类得到的特定地区的服务器 IP，使用 IP 反查域名的方法获得域名，并基于数据库查询和在线地图搜索的方法获得域名对应的机构名，从而实现街道级地标获取。

5.3.1　问题描述

一些机构的 Web 页面中包含了机构地址信息，经典的街道级地标获取算法[4]，简称为 Structon 算法，在获取地标时，从每个 Web 页面中提取域名和位置信息，关联机构地址和机构域名，实现街道级地标的获取。

机构的 Web 页面中包含了机构的地理位置信息，而访问机构的 Web 页面时已经得到机构域名。由于域名对应 IP 地址，而地理位置对应经纬度，因此，该方式能够实现街道级地标的获取。然而，由于不同 Web 页面结构的差异性，从不同 Web 中提取位置信息需要使用不同的正则表达式。

在进行大量街道级地标获取时，由于网页结构的多样性，使用 Structon 算法从多个 Web 页面中提取地理位置等信息时，需要使用多个正则表达式，这使得 Structon 算法的实现变得复杂。同时，由于需要获得大量 URL 地址，并进行网页信息下载，Structon 算法的时间开销大。因此，如何设计实现时间开销更小的街道级地标获取算法，是提高街道级地标获取效率的一个待解决问题。

5.3.2　算法原理与主要步骤

针对经典 Structon 算法[4]存在的方法复杂和时间开销大的不足，本节基于网络服务与开放端口间的关系，提出基于服务开放端口的街道级地标获取算法(算法框架如图 5-3)。该算法主要包括三个部分：服务等级确定、IP 分类和地理位置映射。在服务等级确定部分，基于两类服务的服务端口集合(从 IANA 指定的系统端口中,根据常见服务的端口号列表得到的端

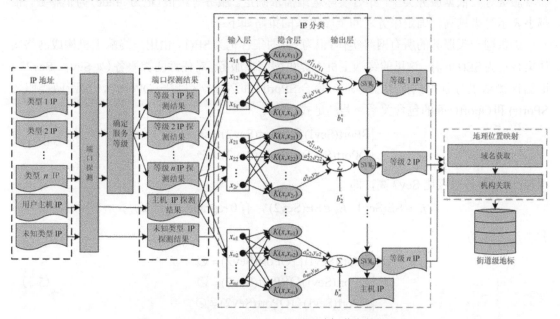

图 5-3　基于服务开放端口的街道级地标获取算法的框架

口集合，记为 SPort()）和运维端口集合(提供一类服务的所有网络实体中，不少于 10%的网络实体开放的非服务端口集合，记为 OPort()）间的关系确定两类服务间的服务等级偏序关系，并构建转换规则将多个偏序关系转换成全序关系。在 IP 分类部分，将 IP 的开放端口作为特征进行 SVM 分类器训练，依据全序关系构建 SVM 分类器序列，并基于该分类器序列实现对未知服务类型 IP 的分类。在地理位置映射部分，根据分类得到的服务类型 IP 对应的域名，建立分类服务器 IP 与机构名或机构位置间的映射。

基于服务开放端口的街道级地标获取方法主要分为以下几个步骤。

Step 1：端口扫描。使用端口扫描工具对 IP 的开放端口进行扫描，获取每个 IP 的端口开放状态。基于 IP 所承载服务的类型和端口扫描结果，确定各类服务的服务端口集合 SPort() 和运维端口集合 OPort()。

Step 2：服务等级确定。对于已知服务类型的 IP 地址，基于两类服务的 OPort() 和 SPort() 间的包含关系，建立两类服务间的服务等级偏序关系。并构建转换规则将所有偏序关系转换为全序关系。服务等级值由全序关系确定，服务等级值越大，服务级别越低。

Step 3：IP 分类。针对每类服务分别训练 SVM 分类器，并基于全序关系将所有分类器构建为分类器序列。最终使用构建的 SVM 分类器序列对未知服务类型的 IP 进行分类。

Step 4：地理位置映射。对服务类型的 IP 地址，使用 IP 反查域名的方法获得 IP 对应的域名信息。根据域名信息，使用数据库查询、在线地图搜索等方法构建组织名称和域名之间的映射关系，实现街道级地标获取。

下面对服务等级确定、IP 分类和地理位置映射三个步骤进行详细介绍。

1. 服务等级确定

服务等级依据服务类型，结合实际运维需求确定。服务等级值(记为 grade)为正整数，值越小表示等级越高。确定服务之间全序关系的策略如下：

提供同一类服务的所有网络实体(记为 E)的集合记为 SE()，由用户终端主机构成网络实体集合记为 SE(Host)，这里的终端主机不提供网络供服务。对任意两类服务(如 Sev1、Sev2)，根据探测结果分别得到两类服务端口集合 SPort() 和运维端口集合 OPort()，判断两类服务SPort() 和 OPort() 间的包含关系，若满足式(5-4)：

$$\begin{cases} \text{SPort(Sev1)} \bigcap \text{OPort(Sev2)} = \varnothing \\ \text{OPort(Sev1)} \bigcap \text{SPort(Sev2)} \neq \varnothing \end{cases} \tag{5-4}$$

则 Sev1 的服务等级比 Sev2 高，即

$$\forall E_i \in \text{SE(Sev1)}, E_j \in \text{SE(Sev2)}，有 0 < \text{grade}_i < \text{grade}_j$$

若满足式(5-5)：

$$\begin{cases} \text{SPort(Sev1)} \bigcap \text{OPort(Sev2)} = \varnothing \\ \text{OPort(Sev1)} \bigcap \text{SPort(Sev2)} = \varnothing \\ \text{OPort(Sev1)} \bigcap \text{OPort(Sev2)} \neq \varnothing \end{cases} \tag{5-5}$$

则 Sev1 的等级与 Sev2 相同，即：

$$\forall E_i \in \mathrm{SE(Sev1)}, E_j \in \mathrm{SE(Sev2)} ，有 0 < \mathrm{grade}_i = \mathrm{grade}_j$$

若以上两种情况均不满足，则无法判断 Sev1 与 Sev2 之间的关系，即认为 Sev1 与 Sev2 之间不存在偏序关系。

所有服务间按照上述策略进行比较后，构建服务间偏序关系。将偏序关系转换为全序关系的策略如图 5-4 所示。

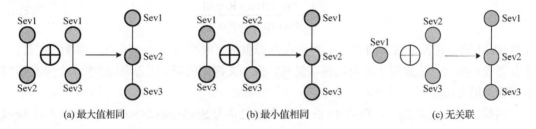

(a) 最大值相同　　　　　　　(b) 最小值相同　　　　　　　(c) 无关联

图 5-4　全序关系转换策略

将两个偏序关系转换成全序关系时，存在以下三种情况：

(1)若两个偏序关系的最大值相同，而最小值不同，则转换全序关系时，最大值作为全序关系的最大值，任意选择一个偏序关系的最小值作为全序关系的最小值；

(2)若两个偏序关系的最小值相同，而最大值不同，则转换全序关系时，最小值为全序关系的最小值，任意选择其中一个偏序关系的最大值作为全序关系的最大值；

(3)若两类偏序关系之间无关联，则新构建一个偏序关系，在新构建的偏序关系中，任意取一个偏序关系的最大值作为新建偏序关系的最小值，另一个偏序关系的最小值作为新建偏序关系的最大值，然后按照(1)和(2)进行全序关系转换。

全序关系中最大值的服务等级值为 1，最小值的服务等级值为 n，n 为服务类型的种类。用户终端主机类型网络实体的服务等级为 $n+1$。

2. IP 分类

IP 分类分为向量化、分类器训练和使用分类器分类三个子步骤。

Substep 1：向量化。根据参与训练的服务器 IP 的端口扫描结果，确定向量维数 m，

$$m = \left| \bigcup_{i=1}^{n} (\mathrm{SPort(Sev}_i) \cup \mathrm{OPort(Sev}_i)) \right| \tag{5-6}$$

对每个类型的服务器，依据 $\bigcup_{i=1}^{n} (\mathrm{SPort(Sev}_i) \cup \mathrm{OPort(Sev}_i))$ 构建端口向量。如若 $\bigcup_{i=1}^{n} (\mathrm{SPort(Sev}_i) \cup \mathrm{OPort(Sev}_i)) = \{25,80,110,443,8443\}$，$E_i$ 的开放端口集合为 $\{80,443,8443\}$，则 E_i 的端口向量 $\mathrm{VP}(E_i) = (0,1,0,1,1)$。

Substep 2：分类器训练。在训练 SVM 分类器时，训练集由两类或两类以上网络实体的端口向量组成，训练第 $i(1 \leq i \leq n)$ 个分类器时，训练集 $C_i = \{\mathrm{VP}(E_k) | \mathrm{grade}_k \geq i\}$，正样本 $T_i = \{\mathrm{VP}(E_k) | \mathrm{grade}_k = i\}$。统计各组合参数下的真正例(True Positive，TP)、假正例(False Positive，FP)、真负例(True Negative，TN)、假负例(False Negative，FN)的值，并根据

$$\text{Precision} = \frac{\text{TP}}{\text{TP} + \text{FP}} \qquad (5\text{-}7)$$

$$\text{Recall} = \frac{\text{TP}}{\text{TP} + \text{FN}} \qquad (5\text{-}8)$$

计算不同核函数和惩罚因子下的模型准确率 Precision 和召回率 Recall。依据

$$F_1 = 2 * \frac{\text{Precision} * \text{Recall}}{\text{Precision} + \text{Recall}} \qquad (5\text{-}9)$$

计算 SVM 模型在各参数下的 F_1 值，得到在各类服务下取得最大 F_1 值的模型参数。在对各类服务完成训练后，构建用于分类的偏二叉树，偏二叉树上的第 i 层为训练的第 i 个分类器（根节点视为第 1 层）。

例如，三类服务 Sev1、Sev2 和 Sev3 的全序关系为 Sev3<Sev2<Sev1，则分别针对 Sev1、Sev2 和 Sev3 训练 SVM 分类器 SVM_{Sev1}、SVM_{Sev2} 和 SVM_{Sev3}。

训练 SVM_{Sev1} 时，训练集为 C_{Sev1}，正样本集为 T_{Sev1}。

$$
\begin{aligned}
C_{\text{Sev1}} = &\left\{ \text{VP}(E_a) \middle| E_a \in \text{SE(Sev1)} \right\} \\
&\bigcup \left\{ \text{VP}(E_b) \middle| E_b \in \text{SE(Sev2)} \right\} \\
&\bigcup \left\{ \text{VP}(E_c) \middle| E_c \in \text{SE(Sev3)} \right\} , \quad 1 \leqslant a,b,c,d \leqslant 200 \\
&\bigcup \left\{ \text{VP}(E_d) \middle| E_d \in \text{SE(Host)} \right\}
\end{aligned}
\qquad (5\text{-}10)
$$

$$T_{\text{Sev1}} = \left\{ \text{VP}(E_k) \middle| E_k \in \text{SE(Sev1)} \right\}, \quad 1 \leqslant k \leqslant 200 \qquad (5\text{-}11)$$

训练 SVM_{Sev2} 时，训练集为 C_{Sev2}，正样本集为 T_{Sev2}。

$$
\begin{aligned}
C_{\text{Sev2}} = &\left\{ \text{VP}(E_a) \middle| E_a \in \text{SE(Sev2)} \right\} \\
&\bigcup \left\{ \text{VP}(E_b) \middle| E_b \in \text{SE(Sev3)} \right\} , \quad 1 \leqslant a,b,c \leqslant 200 \\
&\bigcup \left\{ \text{VP}(E_c) \middle| E_c \in \text{SE(Host)} \right\}
\end{aligned}
\qquad (5\text{-}12)
$$

$$T_{\text{Sev2}} = \left\{ \text{VP}(E_k) \middle| E_k \in \text{SE(Sev2)} \right\}, \quad 1 \leqslant k \leqslant 200 \qquad (5\text{-}13)$$

训练 SVM_{Sev3} 时，训练集为 C_{Sev3}，正样本集为 T_{Sev3}。

$$
\begin{aligned}
C_{\text{Sev3}} = &\left\{ \text{VP}(E_a) \middle| E_a \in \text{SE(Sev3)} \right\} \\
&\bigcup \left\{ \text{VP}(E_b) \middle| E_b \in \text{SE(Host)} \right\} , \quad 1 \leqslant a,b \leqslant 200
\end{aligned}
\qquad (5\text{-}14)
$$

$$T_{\text{Sev3}} = \left\{ \text{VP}(E_k) \middle| E_k \in \text{SE(Sev3)} \right\}, \quad 1 \leqslant k \leqslant 200 \qquad (5\text{-}15)$$

分别计算 SVM_{Sev1}、SVM_{Sev2} 和 SVM_{Sev3} 在各参数组合下的 F_1 值。基于各服务的全序关系，使用取得最大 F_1 值的 SVM_{Sev1}、SVM_{Sev2} 和 SVM_{Sev3} 构建分类器序列 $\text{SVM}_{\text{Sev3}} < \text{SVM}_{\text{Sev2}} < \text{SVM}_{\text{Sev1}}$。

Substep 3：分类器分类。对测试集中的每一个 IP，使用构建的分类器序列进行分类。分类时，测试集为 $S = \{\text{VP}(E_k) | \text{grade}_k = i\}$。从偏二叉树的根节点开始，对 IP 进行服务分类，分类过程如下：

当 SVM_{i+1} 存在时，若

$$\left|VP(E_k) \to SVM_i\right| = True \qquad (5\text{-}16)$$

则

$$grade_k = i \qquad (5\text{-}17)$$

若

$$\left|VP(E_k) \to SVM_i\right| = False \qquad (5\text{-}18)$$

则

$$VP(E_a) \to SVM_{i+1} \qquad (5\text{-}19)$$

当 SVM_{i+1} 不存在时，若

$$\left|VP(E_k) \to SVM_i\right| = True \qquad (5\text{-}20)$$

则

$$grade_k = i \qquad (5\text{-}21)$$

若

$$\left|VP(E_k) \to SVM_i\right| = False \qquad (5\text{-}22)$$

则

$$grade_k = 0 \qquad (5\text{-}23)$$

式中，$VP(E_k) \to SVM_i$ 表示使用 SVM_i 对 E_k 进行分类；$\left|VP(E_k) \to SVM_i\right|$ 表示 E_k 在 SVM_i 中的分类结果。

例如，使用训练好的分类器序列 $SVM_{Sev3} < SVM_{Sev2} < SVM_{Sev1}$ 对 IP_{test1} 进行分类。先使用分类器 SVM_{Sev1} 进行分类，若 SVM_{Sev1} 判定 IP_{test1} 上承载的服务为 Sev1，则对 IP_{test1} 的分类流程结束，否则接着使用 SVM_{Sev2} 进行分类；若分类后发现，IP_{test1} 上不承载 Sev1、Sev2 或 Sev3 服务，则认为 IP_{test1} 为用户主机 IP。

3. 地理位置映射

地理位置映射步骤中主要包括域名查询和机构关联两个子步骤。

Substep 1：域名查询。对使用 SVM 分类器序列分类得到的服务器 IP，在多个 DNS 服务器下使用不同的参数查询对应的域名。若一个 IP 在多个 DNS 服务器下解析出了多个域名，或一个 IP 在不同查询参数组合下解析出不同的域名，则分别建立域名和 IP 间的关系对，这些关系对中的 IP 地址相同而域名不同；若无法获得 IP 所对应的域名，则舍弃该 IP。

例如，对于提供网络服务的 IP_{test2}，在两个 DNS 服务器下进行域名查询，对于每个 DNS 服务器，分别使用两组查询参数组合进行域名查询。在 DNS 服务器 1 下，使用查询参数组合 1 查询到 1 个域名 dom_1，使用查询参数组合 2 未查询到域名；在 DNS 服务器 2 下，使用查询参数组合 1 查询到两个域名 dom_1 和 dom_2，使用查询参数组合 2 查询到一个域名 dom_3。因

此，IP_{test2} 共查询得到三个域名不同域名 dom_1、dom_2 和 dom_3，则分别建立关系对 $\langle IP_{test2}, dom_1 \rangle$、$\langle IP_{test2}, dom_2 \rangle$、$\langle IP_{test2}, dom_3 \rangle$。

Substep 2：机构关联。在域名备案库、Whois 等数据库中查询域名的注册机构信息，或者通过在线地图查询其收录数据，实现域名和机构间的关联。若无法获得域名所对应的机构信息，则舍弃该域名。由于域名与 IP 关联，在获得域名对应的机构信息后，能够将 IP 与机构信息关联，从而实现地标获取。

5.3.3　算法性能分析

在本小节中，从网络流量开销上将本节算法与 Structon 算法进行对比分析。

使用网络爬虫获取 1000 个纯字符 Web 页面（不包含视频、音频、图片等多媒体数据），页面大小的分布如图 5-5 所示。

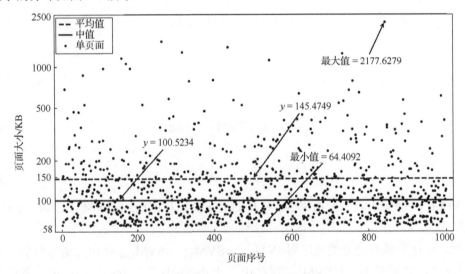

图 5-5　Web 页面大小的分布图

由图 5-5 可知，在包含 1000 个 Web 网页大小的数据集中，Web 页面的最小值约为 64KB，最大值约为 2177KB，平均值约为 145KB，中值约为 101KB。这意味着使用 Structon 算法获取网页时，需要消耗 64KB 以上的网络流量。

根据 TCP/IP 协议簇中数据帧和数据包的结构，扫描 TCP 端口时，网络流量开销为 128B；扫描 UDP 端口时，网络流量开销为 138B。因此，当检测端口的数量小于 475 时，一个 IP 的检测流量数据小于 64KB，这使得在相同带宽的情况下，Structon 算法的时间开销大于本节算法。

5.3.4　实验结果与分析

为验证本节算法获取街道级地标的有效性，本节开展 SVM 模型参数优选实验和街道级地标获取实验，并对实验结果进行分析。

1. SVM 模型参数优选实验

根据 IANA 约定的服务名和开放端口号之间的关系，DNS、E-mail、Web 服务对应的服务端口如表 5-11 所示。

表 5-11　服务与开放端口

服务	开放端口
DNS	53,853
E-mail	25,109,110,143,465,993,995
Web	80,443,591,8008,8080,8443

对 380 个 DNS 服务器 IP(280 个 IP 用于构建训练集，100 个 IP 用于构建测试集)、1100 个 E-mail 服务器 IP(1000 个 IP 用于构建训练集，100 个 IP 用于构建测试集)、1000 个 Web 服务器 IP(900 个 IP 用于构建训练集，100 个 IP 用于构建测试集)和 1200 个主机 IP(1200 个 IP 用于构建训练集)，使用 Nmap 探测工具对 0 到 49151 端口的开放情况进行探测。对每类服务器 IP，统计 IP 的端口开放情况得到运维端口 OPort()。依据服务等级划分策略对 DNS、E-mail 和 Web 服务进行服务等级划分,构建的服务等级间偏序关系为 Web<DNS、Web<E-mail，最终得到全序关系为 Web<E-mail<DNS。根据 FeatureE(DNS)、FeatureE(E-mail)、FeatureE(Web) 和 FeatureE(Host)(本节中认为 OPort(Host)=∅)，得到训练和分类的向量维度 $m=317$，并将端口扫描结果进行向量化处理。

当核函数 Kernel 分别为 linear、rbf 和 sigmoid 时，分别取惩罚因子 C 为 2.0、1.0、0.5、0.2 进行 DNS 服务、E-mail 服务、Web 服务的 SVM 分类器训练(分别命名为 SVM_{11}、SVM_{12}、SVM_{13})。统计各参数组合下的 TP、FP、TN、FN 值，利用式(5-7)和式(5-8)计算不同 Kernel 和 C 下的模型准确率和召回率。同时，为综合考虑准确率和召回率对模型的影响，基于各模型参数组合时的准确率和召回率值，利用式(5-9)计算各模型参数组合时的 F_1 值，得到结果如表 5-12。

表 5-12　不同参数下 SVM 模型的准确率、召回率及 F_1 值

kernel	C	Classifier	TP	FP	FN	TN	Precision	Recall	F_1
linear	2	DNS	97	9	3	191	0.915094	0.97	0.941748
		E-mail	72	2	28	198	0.972973	0.72	0.827586
		Web	87	8	13	192	0.915789	0.87	0.892308
	1	DNS	98	9	2	191	0.915888	0.98	0.946860
		E-mail	73	0	27	200	1.000000	0.73	0.843931
		Web	88	8	12	192	0.916667	0.88	0.897959
	0.5	DNS	99	8	1	192	0.925234	0.99	0.956522
		E-mail	74	0	26	200	1.000000	0.74	0.850575
		Web	89	8	11	192	0.917526	0.89	0.903553
	0.2	DNS	99	7	1	193	0.933962	0.99	0.961165
		E-mail	74	0	26	200	1.000000	0.74	0.850575
		Web	90	9	10	191	0.909091	0.9	0.904523
rbf	2	DNS	97	6	3	194	0.941748	0.97	0.955665
		E-mail	74	1	26	199	0.986667	0.74	0.845714
		Web	92	11	8	189	0.893204	0.92	0.906404

kernel	C	Classifier	TP	FP	FN	TN	Precision	Recall	F_1
rbf	1	DNS	0	0	100	200	None	0.00	0.000000
		E-mail	67	2	33	198	0.971014	0.67	0.792899
		Web	94	19	6	181	0.831858	0.94	0.882629
	0.5	DNS	0	0	100	200	None	0.00	0.000000
		E-mail	58	0	42	200	1.000000	0.58	0.734177
		Web	87	9	13	191	0.906250	0.87	0.887755
	0.2	DNS	0	0	100	200	None	0.00	0.000000
		E-mail	49	0	51	200	1.000000	0.49	0.657718
		Web	0	0	100	200	None	0.00	0.000000
sigmoid	2	DNS	0	0	100	200	None	0.00	0.000000
		E-mail	67	2	33	198	0.971014	0.67	0.792899
		Web	94	19	6	181	0.831858	0.94	0.882629
	1	DNS	0	0	100	200	None	0.00	0.000000
		E-mail	58	0	42	200	1.000000	0.58	0.734177
		Web	88	9	12	191	0.907216	0.88	0.893401
	0.5	DNS	0	0	100	200	None	0.00	0.000000
		E-mail	57	0	43	200	1.000000	0.57	0.726115
		Web	0	0	100	200	None	0.00	0.000000
	0.2	DNS	0	0	100	200	None	0.00	0.000000
		E-mail	44	0	56	200	1.000000	0.44	0.611111
		Web	0	0	100	200	None	0.00	0.000000

在表 5-12 中，从准确率指标看，不同的模型参数组合下，SVM 分类器序列对 E-mail 服务均具有较高的分类准确率，当 Kernel 为 linear 时，对 DNS、E-mail、Web 服务的分类准确率均较高，同时，当 C 变化时，准确率变化范围较小，这说明以端口作为特征时，各服务间是线性可分的；当 Kernel 为 rbf 和 sigmoid 时，C 取值较小时，准确率较低，这说明 C 取值越小，SVM 分类器序列对 DNS 和 Web 服务的分类能力越差。从召回率指标看，当 Kernel 为 linear 时，对 DNS、E-mai、Web 服务分类的召回率较高，且召回率取值几乎不随 C 值的变化而变化；当 Kernel 为 rbf 和 sigmoid 时，对各类服务分类的整体召回率较低，且召回率值随着 C 值的减小而减小。从 F_1 指标看，当 Kernel 为 linear、C 为 0.2 时，SVM_{11} 分类器取得最大的 F_1 值；当 Kernel 为 linear、C 为 0.5 或 Kernel 为 linear、C 为 0.2 时 SVM_{12} 分类器取得最大的 F_1 值；当 Kernel 为 rbf、C 为 2.0 时，SVM_{13} 分类器取得最大的 F_1 值。因而，在进行地标获取时，使用最大 F_1 值的 SVM_{11}、SVM_{12} 和 SVM_{13} 对 IP 进行分类，其中 SVM_{12} 的参数组合选择为：Kernel 为 linear、C 为 0.2。

2. 街道级地标获取实验

选择 380 个 DNS 服务器、1100 个 E-mail 服务器、1000 个 Web 服务器 IP 和 1200 个主机 IP 的端口探测结果，根据 FeatureE(DNS)、FeatureE(E-mail)、FeatureE(Web) 和 FeatureE(Host) 的并集，得到训练和分类的向量维度 $m = 317$，并将端口扫描结果进行向量化处理。根据全

序关系训练得到 DNS 服务器分类器 SVM$_{21}$、E-mail 服务器分类器 SVM$_{22}$、Web 服务器分类器 SVM$_{23}$，并构建偏二叉树，其根节点为 SVM$_{21}$，叶子节点为 SVM$_{23}$。

基于投票策略从 Baidu、IPIP、IP.cn 三个位置数据库中选择出广州和武汉的 IP，IP 数量分别为 7028366 和 4772821，其中在线 IP 数量分别为 3341747 和 2000357，依据端口列表 FeatureE(DNS)∪FeatureE(E-mail)∪FeatureE(Web)∪FeatureE(Host)，使用 Nmap 端口探测工具对在线 IP 进行端口探测，得到各 IP 的端口开放结果，并将结果向量化处理。使用构建的 SVM 分类器序列对 IP 进行分类，得到 DNS、E-mail、Web 服务器的 IP，利用 nslookup 工具在多个 DNS 服务器下基于不同参数反查 IP 所对应的域名信息，广州和武汉具有域名的 IP 数量分别为 29161 和 25591。使用域名备案信息库查询域名对应的机构信息，实现街道级候选地标的获取，并对地标进行评估。

在各阶段中保留的 IP/地标数量如表 5-13 所示。

表 5-13　各阶段保留的 IP/地标数量

步骤	广州	武汉
投票策略	7028366	4772821
在线检测	3341747	2000357
IP 分类	126899	105113
域名反向查询	29161	25591
地标评估	758	652

从表 5-13 中可以看出，数据库中的 IP 段，其中有超过一半的 IP 处于不经常在线的状态。经过分类后，IP 数量出现了大幅度的减少，这是由于排除了主机 IP 和路由器 IP。在域名反向查询后，保留的 IP 数量减少，这由两方面造成：一是分类器将非服务器 IP 判断为服务器 IP，该 IP 无法反解析出域名；二是所使用的 DNS 服务器上没有该 IP 和域名的映射记录。

本节从地区黄页中获取广州和武汉地区的机构名，依据机构名分别查找到了 119466 和 104853 个 Web 页面，使用 Structon 算法，分别获得了 53749 和 49928 个候选地标，使用街道级地标评估技术进行评估后的可靠街道级地标数量分别为 224 和 252 个，评估后的地标与本节算法评估后得到的地标相比，重复个数分别为 213 和 228（与 Structon 算法的重复比率为 95.09%和 90.48%），各算法获得的可靠地标数量占所获得的所有可靠地标的比例结果如图 5-6 所示。

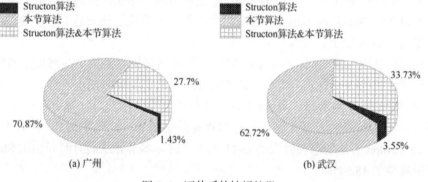

图 5-6　评估后的地标结果

在图 5-6(a)中，使用本节算法能获得，而使用 Structon 算法不能获得的地标数量占所获得的所有地标数量的 70.87%；使用 Structon 算法能获得，而使用本节算法不能获得的地标数量占所获得的所有地标数量的 1.43%；两种算法均能获得的地标数量在所获得的所有地标数量中的比例为的 27.7%。在图 5-6(b)中，使用本节算法能获得，而使用 Structon 算法不能获得的地标数量占所获得的所有地标数量的 62.72%；使用 Structon 算法能获得，而使用本节算法不能获得的地标数量占所获得的所有地标数量的 3.55%；两种算法均能获得的地标数量在所获得的所有地标数量中的比例为的 33.73%。在广州和武汉，分别获得了 769 和 676 个地标，使用本节中的算法，获得了 95% 以上的地标，而使用 Structon 算法，获得的地标数不超过 40%，这是由于本节算法不仅能获得 Web 服务器地标，还能获得其他类型服务器的地标。因此，在获取街道级地标时，本节算法能作为 Structon 算法的补充。

对 200 个广州和武汉的已知位置的 IP(每个城市 100 个)，分别使用基于 Structon 算法、本节算法，以及两种算法获得的地标进行街道级定位，得到定位误差与累积概率曲线如图 5-7 所示。

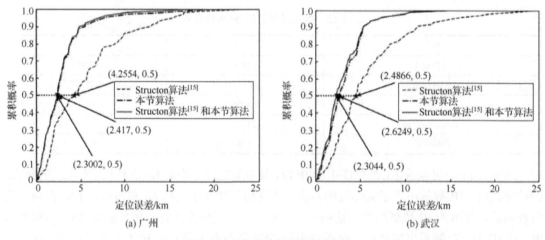

图 5-7　定位误差与累积概率曲线

由图 5-7(a)可知，使用 Structon 算法获得的可靠地标进行街道级定位，定位的中值误差为 4.2554km，而使用补充后可靠地标集进行定位，定位的中值误差为 2.3002km，单独使用本节算法获得的可靠地标进行定位，定位中值误差为 2.417km。由图 5-7(b)可知，使用 Structon 算法获得的可靠地标进行街道级定位，定位的中值误差为 4.4866km，而使用补充后可靠地标集进行定位，定位的中值误差为 2.3044km，单独使用本节算法获得的可靠地标进行定位，定位中值误差为 2.6249km。与 Structon 算法相比，使用本节算法补充后的可靠地标进行定位，定位精度提高了 2km 以上。

在进行地标获取与评估时，Structon 算法中的时间开销主要集中在网页中的位置信息提取以及地标评估时的路径测量，而本节算法的时间开销主要集中在端口测量、域名反向查询以及地标评估时的路径测量。在 Ubuntu16.04 64 位操作系统平台，4 个 CPU 核心，8GB 内存，1TB 机械硬盘，5MB 带宽，四个进程并行的软硬件配置下，本节算法的总耗时大约为 36 天 19 小时，而 Struton 算法的总耗时大约为 45 天 4 小时，本节算法的时间开销比 Structon 算法的时间开销减少了 18.54%。

上述实验结果表明，本节算法作为 Structon 算法的补充，能够增加获得的街道级地标数量，且时间开销更少。使用补充后的地标进行定位，能够提高定位精度。

　　针对当前已有地标获取方法无法快速获取大量街道级地标的不足，本节提出了基于服务开放端口的街道级地标获取算法。利用 SVM 分类器，基于开放端口识别 IP 所承载的服务类型，并利用识别的服务器 IP 解析域名，同时结合数据库查询和在线地图搜索的方法得到街道级候选地标。实验结果表明，本节算法能够对 Web 挖掘方法获取的地标进行补充，且时间开销更少。与基于 Web 的地标挖掘方法相比，使用补充后的地标集进行定位，定位中值误差降低了约 2km。

5.4　基于三边关系约束模型的街道级地标评估算法

　　现有的街道级地标评估算法主要通过对候选地标的街道位置进行推断来实现，而在推断街道位置时需要大量的可靠街道级地标作为支撑，在可靠街道级地标数量较少或无可靠街道级地标时，推断结果误差大，无法对候选地标进行评估。为此，本节提出一种基于三边关系约束模型的街道级地标评估算法。该算法基于"具有相同最近路由器的终端在地理空间上的位置接近"的网络结构特点，通过分析候选地标的网络路径，将具有相同最近路由器的候选地标分成一组，并将路由器到候选地标的时延转换为距离约束，在分组内基于三角形三边关系构建两个候选地标间关于距离约束和地理距离间的约束模型，从而实现对街道级候选地标的评估。

5.4.1　问题描述

　　当前的评估方法在评估街道级地标可靠性时，对候选地标进行街道级定位，计算定位结果与候选地标声称位置间的距离，当距离小于设置阈值时，则认为该地标是可靠的。在无可靠地标或可靠地标数量较少时，街道级定位算法对候选地标的定位结果精度低，使得定位结果与候选地标声称位置间的地理距离大于设定的阈值，评估算法失效。以基于最近路由器的街道级定位算法为例(图 5-8)，在无可靠地标或可靠地标数量较少时，极易出现无可靠地标与候选地标具有相同最近路由器的情况，此时，基于最近路由器的街道级定位算法无法对候选地标进行定位。

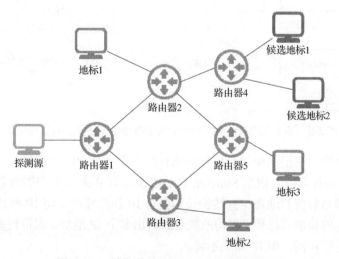

图 5-8　一种街道级地标评估方法失效的情况

在图 5-8 中，当候选地标 1 和候选地标 2 连接在同一个路由器 4 上，且路由器 4 上未连接可靠地标时，基于最近路由器的街道级定位算法失效，此时，基于街道级定位算法的地标评估算法无法对候选地标进行评估。

因此，如何设计一种能够不依赖可靠地标，或者仅依赖少量可靠地标来实现对高精度候选地标进行评估的算法，是实现高精度地标评估中一个待解决的问题。

5.4.2　算法原理与主要步骤

针对上述分析中的问题，本节提出一种基于三边关系约束模型的街道级地标评估算法（原理框架如图 5-9 所示）。该算法将机构位置视为一个区域而非一个点，主要分为候选地标分组、关系模型建立和分组候选地标评估三个部分。在地标分组部分，使用投票策略对候选地标的城市位置进行验证，将经过城市位置验证且网络探测路径上具有相同最近路由器的候选地标分为一组。在关系模型建立部分，基于时延距离转换关系，将最近路由器到候选地标的时延值转换为距离约束，同时基于两个候选地标的声称位置计算地理距离，利用三角形三边关系构建距离约束和地理距离间的约束模型，并增加机构区域半径对模型进行修正。在分组候选地标评估部分，寻找每个分组内满足任意两个候选地标均满足评估模型的最大子分组，在每个子分组内，基于候选地标的初始概率，使用二项分布计算评估后的地标可靠性。

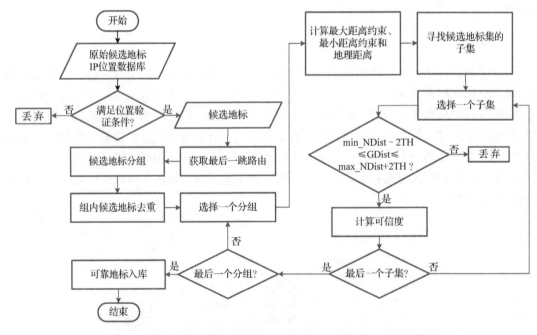

图 5-9　基于三边关系约束模型的街道级地标评估算法的原理框架

基于三边关系约束模型的街道级地标评估算法主要可分为以下步骤。

Step 1：候选地标获取。根据 Structon 算法提取机构 Web 主页中的域名、地址、邮政编码等信息，使用域名解析和地理位置转换技术获得 IP 和经纬度，将 IP 和经纬度相关联，实现街道级候选地标的获取。若某一机构的域名解析出多个 IP 地址，则得到多个候选地标，这些候选地标的经纬度相同，但 IP 地址不同。

Step 2：区域位置验证。基于投票策略从多个 IP 位置数据库中查询候选地标 IP 的城市位置，若多个数据库的查询结果一致且与候选地标所声称的城市相同，则保留该候选地标。同时，若获得了候选地标的邮政编码信息，则进一步使用邮政编码对候选地标进行验证，缩小候选地标可靠区域范围。

Step 3：路由信息获取。在网络稳定性较好的时段使用路由探测命令对候选地标进行多次测量，并将结果进行合并，得到从探测源到候选地标的最丰富路径及最小的单跳时延。

Step 4：候选地标分组。根据合并后的从探测源到候选地标的路径，将具有相同最近路由器的候选地标分为一组。在每个分组中，若某一机构存在多个候选地标，则仅保留到最近路由器时延值最小的候选地标，其他地标不再参与评估，但可靠性值与保留地标评估后的可靠性值相同。若从路由器到候选地标的单跳时延大于 1ms，则认为该时延值测量不准确，该候选地标也不再参与后面的评估。

Step 5：关系模型建立。根据时延-距离转换关系，将时延转换为距离约束。基于三角形三边关系，建立同一分组内两个候选地标间关于距离约束和地理距离的约束模型，并增加机构半径对模型进行修正。

Step 6：候选地标评估。寻找每个分组内满足"任意两个候选地标间均满足评估模型"的最大子分组，并基于候选地标的初始概率，使用二项分布计算子分组中地标的可靠性，将可靠性值不小于阈值的地标存入可靠地标库。

在下面的内容中，将对路由信息获取、关系模型建立和候选地标评估步骤进行详细介绍。

1. 路由信息获取

对网络中的多个 IP 进行长时间测量，计算不同时间跨度中的时延均值和时延方差，将时延方差小、均值小的时间段视为网络稳定的时段。在网络稳定性较好的时段使用路由探测命令对候选地标进行多次测量，获得从探测源到候选地标的多条测量路径结果，将多次测量结果进行合并得到最终路径。图 5-10 是一个路由信息合并的示例。

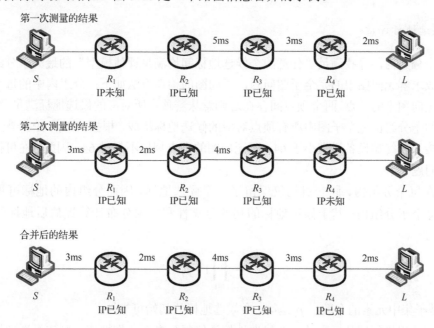

图 5-10　路由信息合并示例

从图 5-10 可知，假如从探测源 S 到候选地标 L 的网络路径上包含四个路由器 R_1、R_2、R_3 和 R_4。第一次测量时，获得了 R_2、R_3 和 R_4 的 IP 地址，同时获得 R_2、R_3 之间的单跳时延为 5ms。在第二次测量时，获得 R_1、R_2、R_3 的 IP 地址，并得到 R_2、R_3 之间的单跳时延为 4ms。最终，在合并的路径上，R_1、R_2、R_3 和 R_4 的 IP 地址均为已知，且 R_2、R_3 之间的单跳时延为 4ms。

2. 关系模型建立

对同一分组内的候选地标 L_i 与 L_j，使用在线地图将地理位置转换为经纬度，L_i 与 L_j 间的地理距离 GD 由经纬度计算得到。距离约束则基于最近路由器到候选地标的单跳时延：

$$\text{DC} = v * t \tag{5-24}$$

式中，v 是信号传播速度（$v=20\text{km/ms}$）；t 为单跳时延。L_i 与 L_j 之间的最小距离约束（记为 minDC）和最大距离约束（记为 maxDC）分别由等式 (5-25) 和 (5-26) 计算得到。

$$\text{minDC} = v * |t_1 - t_2| = |DC_1 - DC_2| \tag{5-25}$$

$$\text{maxDC} = v * (t_1 + t_2) = DC_1 + DC_2 \tag{5-26}$$

根据三角形三边关系，地理距离 GD、最小距离约束 minDC 和最大距离约束 maxDC 之间的关系可表示为

$$\begin{cases} \text{minDC} \leqslant \text{GD} \\ \text{GD} \leqslant \text{maxDC} \end{cases} \tag{5-27}$$

考虑到机构半径（记为"TH"），建立候选地标 L_i 与 L_j 之间关于地理距离，距离约束和机构半径之间的关系模型如不等式组：

$$\begin{cases} \text{minDC} - 2\text{TH} \leqslant \text{GD} \\ \text{GD} \leqslant \text{maxDC} + 2\text{TH} \end{cases} \tag{5-28}$$

3. 候选地标评估

在每个分组内，寻找满足"任意两个候选地标间均满足评估模型"的最大子分组。该问题可转换成求解无向图中的完全子图问题，无向图的构造方法如下：分组内中的每个候选地标映射为无向图中的顶点，两个顶点间存在边则意味着顶点所对应的候选地标满足评估模型。满足条件的子分组由完全子图中所有顶点对应的候选地标组成。根据 ISP 的 IP 分配策略，路由器上所接入的终端设备通常小于 64，即无向图的顶点规模不超过 64，因此，在可接受的时间内，该问题可解。

由于在每个分组内，同一机构仅保留了一个候选地标，因而分组内的地标可视为相互独立。在每个子分组内，基于候选地标的初始可靠性和二项分布计算评估后地标的可靠性（记为 P_{re}）。

$$P_{\text{re}} = 1 - \prod_{i=1}^{k} 1 - p_i \tag{5-29}$$

式中，k 是子集中元素的个数；p_i 是第 i 个候选地标的初始可靠性。

对所有分组进行评估后。若一个候选地标计算得到多个可靠性值，则该候选地标的最终

可靠性值为所有可能值中的最大值。设置可信度阈值为 α，当评估后的地标的可靠性值不小于 α 时，认为该地标是可靠的，并将该地标存入可靠地标库。

5.4.3　可行性分析

本节将对距离约束、地理距离和区域半径之间的关系模型以及评估后地标的可靠性计算策略进行可行性分析。

1. 关系模型的可行性分析

机构的位置是一个区域而非一个点，而在利用在线地图对机构地址进行经纬度解析时，往往返回机构所处区域的中心位置，该位置与服务器所处位置存在一定的偏离，在建立地理距离和距离约束之间的关系时，应该考虑机构区域半径，如图 5-11 所示。

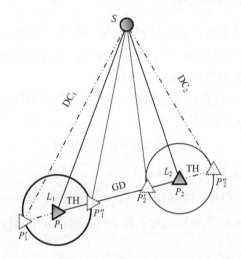

图 5-11　地理距离、距离约束和机构半径的关系

候选地标 L_1 与候选地标 L_2 处于同一评估地标集合，S 为其最近公共路由器。P_1 是在线地图给出的 L_1 的经纬度位置，TH 是机构半径，L_1 对应的网络实体位于以 P_1 为中心，TH 为半径的圆形范围内。S 到 L_1 的距离约束为 DC_1。对 L_2 的分析与 L_1 相似。P_1 和 P_2 之间的地理距离为 GD。因而，L_1 和 L_2 的网络实体间的最小距离为 $GD-2TH$（从 P_1'' 到 P_2'），最大距离为 $GD+2TH$（从 P_1' 到 P_2''）。最小距离约束 minDC 和最大距离约束 maxDC 由式(5-25)和式(5-26)计算得到。

根据三角形三边关系，有

$$\begin{cases} \mathrm{minDC} \leqslant \mathrm{GD} - 2\mathrm{TH} \\ \mathrm{GD} - 2\mathrm{TH} \leqslant \mathrm{maxDC} \end{cases} \tag{5-30}$$

和

$$\begin{cases} \mathrm{minDC} \leqslant \mathrm{GD} + 2\mathrm{TH} \\ \mathrm{GD} + 2\mathrm{TH} \leqslant \mathrm{maxDC} \end{cases} \tag{5-31}$$

不等式(5-30)和式(5-31)等价于

$$\begin{cases} \text{minDC} + 2\text{TH} \leqslant \text{GD} \\ \text{GD} \leqslant \text{maxDC} + 2\text{TH} \end{cases} \tag{5-32}$$

和

$$\begin{cases} \text{minDC} - 2\text{TH} \leqslant \text{GD} \\ \text{GD} \leqslant \text{maxDC} - 2\text{TH} \end{cases} \tag{5-33}$$

结合式(5-32)和式(5-33)，得到 GD 的变化范围，即关系模型：

$$\text{GD} \in [\text{minDC} - 2\text{TH}, \text{maxDC} + 2\text{TH}] \tag{5-34}$$

由式(5-34)可得，对于评估后的可靠地标 L_1 和 L_2，若 TH 越小，L_1 和 L_2 在地理空间上的位置越接近。

2. 可靠性计算策略的可行性分析

Web 页面中的信息缺乏有效的验证机制，存在"欺骗"信息获取者的情况。基于此现实情况，若同一机构在同一位置对应多个 IP 地址，仅保留到最近路由器的单跳时延值最小的候选地标。因此，可认为保留的地标之间是不相关的。

对评估地标子集合 C 中任意候选地标 L_i，假设 L_i 位于以 $(\text{lat}_i, \text{lng}_i)$ 为圆心，以 TH 为半径的圆形区域内的概率为 p_i，记为

$$P(L_i = \text{True}) = p_i, p_i \in [0,1] \tag{5-35}$$

则 L_i 不在圆形区域的概率为 $1 - p_i$，记为

$$P(L_i = \text{False}) = 1 - P(L_i = \text{True}) = 1 - p_i \tag{5-36}$$

若集合 C 中有 n 个地标，当地标间互不相关时，则这 n 个地标均不在相应圆形区域的概率记为 p_c，有

$$p_c = \prod_{i=1}^{n} P(L_i = \text{False}) = \prod_{i=1}^{n} (1 - p_i) \tag{5-37}$$

由于 $p_i \in [0,1]$，有

$$p_c \leqslant 1 - p_j \tag{5-38}$$

式中，$p_j = P(L_j = \text{True})$，$L_j \in C$，当且仅当 $\forall L_k \in C, k \neq j, p_k = 0$ 时，取"="。

由于在每一个评估地标子集合中，同一机构仅保留一个候选地标，因此可认为集合中元素是互不相关的。当评估地标子集合中任意两个元素之间均满足式(5-34)时，本节算法将该集合中的所有候选地标误判为可靠地标的概率为 p_c，小于(或等于)将该集合中任意一个候选地标误判为可靠地标的概率，且候选地标集合中的元素个数越多，p_c 值越小，地标可靠性越高。

5.4.4　实验结果与分析

为验证本节街道级地标评估算法的有效性，本节开展评估算法可行性验证实验和街道级地标评估实验，并对实验结果进行分析。在进行实验前，以 7 天为一个周期，以 30 分钟为一

个时间段，对四个周期内各时段的网络稳定性进行统计分析发现：在中国，每天 22:30～次日 06:30(以下称为合适时间段)的网络稳定性较好，适合开展网络测量。

1. 评估方法可行性验证实验

在郑州选择 500 个已知街道级位置的可靠地标(以下称为初始可靠地标)，依据初始可靠地标在地理空间上的分布特点，在初始可靠地标位置周围，用随机函数生成 500 个不同的街道级位置，结合百度数据库，IPIP 数据库和 IP.cn 数据库，得到 500 个郑州的在线 IP 地址，将 IP 地址与生成的地理位置进行一一对应，得到 500 个生成地标，生成地标可认为是不可靠的。500 个可靠地标和 500 个生成地标构成本实验的数据集，称为验证地标，将数据集中所有地标的初始可靠性置为 50%。

在合适时间段内对每个验证地标进行 50 次路由测量，对路由测量结果进行合并，获取验证地标的最近路由器，并得到最近路由器到验证地标的最小时延值，依据最近路由器将验证地标进行分组。在每个分组内，分别取 TH=3 和 TH=5 对验证地标进行评估，设置的可靠性阈值为 75%。当 TH=3 时，评估得到 416 个可靠地标，均为初始可靠地标，占初始可靠地标的比例为 83.2%；当 TH=5 时，评估得到 435 个可靠地标，均为初始可靠地标，占初始可靠地标的比例为 87%。

评估后的可靠地标与初始可靠地标相比，在地理空间上的分布更集中；与 TH=5 相比，TH=3 时得到的可靠地标分布更集中。

实验结果表明，本节提出的地标评估算法能有效从验证地标中评估出可靠地标，未能从验证地标中评估出所有初始可靠地标，可能基于以下两点原因。

(1)时延测量不准确。本节评估算法建立在时延-距离转换的基础上，对同一分组内的候选地标 L_1、L_2 的最后一跳时延值 t_1、t_2，若 t_1 增大，由式(5-25)、式(5-27)可知，minDC 增大，这可能导致 GD<minDC。

(2)地标分布不集中。当可靠地标的分布不集中时，对同一分组内的候选地标 L_1、L_2，GD 增大，这可能导致 GD>minDC。

2. 街道级地标评估实验

本节中对使用 Structon 算法获得的候选地标开展评估，在获取过程中，更加关注具有稳定性特征的 IP，如 Web 服务器、E-mail 服务器和 FTP 服务器等。在去除已知的公共邮件服务器后，使用域名解析和地址转换得到 IP 地址及经纬度，在北京、上海、深圳、厦门获得的候选地标数分别为 4658、8966、6605、3702。结合百度数据库、IPIP 数据库和 IP.cn 数据库，基于投票策略对所获取的地标进行城市验证，仅保留三个数据库结果一致且与地标声称城市相同的候选地标，并对获取了机构邮政编码的候选地标进行位置验证。出于隐私保护，候选地标信息仅保留 IP 地址及经纬度。位置验证后，北京、上海、深圳、厦门四个城市的候选地标数量分别为 1072、3289、1857、864，这些通过位置验证的候选地标作为实验的数据集。此外，本实验的数据集还包括 400 个可靠地标(每个城市各 100 个)，可靠地标用于对评估后的地标进行验证，不参与评估过程。

在合适时间段内对每个候选地标进行 50 次路由测量，通过路由信息合并，得到从探测源到候选地标的最小时延值，并基于最近路由器对候选地标进行分组。对同一分组内同一机构地址的多个候选地标，保留最近路由器到候选地标时延最小的候选地标，其他候选地标的可靠性与保留的候选地标相同，但不再参与评估过程。所有候选地标的初始可靠性均置为50%。使用本节的评估算法对候选地标进行评估，TH 分别取 3 和 5，可靠性阈值设为 75%。位置验证前后和评估后各城市地标的数量如表 5-14 所示。

表 5-14　各城市地标数量

城市	位置验证前	位置验证后	评估后(TH=3)	评估后(TH=5)
北京	4658	1072	392	456
上海	8966	3289	1227	1341
深圳	6605	1857	783	869
厦门	3702	864	236	301

从表 5-14 可看出，经过位置验证，候选地标的数量大幅度减少，这是由于部分机构的服务器被异地托管。评估后，地标数量减少，主要有以下两个原因：①一些地标不可靠并且不满足关系模型。②本节提出的算法不能评估最近的路由器仅与地标连接的地标，尽管这个地标可能是可靠的。当 TH=3 时，北京、上海、深圳、厦门四个城市评估得到的可靠地标数分别为 392、1227、783、236，占评估前候选地标的比例分别为 36.57%、35.15%、42.16%、27.31%，占获取候选地标的比例分别为 8.42%、13.69%、11.85%、6.37%；当 TH=5 时，北京、上海、深圳、厦门四个城市评估得到的可靠地标数分别为 456、1341、869、301，占评估前候选地标的比例分别为 42.54%、40.77%、46.8%、34.84%，占获取候选地标的比例分别为 9.79%、14.96%、13.16%、8.13%。

根据式(5-34)，TH 的值越大，评估后得到的可靠地标越多，这是由于当 TH 增大时，GD 的范围增大，从机构中心到服务器位置的距离误差容忍度以及从最近的路由器到地标的时延误差容忍度增大，因而，TH 值越大，根据关系模型获得的可靠地标越多。

在每个城市，分别使用候选地标和评估后地标对 100 个可靠的街道级地标进行街道级定位[8]，定位误差均值和地标数量之间的关系如图 5-12 所示。

在图 5-12 中，在同一城市中使用评估后的可靠地标定位 100 个可靠的街道级地标的平均误差小于相同数量的候选地标的定位误差。使用由 TH=3 评估得到的可靠地标的进行定位的平均误差略小于由 TH=5 时评估后地标的误差值。一方面，定位精度受到地标精度的影响，实施街道级定位的基础是街道地标。另一方面，定位精度受可靠地标数量的影响。当地标数量增加时，定位的准确性会增大。在图 5-12 中，当可靠地标的数量从 0 增加到 300 时，定位

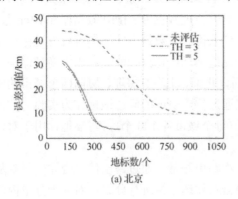

(a) 北京

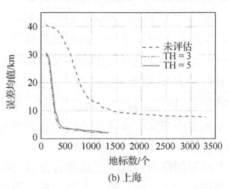

(b) 上海

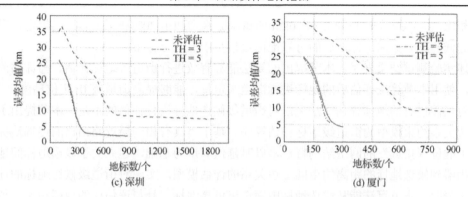

图 5-12　各城市中的定位误差均值与地标数量之间的关系

误差迅速减小；当可靠地标的数量大于 300 时，地标数量增加，误差减少的速度减缓。在北京、上海、深圳和厦门使用所有候选地标用于定位，误差均值分别为 9.624km、7.832km、7.634km 和 8.994km。但当 TH=3 时，使用所有评估后的可靠地标进行定位，误差均值分别为 3.98km、2.185km、2.234km 和 5.237km。当 TH=5 时，误差均值分别为 3.943km、2.198km、2.241km 和 4.473km。

　　在北京、上海、深圳和厦门，使用所有候选地标和评估后地标对 100 个目标进行街道级定位[8]，定位误差与累积概率之间的关系如图 5-13 所示。

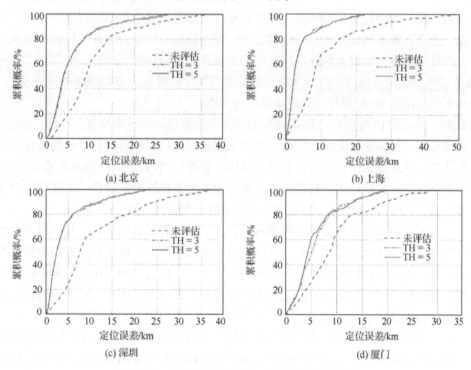

图 5-13　各城市定位误差与累积概率间的关系

　　图 5-13 表明，使用评估后的地标的定位精度明显高于候选地标，且 TH=3 和 TH=5 在定位精度上体现不明显。在北京、上海和深圳，与候选地标相比，评估后地标定位误差小于 5km 的概率增加了 35%，地理定位误差小于 10km 的概率增加了 20%。在厦门，评估后地标与候

选地标相比，定位误差小于 5km 和 10km 的概率分别增加了 20% 和 15%，厦门市定位误差提高百分比低的主要原因是评估后的可靠地标数量少于前三个城市。

上述实验测试结果表明，本节提出的算法能够有效进行街道级地标评估。与评估前的地标相比，使用本节算法评估后的地标进行街道级定位，能够提高街道级 IP 定位精度。

针对当前已有的地标评估算法无法对街道级候选地标进行评估的不足，本节提出了一种基于三边关系约束模型的街道级地标评估算法。基于"具有相同最近路由器的终端地标在地理空间上的位置接近"的网络结构特点，以时延值测量为基础，建立关于候选地标间地理距离和路由器到候选地标的距离约束间三边关系的评估模型，实现对街道级候选地标的评估。实验结果表明，本节算法能从候选地标中筛选出可靠地标，且与评估前的地标相比，使用评估后的地标提高了定位精度。

5.5　具有误差上限的街道级地标评估算法

街道级地标是 IP 精确定位的基础，而且地标位置的误差影响着定位的精度，然而现有地标评估方法不能确定地标的误差范围。本节介绍一种能够估计地标误差上限的街道级地标评估算法。

5.5.1　问题描述

街道级地标的声明位置为精确的经纬度坐标，实际上，这个声明位置往往存在一定的误差。例如，在基于 Web 地图的地标获取算法中，得到地标的位置为地标所属机构地址对应的经纬度，当机构覆盖范围较大时候，地标的声明位置与实际位置之间存在偏差。以郑州大学 Web 服务器地标误差为例，在线地图中提供的郑州大学经纬度为 (34.823704, 113.542133)，然而郑州大学对应的 Web 服务器却距离该位置 700m。

当前基于地标的 IP 定位算法根据地标的位置来推测目标的地理位置，因此，定位结果的精度受到地标误差的影响。例如，SLG 定位算法根据距离目标相对时延最小的地标的位置确定目标的位置，该算法定位误差则由算法定位固有误差（二者最近共同路由的覆盖范围）和地标的误差共同决定，定位结果的精确度受到地标误差的直接影响，因此界定地标的误差范围是提高 IP 定位精度的关键所在，也是地标评估中的一个重要内容。

然而，当前街道级地标评估算法对地标的位置误差没有量化的估计，基于网页请求验证的街道级地标评估算法以及基于 IP 定位的街道级地标评估方法仅仅将位置相对准确的地标筛选出来，并没有给出任何地标准确度相关的标准。基于最近共同路由器的地标评估算法仅仅赋予地标相对的可信度值，也没有能够界定地标的误差程度。因此，对地标的误差范围进行界定，是地标评估中一个亟待解决的关键问题。

由于在一定的时延约束下，连接在同一最后一跳路由器的地标往往聚集在较小的范围内，本节算法根据连接在同一最后一跳路由的候选地标声明位置的分布情况，估计最后一跳路由的位置范围及准确率，进而根据路由的位置范围筛选出可靠地标，并推算可靠地标位置的误差上限。

5.5.2　算法框架与主要步骤

在一定的最后一跳时延约束下，具有共同的最后一跳路由器的地标在地理位置上比较接近，因此具有共同的最后一跳路由器且位置准确的地标(下面称为可靠地标)往往聚集在较小的范围内，而且位置不准确的地标(下面称为无效地标)落在该范围的概率较小。基于该思路本节提出了具有误差上限的地标评估算法，其输入为街道级候选地标(包括 IP、经度、纬度)，输出为带有可信概率和误差上限的可靠地标，其处理流程如图 5-14 所示。

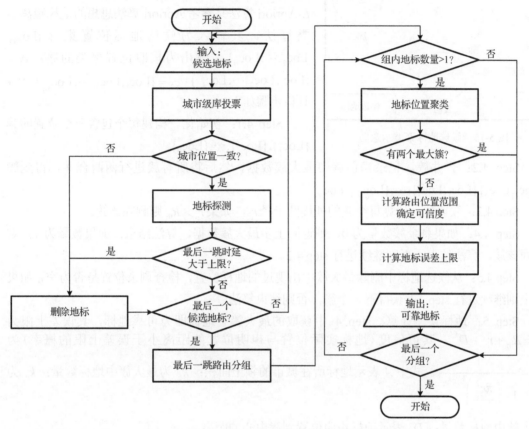

图 5-14 具有误差上限的街道级地标评估算法流程图

具体步骤如下。

Step 1：候选地标筛选。通过多个不同的城市级库查询候选地标位置，使用投票策略确定地标所在城市，保留声称位置位于城市领土范围内的候选地标。

Step 2：候选地标探测。使用多个不同的探测源对候选地标进行多次路径探测，确定地标的最后一跳路由器，获取每次探测中地标到最后一跳路由器的时延值。为了避免探测过程中出现因负载均衡技术导致的假链接，本节使用 Paris traceroute 实施探测，另外，为避免网络状况导致的极端值对测量的影响，取其中值作为地标的最后一跳时延，排除最后一跳时延值超过门限值 τ_{th} 的地标。

Step 3：候选地标分组。确定地标的最后一跳路由器，对于有多个最后一跳路由器的地标则只保留时延最小的最后一跳路由器，然后将候选地标按照最后一跳路由器进行分组。

Step 4：路由位置估计。根据最后一跳路由器下所有地标之间的距离使用 E-Apriori 算法进行聚类，将地标划分到多个分布半径(覆盖簇中所有地标最小圆的半径)小于 R_{th} 的簇，如图 5-15 所示。然后寻找包含地标数量最多的簇，最后一跳路由的分布范围在以该簇的中心为

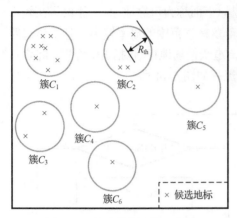

图 5-15　候选地标聚类示意图

圆心，$R_{th} + r_{c_i}$ 为半径的圆内，如果数量最多的簇多于一个，则认为该组没有可靠地标，评估结束。其中 R_{th} 为最后一跳路由器的最大覆盖半径(覆盖路由下 IP 实际位置最小圆的半径)；r_{c_i} 为该簇的分布半径。其中，E-Apriori 算法是参考 Apriori 算法思想的地标距离聚类算法，其输入为候选地标位置集合 $\{Loc_1, Loc_2, \cdots, Loc_n\}$，输出为按照位置聚类的簇：$c_1 = \{Loc_1, Loc_2, \cdots, Loc_{k_{c_1}}\}$，$c_2 = \{Loc_1, Loc_2, \cdots, Loc_{k_{c_2}}\}$，$\cdots$，具体步骤如下。

Step 4.1：初始化。构建每个包含一个位置的簇 $\{Loc_1\}, \{Loc_2\}, \cdots, \{Loc_n\}$。

Step 4.2：合并簇。记录当前簇中最大簇数据，然后将所有簇进行两两合并，得到簇 $\{Loc_1, Loc_2\}\{Loc_1, Loc_3\}, \cdots, \{Loc_{n-1}, Loc_n\}$。

Step 4.3：簇剪枝。计算每个簇的外接圆半径 r_c，如果 $r_c > R_{th}$ 则删除该簇。

Step 4.4：如果剩余簇数量为 0，则返回上步最大簇数据，算法结束；如果数量为 1，则返回该簇，算法结束；否则继续进行 step 4.2。

Step 4.5：从候选地标中删除最大簇中出现过的地标位置，检查剩余位置是否为空，如果非空则继续进行 step 4.1 获得下一个簇，否则结束算法。

Step 5：地标误差计算。step 4 中获取的最大簇中地标即为可靠地标，其误差上限为 $e_l = R_{th} + r_{c_i} + D_{lo}$，其可信度(地标实际位置与声明位置的距离小于误差上限的概率)为

$$p_l = \cfrac{1}{1 + \left(\cfrac{\pi r_{c_i}^2}{A}\right)^{k_{c_1} - k_{c_2}}}$$

。式中 A 表示地标所在城市的领土面积；k_{c_1} 为最大簇中地标数量；k_{c_2} 为次大簇中地标数量；D_{lo} 表示地标声明位置到簇中心的距离。

step 6：地标评估。重复 step 3 和 step 4 对每个分组进行评估，筛选出可靠地标，计算其误差上限及可信度并将可靠地标存入地标库。

5.5.3　算法原理分析

1. 地标可靠性概率模型

在地标评估中，如果具有共同最后一跳路由器的 k 个地标分布在散布半径为 $r_c (r_c \leq R_{th})$ 的簇中，如果最后一跳路由器不在该簇 R_{th} 范围之内，则代表 k 个地标均为位置不准确的无效地标，由于位置不准确的地标实际位置随机分布在城市领土范围内，而且每个地标的位置分布相互独立，因此最后一跳路由不在该簇 R_{th} 范围之内的概率为：$p_{out} = \left(\dfrac{\pi R_{th}^2}{A}\right)^{k-1}$，则最后一跳路由在该簇 R_{th} 范围之内的概率为 $p_{in} = 1 - \left(\dfrac{\pi R_{th}^2}{A}\right)^{k-1}$。其中，$A$ 表示地标所在城市的领土面积。

当共享同一最后一跳路由的地标分布在多个半径小于 R_{th} 的簇时，根据拥有共同最后一

跳路由的候选地标集合 $L := \{l_i\}_{i=1}^N$ 中每个候选地标的地理位置 $\mathrm{LOC} := \{\mathrm{loc}_i\}_{i=1}^N$，以及按照半径 R_{th} 范围聚集的地标簇集合 $C := \{c_i\}_{i=1}^T$ 和每个簇中地标的数量 k_{c_i}、地标的分布半径 r_{c_i}（簇编号按照其中地标数量 k_{c_i} 排序，其中包含地标最多的簇为 c_1），确定最后一跳路由位于每个簇的概率 p_{c_i} 的模型推理如下：

给定候选地标每个簇中候选地标集合 c_i，计算路由器在每个簇中的概率 p_{c_i}，由于最后一跳路由仅可以出现在一个簇中，因此符合伯努利分布，可以得到 p_{c_i} 的计算公式：

$$p_{c_i} = \frac{p_{i,\mathrm{in}} \prod\limits_{j=1, j\neq i}^{T} p_{j,\mathrm{out}}}{\prod\limits_{j=1}^{T} p_{j,\mathrm{out}} + \sum\limits_{s=1}^{T} p_{s,\mathrm{in}} \prod\limits_{j=1, j\neq s}^{T} p_{j,\mathrm{out}}}$$

$$= \frac{\left\{1 - \left(\dfrac{\pi R_{\mathrm{th}}^2}{A}\right)^{k_{c_i}-1}\right\} \prod\limits_{j=1, j\neq i}^{T} \left(\dfrac{\pi R_{\mathrm{th}}^2}{A}\right)^{k_{c_j}-1}}{\prod\limits_{j=1}^{T} p_{j,\mathrm{out}} + \sum\limits_{s=1}^{T} \left\{1 - \left(\dfrac{\pi R_{\mathrm{th}}^2}{A}\right)^{k_{c_s}}\right\} \prod\limits_{j=1, j\neq s}^{T} \left(\dfrac{\pi R_{\mathrm{th}}^2}{A}\right)^{k_{c_j}-1}} \tag{5-39}$$

式中，$p_{i,\mathrm{in}}$ 表示最一跳路由第 i 个簇的路由区域内的概率；$p_{i,\mathrm{out}}$ 表示不在其中的概率，由于城市行政区面积通常较大即 $A \gg \pi D_{\mathrm{th}}^2 \geqslant \pi r_{c_i}^2$，因此 $p_i \to 0$ 而 $p_{\mathrm{out}} \to 1$，则有

$$p_{c_i} \approx \frac{\prod\limits_{j=1, j\neq i}^{T} \left(\dfrac{\pi R_{\mathrm{th}}^2}{A}\right)^{k_{c_j}-1}}{\sum\limits_{s=1}^{T} \prod\limits_{j=1, j\neq s}^{T} \left(\dfrac{\pi R_{\mathrm{th}}^2}{A}\right)^{k_{c_j}-1}}$$

$$= \frac{\prod\limits_{j=1}^{T} \left(\dfrac{\pi R_{\mathrm{th}}^2}{A}\right)^{k_{c_j}-1}}{\sum\limits_{s=1}^{T} \prod\limits_{j=1, j\neq s}^{T} \left(\dfrac{\pi R_{\mathrm{th}}^2}{A}\right)^{k_{c_j}-1}} \left(\dfrac{\pi R_{\mathrm{th}}^2}{A}\right)^{1-k_{c_i}} \tag{5-40}$$

由于 $\dfrac{\prod\limits_{j=1}^{T} \left(\dfrac{\pi R_{\mathrm{th}}^2}{A}\right)^{k_{c_j}-1}}{\sum\limits_{s=1}^{T} \prod\limits_{j=1, j\neq s}^{T} \left(\dfrac{\pi R_{\mathrm{th}}^2}{A}\right)^{k_{c_j}-1}}$ 的值由每个簇中地标数量 k_{c_j} 决定，不随 i 的变化而变化，若令

其值为常数 M，则有 $M \approx \dfrac{1}{\sum\limits_{i=1}^{T} \left(\dfrac{\pi R_{\mathrm{th}}^2}{A}\right)^{1-k_{c_i}}}$，即

$$p_{c_i} \approx \frac{\left(\dfrac{\pi R_{\mathrm{th}}^2}{A}\right)^{1-k_{c_i}}}{\sum\limits_{s=1}^{T} \left(\dfrac{\pi R_{\mathrm{th}}^2}{A}\right)^{1-k_{c_j}}} \tag{5-41}$$

可见最后一跳路由器在簇 i 中的概率 p_{c_i} 由该簇中地标个数 k_{c_i} 决定。另外由于 $A \gg \pi R_{\text{th}}^2$，根据式(5-41)，当 $i < j$，$k_{c_i} > k_{c_j}$，有 $p_{c_i} \gg p_{c_j}$，因此有 $p_{c_1} \gg p_{c_2} \gg p_{c_3} \gg \cdots$，最后一跳路由器位于最大的簇中的概率远远大于在其他簇中的概率，因此最后一跳路由器在包含地标个数最多的簇中，其概率的计算公式简化为

$$p_{c_i} \approx \frac{\left(\dfrac{\pi R_{\text{th}}^2}{A}\right)^{1-k_{c_1}}}{\left(\dfrac{\pi R_{\text{th}}^2}{A}\right)^{1-k_{c_1}} + \left(\dfrac{\pi R_{\text{th}}^2}{A}\right)^{1-k_{c_2}}} = \frac{1}{\left(\dfrac{\pi R_{\text{th}}^2}{A}\right)^{k_{c_1}-k_{c_2}}} \tag{5-42}$$

2. 地标误差上限分析

根据 R_{th} 的定义，所有连接在最后一跳路由的地标均位于一个以该路由为圆心，R_{th} 为半径的圆形区域内，也就是说每一个地标到最后一跳路由的距离均小于等于 R_{th}，因此可以根据最后一跳路由的分布范围确定地标分布范围进而确定其误差上限。

根据地标可靠性概率模型，地标的最后一跳路由位于最大簇中。假设当前最大簇有 k_{c_1} 个候选地标，其分布半径为 r_{c_1}。最后一跳路由器距离其地标的距离必然小于 R_{th}，因此其可能位置是在地标为中心 R_{th} 为半径的圆形区域内。最后一跳路由分布范围的上限即是最大簇中所有地标确定的位置范围的并集，为便于计算本节将其放大，确定为最大簇 c_1 的 R_{th} 范围之内，如图 5-16 所示。综上所述，本节将最后一跳路由的位置范围确定为一个最大簇中心为圆心 $R_{\text{th}} + r_{c_1}$ 为半径的圆形区域。

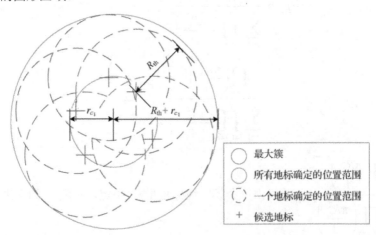

图 5-16　最后一跳路由位置范围

由于每个地标距离最后一跳路由的距离小于 R_{th}，因此可以根据最后一跳路由的分布范围估算地标位置的误差上限。一个地标的最后一跳路由位于最大簇 c_1 的 R_{th} 范围之内，即最后一跳路由器的位置范围是一个圆心为簇 c_1 的中心、半径为 $R_{\text{th}} + r_{c_1}$ 圆形区域，如图 5-17 所示。因此，连接在这个最后一条路由上的候选地标的误差满足 $e_l = 2R_{\text{th}} + r_{c_1} + D_{\text{lo}}$，可以将地标的误差上限确定为 $2R_{\text{th}} + r_{c_1} + D_{\text{lo}}$。

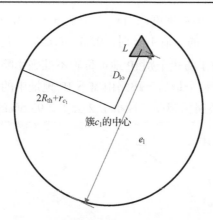

图 5-17　地标误差上限计算模型

5.5.4　实验结果与分析

为了验证算法的效果，本节分别对误差上限、评估效果以及评估得到的地标定位效果进行了实验验证。评估过程中使用了位于北京、台湾、纽约、波士顿、洛杉矶、东京、首尔、安卡拉、伊斯兰堡、德黑兰等分布在 7 个国家 10 个城市/地区的探测源对地标进行探测，为确保时延的准确性，探测时间主要安排在当地时间凌晨 1 点至早上 5 点网络负担较轻的时段。

1. 模型参数测试

该算法中两个关键参数分别是最后一跳路由时延门限值 τ_{th} 以及最后一跳路由器的覆盖半径门限值 R_{th}，下面结合实验对两个参数值进行分析。

为了对最后一跳路由器的覆盖范围进行检查，本节探测了香港 7652 个已知位置的 IP 地址，获取了其最后一跳路由及最后一跳时延，并根据最后一跳路由下 IP 地址的位置分布确定这些 IP 地址最小外接圆的半径，称为路由的覆盖半径，路由到其下 IP 地址的最大时延与其覆盖半径之间的关系如图 5-18 所示，二者之间具有宽松的约束关系。图 5-19 显示了不同 τ_{th} 下

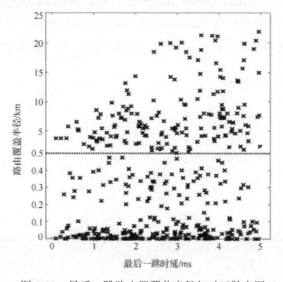

图 5-18　最后一跳路由器覆盖半径与时延散点图

最后一跳路由覆盖半径的累积概率密度，当 τ_{th} 的值取 5ms、3ms、1ms 时，地标数量分别为 7016、5823、4208。其中当 τ_{th} 的值取 1ms 时，92.3%的最后一跳路由覆盖半径小于 2 公里，76.7%的小于 1 公里。同时为了防止个别 IP 地址位置不准确影响统计结果，本节还进行了去噪处理，使用 LOF 算法排除每个最后一跳路由器下 IP 地址中的离群点后再次计算其分布半径。去噪后 97.9%的最后一跳路由覆盖半径小于 2 公里，93.6%的小于 1 公里。

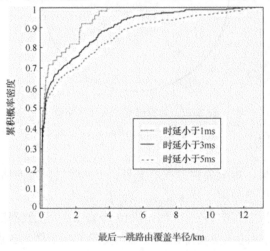

图 5-19　τ_{th} 对最后一跳路由覆盖半径的影响

2. 算法表现验证

1）误差上限实验

在中国香港选择了挖掘自 Web 地图的 6000 个候选地标，首先使用淘宝、百度、埃文科技以及 Maxmind 等数据库查询地标所在城市并进行投票，保留4917 个所在城市为中国香港的候选地标，然后使用 10 个探测源对候选地标进行探测，确定其最后一跳路由器和时延，在参数 τ_{th} 取值为 1ms，R_{th} 分别取值 1km 和 2km 的情况下使用本节算法进行评估，确定其误差上限及可信度，分别得到 392 个和 503 个具有误差上限和可信度的可靠地标。最后通过 SLG 定位算法使用位置已知的 IP 地址对这些可靠地标进行定位，计算其声明位置与定位结果的误差，结果如图 5-20 所示。

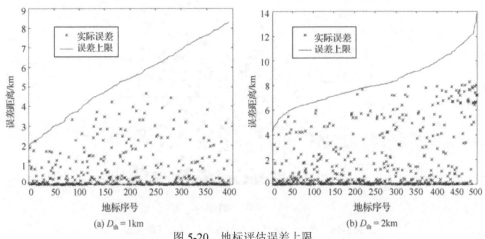

图 5-20　地标评估误差上限

从图 5-27 可以发现，100%可靠地标的位置误差小于其误差上限，说明该算法能够有效估计地标的误差上限，确定地标的最大误差范围。

2）评估效果实验

在香港和北京分别选择了 500 个位置已知的可探通 IP 地址作为候选地标，随机选择其中 400 个，将地理位置修改为本市领土范围内距离原位置 10km 外的随机位置，以其作为无效地标，其余的 100 个作为可靠地标。然后使用本节算法以 τ_{th}=1ms，R_{th}=1km 对地标进行评估，得到香港可靠地标 85 个其中可靠地标 84 个无效地标 1 个，评估准确率达到 98.8%，得到北京市可靠地标 91 个其中可靠地标 89 个无效地标 2 个，评估准确率达到 97.8%。

3）评估得到的地标定位效果实验

为了验证本节算法评估得到地标的定位效果，本节使用第 2 章提出的地标获取算法，分别在香港和北京获取了 50000 个候选地标，使用本节算法以 τ_{th}=1ms，D_{th}=1km，通过评估得到香港可靠地标 1352 个北京可靠地标 2130 个，然后使用 SLE 算法对候选地标进行评估获取可靠地标。最后在香港和北京各选择了 100 个位置已知的 IP 地址作为定位目标，分别使用两种方法获取的可靠地标对其进行了 SLG 算法定位，并对定位结果的误差情况进行了统计，其累积概率密度如图 5-21 所示。

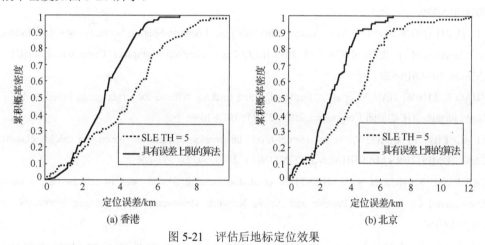

图 5-21　评估后地标定位效果

由图 5-21 可见，该算法评估后地标的平均误差（香港 3.11km，北京 2.78km）显著小于 SLE 算法评估得到的地标（香港 4.35km，北京 4.18km），说明了本节算法评估后的地标具有更好的定位效果。

针对当前地标评估算法在街道级地标评估中仅能给出相对可信度，还无法量化地标误差的问题，本节提出了一种具有误差上限的街道级地标评估算法。该算法认为连接在同一路由器的地标往往聚集在较小的范围内，在此基础上根据地标的声明位置估计确定最后一跳路由的位置，进而推算候选地标位置的误差上限及准确率。实验表明该算法可以有效筛选出可靠地标并确定地标误差上限，显著提升地标的定位效果。

参 考 文 献

[1]　KOMOSNÝ D, VOZŇÁK M, REHMAN S U. Location accuracy of commercial IP address geolocation

databases[J]. Information Technology and Control, 2017, 46(3): 333-344.

[2]　POESE I, UHLIG S, KAAFAR M A, et al. IP geolocation databases: Unreliable?[J]. Acm Sigcomm Computer Communication Review, 2011, 41(2): 53-56.

[3]　GHARAIBEH M, SHAH A, HUFFAKER B, et al. A look at router geolocation in public and commercial databases[C]// Internet Measurement Conference. ACM, London, 2017: 463-469.

[4]　GUO C, LIU Y, SHEN W, et al. Mining the Web and the Internet for accurate IP address geolocations[C]// IEEE INFOCOM. IEEE, Rio de Janeiro, 2009: 2841-2845.

[5]　ZHU G, LUO X, LIU F, et al. An algorithm of city-level landmark mining based on internet forum[C]// International Conference on Network-Based Information Systems. IEEE, Taipei, 2015: 294-301.

[6]　MUN H, LEE Y. Building IP geolocation database from online used market articles[C]// The 19th Asia-Pacific Network Operations and Management Symposium (APNOMS). IEEE, Seoul, 2017: 37-41.

[7]　DAN O, PARIKH V, DAVISON B D. Improving IP geolocation using query logs[C]// The 9th ACM International Conference on Web Search and Data Mining. ACM, San Francisco, 2016: 347-356.

[8]　WANG Y, BURGENER D, FLORES M, et al. Towards street-level client-independent IP geolocation[C]// USENIX Conference on Networked Systems Design and Implementation. USENIX Association, Boston, 2011: 365-379.

[9]　LIU H, ZHANG Y, ZHOU Y, et al. Mining Checkins from Location-Sharing Services For Client-Independent IP Geolocation[A]. IEEE INFOCOM 2014-IEEE Conference on Computer Communications[C]. IEEE, Orlando, 2014:619-627.

[10]　ZHAO F, SHI W, GAN Y, et al. A localization and tracking scheme for target gangs based on big data of Wi-Fi locations[J]. Cluster Computing, 2019, 22(1): 1679-1690.

[11]　LI R, LIU Y, QIAO Y, et al. Street-level landmarks acquisition based on SVM classifiers[J]. CMC-COMPUTERS MATERIALS & CONTINUA, 2019, 59(2): 591-606.

[12]　TRIUKOSE S, ARDON S, MAHANTI A, et al. Geolocating IP addresses in cellular data networks[A]. International Conference on Passive and Active Network Measurement[C]. Springer, Berlin, Heidelberg, 2012:158-167.

[13]　MA T, LIU F, ZHANG F, et al. An landmark evaluation algorithm based on router identification and delay measurement[C]// International Conference on Artificial Intelligence and Security. Berlin: Springer, 2019: 163-177.

[14]　朱光, 李珂. 基于路由跳数的网络实体地标筛选[J]. 中原工学院学报, 2018, 29(1): 89-94.

[15]　SHAVITT Y, ZILBERMAN N. A Geolocation Databases Study[J]. IEEE Journal on Selected Areas in Communications, 2011, 29(10):2044-2056.

[16]　LI H, HE Y, XI R, et al. A complete evaluation of the Chinese IP geolocation databases[C]. International Conference on Intelligent Computation Technology and Automation. IEEE, 2016: 13-17.

[17]　LI R, SUN Y, HU J, et al. Street-level landmark evaluation based on nearest routers[J]. Security and Communication Networks, 2018.

[18]　MA T, LIU F, LUO X, YIN M, LI R. An Algorithm of Street-level Landmark Obtaining Based on Yellow Pages[J]. Journal of Internet Technology, 2019, 20(5):1415-1428.

[19]　YANG W, LIU X, YIN M. Street-Level Landmark Evaluation With Upper Error Bound[J]. IEEE Access, 2019, 7:112037-112043.

第6章 区域城市级 IP 定位技术

IP 地址是用来唯一标识互联网上计算机的逻辑地址，是进行 TCP/IP 通信的必要条件，每一个连接到互联网上的计算机都必须有一个 IP 地址。IP 定位作为网络空间资源测绘的核心技术之一，其目的是在仅知道用户或设备的 IP 地址的条件下，获取网络中用户或设备的地理位置，定位结果往往包括用户或设备所在的国家名、地区名、经纬度和时区等。本章主要介绍 IP 定位技术的研究背景、相关概念和研究现状，重点介绍典型的区域城市级 IP 定位技术，在下一章将重点介绍街道小区级 IP 定位技术。

6.1 IP 定位技术的研究背景

IP 定位在网络安全与服务所处的重要地位，以及现实赋予的迫切需求，已成为研究者对其开展深入研究的不懈动力。从 2001 年出现第一篇公开讨论 IP 定位的文献[1]，到近几年著名互联网组织 CAIDA 和 IETF 等也对其展开探讨和分析，IP 定位技术已成为网络安全领域令人瞩目的研究焦点。IEEE、ACM、USENIX、Springer、IFIP 等国际知名学术组织，在主办的 *IEEE Transactions*、*Inforcom*、*ACM Computing Surveys*、*SIGCOMM*、*IMC*(*Internet Measurement Conference*)、*PAM*(*Passive and Active Measurement*)、*NSDI*(*Networked Systems Design and Implementation*)等会议和期刊上发表了大量 IP 定位相关研究成果。美国的波士顿、西北、康奈尔及威斯康星等大学，南加州大学信息科学研究所、自然科学基金，加拿大的卡尔顿大学，匈牙利的罗兰大学及比利时国家科学研究基金会等诸多国际知名大学和研究机构对 IP 定位展开了深入研究和有力的资助，国内清华大学、国防科技大学、陆军工程大学(原解放军理工大学)、北京交通大学、浙江理工大学及郑州大学等在相关研究中也取得了一些成果。然而，由于 IP 地址和自治系统号等逻辑标识并不包含网络实体的地理位置信息，且缺乏可支持大批量和大范围内测试的权威数据库，目前的 IP 定位技术与实际应用尚存在较大差距。因此，深入开展网络实体 IP 定位技术研究，对提高定位方法的适用范围和准确性，推进 IP 定位技术的实用化，具有重要的学术价值。

6.2 基于地标聚类的网络实体城市级定位

城市级定位是网络实体高精度定位算法的首要步骤，在定位目标时，第一步通常给出目标的一个大致的估计区域(城市级粒度)，才能对目标进一步分析处理，从而达到更细粒度的位置估计(街道级)。经典的 GeoPing 算法[1]和 LBG 算法[2]均是基于时延的定位算法，时延度量为基于网络测量的定位提供重要的技术支持。然而，往往会由网络拥塞、负载均衡、网络设备性能差异等因素造成网络时延膨胀和时延抖动等问题，这些都会影响基于时延的定位算法精度。因此，减少上述情况对定位结果的影响，以及较为准确的描述某一城市的时延特征，是提高基于时延的定位算法精度的关键之一。此外，即便是可靠性高的地标(即地标宣称的位置与真实的位置一致），地标性能差异等原因，也可能对基于地标的定位算法产生影响，如性能较差的地标可导致数据包排队时延与处理时延膨胀或是由网络拥塞等情况导致时延度量不精准，这类地标往往不适合作为定位算法的基准节点，若能去除这些性能较差的地标，则有望提高定位算法的精度。

针对经典的基于时延的 GeoPing 城市级定位算法易受网络时延膨胀、抖动等情况影响的不足，本节提出基于地标聚类的网络实体城市级定位算法，该算法以地标聚类为基础，通过构建某一城市的平均时延向量，使其能够刻画该城市的时延特征，并以"最短相对时延"为准则，估计目标 IP 的城市级地理位置。

6.2.1　GeoPing 算法概述与分析

经典的城市级定位算法 GeoPing 是一种基于时延和地标的网络实体定位算法，该算法利用两个相邻节点具有相似的时延向量特性而进行的 IP 定位技术。该算法基于"时延向量相似性"现象进行定位，即地理位置相近的网络实体的时延向量往往具有相似性。对于 m 个目标 $T = \{T_1, T_2, T_3, \cdots, T_m\}$，$n$ 个探测源 $P = \{P_1, P_2, P_3, \cdots, P_n\}$ 向所有地标发探测包，测量时延并为地标建立地标时延向量 $D_{P_i} = (d_{i,1}, d_{i,2}, d_{i,3}, \cdots, d_{i,n})$，其中，$i$ 表示第 i 个地标，以及探测源到目标的目标时延向量 $D_{T_j} = (d'_{j,1}, d'_{j,2}, d'_{j,3}, \cdots, d'_{j,n})$，其中，$j$ 表示第 j 个目标；d 表示探测源与地标之间的往返时延；d' 表示探测源与目标之间的往返时延，根据欧氏距离 $\text{Distance} = \left\| D_{P_i} - D_{T_j} \right\|$，比较向量 D_{P_i} 与 D_{T_j} 的相似性，将与 D_{T_i} 相似性最高地标所处的地理位置作目标 T 的位置估计。

以图 6-1 为例，P_1, P_2, P_3 为探测源，L_1, L_2, L_3 为地标，T 为待定位目标。3 个探测源分别测量到 4 个地标的往返时延，并建立地标时延向量 $D_{P_i} = (d_{i,1}, d_{i,2}, d_{i,3})(i=1,2,3,4)$，及探测源到目标的目标时延向量 $T = (d'_1, d'_2, d'_3)$，然后，根据欧几里得距离，通过式(6-1)计算 T 与 D_{P_i} 距离最短的向量(距离最短，对应相似度最高)，并将欧氏距离最短的向量所对应地标的位置作为待定位目标的位置估计，即图 6-1 中地标 L_3 与目标 T 的时延向量相似性最高。

$$\text{Distance} = \left(\sum_{n=1}^{3} (d'_{i,n} - d_{i,n})^2 \right)^{1/2} \tag{6-1}$$

式中，i 表示第 i 个地标，即 $i=1,2,3,4$；n 表示第 n 个探测源，即 $n=1,2,3$；Distance 表示 d 与 d' 的欧氏距离，即相似度。

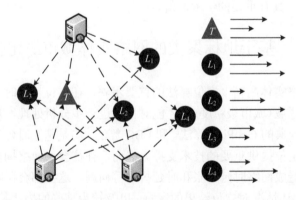

图 6-1　经典的 GeoPing 算法定位原理图

作为一种经典的基于时延的定位算法，GeoPing 算法中值误差达到了 67 英里，约合 109.4km，定位误差较大。在时延度量时，若探测源到地标集和目标的往返时延度量不精准，即探测源与地标之间的往返时延 d 与探测源与目标的往返时延 d' 不能准确度量，则地标 L 的时延向量 D_P 以及目标 T 的时延向量 D_T 也将受到影响，导致 Dsitance 误差增大，进而影响目标 IP 的位置估计。然而，网络时延膨胀、时延抖动等情况往往会影响时延度量，换言之，若能减少上述情况对时延度量的影响，有望降低 GeoPing 算法的定位误差。

6.2.2　算法原理与主要步骤

受经典的 GeoPing 算法的启发，本节提出基于地标聚类的网络实体城市级定位算法原理架构，如图 6-2 所示。聚类部分：在多个不同地理位置部署探测源，获取探测源与所有地标之间的往返时延，为每个地标建立时延向量；将所有地标以城市为单位划分为不同的组，并采用聚类算法将同一城市的时延向量聚类成多个簇，选取聚类结果中数目最多的簇，并计算该簇的中心（质心），将其用于描述该城市的平均时延向量。定位部分：利用上述多个探测源，获取探测源与目标之间的往返时延，并根据每个探测源测量目标得到的时延，为目标建立时延向量。根据每一城市的平均时延向量，计算目标到每个城市的相对时延向量，将与目标相对时延最小的向量所处的地理位置作为目标 IP 最终的位置估计。

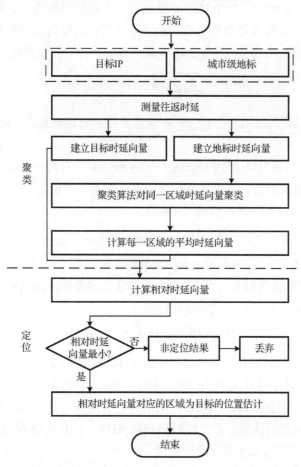

图 6-2　基于地标聚类的网络实体城市级定位算法原理架构

该算法包括 7 个主要步骤,其中,Step 1~4 是算法的地标聚类部分,Step 5~7 是算法定位部分。

输入:待定位的目标 IP。

输出:目标的城市级定位结果。

Step 1:选取城市级地标集。以地理位置均匀分布的高可靠地标为选取策略,选取同一网络服务提供商下的多个城市的城市级地标作为定位算法的基准节点。

Step 2:建立地标时延向量 D_p。根据定位精度需求,在不同地理位置均匀部署 m 个探测源,探测源向所有基准节点发送探测报文,测量探测源到所有地标之间的往返时延 RTT,并为每个地标建立时延向量,如式(6-2)所示,其中 i 表示第 i 个地标,j 表示第 j 个探测源,m 为探测源数量。

$$D_{p_i} = (d_{i,1}, d_{i,2}, \cdots, d_{i,j}, \cdots, d_{i,m}) \tag{6-2}$$

Step 3:地标聚类。对上述所有地标的时延向量,以城市为单位划分为不同的组,采用经典的 K-means 聚类算法,对每个组的地标时延向量进行聚类,其中 K 是一个经验阈值,一般通过大量实验并结合用户对定位精度的需求而确定。

在基于 K-means 地标时延向量的聚类过程中,算法根据用户指定的 K 值(即聚类为 K 个簇),随机选择 K 个时延向量,每个时延向量表示一个簇的初始质心。对其余的 $N - K$ 个时延向量($N \geq K$),分别计算到每个簇质心的距离,并将该时延向量划分到距离最短的簇中。然后,每个簇重新计算新质心[3]。重复上述步骤,直到平方误差函数收敛,如式(6-3)所示。

$$Error = \sum_{K=1} \sum_{q \in c_K} |q - t_i|^2, \quad K \geq 1 \tag{6-3}$$

式中,$Error$ 是地标时延向量的平方误差和;q 是地标的时延向量;t_i 是簇 C_i 的质心;K 为簇的数量。

Step 4:计算平均时延向量 ADV(average delay vector)。对每一城市,选取聚类结果中对象数目最多的簇,计算其质心,并将该质心作为探测源到该城市的平均时延向量,如式(6-4)所示,并用平均时延向量刻画该城市的时延特征。

$$ADV = (d_1, d_2, \cdots, d_j, \cdots, d_m) \tag{6-4}$$

式中,m 表示探测源数量;d_j 表示第 j 个探测源到该城市的平均时延。

Step 5:建立目标时延向量 D_T。同 Step 3 的方法,多个探测源测量各自到目标的往返时延,为目标建立目标时延向量,如式(6-5)所示。

$$D_T = (d_1', d_2', \cdots, d_j', \cdots, d_m') \tag{6-5}$$

式中,d_j' 表示第 j 个探测源到目标的时延;m 表示探测源数量。

Step 6:计算相对时延向量 RDV(relative delay vector)。通常,目标是被动网络实体,不能主动发送探测报文,为获得目标与簇之间的时延,采用相对时延的计算方法计算两者之间的时延。对每个城市,利用该城市的平均时延向量 ADV,结合式(6-6) 计算目标到每个簇的相对时延向量 RDV,其中 j 表示第 j 个探测源。

$$RDV = (d_1 + d_1', d_2 + d_2', \cdots, d_j + d_j', \cdots, d_m + d_m') \tag{6-6}$$

相对时延计算方法示意如图 6-3 所示，其中，实心圆表示探测源；实心三角表示目标；虚线圆表示聚类后的每个簇。探测源能测量自己到目标和每个簇的往返时延，两者相加，即可得到目标到每个簇的相对时延(实线表示)。

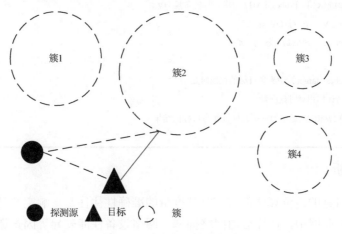

图 6-3　相对时延计算方法

Step 7：计算最小相对时延向量 RDV′。根据平均时延向量，结合式(6-7)计算目标到所有簇的相对时延，其中 j 表示第 j 个探测源，并选取与目标相对时延值最小的簇，将该簇所对应的城市作为目标的城市级定位结果。

$$RDV' = \min\left(\frac{1}{m}((d_1+d_1') + \cdots + (d_j+d_j') + \cdots(d_m+d_m'))\right) \tag{6-7}$$

基于地标聚类的网络实体城市级定位算法描述如表 6-1 所示。

表 6-1　基于地标聚类的网络实体城市级定位算法描述

算法名称：基于地标聚类的网络实体城市级定位算法
输入：目标 IP
输出：目标 IP 的城市级定位结果
算法流程如下：
1. Select ( ) // 选择地标集
2. GetLMRTT ( ) // 测量地标集合的往返时延
3. BuildDV ( ) // 建立时延向量 DV
4. *K*-means ( ) //*K*-means 聚类
5. GeoTargetRTT ( ) // 测量目标的往返时延
6. Landmarks //地标
7. RTT _LM //地标的往返时延
8. LM //城市级候选地标集合
9. Probes //探测源
10. DV //时延向量
11. Cluster //簇集合
12. ADV //平均时延向量
13. RDV //相对时延向量
14. Result //定位结果

15. LM = Select（Landmarks）; // 选择算法输入的城市级地标集

16. RTT _LM=GetLMRTT（Probes, LM）; //测量地标集合的往返时延

17. DV = BulidDV（GetLMRTT（Probes, LM）); //建立时延向量 DV

18. Cluster =K-means（DV）; // 对 DV 聚类

19. ADV = max（Cluster）; // 选取最大簇的质心

20. for each target

21. GeoTargetRTT（probes , target）; //测量目标的往返时延

22. Calculating RDV; //计算相对时延向量

23. Result=min（RDV）; // RDV 最小的簇所在区域作为目标的结果

24. endfor.

6.2.3　算法分析

对现有基于时延的定位算法而言，时延度量的准确性往往是影响定位精度的重要因素之一。然而在实际互联网中，往往会由网络拥塞、网络设备性能差异等因素造成时延膨胀和抖动等问题，这些都会对定位结果的精度造成影响。本节基于地标聚类实现对目标的城市级位置估计。聚类以相似性为基础，可将数据对象划分为若干簇，且同一簇内的对象具有高度的相似性。现有文献指出"时延向量相似性"现象的存在，即自同一探测源至地理位置分布相近的网络实体的时延向量往往具有相似性[4]。本节正是基于此现象，将处于同一城市的大量地标聚类，从而即可得到从多个探测源至该城市地标的平均时延向量。当对目标进行定位时，首先获得从多个探测源至目标的时延向量，然后计算该时延向量与每个城市地标的平均时延向量的相似度，总能找到一个相似度最高的平均时延向量，显然该平均时延向量对应的地标所处的城市即为目标所处的位置。

为验证地标聚类的合理性,分别选取同一中国电信(针对 ISP 对网络线路及路由配置等策略,本节在选取地标集和探测源时,考虑到目标、地标以及探测源均位于同一 ISP)下的鹤壁、许昌、郑州、深圳、上海及西安等 6 座城市的城市级地标 130、130、90、100、150 及 90 个。地理位置处于郑州和青岛的探测源各 1 个，即 $m = 2$，并在每天不同时段测量从探测源到所有地标的往返时延RTT，共计 30 次，并选取最小 RTT 为地标的最终往返时延(即多次测量求最小值，该策略在网络实体定位领域广泛使用)，利用 K-means 算法(K=2)进行聚类，结果如图 6-4 所示。

从图 6-4 可知，横坐标与纵坐标分别表示郑州探测源与青岛探测源对地标测量的时延值，图中每个"空心圆"或"十字"表示一个地标的时延向量，K-means 算法将地标的时延向量聚成 2 个簇，每个簇中心(即质心)用符号"×"表示，其中，空心圆部分为聚类结果中最大的簇(即簇 1)，十字部分为较小的簇(即簇 2)。由图可知，"空心圆部分"组成的簇 1 的结果相比于"十字部分"组成的簇 2 较为集中，且"空心圆部分"的数目较大，聚类数目较大且集中的簇所反映的时延向量更适合准确刻画该城市的时延特征。

再次选取上述 6 座城市的相同地标集并增加 1 个地理位置位于北京的探测源，即 $m = 3$，在每天不同时段测量从探测源到所有地标的往返时延 RTT，共计 30 次，并选取最小 RTT 为地标的最终 RTT，聚类结果如图 6-5 所示。

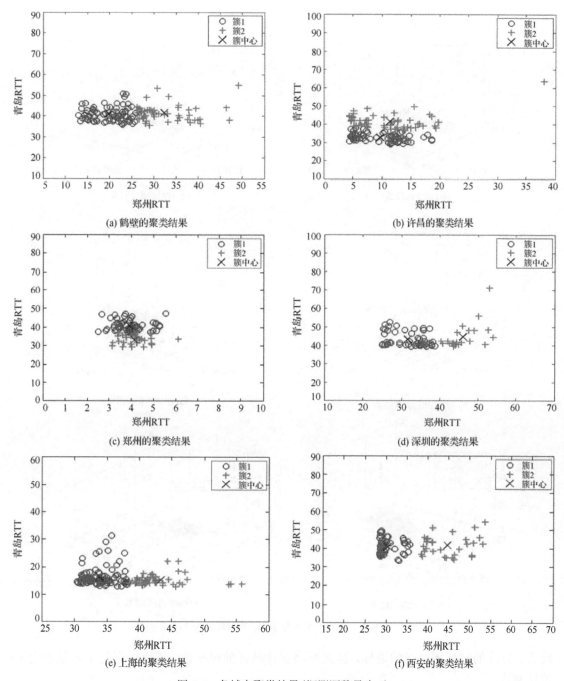

(a) 鹤壁的聚类结果   (b) 许昌的聚类结果

(c) 郑州的聚类结果   (d) 深圳的聚类结果

(e) 上海的聚类结果   (f) 西安的聚类结果

图 6-4 各城市聚类结果（探测源数量为 2）

由图 6-5 可知，聚类算法处理后时延向量聚成 2 个簇，三维坐标轴分别表示郑州探测源、青岛探测源及北京探测源对地标测量的时延值，每个簇中心用符号“×”表示，其中，“空心圆部分”为聚类结果中最大的簇（即簇 1），从图中可看出，簇 1 的数据对象较为集中，簇 2 的数据对象较为分散，聚类数目较大且集中的簇所反映的往返时延更适合于准确描述该城市的时延特征。这表明了从探测源到地标集的往返时延具有强相关性，利用聚类算法筛选出相对集中、稳定的时延向量作为探测源到该城市的平均时延向量，即可移除时延差异

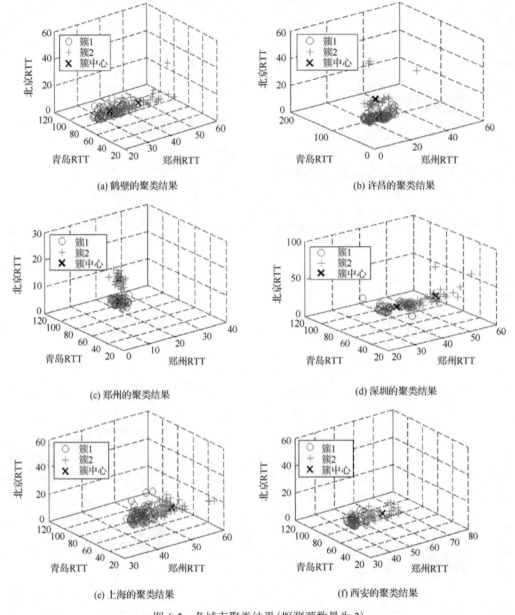

图 6-5　各城市聚类结果(探测源数量为 3)

较大、异常的时延所对应的地标,提高网络实体地标的可靠性,进而提高基于时延的定位算法精度。

　　此外,即便是高可靠地标,即地标的真实地理位置与其宣称的地理位置一致时,然而,地标所对应的主机由于其设备性能差异等因素,在时延度量时,性能较差的地标可导致数据包排队时延与处理时延膨胀,或是由网络拥塞等情况导致时延度量不精确,这类地标往往不适合作为定位算法的基准节点。通过地标聚类方式,可排除时延差异较大、异常的地标,进而提高基于地标的网络实体定位算法的精度。

　　综上所述,基于地标聚类的网络实体城市级定位架构与算法是合理的。

6.2.4　实验结果与分析

分别在郑州、青岛及北京等 3 座城市部署探测源,且 3 个探测源均属于中国电信。选取 3 个相邻城市的地标集与 3 个非相邻城市地标集分别部署实验环境,考察相邻城市(省内城市)与非相邻城市(省际城市)对本节算法产生的影响,并考察不同数量的探测源对本节算法的影响,最后将该算法的定位结果与经典的 GeoPing 城市级算法[1]、LBG 算法[2]以及最新的基于路由特征的城市级定位算法[5]比较。

1. 地标聚类

选取同一 ISP 下的鹤壁、许昌、郑州、深圳、上海及西安 6 座城市的城市级地标数量分别为 130、130、90、100、150 及 90 个,用于构建地标集。位于郑州、青岛与北京的 3 个探测源向 6 座城市的所有地标发送探测包测量探测源到所有地标的往返时延,建立地标时延向量,并以探测源数量为 2 和探测源数量为 3 分别进行聚类,计算出最大簇的质心,将其质心作为该城市的平均时延向量 ADV,如表 6-2 所示。

2. 定位结果比较

本节将提出的基于地标聚类的网络实体城市级定位算法采用相同的地标集与目标集,分别与经典的 GeoPing 算法[1]、最新的基于路由特征的城市级定位算法[5]以及 LBG 算法[2]比较,并给出实验结果分析。

表 6-2　6 座城市的平均时延向量

城市	地标数量/个	目标数量/个	质点/ ADV	
			探测源数量为 2	探测源数量为 3
鹤壁	130	30	(19.8414, 40.8386)	(19.8427, 40.8321, 22.4860)
许昌	130	30	(9.6958, 32.7210)	(10.6879, 35.8633, 15.4888)
郑州	90	30	(3.9586, 40.8217)	(4.1365, 38.3058, 14.7034)
深圳	100	30	(32.2134, 44.5802)	(30.8202, 45.4212, 37.8946)
上海	150	30	(34.0342, 16.4831)	(34.0631, 16.4976, 30.6781)
西安	90	30	(30.3360, 41.0142)	(30.3567, 40.8301, 21.4895)

1)与 GeoPing 算法比较

确定上述城市的平均时延向量后,将鹤壁、许昌与郑州为一组(省内相邻城市),深圳、上海与西安为一组(省际非相邻城市),每组分别为 90 个已知地理位置的可靠 IP 为目标,共计 180 个目标,作为 GeoPing 算法和本节算法的测试目标集,两种算法的定位结果比较如表 6-3 所示,其中 m 表示探测源数量。

由表 6-3 可知,①对于相邻城市:当探测源数量为 2 时,GeoPing 算法对目标定位正确的数量是 69 个,本节算法对目标定位正确的数量是 74 个,相较于 GeoPing 算法提高了 5.5%;当探测源数量为 3 时,GeoPing 算法对目标定位正确的数量是 75 个,本节算法对目标定位正确的数量是 82 个,相较于 GeoPing 算法提高了 7.8%;②对于非相邻城市:当探测源数量为 2 时,GeoPing 算法对目标定位正确的数量是 71 个,本节算法对目标定位正确的数量是 82

个，相较于 GeoPing 算法提高了 12.2%；当探测源数量为 3 时，GeoPing 算法对目标定位正确的数量是 78 个，本节算法对目标定位正确的数量是 87 个，相较于 GeoPing 算法提高了 10%。由此可知，本节算法的定位准确率比 GeoPing 算法更高。

表 6-3　与 GeoPing 算法的定位结果比较

区域	定位算法	目标数量/个	定位正确数量/个		准确率/%	
			$m=2$	$m=3$	$m=2$	$m=3$
省内城市	GeoPing 算法	90	69	75	76.7	83.3
	本节算法	90	74	82	82.2	91.1
省际城市	GeoPing 算法	90	71	78	78.9	86.7
	本节算法	90	82	87	91.1	96.7

2）与基于路由特征的城市级定位算法比较

为进一步验证本节算法定位的准确率，采用上述同样的地标集和目标集，利用本节提出的算法与基于路由特征的城市级定位算法对上述 6 座城市对 180 个目标进行定位（每个城市目标 IP 均为 30 个），实验结果如表 6-4 所示。

表 6-4　与基于路由特征的城市级定位算法的定位结果比较

城市	基于路由特征的城市级定位算法			本节算法（$m=3$）	
	标识路由数量/个	定位正确数量/个	准确率/%	定位正确数量/个	准确率/%
鹤壁	4	28	93.33	28	93.33
许昌	8	25	83.33	25	83.33
郑州	13	26	86.67	29	96.67
深圳	50	13	43.33	29	96.67
上海	57	24	80.0	30	100.0
西安	46	18	60.0	28	93.33
合计	178	134	74.44	169	93.89

由表 6-4 可知，基于路由特征的城市级定位算法的定位结果准确率最高的城市为鹤壁市，准确率最低的城市是深圳市，对 180 个目标的平均准确率为 74.44%。本节算法的平均准确率为 93.89%，在定位准确率方面，本节算法优于基于路由特征的城市级定位算法，该算法定位准确率偏低的主要原因如下：对于任一城市，基于路由特征的城市级定位算法需要更多的高可靠网络实体地标进行训练才能获取较完整的标识 IP，进而达到更好的定位结果。而本节算法仅采用 90～150 个地标对每个城市进行训练获取标识 IP，训练样本较少，不能完整找到该城市的所有标识 IP，即城市标识 IP 的查全率往往影响该算法定位的准确性。

3）与 LBG 算法比较

根据郑州、青岛和北京等 3 个探测源对上述 6 座城市对 180 个待定位目标进行定位（每个城市目标 IP 均为 30 个），将本节提出的算法与经典的 LBG 定位算法比较，实验结果如表 6-5 所示。

从表 6-5 可知，LBG 算法的平均准确率仅为 67.78%，准确率低于基于路由特征的城市级定位算法和本节算法，主要原因如下：对于基于机器学习的时延概率分布的 LBG 算法，时延值异常或膨胀的地标往往对训练结果产生影响，且用于样本训练的地标数量较少等，无法准确刻画相应的概率分布模型，因此，定位结果并不理想。

表 6-5　与 LBG 算法的定位结果比较

城市	LBG 算法		本节算法($m=3$)	
	定位正确数量/个	准确率/%	定位正确数量/个	准确率/%
鹤壁	19	63.33	28	93.33
许昌	17	56.67	25	83.33
郑州	19	63.33	29	96.67
深圳	20	66.67	29	96.67
上海	24	80.0	30	100
西安	23	76.67	28	93.33
合计	122	67.78	169	93.89

综上所述，上述 3 种城市级定位算法准确率均低于基于地标聚类的网络实体城市级定位算法。基于路由特征的城市级定位算法虽能达到较高的城市级定位结果，但需要大量高可靠地标为训练样本找全代表该城市的所有标识 IP，探测成本较高。LBG 算法易受时延膨胀或异常值的影响且训练样本数量较少，实验结果较差。而本节算法综合地标聚类、城市平均时延向量及最小相对时延等措施在一定程度上减少了时延值膨胀、抖动等情况对基于时延的定位算法精度产生的影响，相较于传统的基于测量得到的时延数据，本节算法通过对时延向量进一步聚类处理，得到更为可靠地标，进而为城市级定位算法提供高可靠基准节点，因此本节算法定位结果的准确率更高。

时延度量的准确性往往对基于时延的定位算法产生影响，针对经典的基于时延的 GeoPing 算法易受网络时延膨胀、抖动等情况影响的不足，本节提出了一种基于地标聚类的网络实体城市级定位算法。从地理位置相近的网络实体的时延向量往往具有相似性的特点出发，采用聚类算法对城市级地标进行聚类，提高基于时延的定位算法精度。基于 6 座城市 690 个地标以及对 180 个已知地理位置的目标的定位结果表明：采用相同的地标集与目标集，本节算法的定位准确率均高于 GeoPing 算法、基于路由特征的城市级定位算法以及 LBG 定位算法，本节算法为实现网络实体城市级的高可靠定位提供了一种新途径。

6.3　基于路径特征的目标 IP 区域估计

通常来说，区域级定位是高精度的 IP 定位的基础，即在确定了目标 IP 的所在区域后(如省或城市)，才有望为其估计一个更为准确的定位结果(如经纬度确定的某个最可能位置)。然而实际定位中，在很多情况下，目标 IP 所在的区域也是未知的，且当节点间的时延与距离间相关性较弱时，依据时延来为目标 IP 计算距离约束的方式，并不总是能够得到有效的定位区域。针对上述问题，本节在对不同区域对应的路径信息进行分析的基础上，为每个区域计算一组路径特征，并在此基础上，提出一种基于路径特征估计目标 IP 所在区域的定位算法。

6.3.1　问题描述

在实际中，除了面向区域的基于位置的服务外，对定位精度(如城市级或街道级)需求较高的应用，也需要以区域级定位为基础，即一种不完全依赖于时延的区域级定位方法在增强 IP 定位系统实用性方面具有重要意义。由研究现状可知，现有算法多使用时延信息达到区域级定位精度。如 CBG 算法[6]，利用探测源间的时延与距离，为每个探测源计算一个用于描述时延与距离间转换的线性关系，从而可利用多个探测源为目标计算相应的距离约束，进而对可能区域求交集以给出目标所在的区域。而 Li 等[7]指出，不同地区内时延与距离的相关性不同，当相关性较弱时，通常难以找到一个恰当的线性关系来描述时延与地理距离的转换。

相较于两个节点间动态变化的时延，节点间的路径较为稳定，且从同一个探测源到一个区域内 IP 地址的路径，其途经的中间路由器较为相似，即从同一个探测源对两个位于同一区域的终端节点利用 traceroute 进行路径探测，所得两条路径上各跳相应路由器接口的 IP 地址会较为接近。表 6-6 中是从位于北京的探测源到 3 个西安 IP 地址和 1 个上海 IP 地址的路径信息(由于四个目标 IP 的前 5 跳路由器接口 IP 均较为相似，表 6-6 中只保留了第五跳用作示例)，显然地，位于西安的 124.114.96.222 和 124.115.221.202 两个目标 IP 地址，其路径上第 5~9 跳的中间路由器的接口 IP 地址依次为 180.149.140.*、180.149.128.*、202.97.80.*、202.97.80.* 和 117.36.240.*，都较为相似；对于另一个同样也位于西安的目标 IP 125.76.225.15，其第 5~7 跳的接口 IP 与上述两个西安的目标 IP 接近，第 8 和 9 跳则不同于上述两个 IP 地址，但该 IP 地址的路径与位于上海的 IP 则明显不同(除了第 5 跳)。

特别要指出的是，表 6-6 中的四个目标 IP 均不可达，即最后一跳的接口 IP 仍为途径的中间路由器接口 IP，而由"跳数"列的数值可知，这四个 IP 地址的路径信息也不完整的(由于上述四个 IP 地址的前五跳中间路由器 IP 均较为相似，在表 6-6 中只保留了第五跳)。对上述目标在不同时间段，反复多次利用 traceroute 进行路径探测，发现 124.114.96.22 和 124.115.221.202 在某些探测批次中，其路径是可达，即 tracroute 探测包可到达该 IP，且探测源收到了该探测包的响应，最大跳数均为 13，而 125.76.225.15 的最大跳数为 12，即表 6-6 中目标 IP 地址的路径不可达时，寻径的数据包也可到达与该 IP 地址在拓扑上较为相近的中间路由器。

表 6-6 北京到西安与上海的路由路径示例

探测源	中间路由器接口 IP	目标 IP	跳数	时延/ms	城市
123.57.145.242	180.149.140.41	124.114.96.222	5	0	西安
	180.149.128.101		6	0	
	180.149.128.109		7	0	
	202.97.80.74		8	16	
	117.36.240.78		9	31	
	61.150.6.150		12	31	
123.57.145.242	180.149.140.49	124.115.221.202	5	0	西安
	180.149.128.101		6	0	
	180.149.128.13		7	0	
	202.97.80.66		8	15	
	117.36.240.62		9	31	
	222.91.92.30		11	31	

探测源	中间路由器接口 IP	目标 IP	跳数	时延/ms	城市
123.57.145.242	180.149.140.53	125.76.225.15	5	0	西安
	180.149.128.105		6	31	
	180.149.128.109		7	15	
	202.97.65.46		8	15	
	218.30.19.206		9	32	
123.57.145.242	180.149.140.45	203.156.255.40	5	0	上海
	218.30.25.221		6	0	
	218.30.25.142		7	781	
	220.181.16.53		8	16	
	202.101.63.173		9	31	
	101.95.225.42		11	31	
	101.95.223.26		12	31	
	218.78.187.1		13	31	

从位于郑州的探测源到上述四个 IP 地址的时延依次为 30.837ms、28.827ms、28.648ms 和 62.137ms，基于时延的定位算法难以为目标 IP 计算有效的估计区域，如对于 124.114.96.222，采用 4/9C 作为时延与距离的转换系数，计算得到的距离约束为 2000km 左右，即估计区域是以郑州为圆心，2000km 为半径的圆所能覆盖的区域，且当探测源与目标 IP 间的时延不可测时，则该探测源不能用于为目标计算距离约束。然而，大量路径探测的实验显示，从郑州到四个目标 IP 的路径较为稳定，同一探测源到位于一个区域内多个 IP 地址途径的中间路由器接口 IP 较为相似，且不同区域的路径差异较大，本节以此为前提条件，给出一种基于路径特征的目标 IP 区域定位算法。

6.3.2　算法原理与主要步骤

1. 基本原理

定义 6-1　路径特征　对于一个确定的探测源和目的区域，本节中的路径特征是指，从探测源到位于该区域内目标 IP 所途经的一组中间路由器的相关信息。显然地，对于同一个目的区域，不同的探测源可为该区域找出不同的路径特征。

对于拥有多条物理路径的两个互联网络实体，管理者通常选择其中一条作为基本路径，如果该基本路径上的路由器出故障，则改动路由使得通信流量通过备用路由器来传输。与此同时，出现在通信路径上的路由设备有其相互间的顺序关系，如对于 OSPF 网络，采用链路状态技术，路由器互相发送直接相连的链路信息和它所拥有的到其他路由器的链路信息，骨干区域是区域间传输通信和分布路由信息的中心，区域间的通信先被路由到骨干区域，然后再路由到目的区域，最后被路由到目的区域中的主机。因此，对于从同一探测源到多个目的区域内网络实体的通信路径，当将中间路由器的相关信息作为对应网络实体的路径特征时，同一目的区域内实体的路径较为相似，而不同区域内的路径差异较大，基于该思想，本节提出基于路径特征的目标 IP 区域定位算法。该算法依据目标 IP 的先验知识，找出目标 IP 的多个可能区域，并将其作为目的区域；从地标库中选出目的区域内的地标，并获取从探测源到所选地标的路径；依据目的区域内地标的路径信息，为目的区域计算区域特征；获取从探测源到目标 IP 的路径，计算目标的路径特征；依据目标的路径特征和目的区域特征，给出目标 IP 的定位区域（目标所在的目的区域）。算法原理框架如图 6-6 所示。

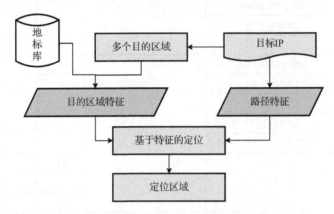

图 6-6　基于路径特征的目标 IP 区域定位算法原理

该算法的主要步骤如下。

Step 1：确定目的区域。通过查询已有数据库等方式，找出目标 IP 可能位于的区域，如利用 Whois 中查询目标 IP 的位置信息，或在地标库中查找与目标 IP 属于同一网段的地标位置，得到一个较大的区域，如国家、省份或所在多个可能城市。

Step 2：目的区域的路径特征提取。对每一个目的区域，按照一定策略从地标库中挑选部分地标，再利用 tracroute 获取从探测源到所选地标的路径，依据各目的区域内的地标路径，计算目的区域的路径特征。

Step 3：获取目标 IP 的路径特征。利用 tracroute 获取从探测源到目标 IP 途径的中间路由器接口 IP 及所在跳等信息，将其作为目标 IP 的路径特征。

Step 4：基于特征的定位。已知多个目的区域的路径特征和目标 IP 的路径特征，依据某种规则，计算两类特征之间的相似性，从而找出目标 IP 的所在区域。

在上述算法主要步骤中，目的区域的路径特征提取和基于特征的定位是最为关键的环节，以下分别对其给出具体描述。

2. 区域路径特征提取

区域的路径特征是一个三元组，其组成为<跳数，中间路由器，概率>。本节将中间路由器接口 IP 地址作为该路由器的标识，即上述路径特征的三元组中，中间路由器指的是该路由器的接口 IP 地址，概率是指该路由器出现在通往该区域通信路径上的概率。为了均衡负载，避免单个路由器失效引起的网络故障，两个实体间通信路径中的关键节点会部署多个中间路由器，而通常认为，一个 C 类地址位于同一个区域内，因此，本节在提取路径特征时，只记录路由器接口 IP 地址的前三个字节。

区域路径特征的提取过程可分为候选特征提取和特征概率计算两部分。对于一个确定的探测源和目的区域，该区域候选特征提取过程如图 6-7 所示，其主要有以下几个步骤。

Step 1：从地标库中找出位于该区域内的地标，使得地标 IP 尽可能多地覆盖该区域内 IP 地址对应的所有网段，且在每个网段内选取与网段内 IP 地址总数成一定比例的地标。

Step 2：获取探测源到该区域的通信路径，从探测源对选取出的地标 IP 地址发送 traceroute 探测包，记录响应数据包中路由器接口的 IP 地址及该路由器距离探测源的跳数。

Step 3：去除各条路径中靠近探测源的前 m 跳路由器接口 IP，对于可达的地标，还需去除其路径上的最后一跳路由信息(该跳的中间路由器 IP 是地标的 IP 地址)。实际中，可通过比较地标的路径以确定该步骤中 m 的取值，如不同区域内地标的路径，前 3 跳 IP 地址都比较接近时，则 m 取 3。

Step 4：将所有路径上的中间路由器接口 IP 地址替换为该 IP 对应的 C 类地址，即将 IP1.IP2.IP3.IP4 替换为 IP1.IP2.IP3.*。

Step 5：对所有路径上的每一跳中间路由器，统计其接口 IP 地址和该 IP 出现的次数，得到一系列形如<跳数，路由器接口 IP 地址，次数>的三元组，即候选特征，其中的 IP 地址均为 C 类地址。

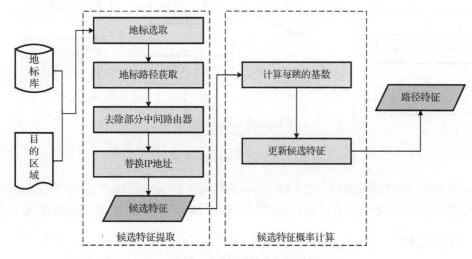

图 6-7　区域候选特征提取过程

上述提取过程结束之后，每一个区域都会得到一组由从探测源到该区域路径上中间路由器信息组成的候选特征(<跳数，路由器接口 IP 地址，次数>)。由于中间路由器可能会出现在通往不同区域的路径上，需要为路由器计算其出现在某个区域对应路径上的概率。

候选特征概率的计算步骤为：①将各个区域候选特征中跳数相同的三元组中的次数相加，得到的值称为该跳的基数；②更新区域候选特征的三元组，次数与该跳基数的比值即为路由器接口 IP 地址出现在某个区域路径上的概率，利用该概率来替换三元组中的"次数"，此时的三元组即为区域的路径特征。

3. 基于路径特征的定位

从一个探测源到同一区域内 IP 地址的路径相似性较大，到不同区域 IP 地址的路径相似性较小,因此路径特征能够用于目标 IP 所在区域的定位。基于路径特征的 IP 定位过程如图 6-8 所示，主要步骤为：

Step 1：依据目标 IP 的多个已知可能区域，结合 6.3.2.2 节中的区域级路径特征提取方法，给出各个可能区域的路径特征；

Step 2：从探测源向该目标 IP 发送 traceroute 探测包，得到探测源与目标 IP 间的路径；

Step 3：对 Step 2 中的路径按照与区路径选特征提取 Step 3 相同的方式来处理，即去掉目标路径上的前 n 跳；

Step 4：将目标路径上的中间路由器接口 IP 替换为该 IP 对应的 C 类地址；

Step 5：将目标的路径的中间路由器接口 IP 视作一组路径特征，计算该特征包含在各个区域路径特征中的概率，将其作为目标落在对应区域内的概率；

Step 6：Step 5 中概率最大的区域即为目标 IP 的定位区域。

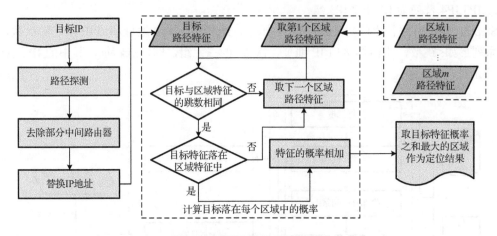

图 6-8　基于路径特征的 IP 定位

图 6-8 为采用单个探测源时，基于路径特征的区域级 IP 定位流程，当有多个探测源时，将各个探测源计算得到的目标落在区域 i 中的概率相加，概率最大的区域即为目标的定位结果。

6.3.3　算法分析

在区域候选特征提取中已指出，在挑选地标时，需要兼顾地标数目和其 IP 地址对区域所有网段的覆盖率，当地标数目过少或一些网段未能覆盖，则该区域所提取的路径特征的准确性较低，这是因为上述两种情况会导致，从探测源到该区域内的部分通信路径无法被获取到，出现定位出错的情况，如当探测源和目标 IP 恰恰是通过这些未被获取到的路径来实施通信时，则计算目标落在该区域内的概率会得到一个非常小的值，进而将原本位于该区域内的 IP 地址定位到其他区域。

除了地标的选取策略外，基于路径特征的区域级 IP 定位准确性还受到路径探测完整性的影响，如在对挑选出来的地标进行路径探测时，所得路径上多数与地标在拓扑上相距较远的中间路由器不对探测包给出相应，则基于这样的路径提取到的路径特征难以区分各个不同的区域，从而影响到对目标 IP 的定位。而实际中，路径信息的不完整，通常是因为一些中间路由器出于私密性和安全性等考虑，只对途经的数据包进行转发，而不将该路由器的 IP 地址暴露给探测源，即将该路由器称为匿名路由器。当路径上只有少量中间节点为匿名路由器时，由于匿名路由器对途经的 traceroute 数据包均不给出响应，当一个路由器在某一 IP 地址的路径上为匿名路由器时，该路由器的 IP 地址也不会出现在该区域内其他目的 IP 的路径上，即匿名路由器不会降低区域级路径特征的准确性。

实际上，当一个 IP 地址的路径不可达时，多是由于目标主机或所在网络的防火墙等安全机制过滤了用于路径探测的 traceroute 数据包，即数据包达了指定的目标 IP，但目标 IP 不对其进行响应。对于从同一个探测源到位于不同区域内 IP 地址的路径来说，与探测源在拓扑上相距较近的中间路由器 IP 地址多较为相似，其对应的路由器通常位于探测源所在区域内；与终端节点的 IP 地址在拓扑上相距较近的中间路由器 IP 则是在数据包到达该区域后，转发至目标 IP 所途经的路由器，多位于目标 IP 所在区域内。因此，在从探测源到位于同一区域内地标 IP 地址的 traceroute 路径中，只有不与探测源和地标 IP 相邻近的中间路由器，才可用作该区域的路径特征。

6.3.4　实验结果与分析

本节所提基于路径特征的目标 IP 区域定位算法，定位精度取决于在多大区域内提取的路径特征。为了验证该定位算法的有效性，本节提取了城市级的路径特征，并对基于路径特征的算法在城市级定位的准确性给出实验结果。

实验以位于北京的一个节点为探测源，上海、深圳和西安三个城市为目标 IP 所在的可能区域，在提取城市级路径特征时，实验中使用的地标和目标的数量如表 6-7 所示。其中，探测源、地标及目标都属于同一 ISP。

表 6-7　城市级定位的地标和目标数量

	总数/个	路径通/个	上海(可达)/个	深圳(可达)/个	西安(可达)/个
地标	247	120	115(28)	72(36)	60(56)
目标	70	35	30(5)	20(13)	20(17)

在提取区域路径特征时，选取第 5 跳至第 13 跳的中间路由器接口 IP 及相关信息作为候选特征，忽略路由器接口 IP 的第四个字节后，三个城市的路径中，每一跳路由器接口 IP 地址个数(候选特征三元组的第三个分量)如图 6-9 所示，相应的基数表 6-8 所示，第 i 跳的基数为 n 是指，三个城市的所有地标中，路径上第 i 跳不是匿名路由器的地标数。

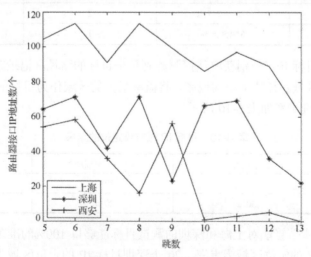

图 6-9　三个城市候选路径特征中的路由器接口 IP 个数

表 6-8   3 个城市中每跳的基数

跳数	5	6	7	8	9	10	11	12	13
基数	222	242	169	200	178	153	169	130	83

对三个城市的候选路径特征，依据表 6-8 中的基数，计算候选路径特征每个路由器(接口 IP 地址)出现在各个区域路径上的概率，即可得到各区域的路径特征。以西安为目的区域，表 6-9 中的前三列(<跳数，路由器接口 IP，次数>)即为区域的候选路径特征，共计 17 个特征分量，表 6-9 第三列的次数与表 6-9 中对应基数的比值，即 17 个特征分量的概率，即表 6-9 第一、二和四列为西安的路径特征(<跳数，路由器接口 IP，概率>)。

表 6-9   西安的区域路径特征

跳数	路由器接口 IP	次数	概率
5	180.149.140.*	54	0.243
6	180.149.128.*	58	0.24
7	180.149.128.*	29	0.172
7	220.181.177.*	7	0.041
8	202.97.65.*	6	0.03
8	202.97.80.*	10	0.05
9	117.36.240.*	19	0.107
9	218.30.19.*	15	0.084
9	218.30.69.*	22	0.124
10	117.36.240.*	1	0.007
11	117.36.120.%	1	0.006
11	117.36.123.%	1	0.006
11	61.150.6.%	1	0.006
12	124.115.221.%	1	0.008
12	125.76.192.%	1	0.008
12	125.76.242.%	2	0.015
12	61.150.6.%	1	0.008

对于待定位的目标 IP，分别获取从探测源到每个目标的路径，记录路径特征，计算该路径特征出现在三个区域路径特征中的概率，将概率最大的区域作为目标的定位结果，72 个目标 IP 的城市级定位准确率如表 6-10 所示。

表 6-10   目标 IP 城市级定位的结果

	上海(非上海)/个	深圳(非深圳)/个	西安(非西安)/个
目标区域	30(0)	20(0)	20(0)
定位区域	30(2)	20(5)	13(0)

表 6-10 显示，本节算法对上海和深圳的测试目标能够以 100%的准确性给出定位区域，即 30 个上海目标 IP 的定位区域为上海，20 个深圳目标 IP 的定位区域为深圳，对于西安的

20 个目标 IP，13 个目标的定位区域为西安，7 个目标 IP 的定位结果出错，其中 2 个目标定位区域为上海，5 个目标的定位区域为西安，即对西安的测试目标，城市级定位的准确性为65%。对于误判位于上海的两个测试目标 218.30.15.156 和 218.30.66.101，其路径上的中间路由器没有一跳落在表 6-9 所示的西安区域路径特征中，进而定位算法认为两个目标 IP 位于西安的概率为 0。出现上述定位出错的情况，是因为在提取区域候选路径特征时：①地标的选取不够均匀，使得所得路径特征不够完备；②各个目的区域内选取的地标数目不相同，对于同一个候选特征，地标较多的区域，路径特征中的概率越大。

6.4　基于区域网络边界识别的目标 IP 城市级定位算法

根据定位精度不同，可将网络实体定位分为城市级定位和街道级定位。城市级定位精度不仅可以满足部分互联网服务提供商提供在线服务时的位置需求，而且对实现更高精度定位十分重要。然而，在实际网络环境下实现区域城市级可靠定位仍具有相当难度。本节针对现有基于网络测量的定位算法在分层网络架构下，城市级定位不可靠的问题，研究基于区域网络边界识别的目标 IP 城市级定位算法。

6.4.1　问题描述

现有基于网络测量的定位算法如 CBG[6]、TBG[8]、Octant[9]等，在连通性较好的网络环境下，往往能够实现对目标的城市级定位。Li 等[7]指出，CBG 算法能够实现理想定位的前提是时延和地理距离之间具有很强的相关性，否则，将时延转换成的距离与实际距离相差较大，定位误差较大；同理，当时延与距离的相关性较弱时，TBG 算法中将时延转换为距离约束时，距离约束也会过于宽松，而且，利用全局优化算法在定位目标时也会因为同时定位中间路由器而引入额外误差；对 Octant，在弱连通的网络环境下，难以找到其声称的负约束。这些算法大多尝试将测量时延转换为距离约束，然而，在测量得到的时延中，尽管传播时延与信道长度完全相关，但是，基于测量的定位算法往往需要两台主机之间的实际地理距离与时延的转换关系，而在类似于中国互联网这样分层架构明显且连通性较弱的网络环境中，两台主机在跨区域或跨运营商通信时，数据包通常会先传播至最上层的交换中心之后，再被转发至目的主机，信道长度与实际地理距离通常不一致，时延难以转换为合适的地理距离，从而无法保证上述基于测量的定位算法定位结果的可靠性[10]。近年来，通过对目标区域网络结构进行分析来定位目标的算法受到了广泛关注，提高了传统基于时延的定位算法的城市级定位可靠性，这些算法大多根据单跳时延大小对目标区域网络的骨干网和非骨干网进行分离，在非骨干网络内对网络结构进行分析和特定结构提取，然而，在划分目标区域网络时，仅根据单跳时延大小一方面不足以严格区分骨干网和非骨干网，另一方面，分离后的非骨干网也难以保证位于同一个区域或城市，这给在此基础上通过分析分离后的网络结构进而定位目标造成了影响，导致难以保证对部分目标的城市级定位结果的可靠性。

为了解决分层网络架构下的城市级可靠定位问题，本节在分层网络架构下，对目标所处区域网络的结构进行分析，识别目标网络在城市级地理区域上的边界节点，通过将目标的探测路径与区域网络边界节点进行比对，确定目标的可靠城市级地理位置。

6.4.2　算法原理与主要步骤

1. 算法基本原理

在 IP 定位中，节点间的时延是使用较为频繁的网络属性之一。两个网络节点间的时延大小或统计特性，与测量时数据包路由的网络路径息息相关。不同地理区域的网络环境往往不同，使得从同一探测源测得的处于不同位置节点的时延，由于测量数据包传输的路径存在差异而呈现出不同的特点，Venkata 等提出的 Geoping 算法[1]验证了这一特点可以用于衡量两个节点的相对位置。基于上述理论，本节对目标区域网络的中间节点建立时延向量，作为该节点的地理位置特征，通过对时延向量间关系的分析，识别目标网络边界节点，结合待定位目标的探测路径，确定目标 IP 的城市级地理位置。该方法涉及的主要概念如下。

定义 6-2 目标网络边界节点　本节的目标网络边界节点指目标网络在城市级地理层面的边界节点，一个网络边界节点满足如下 2 个条件：

(1)经过该节点的数据包仅转发至位于单个城市的目标节点，且经过其所在路径前一跳的节点的数据包不只转发至该城市。

(2)该节点位于上述单个城市内。

定义 6-3 局部时延　记从探测源 v 探测 IP_m 得到的探测路径为：$<h_1,\cdots, h_k, h_{k+1},\cdots, h_m, IP_m>$，其中，$h_k$ 为探测路径上第 k 跳的 IP 地址，IP_m 与 h_k 之间的时延称为 h_k 相对于 IP_m 的局部时延。

基本原理如图 6-10 所示。

主要步骤如下。

输入：目标 IP，地标。

输出：目标 IP 城市级地理位置。

Step 1：路径探测与时延测量。从已部署的分布在不同地理位置的 n 个探测源，对所有地标发起路径探测与时延测量。

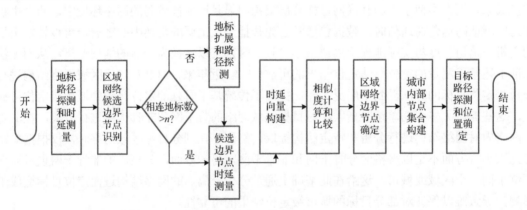

图 6-10　基于区域网络边界识别的目标 IP 城市级定位算法

Step 2：候选边界节点识别。对探测得到的地标路径进行统计，从中挑选出连接的地标均位于同一个城市的中间节点的 IP，以及在靠近地标的路径上的 k 个 IP，构成对应城市的候选网络边界节点组，为方便后文叙述，记某条探测路径上连接的地标均位于同一个城市的中间节点为 h_o，从该条路径构建出的候选网络边界节点组为 $(h_o, h_{o+1}, \cdots, h_{o+k})$。

Step 3：候选边界节点相连地标扩展。考察与每个候选边界节点组中 IP 相连的共同地标数量，如果地标数小于 n，则对这些地标属同一 /24 前缀的 IP 地址块重新发起路径探测和时延测量，扩大与候选边界节点相连地标数量。

Step 4：候选边界节点时延测量。在已识别的候选边界节点中，对与探测源不相连的节点，从探测源对其发起时延测量，得到所有探测源和每个候选边界节点之间的时延值。

Step 5：局部时延向量构建。对每个候选网络边界节点组中的 IP，从测量结果中提取探测源到该 IP 的时延，并计算该 IP 相对于相连的 n 个地标的局部时延，共同构成该 IP 完整的时延向量。

Step 6：相似度计算和比较。对每个候选网络边界节点组，分别计算相邻节点间时延向量的相似度。如对候选网络边界节点组 $(h_o, h_{o+1}, \cdots, h_{o+k})$，需计算 h_o 和 h_{o+1}、h_{o+1} 和 h_{o+2}、$\cdots$、h_{o+k-1} 和 h_{o+k} 等相邻两跳 IP 之间的时延向量的相似度，记为 S_1，S_2，$\cdots$，S_k。

Step 7：网络边界节点判别。对每个候选网络边界节点组，比较相邻两个节点间相似度大小，如果存在某相邻两个节点间的相似度明显小于其他节点间的相似度，则取靠近地标的节点作为对应城市网络的地理区域边界节点，否则将第一个候选网络边界节点作为该城市的边界节点。

例如，对候选网络边界节点组 $(h_o, h_{o+1}, \cdots, h_{o+k})$，比较 Step 6 得到的 S_1，S_2，$\cdots$，S_k 相邻两个相似度大小，若存在某相邻两跳之间的相似度 S_b（其中，$b = 1, 2, \cdots, k$），明显小于 S_{b+1}，S_{b+2}，$\cdots$，S_k，则取 h_{o+b} 作为从该条路径识别出的区域网络边界；若 S_1，S_2，$\cdots$，S_k 大小相当，则取 h_o 作为该条路径识别出的区域网络边界。

对所有地标路径均进行网络边界节点判断，最后根据地标的城市位置，将识别出的网络边界节点作为相应城市的网络边界。

Step 8：城市内部节点集合构建。将边界节点(不含该节点)至地标之间的中间节点的 IP 地址，作为相应城市内部的网络节点，将这些节点共同构成城市内部节点集合。

Step 9：目标路径探测和位置确定。对目标 IP 发起路径探测，将目标路径上的 IP 地址与已构建的各城市内部节点集合进行比对，确定最靠近目标的探测路径上的 IP 地址相连的内部节点所处的城市，作为目标的所处位置。

在上述步骤中，对网络节点(包括地标和目标)的路径探测与时延测量、时延向量构建和相似度比较等是本节算法的关键步骤，下面分别对这些步骤进行详细介绍。

2. 路径探测和时延测量

在本节算法中，共有 4 个步骤中涉及对地标或目标的路径探测或时延测量，分别为 Step 1 中对地标的路径探测和时延测量、Step 3 中对扩展地标的路径探测和时延测量、Step 4 中对候选边界节点的时延测量以及 Step 8 中对目标的路径探测。其中 Step 1、3、8 中的探测方法相同，Step 4 略有不同。下面分别详细介绍这些路径探测或时延测量的主要过程。

1) 对地标、扩展地标和目标的路径探测和时延测量

对地标的路径探测和时延测量的目的是获得从探测源到各个城市地标的路径上的一系

列 IP 地址，从而为后期候选网络边界节点的识别提供基础数据。在测量时，为了获取丰富的路径信息和候选城市相关的网络节点，本节分别从多个探测源，采用基于 UDP 和 ICMP 实现的 traceroute 工具对地标发起路径探测和时延测量。从单个探测源测量的基本示意图如图 6-11 所示，可获得从探测源到地标之间经过的每一跳路由器的 IP 地址，以及从探测源到该路由器的时延（如图中的 d_1、d_2 和 d_3）。

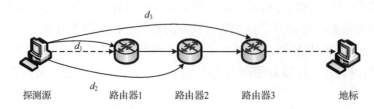

图 6-11　单个探测源对单个地标的路径和时延测量示意图

2）对候选网络边界节点的时延测量

本节算法中识别出的候选网络边界节点是地标的探测路径上的中间节点，为了进一步判断其中哪些节点是一个城市网络真正的边界节点，本节通过测量各探测源与这些节点之间的时延，以及计算得到的地标与这些节点间的局部时延，分别从地标和探测源两端对这些网络节点构建起时延向量，通过比较相邻节点间时延分布的相似性来判断。在实际的测量过程中，候选网络边界节点通常为多个地标转发数据包，因此，通过对地标探测路径的分析，往往可以直接计算得到候选网络边界节点与多个地标之间的局部时延。但是，尽管对每个地标均采用多个探测源进行探测，但往往无法保证每个探测源测得的地标路径中都包含候选网络边界节点的 IP，因此，对部分未测得与探测源之间时延的候选网络边界节点，需要从探测源再次对这些节点发起时延测量。如图 6-12 所示，探测源 2 在探测地标的路径时，已经获得了其与候选网络边界节点之间的时延信息，但是其他探测源到地标的探测路径中不包含该候选网络边界节点，因此，需要从探测 1、探测源 3、…、探测源 n 重新对候选网络边界节点发起时延测量。

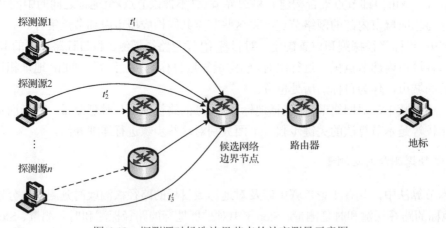

图 6-12　探测源对候选边界节点的补充测量示意图

3. 候选网络边界节点组构建

本节称根据已有探测结果，满足网络边界节点定义第一条的节点为候选网络边界节点。

在算法的 Step 2 中，根据中间节点连接的地标的地理位置，对中间节点作初步判断，将距离地标跳数最远且所连地标均位于同一个城市的中间节点作为相应城市的候选网络边界节点组的首个节点。如图 6-13(a)所示，以部分地标和中间路由器之间的连接关系为例，由于路由器 R_1 所连的地标 L_1 和 L_2 位于同一个城市(图中实线椭圆所示，记为城市 1)，路由器 R_2 所连的地标 L_3 和 L_4 位于另一个城市(图中虚线椭圆所示，记为城市 2)，因此，将 R_1 作为城市 1 的候选网络边界节点，R_2 作为城市 2 的候选网络边界节点。

这种直接通过中间节点连接的地标位置推测节点是否为边界节点的方式较为简单，在分层的网络架构下，可识别出一定比例的网络边界节点。然而，在实际的定位过程中，往往很难保证有足够的可用地标，当地标数量不足时，可能导致上述方法识别出的边界节点有部分存在错误。如图 6-13(b)所示，当缺少地标 L_3 和 L_4 时，通过路径探测，将难以获得 R_0 至 L_3 和 R_0 至 L_4 的路径信息，此时会将 R_0 作为候选网络边界节点。

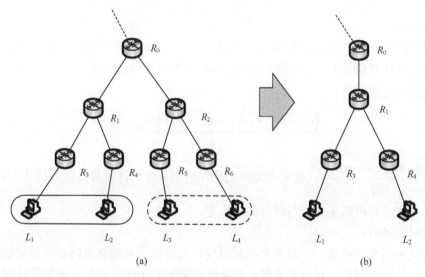

图 6-13　候选网络边界节点组构建示意图

为了弥补这种缺陷，本节在上述方法的基础上，将该节点所在探测路径上靠近地标一段的 k 跳 IP($k>1$)，也作为候选的网络边界节点。这样对每个地标，通过对其发起路径探测和对探测结果的分析，可识别出 $k+1$ 个候选边界节点，本节将每个地标对应的这 $k+1$ 个候选边界节点称为候选边界节点组，如对图 6-13(b)，设 R_0、R_1、R_3 和 R_4 的 IP 地址分别为 IP_0、IP_1、IP_3 和 IP_4，则构建的边界节点组分别为(IP_0,IP_1,IP_3)和(IP_0,IP_1,IP_4)。

4. 时延向量构建

时延向量的构建是本节算法的重要步骤之一，主要用于通过比较候选边界节点间局部时延向量相似性的变化情况，来判断真实的网络边界节点。

传统的通过构建时延向量对目标进行定位的算法，通常从多个探测源向目标和地标发起时延测量，利用测得的时延来构建时延向量，通过比较向量的相似性，将与目标时延向量相似度最高的地标作为目标的估计位置。Li 等[7]指出，基于时延测量的定位算法中，当探测源距离目标较近时，往往能够得到较好的定位结果。然而，传统的通过构建时延向量来定位目标的算法中，往往难以保证对每个目标，都有距离其较近的探测源。本节在传统算法的基础上，增加了地标和中间节点之间的时延，即将地标也看作探测源，获得中间节点与原有探测源，以及中间节点与相连的地标间的时延，利用这些时延从中间节点的两端对其建立更为完整的时延向量。该算法可保证在距离目标较近的地方有多个可用的探测源，从而构建有效的时延向量，提高利用时延向量来刻画两个节点距离远近的准确性。

网络时延包括传播时延、传输时延、排队时延和处理时延，尽管只有传播时延与地理距离有关，但是由于不同地理区域往往网络负载不同，或采用不同的网络设施，使得对某个特定的节点来说，测得的网络时延与其所处的地理位置息息相关。为了尽可能去除网络负载等不确定因素的影响，获得较为稳定且有效的网络时延，对同一个网络节点，对其发起多次时延测量，从测量结果中分析得到其中的有效测量时延。有效时延的获取包括两个部分，一是选择和探测源之间测量时延较为稳定的地标，二是从每个地标中抽取出最接近传播时延的测量时延。

1）地标选取

设探测源数量为 n，与候选边界节点组 $(h_o, h_{o+1}, \cdots, h_{o+k})$ 相连的地标为 $L_1, L_2, \cdots, L_m$ $(m \geq n)$，通过 q 次测量并计算得到的 h_{o+k} 与第 i 个地标间的局部时延为 $(d_{i,1}, d_{i,2}, \cdots, d_{i,q})$，利用式(6-8)，计算这些局部时延的方差：

$$s_i^2 = \frac{\left(d_{i,1} - \bar{d}\right)^2 + \left(d_{i,2} - \bar{d}\right)^2 + \cdots + \left(d_{i,q} - \bar{d}\right)^2}{q} \tag{6-8}$$

式中，$\bar{d} = \dfrac{d_{i,1} + d_{i,2} + \cdots + d_{i,q}}{q}$。对 m 个地标的局部时延，分别计算其方差并按从小到大排序，取最小的 n 个方差对应的地标参与时延向量构建。

2）有效时延抽取

时延向量由两部分构成，一是多个探测源到候选边界节点的测量时延，二是候选边界节点相对于地标的局部时延。对前者来说，影响时延测量的不确定因素主要是排队时延，为了降低排队时延的影响，本节对每个候选区域网络候选边界节点发起多次时延测量，取多次测量结果的最小值。

对同一个地标，本节测量并计算了多次局部时延，但是网络环境的动态性，导致得到的时延存在时延膨胀问题。为此，同一地标多次测量得到的时延，本节采用格拉布斯(Grubbs)准则首先去除其中的异常值，然后取剩余测量时延的均值参与时延向量构建。具体步骤如下。

设候选边界节点组 $(h_o, h_{o+1}, \cdots, h_{o+k})$ 中，h_{o+k} 与相连的第 j 个地标 L_j 之间测量并计算得到的局部时延从小到大的排序为 $(d_{j,1}, d_{j,2}, \cdots, d_{j,q})$（本节中 $q=15$，即每个地标测量 15 次）。

Step 1：利用下式计算该局部时延序列的平局值和标准差：

$$\bar{d}_{k,j} = \frac{d_{j,1} + d_{j,2} + \cdots + d_{j,q}}{q} \tag{6-9}$$

$$s_{k,j} = \sqrt{\frac{\left(d_{j,1} - \bar{d}_{k,j}\right)^2 + \left(d_{j,2} - \bar{d}_{k,j}\right)^2 + \cdots + \left(d_{j,q} - \bar{d}_{k,j}\right)^2}{q}} \tag{6-10}$$

Step 2：计算偏离值，即平局值与最小值之差 Δd_1 和最大值与平局值之差 Δd_q，比较两者大小，确定可疑值排列序号，设 $\Delta d_q > \Delta d_1$，则可疑值序号为 q；

Step 3：计算 Grubbs 检验统计量：$G_q = \Delta d_q / s_{k,j}$，本节取检出水平 $\alpha=0.05$，将 G_q 与格拉布斯表给出的临界值 $G_{0.95}(q)$ 比较，若 $G_q > G_{0.95}(q)$，则判断 $d_{j,q}$ 为异常值，将其剔除。对剩余的数据，重复前面的计算步骤，直到没有异常值为止。

Step 4：取剩余时延数据的平均值作为 h_{o+k} 与地标 L_j 之间的时延，用于构建时延向量。同理，对与候选边界节点组中节点相连的其他地标的局部时延，也采用前面的方式进行处理。

5. 时延向量构建和相似度比较

1）时延向量标准化

由于时延膨胀问题通常不可避免，而该算法 Step 2 挑选出的候选边界节点距离地标较近且距离探测源较远的概率较大，从探测源测得的与候选边界节点之间的时延值往往较大，候选边界节点与相连地标之间的局部时延值往往较小，因此，这两类时延膨胀幅度的绝对大小存在较大差异，不宜将构建的时延向量直接用于计算相似度。为了避免这种影响，本节采用最大最小标准化方法，对属同一候选边界节点组中的节点，对探测源与节点之间的测量时延构建的向量，和节点相对于地标的局部时延构建的时延向量分别进行归一化，将其中的时延测量值映射到[0,1]之间。具体步骤如下。

设参与时延向量构建的探测源和地标的数量均为 n，候选边界节点组为 $(h_o, h_{o+1}, \cdots, h_{o+k})$ 构建的时延向量分别为：$(t_{o,1}, t_{o,2}, \cdots, t_{o,n}, d_{o,1}, d_{o,2}, \cdots, d_{o,n})$，$(t_{o+1,1}, t_{o+1,2}, \cdots, t_{o+1,n}, d_{o+1,1}, d_{o+1,2}, \cdots, d_{o+1,n})$，$\cdots$，$(t_{o+k,1}, t_{o+k,2}, \cdots, t_{o+k,n}, d_{o+k,1}, d_{o+k,2}, \cdots, d_{o+k,n})$，其中 $t_{o,n}$ 为第 n 个探测源与节点 h_o 之间的时延，为节点 $d_{o,n}$ 相对于第 n 个地标的局部时延。

Step 1：计算节点与探测源之间的最大值和最小值，即

$$t_{max} = \max(t_{o,1}, \cdots, t_{o,n}, t_{o+1,1}, \cdots, t_{o+1,m}, \cdots, t_{o+k,1}, \cdots, t_{o+k,n}) \tag{6-11}$$

$$t_{min} = \min(t_{o,1}, \cdots, t_{o,n}, t_{o+1,1}, \cdots, t_{o+1,m}, \cdots, t_{o+k,1}, \cdots, t_{o+k,n}) \tag{6-12}$$

同时，计算节点与地标之间局部时延的最大值和最小值，即

$$d_{max} = \max(d_{o,1}, \cdots, d_{o,n}, d_{o+1,1}, \cdots, d_{o+1,n}, \cdots, d_{o+k,1}, \cdots, d_{o+k,n}) \tag{6-13}$$

$$d_{min} = \min(d_{o,1}, \cdots, d_{o,n}, d_{o+1,1}, \cdots, d_{o+1,n}, \cdots, d_{o+k,1}, \cdots, d_{o+k,n}) \tag{6-14}$$

Step 2：利用下式将每个测量或计算时延值映射到[0,1]，即

$$t'_{o+x,y} = \frac{t_{o+x,y} - t_{min}}{t_{max} - t_{min}} \tag{6-15}$$

$$d'_{o+x,y} = \frac{d_{o+x,y} - d_{min}}{d_{max} - d_{min}} \tag{6-16}$$

式中，$x = 0, 1, \cdots, k$；$y = 0, 1, \cdots, n$。

通过前面的计算，可对每个候选边界节点组中的节点建立标准化之后的时延向量。

2）相似度比较

在对每个候选网络边界节点组中的节点建立标准化的时延向量后，本节通过比较相邻节点之间时延向量的相似度变化情况，来判断真实的网络边界节点。由于真实的区域网络边界

节点与相连的地标处于同一城市,该节点与所在路径上靠近地标端直接相连的节点距离较近,所处的网络环境相似,两者的时延向量往往较为相似;而与靠近探测源端直接相连的节点距离相对较远,相应地,其时延向量相似性较低。基于上述基本思想,本节通过比较同一候选网络边界节点组内相邻节点之间时延向量相似性的变化趋势,来推测真实的网络边界节点。具体步骤如下。

设对候选网络边界节点组 $(h_o, h_{o+1}, \cdots, h_{o+k})$ 中的边界节点 h_{o+i},经过向量标准化后构建的时延向量为 $\mathrm{DV}_i = (t'_{o+i,1}, t'_{o+i,2}, \cdots, t'_{o+i,n}, d'_{o+i,1}, d'_{o+i,2}, \cdots, d'_{o+i,n})$,其中 $i = 0, 1, 2, \cdots, k$。

Step 1:利用式(3-17)分别计算 DV_i 和 DV_{i+1} 之间的欧氏距离,其中,$i = 0, 1, 2, \cdots, k-1$。

$$S_i = \sqrt{\sum_{x=1}^{n}(t'_{o+i,x} - t'_{o+i+1,x})^2 + \sum_{y=1}^{n}(d'_{o+i,y} - d'_{o+i+1,y})^2} \tag{6-17}$$

Step 2:依次计算 $\mathrm{Cr}_w = S_{w-1} - S_w$ 作为两个节点之间时延向量相似性变化幅度,其中 $w = 1, 2, \cdots, k$,如果存在某个 Cr_{bn},明显大于其余每组相邻候选边界节点间时延向量相似性的变化幅度),则判定 h_{bn} 为该条路径上的网络边界节点;否则,取 h_o 作为该条路径的网络边界节点。

6. 算法原理分析

1)时延向量构建的可行性分析

本节对每个候选边界节点,从探测源和地标两端分别对其构建时延向量,通过比较相邻候选边界节点之间的时延向量的相似性,来判别真正的网络边界节点。由于探测源是自主部署可控的,构建的探测源与候选网络边界节点之间的时延向量的维度是可预先设置的,该维度即为部署的探测源的数量,但是候选边界节点与地标之间的连接关系往往是无法预知的,因此,能否从在候选边界节点与地标之间建立起满足需求(足够维度)的时延向量,是本节算法是否可行的决定性因素。下面,详细分析在分层架构网络下,在候选网络边界节点与地标间构建时延向量的可行性。

分层架构网络在拓扑结构、设备部署等方面均有其独有的特点。前期的实验发现,网络的层次划分往往与地理划分趋于一致。在实际的网络环境下,运营商网络规模通常较大,往往包括省际和省内骨干网,而省内又进一步分为多个城域网。中国互联网即为较为典型的分层架构网络之一,网络的层次划分、结构设置等在发展初期就进行了详细的规划,中国互联网的骨干网由几个主要的运营商维护,同时在许多省份里还拥有若干个区域性的网络。为了提高宽带使用率,方便网络管理,位于不同层次的网络节点间转发数据的中间路由器往往数量较少,这为分层网络架构下构建本节的边界节点与地标间高维度的时延向量提供了可能,即边界节点往往连接了大量地标。本节以中国互联网为例,通过开展实验来验证构建具有较高维度时延向量的可行性。

实验主要包括两个部分,一是识别目标网络是否为分层架构,二是网络边界节点连接的地标数量较多。

(1)分层架构判别。

本节采用如下方法初步来验证某个网络是否具有城市级粒度的分层架构。

记目标区域的城市集为 $C = \{c_1, c_2, \cdots, c_k\}$;第 i 个城市内地标的数量为 Q_i。

主要步骤包括以下几个。

Step 1：路径测量。从探测源对位于 C 中的地标发起路径测量，得到从探测源到地标路径上每跳的 IP 地址。

Step 2：IP 分布统计。对探测源到每个城市内所有地标路径，统计所有地标路径在相同跳上不重复的 IP 地址个数，记城市 c_i 中所有地标路径上第 j 跳不重复的 IP 地址数量为 $c_{i,j}$。

Step 3：计算不重复 IP 比例。计算每个城市中，地标路径中每一跳不重复的 IP 地址数量在所有路径中所占的比例，如城市 c_i 中所有地标路径上第 j 跳不重复的 IP 地址数占所有地标路径数的比例为 $R_{i,j}=c_{i,j}/Q_i$。

Step 4：初步判断目标网络是否具有明显分层结构。对 C 中的所有城市，如果存在某一跳 j 使得 $R_{i,j} < R_{i,j+1}$ 且 $R_{i,j} < R_{i,j-1}$ $(i=1,2,\cdots,k)$，则初步判定该网络具有分层的网络架构。

通过采用上述方法，本节对位于河南省 18 个城市的 508817 个地标发起路径探测，并计算了每个城市地标路径上每跳不重复的 IP 地址占所有地标路径数量的比例，随机挑选其中 4 个城市，其分布曲线如图 6-14 所示。

从图 6-14 中可以看出，每个城市均在第 10 跳出现明显的收缩现象，因此，可以初步推断，该网络具有分层的网络架构，18 个城市地标各跳不重复 IP 所占地标路径总数比例如表 6-11 所示。

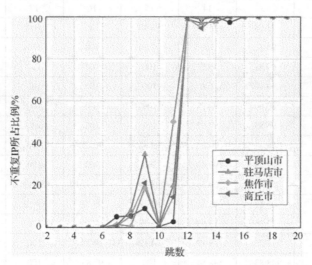

图 6-14　河南省 4 个城市各跳不重复 IP 占所有地标路径的比例

表 6-11　河南省 18 个城市地标各跳不重复 IP 所占地标路径总数比例

城市	跳数								
	3	4	5	6	7	8	9	10	11
许昌市	0.05	0.04	0.07	0.13	0.60	10.72	6.47	0.35	29.75
平顶山市	0.04	0.04	0.04	0.10	5.17	5.59	9.05	0.50	2.82
濮阳市	0.05	0.05	0.04	0.10	5.88	0.33	6.92	0.49	3.70
鹤壁市	0.06	0.06	0.05	0.12	11.49	0.32	0.83	0.37	18.17
漯河市	0.15	0.12	0.11	0.28	0.70	25.69	49.85	1.52	2.86

城市	跳数								
	3	4	5	6	7	8	9	10	11
驻马店市	0.04	0.05	0.05	0.10	1.20	8.11	34.88	1.20	19.99
新乡市	0.03	0.05	0.05	0.08	0.87	0.34	2.59	0.23	25.30
周口市	0.04	0.03	0.03	0.07	0.52	16.06	4.61	0.14	6.14
洛阳市	0.01	0.02	0.02	0.04	0.35	5.26	10.78	0.64	13.10
郑州市	0.01	0.02	0.03	0.06	0.58	14.92	9.10	2.15	25.6
南阳市	0.02	0.02	0.04	0.06	2.73	3.54	7.90	0.23	11.97
安阳市	7.69	0.02	0.02	0.02	0.02	0.05	2.07	0.05	2.90
开封市	0.04	0.03	0.04	0.08	0.15	0.33	84.02	0.92	3.64
三门峡市	0.04	0.04	0.03	0.08	0.18	0.18	62.79	3.24	6.39
信阳市	0.04	0.04	0.05	0.09	0.17	4.30	75.19	1.18	11.57
焦作市	0.04	0.04	0.03	0.09	1.54	0.64	18.75	0.82	50.16
商丘市	0.03	0.03	0.02	0.05	0.88	5.55	21.11	0.50	14.53
济源市	0.77	0.83	0.58	1.61	6.00	3.51	37.38	2.18	6.88

城市	跳数							
	12	13	14	15	16	17	18	19
许昌市	99.34	73.68	75.83	93.48	100	100	100	100
平顶山市	99.88	98.70	100	97.30	100	100	100	100
濮阳市	99.09	69.51	55.22	100	100	100	100	100
鹤壁市	99.92	99.48	100	100	100	100	100	100
漯河市	99.16	80.00	92.68	100	100	100	100	100
驻马店市	98.65	96.83	97.62	100	100	100	100	100
新乡市	98.03	76.34	79.82	99.51	70.83	100	100	100
周口市	97.95	97.29	99.40	100	100	100	100	100
洛阳市	94.12	21.29	69.56	98.20	99.97	84.43	100	100
郑州市	59.77	95.81	95.15	97.29	98.13	99.12	79.70	100
南阳市	97.31	30.35	73.68	91.78	100	100	100	100
安阳市	0.06	11.25	99.47	74.12	39.74	100	100	100
开封市	96.11	48.83	48.54	100	97.83	100	100	100
三门峡市	99.63	82.88	95.56	100	100	100	100	100
信阳市	96.81	73.15	57.71	100	100	100	100	100
焦作市	99.69	99.23	100	100	100	100	100	100
商丘市	99.12	94.52	100	100	100	100	100	100
济源市	95.76	99.17	100	100	100	100	100	100

　　从表 6-11 可以看出，各城市地标路径上各跳不重复的 IP 地址数量，均在第 10 跳附近明显降低。实验发现，路径上包含第 10 跳相同 IP 地址的地标位于同一城市的比例较高。因此，边界节点位于第 10 跳的概率较大。从第 11 跳之后同样出现较多的 IP 地址，说明这部分路径变化较大，有很大概率位于各城市内部。

(2)城市网络边界节点连接地标数量评估。

从(1)的分析可以看出,第 10 跳和第 11 跳上的 IP 有较高的概率是对应城市的网络边界,其中第 11 跳包含不重复的 IP 地址 643 个,连接地标总数为 305579 个,平均每个第 11 跳 IP 连接地标数约为 475 个,由此可见,对候选的边界节点,可建立起具有较高维度的与地标间的时延向量。

2)时延向量相似性比较的有效性分析

对每个候选边界节点构建时延向量,通过比较同一个候选边界节点组中相邻节点间时延向量相似性的变化情况,进而确定一个区域或城市的边界节点,是本文识别边界节点的基本思想,因此边界节点与非边界节点之间时延向量的差异是否可识别或计算,是上述方法是否有效的关键。在 IP 定位中,时延是经常使用的网络属性之一,现有研究表明,节点间时延与节点的地理位置息息相关,对地理位置临近且探测路径相似的两个节点,与同一个节点之间的时延大小往往相当。下面对 6.4.2 节算法步骤 7 中指出的两种情况,分别分析节点时延向量相似性比较的有效性。

(1)候选边界节点组中首个节点即为边界节点的场景分析。

在城市内部网络的节点之间距离通常较近,而待比较的同一个边界节点组中的节点均处于同一条地标的探测路径上,使得这些节点与每个探测源之间的连接路径相似,且相邻的节点之间仅相差一跳,因此,如果这些节点均处于同一个城市,则构建相邻节点的时延向量之间较为相似。因此,当候选边界节点组中的每两个相邻节点时延向量的相似性大小相当时,可推测该节点组中的首个候选边界节点即为真正的边界节点。

以图 6-15 为例,以 3 个探测源对目标区域内 4 个地标进行探测的场景为例,设圆 $O(c)$ 为目标区域网络,节点 R_A、R_B 和 R_C 为属同一个候选边界节点组,v_1、v_2 和 v_3 为分布在不同地理位置的探测源,且与目标区域的地理距离远大于目标区域的地理直径,L_1、L_2、L_3 和 L_4 为目标区域网络内的地标,节点 R_A、R_B 和 R_C 的标准化后的时延向量分别为 $t_A = [t_{A,1}, t_{A,2}, t_{A,3}, d_{A,1}, d_{A,2}, d_{A,3}, d_{A,4}]$、$t_B = [t_{B,1}, t_{B,2}, t_{B,3}, d_{B,1}, d_{B,2}, d_{B,3}, d_{B,4}]$ 和 $t_C = [t_{C,1}, t_{C,2}, t_{C,3}, d_{C,1}, d_{C,2}, d_{C,3}, d_{C,4}]$。若节点 A 和节点 B 的时延向量相似性与节点 R_A 和节点 R_C 的时延向量的相似性相当,即 $|t_A - t_B|$ 与 $|t_A - t_C|$ 大小相当,而节点 R_A 和节点 R_B 与节点 R_A 和节点 R_C 均只相差 1 跳,因此,可以推测这三个节点处于相似的网络环境下,且相距较近,进而可推断出这三个节点均位于城市内部,且节点 R_B 为该城市网络的边界节点之一。

(2)候选边界节点组中首个节点非边界节点的场景分析。

上文指出,同一个边界节点组中的节点均处于同一条地标的探测路径上,且这些相邻节点之间的探测路径只相差 1 跳,如果忽略网络拥塞等情况,则这些节点的时延向量之间的差别主要来源于这 1 跳,因此,如果这些节点中相邻的节点时延向量的相似度差别较大,则可能是其中某个节点的地理位置与其他节点距离较远。以图 6-16 为例,同样记节点 R_A、R_B 和 R_C 的标准化后的时延向量分别为 $t_A = [t_{A,1}, t_{A,2}, t_{A,3}, d_{A,1}, d_{A,2}, d_{A,3}, d_{A,4}]$、$t_B = [t_{B,1}, t_{B,2}, t_{B,3}, d_{B,1}, d_{B,2}, d_{B,3}, d_{B,4}]$ 和 $t_C = [t_{C,1}, t_{C,2}, t_{C,3}, d_{C,1}, d_{C,2}, d_{C,3}, d_{C,4}]$。若节点 R_A 和节点 R_C 之间的时延向量较为相似,且节点 R_A 和节点 R_B 的时延向量相似性较低,且相似度明显小于 R_A 和 R_C 之间的相似度,即 $|t_A - t_B|$ 明显大于 $|t_A - t_C|$,则可以推测这三个节点中,节点 R_B 所处的网络环境与 R_A 和 R_C 差异较大,进而可推断出节点 R_B 有很大概率与 R_A 和 R_C 地理距离较远,此时,本文将节点 R_A 作为该城市的边界节点之一。

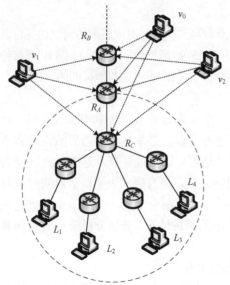
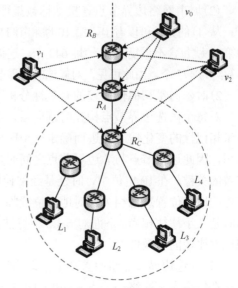

图 6-15　候选边界节点组均位于城市内部场景　　　　图 6-16　候选边界节点组中首个节点非边界节点场景

6.4.3　实验结果与分析

为验证提出算法的有效性，本节开展了相关实验，下面详细介绍实验设置和对实验结果的分析。

1. 实验设置

1) 数据集获取

为了验证该算法的有效性，利用河南省的 18 个地级市(包括郑州市、新乡市、洛阳市、安阳市、焦作市、许昌市、平顶山市、漯河市、开封市、濮阳市、鹤壁市、南阳市、三门峡市、驻马店市、商丘市、信阳市、周口市、济源市)的含地理位置的 IP 数据开展了相关实验。实验中的含位置的 IP 数据通过查询现有国内多个 IP 位置数据库，将其中查询结果城市级位置一致的 IP 保留，构成实验测试数据。使用的国内数据库包括：QQ 纯真数据库、IP138、IP.cn 等。具体收集方式如下。

首先，从 QQ 纯真数据库中，根据关键词"河南省"查询，返回形如"1.192.0.0～1.192.156.255，河南省郑州市，电信"的查询结果 20429 条；其次，利用 IP138 和 IP.cn 查询这些 IP 的地理位置，将查询结果中地理位置显示为"河南省 XX 市"的 IP 保留，去除查询结果不一致的 IP，得到 6198480 个 IP；然后，对其中相邻的 IP，采用"5 选 1"的方式挑选出 IP 地址 1239696 个；最后，从探测源对这些 IP 发起路径测量，测得可响应 IP 地址 506224 个(其中中国联通 406815 个，中国移动 28958 个，中国电信 70451 个)。最终得到的 506224 个 IP 在 18 个城市及运营商的分布如表 6-12 所示。

表 6-12　实验中使用的各城市 IP 地址数量和运营商分布

城市	IP 个数/个	中国联通	中国电信	中国移动
三门峡市	21586	12191	9055	340
信阳市	22817	15924	5739	1154

续表

城市	IP 个数/个	中国联通	中国电信	中国移动
南阳市	43503	38938	2030	2535
周口市	22666	21001	1463	202
商丘市	38247	30443	6269	1535
安阳市	43412	41020	2148	244
平顶山市	20963	18205	1510	1248
开封市	41831	22432	16400	2999
新乡市	25905	25219	344	342
洛阳市	42255	34673	5449	2133
济源市	6012	4703	43	1266
漯河市	13090	11007	1406	677
濮阳市	19658	16634	2817	207
焦作市	15177	12917	1326	934
许昌市	21787	18174	2652	961
郑州市	71580	51818	7932	11830
驻马店市	20312	16381	3716	215
鹤壁市	15423	15135	152	136
总计	506224	406815	70451	28958

2) 探测源部署

实验中测试的 IP 均位于河南省，为了降低探测冗余同时保证尽可能测得完整的网络拓扑，在郑州市、北京市、上海市、广州市、天津市、成都市、杭州市、南京市、武汉市、西安市等 10 个城市部署了探测源，覆盖中国联通、中国电信和中国移动 3 个国内主要运营商。

实验包括两个部分，一是目标网络边界节点识别实验，二是使用不同数量地标对目标的定位实验。下面详细介绍这两组实验结果，并对实验结果进行分析。

2. 目标网络候选边界节点识别实验

在分层网络架构下，在城市网络结构的边缘部分呈现出聚合的特点，这使得区域网络边界节点的数量往往远小于城市内部网络终端节点，即一小部分节点为大部分网络节点提供数据转发服务。本节算法通过对考察中间节点连接的地标的分布，提取候选边界节点。Liu 等的算法[11]根据单跳时延的分布情况来将骨干网和非骨干网分离，本质上也是寻找目标区域的网络边界。这里给出了本节算法识别出的候选边界节点组中第一个节点(即连接的地标均位于同一个城市)的数量，以及 Liu 等的算法在根据时延分布切分骨干网与非骨干网是的边界节点的数量。这两种算法在使用不同地标数量时，识别出的边界节点数量及其在所用地标数量中的所占的比例如表 6-13 所示。从表 6-13 可以看出，在不同运营商下，使用相同数量地标条件下，Liu 等的算法识别出的边界节点数几乎均大于本节算法识别出的候选边界节点组中第一个节点的数量，这表明，Liu 等的算法识别出的边界节点中有部分节点连接的地标位于多个城市，将降低后期根据边界节点确定目标所在城市的可靠性。

表 6-13　使用不同数量地标时网络边界节点识别结果

运营商	地标数/个	识别的边界节点数/个		边界节点占地标比例/%	
		本节算法	Liu 等的算法	本节算法	Liu 等的算法
中国联通	18000	1792	1756	9.96	9.76
	9000	1463	1474	16.26	16.38
	7200	1367	1351	18.99	18.76
	5400	1278	1285	23.67	23.80
	3600	1123	1131	31.19	31.42
	1800	862	887	47.89	49.28
	900	629	634	69.89	70.44
中国电信	9000	1313	1380	14.59	15.33
	7200	1225	1316	17.01	18.28
	5400	1133	1228	20.98	22.74
	3600	1038	1070	28.83	29.72
	1800	819	849	45.50	47.17
	900	554	610	61.56	67.78
中国移动	9000	1117	1192	12.41	13.24
	7200	1020	1088	14.17	15.11
	5400	903	944	16.72	17.48
	3600	735	762	20.42	21.17
	1800	446	470	24.78	26.11
	900	221	280	24.56	31.11

3. 地标数量对定位结果的影响实验

理想情况下，当城市内每个网段均有至少一个地标时，对目标的探测路径中可包含所有的区域网络边界节点。但是在实际环境下，难以获得处于所有网段的地标，这导致无法对所有目标 IP 均实现可靠的城市级定位。地标数量往往可初步反应其所覆盖的网段，因此，本节考察了地标数量对定位结果的影响。对获得的具有地理位置的 IP，分别在中国联通、中国移动和中国电信 3 个运营商网络环境下，以其中 9000、7200、5400、3600、1800、900 个 IP 为地标(即平均每个城市选取 500、400、300、200、100、50 个地标)，其余为目标开展定位实验。在使用不同数量地标时的定位结果如表 6-14 所示(不区分运营商)。

表 6-14　使用不同数量地标时的定位结果(不区分运营商)

地标数	目标总数/个	定位准确个数/个		定位准确率/%	
		Liu 等的算法	本节算法	Liu 等的算法	本节算法
9000	479224	430402	455181	89.81	94.98
7200	484624	430608	457094	88.85	94.32
5400	490024	428918	456854	87.53	93.23
3600	495424	427256	453289	86.24	91.50
1800	500824	415546	432456	82.97	86.35
900	479224	337158	383167	66.96	76.10

从表 6-14 可以看出，在不区分运营商时，随着地标数量的增加，识别出的边界节点数增加，使得本节算法和 Liu 等的算法可准确定位的目标个数均在增加，但相同条件下，本节算法的准确率更高。表 6-15、表 6-16 和表 6-17 分别给出了不同的运营商网络下，使用不同数量地标时的定位结果。

表 6-15　使用不同数量地标对中国联通的目标 IP 的定位结果

运营商	地标数/个	目标总数/个	定位准确个数/个		定位准确率/%	
			Liu 等的算法	本节算法	Liu 等的算法	本节算法
中国联通	9000	397815	362745	385808	91.18	96.98
	7200	399615	361969	385155	90.58	96.38
	5400	401415	360438	384524	89.79	95.79
	3600	403215	357392	377377	88.64	93.59
	1800	405015	340581	354557	84.09	87.54
	900	405915	269731	315410	66.45	77.70

表 6-16　使用不同数量地标对中国电信的目标 IP 的定位结果

运营商	地标数/个	目标总数/个	定位准确个数/个		定位准确率/%	
			Liu 等的算法	本节算法	Liu 等的算法	本节算法
中国电信	9000	61451	56348	58161	91.70	94.65
	7200	63251	55873	58876	88.34	93.08
	5400	65051	55829	59532	85.82	91.52
	3600	66851	55397	61781	82.87	92.42
	1800	68651	54992	58027	80.10	84.52
	900	69551	51098	49833	73.47	71.65

表 6-17　使用不同数量地标对中国移动的目标 IP 的定位结果

运营商	地标数/个	目标总数/个	定位准确个数/个		定位准确率/%	
			Liu 等的算法	本节算法	Liu 等的算法	本节算法
中国移动	9000	19958	11309	11212	56.67	56.18
	7200	21758	12766	13063	58.67	60.04
	5400	23558	12651	12798	53.70	54.33
	3600	25358	14467	14131	57.05	55.73
	1800	27158	19973	19872	73.54	73.17
	900	28058	16329	17924	58.20	63.88

从表 6-15 和表 6-16 可知，在中国联通和中国电信两个运营商网络环境下，本节算法均优于 Liu 等提出的算法。从表 6-17 可知，两种算法对中国移动网络环境下的目标的城市级定位结果的准确率相当，这是测试数据中每个城市属中国移动的网络节点总数较少，使得随机挑选出的地标能够覆盖的相应城市网段的数量不足，导致识别出的网络边界节点不全，其中相当比例的目标的探测路径与识别出的网络边界节点相独立，进而导致定位结果的准确性相对较低。但是总体来看，本节算法对目标的城市级定位准确率优于 Liu 等提出的算法。

本节对城市级可靠定位算法开展了研究，提出了基于区域网络边界识别的目标 IP 城市级定位算法。该算法首先根据中间节点连接的地标的地理位置，确定候选网络边界节点，然后通过测量并计算候选边界节点与探测源和地标之间的时延，从探测源和地标两端对候选边界节点构建时延向量。候选边界节点往往与其相连的地标之间距离较近，而已有文献指出，在基于时延的定位方法中，距离目标 IP 越近的探测源对定位精度的提高贡献越大，因此，本节算法比传统基于时延向量来定位目标 IP 的方法构建的时延向量更为有效。同时，对每个候选边界节点构建时延向量，实质上是从多个节点(包括探测源和地标)对候选边界节点产生了距离或相对位置的约束，而传统算法中仅基于单跳时延的大小来划分网络边界，边界节点仅受到相邻的两个节点的距离约束，这种约束过于宽松，极易受到微小的时延测量误差影响而导致网络边界划分错误。因此，本节算法识别区域网络边界的准确性高于现有算法，进而使得城市级定位结果的可靠性更高。

6.5　基于 PoP 网络拓扑的 IP 城市级定位算法

现有典型的 IP 城市级定位算法大都通过时延测量、地标比对等方式来判断目标所处位置，对网络时延和地标数量有较高要求。然而在网络时延相对较高，地标数量相对较少环境中，此类算法的定位准确性受到很大影响。为此，本节提出了一种基于 PoP 网络拓扑的 IP 城市级定位算法。该算法根据城市网络节点间单跳时延的分布规律，从探测路径中划分出目标城市的网络节点，随后利用常见的匿名路由结构对路径信息中匿名路由进行查找与归并，最后通过紧密连接的网络节点来提取城市内部的 PoP 网络拓扑，并将其录入 PoP 数据库，用于目标 IP 的城市级定位。

6.5.1　问题描述

现有的主流定位算法借助网络拓扑探测、路由节点间时延测量等途径对目标网络中的拓扑结构、时延分布、地标节点等信息进行收集，并在此基础上通过拓扑提取、时延聚类、地标比对等方式对目标进行位置估计。例如，CBG 算法[6]通过获取探测源间、探测源与目标间的时延来分析时延与地理距离的映射关系，并以此进行位置估计；LBG 算法[2]通过统计时延范围与跳数间所服从的概率分布来与不同地区的人口信息相结合，建立时延-跳数的概率分布模型并以此进行位置估计；SLG 算法[12]通过对目标所在网络进行大量探测，逐步缩小估计范围后利用大量地标比对的方式来确定目标的位置。

然而，定位算法的定位性能同样受到上述条件的限制。真实网络环境下，时延抖动现象普遍存在，并显著影响了时延测量结果的准确性，进而影响了定位结果的准确性。而作为定位基准点的地标的数量和可信度同样面临参差不齐的问题。而由于上述条件的影响，定位算法在真实网络环境中的定位性能难以保证。

因此，如何在现有研究的基础上，设计一种定位算法，在保证定位能力的同时，降低对地标数量和时延精度的需要，是一个有待研究的问题。

6.5.2　算法原理与主要步骤

在实际网络环境中，ISP 通常将多个路由器放置在被称为 PoP 的固定区域内。这些路由器位置相近，并承担该区域的网络接入、数据交互等工作。利用 PoP 级网络可以检测网络中的重要节点，了解网络环境的实时变化，并能够获取 ISP 之间的关系类型以及路由策略等信息[13]。

PoP 网络主要负责本地业务的接入、交换与传输工作，吸收并汇聚来自骨干网的数据信息。PoP 网络通常分布在其所在城市内部，并包含所在城市的核心路由器，而后者负责整个城市网络与 ISP 接入路由器的连接与交互。因此，可以通过 PoP 网络实现 IP 城市级定位。

1. 方法原理及主要步骤

图 6-17 为提出的基于 PoP 网络拓扑的 IP 城市级定位算法原理框架图。其具体步骤如下所述。

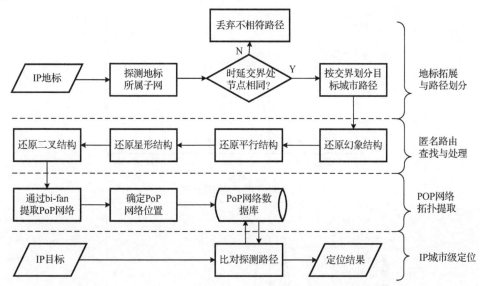

图 6-17　基于 PoP 网络拓扑的 IP 城市级定位算法原理框架图

上述算法可主要分为四个步骤。

Step 1：地标拓展与路径划分。获取目标城市的地标信息后，对子网内所有网络节点进行路径检测，根据路径中的单跳时延分布丢弃未到达目标城市的路径，并将剩余路径按单跳时延划分，保留目标城市部分。

Step 2：匿名路由的查找与处理。对路径中存在的匿名路由按照幻象结构、平行结构、星形结构、二叉结构的顺序进行查找、去除与归并，并在完成后去除重复路由。

Step 3：PoP 网络拓扑提取。通过 bi-fan 结构在路径信息中迭代提取 PoP 网络，并根据 PoP 网络包含的地标确定其位置信息，录入数据库。

Step 4：目标 IP 城市级定位。对定位目标进行探测，向数据库查询路径中节点，得到定位结果。

下面将详细介绍算法中地标拓展与路径划分、匿名路由的查找与处理、PoP 网络拓扑提取和目标 IP 城市级定位等四个步骤。

2. 地标拓展与路径划分

大量的探测数据表明，在跨城市的通信中，路径中的单跳时延往往存在一种"低-高-低"

的分布特征，这与数据传输过程中路由节点的地理位置有关。当数据在同一城市网络中转发时，由于路由节点之间的地理位置较近，单跳时延也会较低。当数据需要传输到城市外部时，由于路由节点之间地理距离的增加和 ISP 骨干网中大量网络数据的聚集等，单跳时延就会增加。因此，可以通过分析探测路径中的单跳时延的分布规律来推断城市区域网络的边界。

图 6-18 显示了对中国和美国超过 7000 个网络节点探测后得到的单跳时延中值分布，其中探测源和目标位于同一国家的不同城市。I 形的上下两端代表一跳时延的正方差和负方差，I 形中间的点代表其中值。从图中可以看出，当同一 ISP 中的探测源和目标在不同的城市时，探测路径中的单跳时延呈"低-高-低"分布。

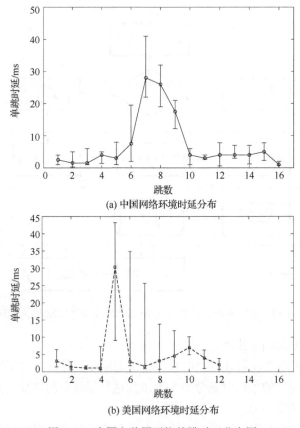

(a) 中国网络环境时延分布

(b) 美国网络环境时延分布

图 6-18　中国和美国网络单跳时延分布图

通过这种分布规律，可以根据通向地标的探测路径单跳时延较高的路由器判断扩展的节点是否与地标位于同一城市，并划出路径中属于目标城市的部分。为了在目标 IP 城市中获得更精确的路径信息，应该删除划分结果中的骨干节点。该部分流程主要包括两部分：地标扩展和路径划分。

（1）地标扩展。对地标所处子网段内所有节点进行探测，保留满足单跳时延为非负，并具有时延"低-高-低"分布特征的路径。然后找到探测路径的单跳时延峰值及其在路径中位置。比对峰值附近的路由节点 IP，删除与地标路径不相符的路径。

（2）路径划分。根据单跳时延峰值，对路径信息进行划分和记录。根据单跳时延分布情况，找到其中的骨干节点。随后删除骨干节点以及之前的节点，保留路径信息中属于目标城市网络的部分。

该步骤包括对不同城市的单跳时延分布和骨干节点消除的分析。它可以可靠地完成目标 IP 探测路径的划分，为获取目标 IP 所属的城域网拓扑信息奠定基础。

3. 匿名路由的查找与处理

网络环境会因地、因时、因设备而异。探测源向路由节点发送探测报文时，会因为网络流量拥塞或者路由器自身设置等无法收到路由器的响应，从而形成匿名路由。这些情况会影响后续 PoP 网络划分与提取的结果。针对此类问题，本节对匿名路由进行匹配查找，并将其去除或归并，以得到高完整性的 PoP 网络。

现有网络拓扑结构的分析算法中，通常将网络拓扑分解为小的局部结构进行分析。常见的匿名路由结构如图 6-19 所示。

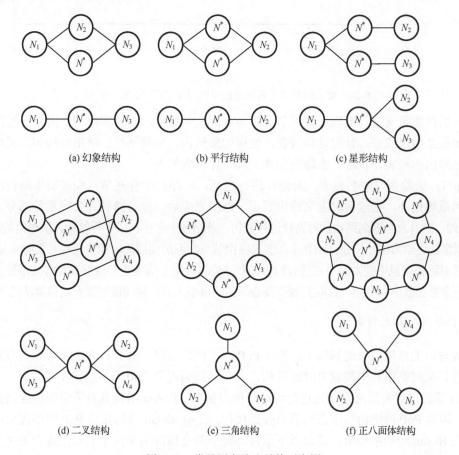

图 6-19　常见匿名路由结构示意图

我们在中国和美国网络中采集了大量路径信息，并对上述局部结构存在数量进行统计，结果如图 6-20 所示。统计结果表明，在进行基于路径探测的拓扑分析时，幻象结构、平行结构、星形结构和二叉结构存在较为普遍，三角结构和正八面体结构本身较为复杂，存在数量较少，故采用幻象结构、平行结构、星形结构和二叉结构对匿名路由进行匹配查找。

在实际网络环境中，一部分路由节点会在网络流量拥塞时因转发优先级选择性丢弃部分报文，此种情况造成的匿名路由称为暂时匿名路由；同时一部分重要路由节点会因安全考虑，

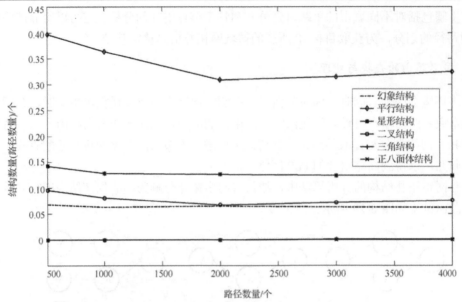

图 6-20　城市间的报文传输造成单跳时延 "低-高-低" 分布

拒绝对一切探测报文进行响应，该种节点称为永久匿名路由，不会因时间、网络环境的改变而对探测报文做出应答。针对这种情况，使用幻象结构、平行结构、星形结构和二叉结构来进行匿名路由的检索、识别、去除及归并。其具体步骤如下。

Step 1：去除暂时匿名路由。对路径进行遍历，若路径中存在节点构成幻象结构，则将其还原为原始拓扑，去除暂时匿名路由节点。遍历完成后，检查路径并去除重复部分。

Step 2：归并永久匿名路由。对路径进行遍历，若路径中存在构成平行结构、星形结构或二叉结构，则将其还原为原始拓扑，归并永久匿名路由节点。遍历完成后，检查路径并去除重复部分。

通过对路径信息中的匿名节点进行检索、归并处理，拓扑信息更加接近真实情况，使 PoP 网络划分结果更加准确和全面，提取到城市核心路由的概率上升，从而能够提升定位算法的成功率。

4. PoP 网络拓扑提取

在处理后的路径信息的基础上，进行 PoP 网络拓扑提取。由于 PoP 中的节点具有紧密的连接特性，从网络拓扑中搜索 Bi-fan 结构，并将其视为提取 PoP 网络的最小单元。

Milo 等通过对大量网络单元进行统计分析后指出，Bi-fan 结构具有非常强的连接性和代表性[14]。因为 PoP 网络内部节点间具有强连接性，使用 Bi-fan 结构作为 PoP 网络提取的基本单元。在 Bi-fan 结构中的节点满足以下条件：每个节点指向至少两个节点，或者每个节点至少由两个节点指向。

PoP 网络拓扑提取的主要步骤如下。

Step 1：通过提取和合并所有 Bi-fan，获得 PoP 网络。根据路径信息使用 Bi-fan 搜索节点组。PoP 网络是通过使用 Bi-fan 结构提取和合并节点来实现的。提取过程如图 6-21 所示。在图中有 3 组节点满足 Bi-fan 结构：G_1、G_2 和 G_3。由于节点 N_2 属于 G_1 和 G_2，节点 N_4、N_5 都属于 G_1 和 G_3，故 G_1、G_2、G_3 合并为 PoP_1。

Step 2：确定 PoP 网络的地理位置。通过包含的地标确定每个流行网络的城市位置。如图 6-21 所示，发往位于城市 C 中地标 L 的报文经过了 PoP P，故可以断定 P 位于城市 C 中。

因为不属于城市 C 的路径数据已经在上一步骤中被删除，故 P 不可能被定位到其他城市。此步骤将找到所有 PoP 网络，删除未包含地标的 PoP，并将数据录入数据库。

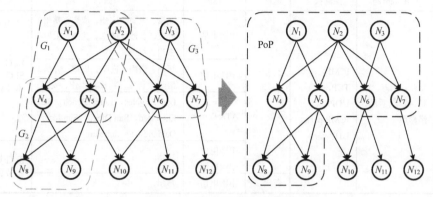

图 6-21　PoP 网络提取示意图

5. 目标 IP 城市级定位

在 PoP 网络的地理定位之后，提取每个 PoP 网络中的核心路由器。目标 IP 的地理位置是基于这些城市核心路由器估计的。

目标 IP 城市级定位的步骤：由于从 ISP 骨干网传输的数据将通过城市的核心路由器，因此可以通过分析探测过程中报文所经过的路由节点来确定目标 IP 的城市级位置。

例如，在图 6-22 中，P 是位于城市 C 内的 PoP 网络，并承担城市区域内用户的通信工作。而已知地理位置的地标 L 处于城市 C 内。如果发往目标 T 的探测报文与发往地标 L 的报文通过同一个 PoP，则可以断定 T 与 L 位于同一地理区域，即城市 C 中。

由于该算法通过确定所属 PoP 网络的城市级位置来实现目标 IP 的城市级地理定位。因此，对于一些无法直接访问的目标 IP，只要到达 PoP 网络，就可以确定它们所处的城市。它可以用来实现一些无法到达的目标 IP 城市级地理定位。

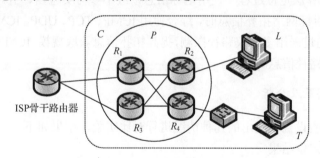

图 6-22　目标 IP 城市级定位示意图

6.5.3　实验结果与分析

本节给出算法的实验参数设置，并对本节算法的定位性能进行实验验证，给出实验结果。

1. 实验设置

为验证本节算法的定位性能，设置实验参数如表 6-18 所示。

表6-18 实验设置

实验	探测源分布	探测报文	地标数	ISP	城市	定位算法
实验1	郑州、上海、北京、成都、香港、洛杉矶	ICMP,TCP,UDP,ICMP-paris,UDP-paris	恒定	中国电信	北京、上海、广州、南京、郑州、武汉、长沙、成都、兰州、太原、福州、杭州	LBG算法,SLG算法,本节算法
实验2				中国电信	郑州、洛阳、南阳、周口、许昌、信阳、新乡、商丘、焦作、安阳	
实验3				AT&T	Los Angeles、Long Beach、San Francisco、San Diego、San Jose、Oakland、Sacramento	
实验4				中国电信、中国联通	郑州	SLG算法,本节算法
实验5			变化	中国电信	郑州	

在搭建实验环境时，共部署探测源6个，其中中国内地4个(分别位于郑州、上海、北京和成都)，中国香港1个，美国洛杉矶1个。考虑到中国地理面积大，网络环境较为复杂，分别选用城市位置、城市规模、ISP、地标数量作为变量，将该算法同经典算法进行对比与分析。在第一个实验中，采用相同探测源与电信的地标，对中国分布较为平均的12个省会城市中的电信网络节点进行分析定位；在第二个实验中，采用相同探测源与电信的地标，对中国河南省内10个城市中电信ISP的网络节点进行分析定位；在第三个实验中，采用相同探测源与AT&T的地标，对美国加利福尼亚州内7个城市中的网络节点进行分析定位；在第四个实验中，采用相同探测源，分别使用中国河南省郑州市内不同ISP的地标，对郑州市内属于不同ISP的网络节点进行分析定位；在第五个实验中，采用相同探测源，分别使用中国河南省郑州市内电信不同数量的地标，对郑州市内电信目标进行分析定位。

由于SLG算法步骤中使用的CBG算法在中国网络运营商间独立性高及分层现象明显的条件下定位效果很差[7]，在实验过程中仅使用SLG算法的后半部分，人工对其提供地标信息并以此定位。LBG算法定位过程不使用地标信息，故不参与实验四、五。

此外，在探测目标网络拓扑信息时，综合使用ICMP、TCP、UDP、ICMP-paris、UDP-paris五种类型的协议，通过采用多协议路径探测，提高拓扑信息获取规模。ICMP-paris和UDP-paris协议还会避免错误路径信息的产生。

2. 定位对比实验及分析

本节分别对实验设置中提出的几种情况进行对比实验，结果如下。

1)不同城市的定位结果

在对比实验中，考虑到城市的位置与规模可能会定位结果产生影响，分别对中国分布较为平均的12个省会级城市、中国河南省内10个城市、美国加利福尼亚州内7个城市在同一ISP环境下进行定位实验，对比实验结果如图6-23～图6-25所示。

经统计，在中国省会级城市的定位实验中，LBG算法、SLG算法和本节算法的平均定位成功率分别为73.10%、94.13%和97.67%；在中国河南省内城市的定位实验中，LBG算法、SLG算法和本节算法的平均定位成功率分别为73.76%、93.16%和97.39%；在美国加利福尼亚州城市的定位实验中，LBG算法、SLG算法和本节算法的平均定位成功率为89.49%、97.25%

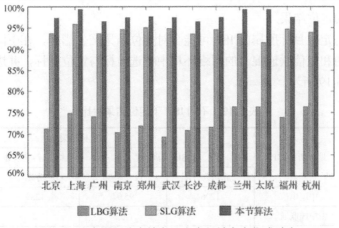

图 6-23 中国部分直辖市及省会级城市定位成功率

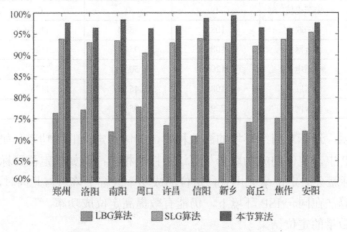

图 6-24 中国河南省部分城市定位成功率

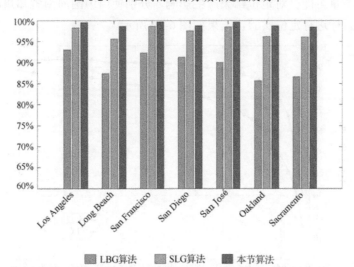

图 6-25 美国加利福尼亚州部分城市定位成功率

和 99.05%。实验结果表明，在同一 ISP 环境下，城市位置、规模对定位结果影响不大。与此同时，本节算法与 LBG、SLG 等算法相比，进一步提高了城市级的定位成功率。

2）不同 ISP 的定位结果

考虑到地标与定位目标所属的 ISP 可能会对定位结果产生影响，在中国河南省郑州市中分别在电信、联通和电信联通混合的网络环境中挑选地标与定位目标，并进行定位实验，对比实验结果如表 6-19 所示。

表 6-19　不同 ISP 下定位结果对比

定位目标所处 ISP	地标所处 ISP	定位结果			
		SLG 算法		本节算法	
		成功数/个	成功率/%	成功数/个	成功率/%
中国电信	中国电信	1206	95.04	1239	97.64
	中国联通	0	0	2	0.16
	混合网络	1206	95.04	1241	97.79
中国联通	中国电信	0	0	0	0
	中国联通	1085	95.34	1125	98.86
	混合网络	1085	95.34	1125	98.86
混合网络	中国电信	1206	50.10	1239	51.47
	中国联通	1085	45.08	1125	46.74
	混合网络	2291	95.18	2378	98.80

实验结果表明，地标对网络环境的涵盖程度，会影响定位的成功率。如果定位目标与地标所处在同一 ISP 中，定位的成功率会与算法的性能相当；而如果定位目标与地标所处不在同一 ISP 中，地标就会对定位毫无用处，定位的成功率大幅下降。与此同时，与 SLG 等典型算法相比，本节算法在同一 ISP 环境下，仍能有效提高定位成功率。

3）不同地标数量的定位结果

考虑到地标数量可能会对定位结果产生影响，分别使用中国河南省郑州市内不同数量的地标对郑州市内目标进行定位实验，结果如图 6-26 所示。

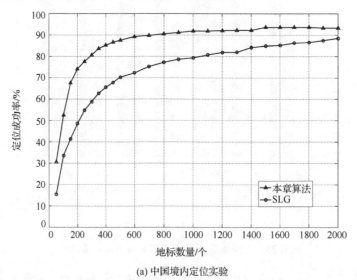

(a) 中国境内定位实验

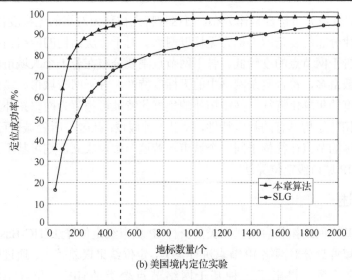

(b) 美国境内定位实验

图 6-26　定位成功率随地标数量变化情况

实验结果表明，地标数量会对定位成功率产生影响，地标数量上升时，定位成功率也会随之上升。与此同时，由于算法中存在地标扩展步骤，本节算法在地标数量较低时定位效果比 SLG 要好。例如，在图 6-26 中，当地标数量为 500 个时，该算法在美国的地理定位成功率比 SLG 算法高 20.3%。

4) 实验数据汇总

最后，总结了各项试验结果，计算了综合网络环境下各算法的定位成功率。如表 6-20 所示，与 LBG 和 SLG 相比，本节算法将城市级定位成功率从 74.86 提升至 97.67%。

表 6-20　实验结果汇总

算法	LBG 算法		SLG 算法		本节算法	
国家	中国	美国	中国	美国	中国	美国
目标数/个	31924	2746	34331	2746	34331	2746
成功数/个	23418	2484	32227	2679	33491	2723
成功率/%	73.36	90.46	93.87	97.56	97.55	99.16
	74.86		94.14		97.67	

当前的典型 IP 城市级定位算法通过时延测量、地标比对等方式来推断目标的所处位置，定位成功率及准确性受到目标网络中上述条件的影响。为减轻了对上述条件的依赖，本节提出了一种基于 PoP 网络拓扑的目标 IP 城市级定位算法，通过时延与匿名路由分析来提取目标城市的 PoP 级网络，并利用 PoP 级网络与用户的地理位置相关性来完成目标的位置估计。实验结果表明，相比 LBG、SLG 等典型算法，本节提出的算法在降低了对时延精度和地标数量要求的同时，还得到了更高的城市级定位成功率。

6.6　基于社区发现的 IP 城市级定位算法

现实世界的网络大部分都不是随机网络，少数的节点往往拥有大量的连接，而大部分节点却很少，节点的度数分布符合幂律分布，而这种特点被称为网络的无标度特性(scale-free)，将度分布符合幂律分布的复杂网络称为无标度网络。对于分层结构的网络拓扑，骨干网结点的度非常高，非骨干网节点的度较低。骨干网节点主要分布在若干个大城市，数量较少，其他非骨干网节点数量多，符合复杂网络中的无标度特性。骨干网与城市、城市与城市之间的网络拓扑呈现高度的集群化特征。网络拓扑的集群化特征可理解为网络拓扑具有社区特性。

考虑到网络拓扑结构具有的社区特性，提出一种假设：社区与所处城市可能存在相关性，并且属于同一社区的节点往往位于同一个城市。若这个假设成立，则可基于该假设进行基于社区发现的目标 IP 城市级定位算法。

6.6.1　问题描述

现有经典的基于网络拓扑启发式聚类的目标 IP 城市级定位算法(HC-Based 定位方法)[15]基于网络结构的集群划分对网络 IP 节点进行聚类，定位结果误差较大。通过分析社区结构特性与网络拓扑的关系，提出了一种基于网络节点聚类的 IP 定位(City-level Target IP Geolocation Based on　Network Node Clustering, NNC)算法。该算法结合复杂网络理论，将网络拓扑视为一种典型的复杂网络结构，将启发式聚类算法中的集群与复杂网络理论中的社区对应起来，采用模块度衡量社区结构的强度，利用 Louvain 社区发现算法对网络拓扑中的节点进行聚类，将网络拓扑划分为不同的社区，最终利用社区投票确定社区及目标 IP 的地理位置。该算法避免了现有基于网络测量定位算法需要添加约束的问题。

事实上，在实际网络环境中，多级分层架构的网络运营商网络通常包括省(或州)际和省内骨干网络，省内又包含许多城域网等，这种结构将运营商网络划分成等级不同的区域网络，如省网、城域网等。骨干网与非骨干网(包括省网和城域网)之间的关系如图 6-27 所示。

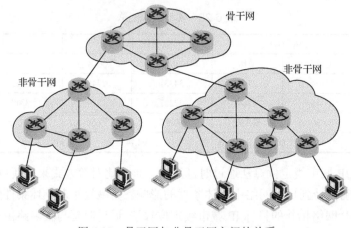

图 6-27　骨干网与非骨干网之间的关系

城域网是承载城市与骨干网连接的网络，其作用是降低同一个城市内部节点之间的网络时延。由于城域网的存在，实际网络的拓扑结构除满足复杂网络中的无标度特性外，还存在着显著的社区结构特性，处于同一社区内部的网络实体之间的连接较为紧密。反过来看，我们可通过分析网络拓扑中的社区结构特性，对目标 IP 进行定位。定位的基本思路是：对目标IP 进行多次探测，将探测得到的拓扑路径集合进行网络社区结构划分，依据社区位置投票的结果实现对目标 IP 的定位。

表 6-21 列出了随机抽取的河南省 7 个城市的 IP 分布情况和该网络拓扑中城市内部与城市之间的连接数。表 6-21 结果表明，在互联网分层架构以及城域网的综合影响下，城市内节点的网络连接数要远高于城市之间节点的连接数，城市与城市之间的社区结构较为明显，从一定程度上证明了网络拓扑中社区结构的存在性。

表 6-21　河南省城市内部与城市之间 IP 连接数统计表

城市(IP 连接总数)/个	郑州	洛阳	焦作	新乡	开封	许昌	鹤壁
郑州(741)	818	26	3	1	1	28	0
洛阳(252)	26	102	0	1	0	13	4
焦作(306)	3	0	170	0	0	4	0
新乡(380)	1	1	0	370	0	0	0
开封(279)	1	0	0	0	330	1	0
许昌(405)	28	13	4	0	1	464	0
鹤壁(484)	0	4	0	0	0	0	86
其他城市(153)	74	144	150	44	12	23	409
IP 连接总数/个	951	290	327	416	344	533	499

6.6.2　算法原理与主要步骤

基于社区发现的 IP 城市级定位算法的主要思想是利用社区发现算法对网络拓扑社区进行聚类，结合投票机制定位社区所在地理位置，目标 IP 根据所处社区确定其地理位置。定位算法原理框架如图 6-28 所示。

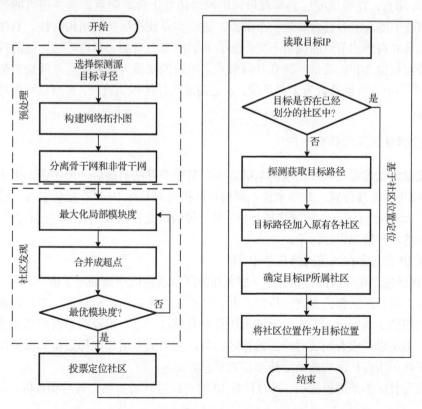

图 6-28　基于社区发现的 IP 城市级定位算法原理框架图

1. 社区发现

在对网络进行社区发现时采用了 Blondel 等于 2008 年提出的 Louvain 社区发现算法[16]，该算法是一种贪心的基于模块度优化的非重叠社区发现算法。

模块度也称模块化度量值，是目前常用的一种衡量网络社区结构强度的方法，模块度的定义为

$$Q = \frac{1}{2m} \sum_{i,j} \left(A_{i,j} - \frac{k_i k_j}{2m} \right) \delta(c_i, c_j) \tag{6-18}$$

式中，$A_{i,j}$ 表示连接节点 i 与 j 边的权值；$k_i = \sum_j A_{i,j}$ 表示和节点相连的边的权值之和；c_i 表示 i 所属的社团；$\delta(u,v)$ 表示 u 与 v 是否为同一个社团，若 u 与 v 为同一个社团，此值为 1，否则为 0；$m = \frac{1}{2} \sum_{i,j} A_{i,j}$；$Q \in [-1,1]$，$Q$ 值越接近 1，社区结构强度越高，表明所划分的社区结构越好。

Louvain 社区发现算法由最大化模块度和合并超点两个阶段组成，是一个迭代循环的过程。

(1) 最大化模块度。在分离得到的非骨干网上，将所有节点视为独立社区并计算模块度。对任意节点，扫描其所有邻接节点，在此基础上尝试将每个节点向周围社区迁移，使模块度尽可能增大，若模块度达到局部最优，则将其加入邻接社区。

(2) 合并超点。在模块度达到局部最优的网络拓扑上合并超点。合并超点的基本思路是将原网络拓扑中的社区各自合并为一个节点，进一步寻找深层社区结构特性。具体来说有三条规则：①合并得到的节点的权值不变；②合并后的节点增加一条自连边，边的权值为原社区中所有节点权值之和的两倍；③合并后节点之间边的权值为原两社区之间边权值总和。

(3) 判断当前模块度是否为全局最优，若是则进入社区投票阶段，否则返回循环(1)和(2)这两个阶段。

2. 基于社区位置定位目标 IP

社区投票定位建立在社区发现的基础之上，是整个算法的最后一个步骤，用于最终确定目标 IP 的城市级地理位置。具体来说，利用社区投票对目标 IP 进行定位包含两种情况，其中一种是目标 IP 已包含在当前网络拓扑中，另一种情况是目标 IP 不包含在当前网络拓扑中。下面分别对这两种情况进行讨论。

1) 目标 IP 已包含在当前网络拓扑中

目标 IP 已包含在当前网络拓扑中，那么在社区发现阶段应该确定了所属社区。利用该社区中所有节点对社区所属位置进行投票，若某城市所得票数的比例超过一半，则说明该社区中所有节点均处于该城市；若无一个城市所得票数超过一半，则说明当前网络拓扑中的节点数量过少，不足以形成有城域网特征的社区结构，应当适当增加地标数量和探测次数，直到整个网络拓扑中所有社区均能确定地理位置信息。

得到所有社区的地理位置后，再对目标 IP 的定位时只需要确定其所属社区，即可完成城市级定位。

2）目标 IP 不包含在当前网络拓扑中

目标 IP 不包含在当前网络拓扑中，为了利用社区信息对该目标进行定位，需要与当前网络拓扑建立关联，可通过增加探测次数，必要时可增加探测源数量，尽可能得更完整的拓扑路径，保证与当前网络拓扑有重合路径。在该前提下，可不用重新对整个网络拓扑进行社区发现，而采用社区增量的方式确定目标 IP 及其探测路径上 IP 所属社区。具体来说，类似 Louvain 社区发现算法中第一阶段优化模块度的过程，尝试将目标 IP 及其探测路径上的 IP 向与之连通的社区迁移并计算模块度增量，然后将目标 IP 及其探测路径上的 IP 并入使模块度增量最大的社区。此时目标 IP 已经增加至当前网络拓扑中，可采用与第一种情况相同的方法确定目标 IP 的城市级地理位置。

6.6.3　算法分析

本节主要对基于 NNC 的城市级 IP 方法的性能进行分析。

1. 分离骨干网与非骨干网对定位结果的影响

在基于社区发现的网络拓扑聚类算法中，将骨干网与非骨干网分离是至关重要的一步，尤其在连通性较弱的分层网络环境中。通过分离骨干网和非骨干网络，能够使网络拓扑的社区结构特性更加明显，提高目标 IP 的定位精度。以河南省内的网络拓扑为例，如图 6-29 所示。

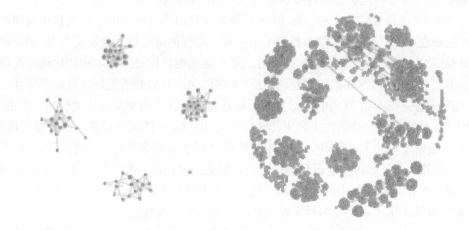

图 6-29　骨干网与非骨干网分离示意图

图 6-29 是分离骨干网与非骨干网之后的网络拓扑结构，虚线左边为骨区结构表现得非常明显，对目标 IP 的社区定位更加精准和高效，甚至可用肉眼区分不同的社区。

从复杂网络理论的角度来看，骨干网节点属于少量但却拥有大量连接的节点。对社区发现算法而言，这样的节点往往与多个社区有着很强的关联，容易引入较多初始噪声。因此，通过分离骨干网与非骨干网，不仅可以强化骨干网与非骨干网中的社区结构强度，还可以提高社区发现的效率。

随着城域网络建设的不断完善，网络服务的速度和质量将会进一步提高，负载均衡技术越来越成熟，网络的可靠性和稳定性将进一步增强，不同城市之间的链路连接也将更加快速便捷。但相应的，网络拓扑结构将更加复杂，为满足负载均衡的要求，链路的动态变化也更加频繁和不可预知。

2. 与 HC-Based 定位算法的原理对比

相比 HC-Based 定位算法，提出的 NNC 定位算法，主要有以下四点优势。

1) 不依赖固定的规则库，通用性较好

HC-Based 定位算法提出的规则大多基于作者对网络拓扑结构的直观认识，本质上是一种规则化的算法，缺乏很好的理论支持。在实际应用中，能解决一些问题，而在另一些规则中未定义的或例外场景的条件下，往往不能发挥作用。若要适应这些例外场景，必须人工额外定义新规则，添加进规则库才能保证算法正确运行。而 NCC 定位算法，通过引入社区模块度的概念并以此作用评价社区结构强度的标准，不依赖固定的规则，实质是将复杂网络理论作为理论基础，有着较好的通用性。

2) 有明确的社区结构强度衡量标准，准确率更高

HC-Based 定位算法中将若干有一定通连关系的节点构成的集合称为集群(cluster)，与社区发现中的社区有一定相似性，但采用的是规则化的划分方法，因此缺少一个科学的衡量社区结构强度的标准。例如，HC-Based 定位算法中集群最小节点个数设定为 5，但并未给出一个合理的解释，而基于社区发现的网络拓扑聚类定位算法使用模块度衡量社区结构强度。模块度的定义是在概率论基础上通过随机图中节点的度以及它们之间的连接关系推导而来，既符合人们的直观理解，又有严密的数学推导。因此，使用模块度衡量社区结构强度更加科学合理。

3) NCC 定位算法对地标准确性要求低，具有很好容错性

在传统的 IP 定位算法中，对目标 IP 进行测量往往离不开准确的地标信息作为辅助。因此，地标挖掘在 IP 定位中是非常重要的一个步骤，地标的可靠性直接决定着 IP 定位的准确度。从现有研究来看，最可靠的地标挖掘方式是实地勘察，但是其成本和代价较为高昂，而通过其他方式(如基于网络数据挖掘获取地标)又难以保证获取到的地标具有高可靠性。提出的 NCC 定位算法不依赖于准确的地标数据，而是利用位置查询结果可靠性较为一般的 IP 地址数据库，在社区划分的基础之上利用社区投票估计目标 IP 的地理位置。这样做的依据是：IP 地理位置数据库中的大多数 IP，其城市级地理位置信息是准确的，只要大部分 IP 的城市级位置信息是准确的，即可保证最后的社区投票结果是可信的。而现有研究指出 IP 地理位置数据库其城市级信息准确率大约为 77%，因此该算法的大部分投票结果是可信的。

4) NCC 算法采用了层次化的社区发现算法，时间复杂度较低

HC-Based 定位算法需要反复循环遍历网络拓扑图，时间复杂度较高。NCC 定位算法采用 Louvain 算法进行网络节点聚类，Louvain 算法作为一种层次化的社区聚类算法，通过合并超点将社区发现的过程逐步简化，每次合并超点之后，下一轮迭代的效率均有大幅提升。已有分析表明，Louvain 算法的时间复杂度接近 $O(n\log n)$，其中，n 为节点个数。因此，与现有 HC-Based 定位算法相比，采用 Louvain 算法，能有效提高网络节点聚类的效率。

6.6.4　实验结果与分析

为了验证提出的 NCC 定位算法的性能，我们进行了大量的实验测试。

1. 实验设置

1) 实验数据

为测试验证算法的有效性，利用阿里云内部的一台主机作为探测源，选取了河南省内 7

个城市、山东省内 6 个城市和陕西省内 6 个城市的 IP 作为探测目标，从每个省分内随机抽取 3000 个 IP，共计 9000 个待探测目标 IP。实验部分 IP 地址数据是从 2015 年 12 月 20 日纯真 IP 地址数据库发布的数据中抽取的，该数据库给出了 IP 地址的城市级位置信息和运营商信息，实验中用的数据库包括纯真数据库、IPcn、IP138。

2）评价标准

选择了两种评价指标对算法的效果进行评估：①模块度。模块度是复杂网络领域中一个经典的评价指标，可用于衡量网络拓扑中社区结构的强度，反映算法对网络拓扑中复杂关系的解析能力。模块度的计算方法如式(6-18)。②准确率、召回率和 F_1 值。该评价指标反映了算法对目标 IP 的定位能力和对 IP 地址数据库的纠错能力。对目标 IP 的定位问题可视为对 IP 地址数据库的纠错问题，只是在定位完成之后无须与数据库中的地理位置信息进行比对。在计算准确率和召回率时，需要先统计真阳、假阳等值，具体如表 6-22 所示。

表 6-22　实验设置

	QQWry 中的错误数据（正例）	QQWry 中的正确数据（负例）
被算法找到的错误数据	TP（true positives，正例且被算法所找到）	FP（false positives，负例却被算法所找到）
未被算法找到的错误数据	FN（false negatives，正例但未被算法所找到）	TN（true negatives，负例且未被算法所找到）

实验通过上述聚类算法得到的 L 个 IP 地址的地理位置与通过查询纯真数据库得到的 IP 地址的地理位置作比较，若比较结果不一致则认为 IP 地址修改，修改的 IP 地址个数为 A；与 IPcn 和 IP138 查询结果一致的 IP 有 TP 个；与 IPcn 和 IP138 查询结果不一致的 IP 有 A-TP 个，即 FP 个。

若比较结果一致则认为 IP 地址未修改，未修改的 IP 地址个数为 B；未修改的数据 $B(L$-$A)$ 中，与 IPcn 和 IP138 数据库查询结果一致的 IP 有 TN 个；与 IPcn 和 IP138 查询结果不一致的 IP 有 B-TN 个，即 FN。

设准确率为 P，召回率为 R，则准确率为

$$P = \mathrm{TP} / (\mathrm{TP} + \mathrm{FP}) \tag{6-19}$$

召回率为

$$R = \mathrm{TP} / (\mathrm{TP} + \mathrm{FN}) \tag{6-20}$$

F_1 值是准确率和召回率的调和平均值，则有

$$\frac{2}{F_1} = \frac{1}{P} + \frac{1}{R} \tag{6-21}$$

2. 定位结果实验

对提出的 NCC 定位算法与现有的 HC-Based 定位算法进行比较。HC-Based 定位算法通过人工定义规则对目标网络拓扑进行聚类，采用启发式聚类的方式确定目标 IP 所属集群（即社区），根据集群特性估计目标 IP 的城市级地理位置。在实现 HC-Based 定位算法时，采用其默认的参数设定：邻居投票阈值为 0.5，集群内最小 IP 数量为 5。在前面内容所述的数据集和参数的设定条件下，对 HC-Based 定位算法和本节算法聚类划分的社区结构模块度进行实验，基于河南省、山东省和陕西省 3000 个网络节点的结果如表 6-23 所示。

从表 6-23 可以看出,本节算法对网络拓扑聚类划分得到的社区结构模块度均在 0.9 左右,具有较高的社区结构强度。而使用 HC-Based 定位算法得到的社区结构。

表 6-23　HC-Based 定位算法和本节算法在社区结构模块度的对比

算法	河南	山东	陕西
HC-Based 算法	0.577	0.653	0.533
本节算法	0.926	0.896	0.931

模块度均在 0.7 以下,社区结构强度较弱,这主要是因为在 HC-Based 定位算法中,存在大量分散的小集群。相比而言,本节算法以模块度为优化社区结构的指标,不需要指定社区内最小 IP 数量,而是通过算法自适应调整社区大小,因此得到的社区结构更加科学合理。实验对河南省网络拓扑采用上述两种算法的聚类结果可视化如图 6-30 所示,图中相同颜色的点处于同一集群。图 6-30(a)是使用 HC-Based 定位算法对河南省的网络拓扑进行聚类的结果示意图,由图中可以看出共划分了 117 个集群,小集群较多,模块度较低。图 6-30(b)是使用本节提出的算法对其进行聚类的结果,从图中可以看出共得到 56 个集群,模块度较高,能更好地展示各个 IP 节点之间的关系,为下一步定位提供了更加准确的网络结构信息。

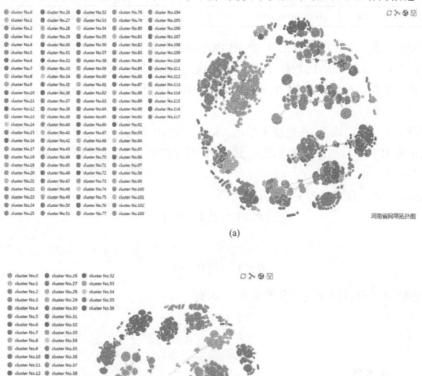

图 6-30　基于 HC-Based 和本节算法对河南省网络拓扑的聚类结果

3. 对 IP 位置数据库的纠错能力实验

本节还针对两种算法对 IP 位置数据库的纠错能力进行了实验比较。基于 NCC 定位算法和 HC-Based 定位算法对 IP 位置数据库中的 IP 进行地理位置定位和修正，分别统计出 HC-Based 定位算法和本节算法在纠错能力上的准确率、召回率和 F_1 值。结果如表 6-24 所示。从表 6-24 中可以看出，本节算法在准确率、召回率、F_1 值等各项指标上均优于 HC-Based 定位算法，其中对三个省的网络 IP，准确率均在 96% 以上，召回率均在 98% 以上。这表明本节算法能够有效利用划分好的社区信息，从社区内部大量 IP 地址信息的统计特征估计出目标 IP 的地理位置，并对异常的位置进行纠正。

表 6-24　对 IP 数据库进行纠错的准确率、召回率和 F_1 值比较

省份	算法	A		B		P (准确率)	R (召回率)	F_1 值
		TP	FP	TN	FN			
河南	HC-based 算法	384	205	2347	64	384/589=65.2%	384/448=85.7%	0.747
	本节算法	444	13	2539	4	444/457=97.2%	444/448=99.1%	0.982
山东	HC-based 算法	430	191	2307	72	430/621=69.2%	430/502=85.7%	0.766
	本节算法	496	17	2481	6	496/513=96.7%	496/502=98.8%	0.977
陕西	HC-based 算法	404	237	2279	80	404/641=63%	404/484=83.5%	0.718
	本节算法	481	9	2507	3	481/490=98.2%	481/484=99.4%	0.986

本节分析了启发式聚类算法中存在的缺点和问题，考虑采用一种更加严密、扩展性更好、效率更高的算法进行网络拓扑聚类。从复杂网络理论出发，本节提出一种基于社区发现网络拓扑聚类 IP 定位算法，该算法以模块度作为衡量社区结构强度的标准，采用高效 Louvain 社区发现算法实现对网络拓扑的聚类，得到不同的社区划分，最终利用社区投票确定目标 IP 的地理位置。实验结果表明，与 HC-based 算法相比，本节算法划分得到的社区结构在模块度上有较大提升，说明本节算法在对网络拓扑的社区结构划分上更加合理准确。此外，本节还利用该算法对国内常用的 IP 地址数据库进行纠错，并与 HC-based 算法进行了比较，本节算法无论是在准确率、召回率还是 F_1 值上，均高于现有 HC-Based 算法。

6.7　基于特征聚类的 IP 城市级定位算法

当前 IP 定位算法主要包括 IP 地址数据库、网络测量、机器学习等方式。在网络测量的过程中，需要从若干探测源对目标进行探测，探测过程中得到的时延、跳数信息在网络测量过程中是作为具体的测量参数，利用探测得到的测量参数，适用 CBG[6] 或 SLG[12] 等算法后即可计算得到目标 IP 的地理位置。在这个定位计算过程中，时延和跳数等参数的数据价值是一次性，即该次计算完成之后便被舍弃。然后这些数据也可以得到充分利用。例如，将网络测量得到的时延和跳数等参数视为目标 IP 相对于探测源的特征，相应的定位结果视为标注，即可将其转换为一个利用机器学习算法的分类问题。在积累了大量地标的测量参数之后，可利用特征聚类区分地理位置差异较大的 IP，并建立一个分类模型，之后根据输入的目标 IP 特征即可判断其地理位置。

本节针对网络测量方式下的 IP 定位算法效率较低的问题,同时也为更充分利用历史测量数据,提出一种基于特征聚类的 IP 城市级定位算法。该算法在 LBG 定位算法基础之上,探测并抽取目标 IP 的多维特征,根据特征聚类的思想,引入决策树算法构建分类模型,最后利用随机森林进一步提高目标 IP 地理位置的预测准确率。

6.7.1　问题描述

Eriksson 等提出了 LBG 定位算法[2],与 CBG 算法等基于测量算法不同,该算法将时延和跳数作为特征,利用贝叶斯模型预测目标 IP 的地理位置。将 IP 城市级定位的问题从一个需要定量计算的过程转换为了一个基于特征聚类进行预测的机器学习问题。具体来说,LBG 定位算法建立在大量已知地理位置的 IP 以及相应若干探源的时延和跳数作为训练数据,在此基础上构建一个贝叶斯分类器,对某个未知的 IP 探测得到相应的时延和跳数信息送入该贝叶斯分类,并预测出该 IP 的地理位置。Eriksson 对目标 IP 定义其测量值集合 $M = \{m_1, m_2, \cdots, m_M\}$,其中 m_1 可定义为时延,m_2 可定义为跳数,m_i 为其他特征参数,在具体实现中,Eriksson 仅用了时延和跳数两个特征。再定义一个城市集合 C,IP 所属的城市为 c,且有 $c \in C$,根据贝叶斯定理,$P(A|B) = \dfrac{P(B|A)P(A)}{P(B)}$,对某个 IP 已知其测量值集合 M,其位于城市 c 的概率为

$$P(c|M) = \frac{P(M|c)P(c)}{P(M)} \propto P(M|c)P(c) \tag{6-22}$$

在大量训练数据的基础上,训练贝叶斯分类器过程的即为

$$\hat{c} = \underset{c \in C}{\arg\max}\, P(c|M) = \underset{c \in C}{\arg\max}\, P(M|c)P(c) \tag{6-23}$$

式中,$P(M|c)$ 可从训练数据中统计得到,Eriksson 等计算 $P(c)$ 时是人口密度的角度进行考虑的,某城市 c 所对应的 IP 出现的概率与该城市的人口密度成正比。所以有

$$\hat{P}(c_i) = \frac{\text{Population of } c_i}{\sum_{j \in c} \text{Population of } c_i} \tag{6-24}$$

根据目标 IP 的输入特征预测其所处城市:

$$\hat{c} = \underset{c \in C}{\arg\max}(\lambda_{\text{pop}} \log \hat{P}(c) + f_{\text{hop}} + f_{\text{lat}}) \tag{6-25}$$

式中,$f_{\text{hop}} = \lambda_{\text{hop}} \sum_{j=1}^{m} \exp(-\text{j} \cdot \gamma_{\text{hop}}) \log \hat{P}(h_j|c)$,$f_{\text{hop}} = \sum_{j=1}^{m} \exp(-\text{j} \cdot \gamma_{\text{lat}}) \log \hat{P}(l_j|c)$。

LBG 算法的基本流程如图 6-31 所示。

Eriksson 等利用 Planetlab 计算机集群,利用现有 iPlane 计划的数据,通过 Planetlab 进行探测得到实验数据。通过实验表明,基于学习的 IP 定位算法比 CBG 算法要更加准确。

LBG 算法也存在着不足:①LBG 定位算法利用了 NB 分类算法,这就要求首先计算 IP 分布的先验概率,LBG 定位算法在计算 IP 分布的先验概率时使用的是不同城市的人口密度分布,这种计算先验概率的方式在欧美网状结构的架构下比较有效,而在中国网络中的分层架构下,人口分布与 IP 分布之间的关系并不一定是严格正相关的。②在训练过程中,使用

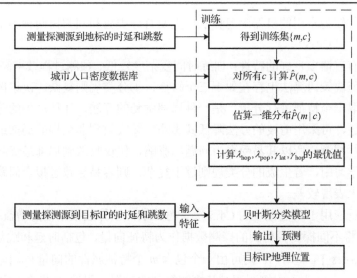

图 6-31 LBG 算法基本流程

NB 分类算法也很难应对特征之间相关联的情况，以时延和跳数为例，这两个特征并非完全独立，对贝叶斯模型的分类的准确率会造成影响。

6.7.2 算法基本原理

针对上述问题，本节在 LBG 定位算法上进行了改进，根据特征聚类的思想，提出了基于特征聚类的 IP 定位算法。LBG 定位算法本质上是对根据探测得到的特征参数建模，得到分类模型后对未知的目标 IP 的地理位置进行预测。但由于建模算法和机器学习算法的选择问题，LBG 定位算法在分层结构网络架构下效果一般。而如果直接从特征聚类的角度出发，绕过人口密度计算和一维分布等烦琐步骤，同样可以实现对目标 IP 的地理位置进行预测，这基于一个非常简单的前提：在不考虑其他复杂因素影响的情况下，若某两个待探测的 IP 的地理位置非常接近，那么从同一探测源分别对其进行探测，经过的探测路径大体一致，所得到的测量参数也应非常接近的。换言之，处于同一城市的 IP，其特征相似度非常高，如图 6-32 所示。

通过前期收集大量数据进行的一些验证，这个基本前提是成立的，在此基础上选择合适的机器学习算法即可构建分类模型。因此，在 LBG 定位算法上进行了改进，根据特征聚类的思想，选择决策树算法用于构建分类模型，最终用随机森林算法提高预测的准确率，并防止过拟合情况的出现。

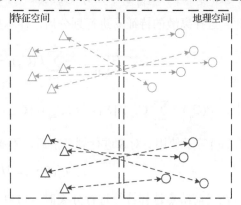

图 6-32 地理空间距离关系与特征空间的相似度关系

1. 基于决策树的 IP 定位算法

随机森林是一个包含多个决策树分类器，最终的预测结果取决于每个决策树的预测结果进行的投票，得票多的类作为最终预测结果。因此，基于生成单一决策树的 IP 定位算法是基础和前提。

决策树是一种较为常用的机器学习算法，主要有分类树和回归树两种类型，典型的决策树算法包括 ID3[17]和 C4.5[18]等。

决策树算法有着诸多良好的特性：训练时间复杂度较低、预测过程效率高，模型易展示、可解释性强等。但决策树算法也存在如下三个缺点：①分类规则复杂。决策树算法在进行结点分裂前，仅选取一个特征进行分析，是一种局部贪婪的算法，往往产生的分类规则相对复杂。针对此类问题，可采用剪枝的办法降低其影响。②收敛到非全局的局部最优解。ID3 算法在搜索中不进行回溯，所以其易受登山问题的影响，仅仅收敛到局部最优解。③过拟合问题。在决策树的学习中，若生成的分类规则过于复杂，则容易导致过拟合问题，即过于适应噪声，在测试集上表现较差。

本节选择广泛应用于其他领域的 C4.5 决策树算法，该算法根据信息增益率来选择特征。对每个 IP 节点，将不同探测源得到的探测数据作为特征向量，包括时延和跳数信息等。已知 IP 集合 $S=\{s_1,s_2,\cdots,s_n\}$，每个 IP 均可由一个包含 m 个特征属性的向量 $V=\{v_1,v_2,\cdots,v_m\}$ 进行表示，其中 $\{v_1,v_2,\cdots,v_m\}$ 为不同探测源对其探测得到的数据，假设 IP 集合 S 中的 IP 属于 k 个不同的类别(城市)，可将 S 划分为 $C_1,C_2,\cdots,C_k$ 共 k 个子集。基于决策树的 IP 定位算法就是利用现有 IP 特征和类别数据，训练得到一个决策树分类模型，对未知类别的 IP，根据其特征向量判断其所属类别。

IP 集合对分类的平均信息量：

$$H(S)=-\sum_{p=1}^{k}P(C_p)\log_2 P(C_p) \tag{6-26}$$

式中，$P(C_p)=\dfrac{|C_p|}{|S|}$，决策树的构建过程就是使划分后不确定性逐渐减小的过程。以任意离散的特征 $v_i(1\leq i\leq m-1)$ 为例，假设 v_i 存在 t 个不同取值 $v_q(1\leq q\leq t)$，那么根据 v_i 的取值，不仅可以将 S 划分为 $S_1,S_2,\cdots,S_t$ 共 t 个子集，还可以将 $C_1,C_2,\cdots,C_k$ 这 k 个子集进一步划分为 $k\times t$ 个子集，每个子集 C_{pq} 表示在 $v_i=v_q$ 的条件下属于第 p 类的 IP 集合，其中 $1\leq p\leq k$，$1\leq q\leq t$。由此，选择离散的特征 v_i 进行划分后，样本集 S 对分类平均信息量为

$$H\left(\frac{s}{v_i}\right)=-\sum_{q=1}^{t}P(C_q)\left(-\sum_{p=1}^{k}P(C_{pq})\log_2 P(C_{pq})\right) \tag{6-27}$$

式中，$P(C_q)=\sum_{p=1}^{t}|C_{pq}|/|S|$，$P(C_{pq})=|C_{pq}|/|S|$，那么利用 v_i 对 S 进行划分的信息增益量 $I_G(S,v_i)$ 等于使用 v_i 对 S 进行划分前后，不确定性下降的程度，即

$$I_G(S,v_i)=H(S)-H(S/v_i) \tag{6-28}$$

在当前结点选择特征进行分裂时，可以使用信息增益量 $I_G(S,v_i)$ 作为参考，优先选择使信息增益量最大的特征 v_i 作为当前结点分裂依据。

对于 IP 定位问题，使用 C4.5 算法最终可以得到形如图 6-33 的一棵决策树。

需要指出的是，图 6-33 仅为生成的决策树部分枝叶示意图，实际生成的决策树特征更为复杂，层数也会更深。

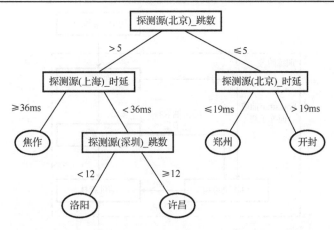

图 6-33　基于决策树的 IP 定位算法生成的决策树示例

2. 基于决策树和随机森林的定位算法

为解决决策树算法中存在的这些问题，Breiman 等提出了随机森林算法[19]，随机森林是一种借助 Bagging 和随机子空间技术得到的一种树的集成学习方案。随机森林是由多个分类决策树组成的分类器，决策树与决策树之间的训练过程互相独立，最后由所有决策树中多数的投票结果来决定最后分类器的输出结果。

随机森林生成单个决策树的过程如图 6-34 所示。

随机森林的特性主要集中在三个方面：①随机抽取训练样本子集，也就是使用有放回抽样（bootstrap sample）得到每一棵决策树的训练子集。②随机抽取特征子集，也就是对每一棵决策树，先随机抽取特征集合再考虑其特征重要性。③所有的决策树都是让其自由生长，不进行剪枝。

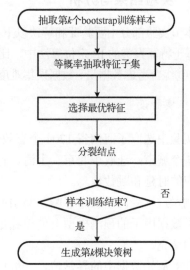

图 6-34　随机森林生成单个决策树的过程

这几方面加入的随机性的处理，使得随机森林相比决策树来说，有较大程度改进。当作用在数据量非常大的样本集合上，原始的决策树容易产生分类规则复杂、层数过深等问题，生成的模型过于复杂，也就必然导致对数据的过度拟合。而随机森林的思路就是训练出在某一个方面有决策能力的决策树，这个决策树几乎不存在复杂度过高或过分拟合数据的问题。从总体上看它是一个弱决策树，但是多个方面的弱分类器集成就能够形成一个强的分类器。

因此在基于决策树的 IP 定位算法的基础之上，可以扩展得到基于随机森林的 IP 定位算法。在单一决策树算法中，训练一个决策树的用到了所有数据和所有特征，而随机森林算法在训练某一棵决策树时采用的是有放回抽样所得到的部分训练数据，在训练某一棵决策树过程中用到的特征也是从特征空间中随机选取的。除这两点区别以外，随机森林算法中训练某一棵决策树的过程与上文完全相同。最终，根据随机森林中每一棵决策树的分类结果投票决定目标 IP 的最优分类。引入随机森林后的基于特征聚类的 IP 定位算法基本流程如图 6-35 所示。

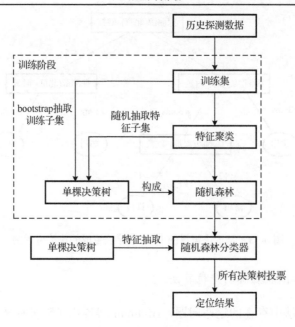

图 6-35　引入随机森林后的基于特征聚类的 IP 定位算法原理示意图

6.7.3　实验结果与分析

本节实验部分主要验证和解决以下三个问题：①验证基于特征聚类的 IP 定位算法的有效性；②在基于特征聚类的 IP 定位算法中，比较 NB、DT 和 RF 三种机器学习算法预测得到的准确率最高；③综合考虑数据量、数据采集难度、时间效率和预测准确率等，需要几个探测源最为合适。

1.　实验设置

实验中选取了河南省 1704 个有效地标，分布于郑州、开封、洛阳、焦作、新乡、许昌、鹤壁 7 个城市，选取了北京、上海、青岛、深圳 4 个探测源分别对这些地标进行探测，得到了相应的时延和跳数信息。

测量过程受网络状态影响，易产生大量误差，同时还存在部分数据缺失的问题。直接将这类数据用于的预测模型会使得稳定性较差。因此，在进行模型训练前，必须先进行数据清洗和填充。

针对原始数据中的异常值，一般可采用取同一类数据的平均值或众位数。本节实验中针对时延的异常值采用取平均值的方式，对跳数采用取众位数的方式。针对原始数据中的缺失值也可采用类似平均值或众位数的方式，但更为合理的方式是在已知特征数据的基础上，利用已知特征进行聚类，使用与其最接近的完整数据点进行数据填充，如表 6-25 中的示例数据。

表 6-25　四个探测源的示例数据

地标	beijing_delay	beijing_hop	shanghai_delay	shanghai_hop
A (221.14.18.237)	20772	13	—	—
B (202.111.140.119)	14512	6	33867	11
C (123.7.62.112)	20568	10	36602	12

表 6-25 中包含 A、B、C 三个地标的探测数据，A 为不完整数据点，B 和 C 为完整数据点。其中 A 点的上海探测源数据缺失，需要从完整数据点 B 和 C 中选取一个更合适的进行数据填充，此时可利用仅有的北京探测源数据。利用聚类算法即可以得出，C 点的北京探测数据与 A 点更为接近，因此 C 点与 A 点聚集到同一类的可能性较大，可将 C 点的上海探测源数据直接填充到 A 点中。

在实际处理过程中，所涉及的数据维度更高，可利用的特征信息也更为充分，该实验在此基础上进行聚类，选取与不完整数据点最接近的完整数据点进行数据填充。

2. 实验结果与分析

对实验数据清洗完成之后，将其划分为训练集和测试集，其中训练集占 70%，测试集占 30%，在训练集上分别用基于 NB、DT 和 RF 的算法进行训练，得到 3 个对应的分类器，并在测试集上对预测准确率进行评估，实验结果如表 6-26 所示。

表 6-26　不同算法的 IP 地理位置预测准确率

算法	准确率/%
NB（LBG 算法）算法	44.5
DT 算法	77.0
RF 算法	84.5

从表 6-26 中可以看出，基于特征聚类的 IP 定位算法中，采用随机森林算法作为底层实现的机器学习算法的准确率较高。而采用 NB 算法得到结果较为一般，与 Eriksson 等在论文中的实验结果也有较大差距，具体原因前面内容已进行了分析，即所使用的数据集特点不同：北美地区网络属于网状架构，中国网络属于分层架构，在分层架构下网络时延的大小并非与距离呈简单的线性关系。NB 算法针对比较简单的网络架构效果较好，而无法很好处理复杂的分层架构。对决策树算法而言，其往往在训练数据上表现良好，但受过拟合因素的影响，实际在测试数据上的效果一般，本实验也验证了这一点。

在保证预测准确率的前提下，本节想更进一步，试图用尽可能少的探测数据得到更为准确的结果，以节约前期的探测时间。本节设计了另外一个实验，分别在 2 个探测源、3 个探测源和 4 个探测源的探测数据上利用随机森林算法进行训练，并对预测准确率进行评估，如表 6-27 和图 6-36 所示。

表 6-27　各算法不同探测源下的预测准确率对比　　　　　　　　　　（单位：%）

算法	1 个探测源	2 个探测源	3 个探测源	4 个探测源
NB 算法	33.5	39	42.0	44.5
DT 算法	65.5	72.5	76.0	77
RF 算法	65	78.5	84.0	84.5

随着探测源个数增加，无论采用哪种机器学习算法，改进的基于学习的城市级 IP 定位算法的预测准确率均有提高。同时，观察表 6-27 和图 6-36 中观察后可知，当探测源数量从 3 增加到 4 之后，预测准确率的提升非常微小。而考虑到增加一个探测源所带来的时间开销和训练开销均会大幅增加，因此使用 3 个探测源较为合适。

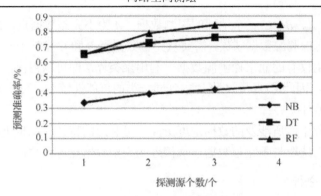

图 6-36 预测准确率与探测源个数关系

与 Eriksson 等论文中的实验结果对比，虽然同样使用了 NB 算法，但本节的实验得出的预测准确率却比 Eriksson 等的低得多。这主要是因为本文使用的数据集和 Eriksson 等的不同。Eriksson 等在美国的网状结构网络架构下，利用 Planetlab 进行探测得到数据，在网状结构下，时延和跳数信息与探测源和目标之间的物理距离有着较强的关联性，有时甚至呈线性关系，使用简单的 NB 算法即可得到较好的效果；而本节是在中国的分层网络架构下利用普通探测源得到的探测数据，探测源与目标之间的物理距离与时延和跳数之间的关系较为复杂，在该场景下使用 NB 算法效果较为一般。

与 CBG 等网络测量算法相比，基于特征聚类的 IP 定位算法有优势也有不足。从实验结果来看，基于特征聚类的 IP 城市级定位算法仅使用 1 个探测源就可以达到 65%左右的准确率，而 CBG 等算法至少需要 3 个探测源才可对目标范围进行预测估计。但这并不意味着基于特征聚类的 IP 城市级定位算法优于 CBG 算法，更不能完全取代 CBG 算法，两者在原理上有着本质的区别。CBG 算法通过网络测量的方式，以类似几何原理的方式估计目标的大致范围，并不需要积累大量的地标数据，仅需要知道探测源的位置信息和探测数据即可估计目标位置，估计所得到的位置并不一定在现有地标数据集中。而基于特征聚类的 IP 城市级定位算法是建立在现有大量可信的地标数据基础之上，将探测源对其探测得到的探测参数作为特征进行训练，对目标 IP 根据其探测参数预测其位置，预测得到的位置信息一定在现有的地标数据集中。

因此，基于特征聚类的 IP 城市级定位算法并不适用于缺少地标数据的场景或目标 IP 位置与现有地标数据差异较大的场景。

在基于网络测量的 IP 定位算法中，IP 探测数据仅有一次性的计算价值。本节提出了一种基于特征聚类的 IP 城市级定位算法，充分挖掘了历史 IP 探测数据的潜在价值。基于特征聚类的 IP 城市级定位算法在基于学习的 IP 定位算法基础之上，绕过了计算人口密度的一维分布等烦琐过程，根据特征聚类的思想，引入 DT 算法构建分类模型，最后利用 RF 提高了目标 IP 地理位置预测的准确性和抗过拟合性。具体算法流程包括三个过程，首先对所有地标进行探测得到尽可能多的探测数据作为训练集，然后在训练集上基于 DT 算法生成分类器，最后利用 RF 算法生成多棵决策树，提高预测的准确率和抗过拟合性。实验结果表明，相比传统的 IP 定位算法和 LBG 定位算法，基于特征聚类的城市级 IP 定位算法能更充分利用历史探测数据，定位准确率要高于 LBG 定位算法。

6.8　基于强连接子网的 IP 城市级定位算法

很多基于网络测量的 IP 城市级定位算法(如 CBG 算法、GeoGet 算法等)基于如下重要假设，即城市间绝对时延和距离之间存在强相关性。在整体呈现弱连接的网络中，这些定位算法的精度受到较大影响。本节提出了基于强连接子网的 IP 城市级定位算法。该算法分析弱连接网络的城市级绝对时延-距离相关性特点，从弱连接网络中寻找强连接子网来对目标 IP 进行定位。

6.8.1　问题描述

目前，城市级 IP 定位技术主要包括 3 类：IP 定位数据库、基于数据挖掘的 IP 定位和基于时延测量的 IP 定位。主流 IP 定位数据库中的多数 IP 地址属于少数几个发达国家，其他国家的 IP 地址少且多数仅为国家级精度，难以满足需求。而现有的基于数据挖掘的 IP 定位方法，由于很多国家的网络服务尚不发达，仅能覆盖这些国家的部分 IP 地址。

基于网络测量的 IP 定位通过在目标网络中部署已知地理位置的探测主机和地标，并根据探测主机和地标间的测量数据，建立起目标网络主机间时延-距离转换关系(有时也包括拓扑-距离关系)。根据转换关系，可估计目标 IP 与探测主机、地标之间的距离，并最终估计出目标 IP 的地理位置。理论上，基于网络测量的 IP 定位可以定位目标网络中所有响应探测的 IP 地址。因此，如果想在广大发展中国家的多数目标 IP 提供可靠的定位服务，基于网络测量的 IP 定位具有重要价值。

时延-距离转换关系是基于网络测量的定位算法的核心，虽然它们各不相同，但是本质上都建立在一个重要假设上：目标网络中，城市级主机间绝对时延和直线地理距离之间存在强相关性。该假设已在部分欧美发达国家的网络中得到验证，这些网络一般统称为强连接网络。而很多发展中国家因网络建设较晚，基础设施薄弱，其城市级主机间绝对时延和直线地理距离往往相关性较弱，难以满足这些 IP 定位算法的需求，这些网络一般统称为弱连接网络。

本节试图提出一种算法，能够使得现有基于网络测量的 IP 定位算法，在不经过较大修改的情况下，在整体呈现弱连接的网络中，提供接近强连接网络的较高定位精度。目前主要的基于网络测量的 IP 定位算法包括 GeoPing[1]、TBG[8]、Octant[9]、SLG[12]、CBG[6]和 GeoGet[7]等。由于 GeoPing 在强连接网络中的定位误差高达 380 公里，且 GeoGet 和 CBG 算法已经被证明比 GeoPing 的精度要高。因此，本节不再讨论对 GeoPing 算法的改进。TBG 和 Octant 等算法通过引入拓扑信息获取了比 CBG 算法更高的定位精度。不过，很多网络中缺乏它们所依赖的中间路由器城市级位置信息，难以重现和应用。此外，Octant 算法需要建立指明探测主机到目标主机距离下界的负时延-距离约束。已有文献指出，负约束在弱连接网络中无法建立。SLG 则是一种 IP 街道级定位算法，它的第一步是利用一种简化版的 CBG 算法来确定目标 IP 所处大致区域，而本节主要关注城市级 IP 定位。综上所述，本节选择 CBG 算法和 GeoGet 算法作为要改进的目标算法。下面对这两种算法与绝对时延-距离相关性的关系进行分析。

在 CBG 算法中，探测主机测量到地标的绝对时延和直线距离。据此，每台探测主机分别画出本机的绝对时延-距离关系直线。这是一条距离所有(绝对时延，距离)时延对最近的下界直线，称为 bestline。每台探测主机随后利用 bestline 和到目标 IP 的绝对时延来估计其到目标 IP 的直线地理距离，再以自己位置为圆心，以估计距离为半径画圆，所有圆共同交汇部分即为目标 IP 的所处地理范围。CBG 算法实质上建立在如下假设上：探测主机对地标的个体城市级绝对时延-距离相关性很强，且探测主机对目标 IP 的个体城市级绝对时延-距离相关性也很强。若探测主机到地标或目标 IP 的个体城市级绝对时延-距离相关性较弱，将会使得探测主机到目标 IP 的估计距离远超实际距离。在绝对时延-距离相关性为 0.3 的中国网络中，各探测主机估计距离与实际距离之间的差值普遍过大。其中值为 2152km，考虑到中国国土最长直线距离仅为 3712km，实际上形成的各个圆已经覆盖全国范围，定位误差过大。

GeoGet 算法中，目标 IP 需要主动测量到各个地标的绝对时延，算法将目标 IP 映射到与其绝对时延最小的一台城市级地标上。GeoGet 算法实质上建立在如下假设上：大部分目标 IP 都遵循"绝对时延最小，距离最小"的规律。该规律与目标 IP 到各地标的城市级个体绝对时延-距离相关性联系紧密，一般而言，当主机的个体时延-距离相关性较强时，时延随距离增长而增长，主机的最小绝对时延更有可能来自较近的地标；而个体时延-距离相关性较弱时，时延与距离之间关系不明显，主机的最小绝对时延有可能来自较近的地标，也有可能来自较远的地标。因此，和 CBG 算法相同，GeoGet 算法的精度也随目标网络城市级绝对时延-距离相关性的增强而提高，随其减弱而降低。

从以上分析可知，现有经典算法在很多发展中国家的弱连接网络中的定位精度将明显弱于强连接网络中的定位精度。为了在弱连接网络中提高经典算法的定位精度，本节提出了一种基于强连接子网的 IP 定位算法。首先，该算法寻找类似 ISP、城市级位置等能够影响绝对时延-距离相关性强弱的可靠主机属性。然后，基于这些属性设计一种分类策略，将一个整体呈现弱连接的网络划分为多个内部绝对时延-距离相关性可能较强的子网。随后，对各子网的绝对时延-距离相关性进行测量，选取出所有强连接子网。最后，根据寻找到的强连接子网，经典 IP 定位算法重新部署探测主机和地标，使得目标 IP、探测主机和地标等特定主机之间的绝对时延-距离相关性达到算法要求，从而提高算法定位精度。在中国大陆互联网的实验中，基于强连接子网的 IP 定位算法将整体多 ISP 城市级绝对时延-距离相关性很弱的网络划分为多个子网，其中 25%的子网为强连接子网。两种经典 IP 定位算法 GeoGet 和 CBG 的定位精度得到了明显提高：GeoGet 的城市级定位准确率从 38%提高到 97%，CBG 的中值定位误差减少了 50%。

6.8.2　算法主要步骤

本节将详细介绍如何在弱连接网络中获得更高的定位精度。该算法的大致流程包括如下 4 步。

(1) 部署探测主机和地标初始集合，测量目标网络连通性。

(2) 基于主机属性搜索强连接子网。

(3) 基于搜索到的强连接子网部署地标和探测主机。

(4) 基于强子网、重新部署的探测主机、地标等修改经典 IP 定位算法来定位目标 IP。

1. 测量目标网络连通性

首先我们需要判断目标网络是"强连接"还是"弱连接"。目前关于"强连接网络"和

"弱连接网络"的概念尚未有严格定义。本文基于绝对时延-距离相关性对其进行定义。如果某网络的城市级整体多 ISP 绝对时延-距离相关性大于 0.7，则称其为强连接网络。作为时延和距离之间的一种关系，城市级整体多 ISP 绝对时延-距离相关性在大部分情况下应为正，因为一般而言，随着地理距离增长，时延也会变大。在城市级 IP 定位中，小于 0.7 以及负的整体多 ISP 绝对时延-距离相关性都被视为弱连接网络，因为经典 IP 定位算法在这种网络中难以很好地工作。

为了测量目标网络的连通性，我们需要部署一组覆盖目标国家主要 ISP 和大部分地区的探测主机和地标组合。若这些探测主机和地标之间的城市级整体多 ISP 绝对时延-距离相关性大于 0.7，即可认为目标国家的网络满足 IP 定位算法的需求；否则，我们需要对其进行划分，寻找强连接子网。

2. 基于主机属性寻找强子网

如果目标网络的整体绝对时延-距离相关性小于 0.7，那么需要在该网络中，寻找时延和距离相关性较强的子网。关键问题是如何将初始探测主机和地标集合划分为多个子集，并检查哪个子集的探测主机和地标主机之间存在较强的 Corr。下面提供了一种基于属性的强子网搜索方法。

首先，为了将所有的探测主机、地标主机划分为不同的子集，应找到能够影响网络联通性的主机属性。这里存在两个难点：探测主机和地标只是逻辑上的数字标志，即 IP 地址，可靠的主机属性十分有限；并不是所有的主机属性都能够(明显)影响网络连通性。绝对时延-距离相关性的网络因素进行了分析，且对部分实际网络的绝对时延-距离相关性进行了推论。受此启发，本节提供了两种对于大多数弱连接网络和经典 IP 算法适用的主机属性。第一个属性是探测主机以及地标主机的城市级位置。根据推论可知，不同城市的主机其个体绝对时延-距离相关性有较大差异，而且，更重要的是，城市级位置是研究者可以控制的可靠属性，因为这些主机是由研究者部署的。第二个属性是探测主机和地标主机所属的 ISP 信息。根据已有研究可知，大陆地区的整体时延距离相关性弱，主要是受不同 ISP 主机之间的跨 ISPCorr 影响，同一个 ISP 内部的主机时延距离相关性较强。这主要是因为大陆地区不同 ISP 之间的 IXP、NAP 数量较少。而此类现象对于多数网络基础设施相对不发达的发展中国家应当普遍存在。而且很容易从 IP 定位数据库获得 IP 地址对应的可靠 ISP 属性。尽管 IP 定位数据库提供的 IP 地理位置可靠性不佳，但 ISP 信息准确率很高。因为 ISP 信息更为稳定，种类少，便于维护，也有较为可靠的来源数据(IP 地址分配机构[ICANN])。

因此，对于弱连接网络，我们首先按照 ISP 将初始集合分为多个子集(每个子集对应一种子网)。然后检查同一个 ISP 的探测主机和地标主机之间的整体时延和距离相关性是否达到 IP 定位算法需求。如果整体时延和距离相关性难以满足需求，我们可以将子集按照城市进一步划分，并检查各城市探测主机的个体绝对时延-距离相关性。由于中国大陆的网络呈现分层架构，不同城市的探测主机，其个体绝对时延-距离相关性相差较大。因此，根据城市划分的某个子集，其对应的探测主机和地标主机之间的绝对时延距离相关性有可能显著大于其他子集，并可能达到 IP 定位算法的需求。即使，该目标网络并不是分层架构，由于网络基础设施建设的不平衡性，不同城市在网络中地位很有可能不同，一般而言，一些地区中心城市，常常扮演一个地区的转发节点的角色，或者其网络连通性远好于该地区普通城市或边缘城市。

通过在弱连接网络中，分析这些城市探测主机的个体绝对时延-距离相关性，有可能强连接子网。

当然，在某些弱连接网络中，尽管经过 ISP 和城市的划分，我们可能依然无法找到任何强连接子网。在这种情况下，我们建议研究者应当针对特定网络尽可能寻找更多的可靠属性。例如，印度尼西亚(群岛国家)，该国的地理特征对该国的网络连通性有着明显影响。在这种情况下，研究者应当尽可能将集合按照岛屿等属性来进一步划分。

3. 根据强连接子网部署地标和探测主机

IP 定位算法根据探测主机和地标主机的地理位置和它们之间的时延、拓扑等测量数据的关系来获得目标 IP 的估计位置。而这些关系直接受到地标和探测主机的部署影响。我们需要确定目标主机、地标主机和探测主机之间的时延-距离关系能够满足对现有 IP 定位算法的需求。基本原则是，对于任何目标主机，研究者都应拥有/部署与之处于强连接子网环境下的探测主机和地标主机。因为，本节根据 ISP 和城市级地理位置来搜索子网，所以，部署策略也应当根据子网的 ISP 信息和城市位置来设计。例如，如果某个特定城市的一个探测主机，其个体绝对时延距离相关性太弱，那么就没有必要在此城市部署探测主机。如果强连接子网仅能够覆盖一个 ISP 的范围，那么必须在各个 ISP 中分别部署足够数量的探测主机和地标主机。

4. 改进现有的 IP 定位算法

在发现强子网并部署地标和探测主机之后,现有的基于网络测量的 IP 定位算法需要被改进来提供更准确的定位结果。本文选取两个经典的基于时延的 IP 定位算法，CBG 与 GeoGet 算法进行修改来作为示例。

1) 改进 CBG 算法

CBG 算法的准确性本质上基于 bestline 估计的目标和探测主机间的距离。如果探测主机的个体时延-距离相关性强，误差距离(估计距离和实际距离之间的差值)较小，因此定位误差也较小。而探测主机的个体绝对时延-距离相关性弱，那么误差距离较大，定位误差也会明显变大。为了获得更为准确的定位结果，修改后的 CBG 算法应当根据目标 IP 所属的强子网来选取探测主机。在定位目标之前，应当首先检查目标 IP 的 ISP 信息，并选择在同一个 ISP 内部，且单 ISP 个体绝对时延-距离相关性大于 0.7 的探测主机。如果在某些城市，没有这样的探测主机，则可以检查属于其他 ISP，且跨 ISP 个体绝对时延-距离相关性大于 0.7 的探测主机。

2) 改进 GeoGet 算法

GeoGet 算法准确性建立在"最小绝对时延对应最小距离"的假设上。本质上取决于单个主机最小绝对时延对应的距离在所有距离的位置(本节称为个体最小绝对时延距离比)。当一个地区的大部分主机的个体绝对时延距离比都接近 0 时，GeoGet 算法可以较为准确的定位目标 IP 所在位置。个体最小绝对时延距离比与个体绝对时延-距离相关性关系密切，但相比个体绝对时延-距离相关性，其对网络的假设更接近实际网络。个体时延-距离相关性较强的主机其个体最小绝对时延距离比一般接近 0；而部分个体时延-距离相关性较弱的主机，其个体最小绝对时延距离比也有可能接近 0。因此，GeoGet 应尽可能选择位于同一个 ISP 的地标供目标主机测量到。

6.8.3　实验结果与分析

本节测试了基于强连接子网的 IP 定位算法在一个实际弱连接互联网中的有效性。本节以中国大陆互联网为例，因其整体多 ISP 绝对时延-距离相关性很弱，是一个典型弱连接网络。同时，随着中国经济的发展，其对可靠的城市级 IP 定位服务有着巨大的需求。

1. 实验设置

数据集由 90 台探测主机和 450 个地标之间的最小往返时延和直线地理距离组成。每个(探测主机、地标)对之间的时延经过 1 周测量，每次相隔 1 分钟，只保留最下只值。而直线地理距离则根据经纬度计算获得。

中国大陆由 31 个省或省级行政区组成。能够覆盖全国的骨干 ISP 共有 8 个，包括中国电信、中国联通、中国移动、中国教育网等。本节人工部署了 90 台探测主机，其中，24 台属于中国教育网、36 台属于中国电信、30 台属于中国联通。每个省会(除拉萨)中部署有 5 台中国教育网、5 台中国电信、5 台中国联通地标。

2. 搜索强子网

经过测量，发现中国大陆互联网多 ISP 整体绝对时延-距离相关性很弱，仅为 0.1674，远远达不到现有城市级 IP 定位算法的需求。经过划分，其 3 个主要运营商的单 ISP 整体绝对时延-距离相关性大大提高，都接近 0.7。此外，我们还计算所有探测主机的单 ISP 和跨 ISP 个体绝对时延-距离相关性。在他们当中，51%的探测主机，其个体单 ISP 绝对时延-距离相关性高于 0.7，12%的探测主机的个体跨 ISP 绝对时延-距离相关性以上。总体来看，25%的子网都是强子网。

3. 改进后的定位结果

改进后的 CBG 定位算法，对 450 台分布在 30 个省的目标主机进行定位的结果如图 6-37 所示，图中虚线代表改进后 CBG 算法的误差累积曲线，实线代表原始 CBG 算法的误差累积曲线。从图 6-37 可以看出，本方法定位精度相对传统定位方法提高 50%，中值误差从 629.8km 减少到 315.4km。西部地区的测量数据不足，导致误差过大，实际上，若只考虑东部地区，则改进后的定位误差能够达到 120km 以下。

改进后的 GeoGe 算法能够将 97%的目标主机定位到正确的城市，而原始算法仅能将 38% 的目标主机定位到正确的城市。改进后的算法是原始算法准确率的 2 倍以上，而且接近 100%，较为适应弱连接网络。

本节针对现有的基于网络测量的 IP 城市级定位算法(如 CBG、GeoGet 算法等)在弱连接网络环境下定位精度受到严重影响的问题，提出了基于强连接子网的 IP 城市级定位算法。该算法通过分析弱连接网络的城市级绝对时延-距离相关性特点，从弱连接网络中寻找强连接子网，主要包括强连接子网搜索算法和 IP 定位算法两部分。基于中国互联网(典型弱连接网络)进行的实验结果表明，本节算法根据 ISP 和城市级位置将整体呈现弱连接的中国网络划分的多个子网中，有 25%的子网为强子网，根据强子网改机的 IP 定位算法，IP 定位精度比 CBG 算法高 50%，城市级定位可靠性是 GeoGet 算法的 2 倍。

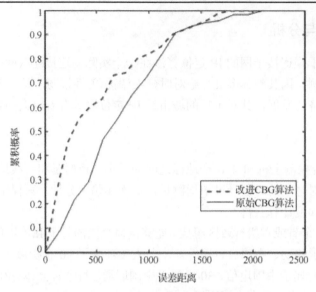

图 6-37　改进 CBG 算法与原始 CBG 算法精度比较

参 考 文 献

[1]　PADMANABHAN V N, SUBRAMANIAN L. An investigation of geographic mapping techniques for Internet Hosts[J]. ACM SIGCOMM Computer Communication Review, 2001, 31（4）: 173-185.

[2]　ERIKSSON B, BARFORD P, SOMMERS J, et al. A learning-based approach for IP geolocation[C]// The 11th International Conference on Passive and Active Measurement, 2010: 171-180.

[3]　曾诚, 李兵, 何克清. KMP 算法在 Web 服务语义标注中的应用[J]. 微电子学与计算机, 2010 (8): 1-3.

[4]　HAN J, KAMBER M. Data mining concept and technology （Second Edition）[M]. Elsevier Inc., 2007: 251-263.

[5]　ZHAO F, SONG Y H, LIU F L, et al. City-level geolocation based on routing feature[C]// Proceeding of the 29th International Conference on Advanced Information Networking and Applications （AINA）, 2015:414-419.

[6]　GUEYE B, ZIVIANI A, CROVELLA M, et al. Constraint-based geolocation of Internet hosts[J]. IEEE/ACM Transactions on Networking, 2006, 14（6）: 1219-1232.

[7]　LI D, CHEN J, GUO C X, et al. IP-geolocation mapping for moderately connected Internet regions[J]. IEEE Transactions on Parallel and Distributed Systems, 2012, 24（2）: 381-391.

[8]　KATZ-BASSETT E, JOHN P, KRISHNAMURTHY A, et al. Towards IP geolocation using delay and topology measurements[C]// The 6th ACM SIGCOMM Conference on Internet Measurement, 2006: 71-84.

[9]　WONG B, STOYANOV I, SIRER E G. Octant: A comprehensive framework for the geolocalization of Internet hosts[A]// The 4th Usenix Symposium on Networked Systems Design & Implementation, 2007: 313-326.

[10]　赵帆. 基于路径探测与时延测量的 IP 定位算法研究[D]. 郑州: 解放军信息工程大学, 2015.

[11]　LIU S Q, LIU F L, ZHAO F, et al. IP city-level geolocation based on the PoP-level network topology

analysis[C]// The 6th International Conference on Information Communication and Management, 2016: 109-114.

[12] WANG Y, BURGENER D, FLORES M, et al. Towards street-level client-independent IP geolocation[C]// The 8th USENIX Symposium on Networked Systems Design and Implementation, 2011, 11: 365-379.

[13] FELDMAN D, SHAVITT Y, ZILBERMAN N. A structural approach for PoP geo-location[J]. Computer Networks, 2012, 56(3):1029-1040.

[14] MILO R, SHEN-ORR S, ITZKOVITZ S, et al. Network motifs: Simple building blocks of complex networks[J]. Science, 2002, 298(5594): 824-827.

[15] TIAN Y, DEY R, LIU Y, et al. Topology mapping and geolocating for China's Internet[J]. IEEE Transactions on Parallel and Distributed Systems, 2013, 24(9):1908-1917.

[16] BLONDEL V D, GUILLAUME J L, LAMBIOTTE R, et al. Fast unfolding of communities in large networks[J]. Journal of Statistical Mechanics: Theory and Experiment, 2008, 2008(10): P10008.

[17] UTGOFF P E. Incremental induction of decision trees[J]. Machine Learning, 1989, 4(2): 161-186.

[18] QUINLAN J R. C4. 5: Programming for machine learning[J]. Morgan Kauffmann, 1993, 38(1): 58-68.

[19] BREIMAN L. Random forests[J]. Machine Learning, 2001, 45(1): 5-32.

第7章 街道小区级 IP 定位技术

街道小区级定位算法通常在确定目标 IP 所处的区域或城市后，用于定位其更细粒度位置，这类方法难度更大，定位所需的代价也更高。本章重点介绍几种典型的街道级 IP 定位算法。

7.1 基于多层相对时延-距离相关性的 IP 街道级定位算法

针对现有 IP 街道级定位典型算法仅基于强正相关时延-距离关系而导致的精度不高问题，本节提出了基于多层相对时延-距离相关性的 IP 街道级定位算法。首先，基于城市内部网络时延-距离关系测量方法，测量地标的个体多层相对时延-距离相关性，将地标划分为多层时延-距离强正相关、强负相关和不相关 3 类子集；然后，在强正和强负地标子集中分别选择与目标 IP 具有最小和最大多层相对时延的地标作为候选地标；最后，将所有候选地标中地理位置明显离群的地标去除，取剩余候选地标的中心位置作为目标 IP 的位置估计。

7.1.1 问题描述

本节对郑州市内部经典相对时延测量中，基于经典相对时延的类 GeoGet\SLG[1,2]算法仅能对 27%的主机进行准确定位。为了排除膨胀路由器对测量准确性的影响，我们对基于多层相对时延的类 GeoGet 算法也进行了分析，发现仅有 10%的共同路由器层中，有超过 50%的主机最小个体多层相对时延-距离比小于 0.3。如果不设置 50%的阈值，在任意一个共同路由器层都直接采用类 GeoGet\SLG 的算法选择候选地标，则定位准确度由各地标的最小多层相对时延-距离比分布决定。本文设定，最小多层相对时延-距离比在 0.3 以下的主机，类 GeoGet\SLG 算法能够较为准确定位；对于 0.3 到 0.7 的主机，SLG 算法定位误差接近随机选择候选地标的平均误差；对于 0.7 以上的主机，SLG 算法的误差过大。如图 7-1 所示，郑州市 0.3 以下的最小多层相对时延距离比占 24%，0.7 以上的占 40%，0.3 到 0.7 占 36%。在排除了膨胀路由器的影响后，类 GeoGet\SLG 算法仍仅能对 24%的地标主机进行较为准确的定位，有近 40%的地标误差严重。显然，类 GeoGet/SLG 算法的定位精度将受到很大影响。

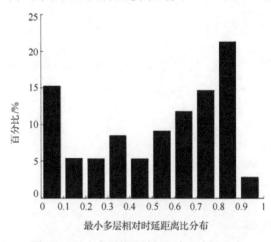

图 7-1 最小多层相对时延距离比占比分布

此外，基于多层相对时延的类 GeoPing[3]和类 CBG[4]算法也已经被证明难以适用于郑州市，或是仅能准确定位部分目标 IP。这本质上是因为，现有的 3 种主要时延-距离转换思想都基于同一个假设，即时延和距离之间应该存在唯一一种关系，即时延和距离之间存在强正相关性。即便最小时延-距离比对时延-距离相关性强度要求较低，它也默认时延和距离之间的关系应当是正相关，而不是负相关的。而观察郑州市时延-距离关系，可见其中，除了部分呈现时延-距离正相关的主机外，还有更多数量的主机时延和距离之间没有关系或者呈现负相关，而现有算法无法对后者进行准确定位。郑州市是一个中国普通省会城市，其网络时延-距离关系具有一定代表性，要在此类城市中为大部分目标 IP 提供较高精度的定位服务，需要设计能够适应这种城市内部时延-距离关系特点的新型 IP 定位算法。本节在对该类时延-距离关系进行观察、假设、验证的基础上，提出了一种基于个体多层时延距离相关性的 IP 街道级定位算法。实验证明，该算法能够较好地适应此类城市内部网络，精度优于现有街道级经典 IP 定位算法。

7.1.2　算法设计思想

本节详细解释针对此类网络进行 IP 定位算法设计要解决的关键问题，并解释和验证了本节算法设计所基于的假设。

1. 关键问题

现有的基于网络测量的 IP 定位算法，在设计时，普遍默认网络中主机间时延-距离关系只有一种，且都是时延-距离之间存在较强的正相关性，即最小多层相对时延-距离比在 0.3 以下的主机。这一部分主机时延和距离之间存在强正相关性，时延随距离增长而增长，最小时延与最小距离之间的对应关系良好。这种思想可能源于长期设计城市级 IP 定位算法时对网络时延-距离关系的观察。城市级主机间时延-距离关系一般都是正相关。即便在弱连接网络中，时延-距离相关性一般也为正值，只是较弱。

在城市内部网络中，若呈现强正相关的主机占多数，那么传统 IP 定位思想仍然有效。但从 6.8 节，我们了解到，郑州市主机最小多层相对时延距离比在 0.3 以下的仅占 24%。还有 40% 的主机由于其本身网络特点、探测主机和地标主机等因素，时延和距离呈现出强负相关性，时延随距离增加而减少，时延和距离间呈现负相关。还有另外一部分主机时延和距离之间并无清晰关系。这使得只针对强正时延-距离关系的 IP 定位思想不可避免对其他 2 种主机（70% 以上）的产生定位较大误差。

由于不同类型主机的存在，我们在设计定位算法时，理想情况是，首先判断清楚目标主机的时延-距离关系特点，再针对性采用合适的时延-距离转换关系来定位该目标主机。但是，由于目标主机的地理位置未知，在定位前，研究者难以准确地判断其时延-距离关系。这是在郑州这类城市进行 IP 定位算法设计的关键问题。

2. 提出假设

本节在对多层时延-距离关系数据进行测量和分析时，观察到以下现象：在一部分共同路由器层中，一台地标的个体多层时延-距离相关性，倾向于同层中其他主机的个体多层时延-距离相关性影响。即当其他主机的个体多层时延-距离相关性都为强正相关性时（接近 1），该主机的个体多层时延-距离相关性有较大可能也是强正相关性；当其他主机的个体多层时延-距离相关性都为强负相关性时（接近 -1），该主机的个体多层时延-距离相关性有较大可能也是强负相关性；其他主机的个体多层时延-距离相关性较弱时(接近 0)，该主机的个体多层时延-距离相关性较弱有较大可能也较弱。

受此现象启发，本文提出以下假设：一台目标主机，若其经过某个共同路由器层，则它和该层强正子集之间的个体时延-距离相关性有较大可能也是强正的，它和该层强负子集之间的个体时延-距离相关性有较大可能也是强负的，它和该层弱子集之间的个体时延-距离相关性有较大可能也是弱的。

上述 3 种子集是按照个体多层时延-距离相关性划分的。每一层中的地标按照个体多层时延-距离相关性分为 3 个子集，分别是个体多层时延-距离相关性较强且为正的地标子集(称为强正子集)，个体多层时延-距离相关性较强且为正的地标子集(强负子集)和其他个体多层时延-距离相关性较弱的地标子集(弱子集)。

若此假设成立，则我们可以在不清楚目标主机的地理位置等属性的条件下，较为准确地预测目标和某个地标子集之间的时延-距离关系，从而在此子集中选择出最接近目标 IP 的候选地标。

3. 验证假设

本节对以上假设进行了实验验证。首先以绝对值 0.7 作为分割强正子集和强负子集的依据：个体多层相对时延-距离相关性大于 0.7 为强正子集，个体多层相对时延-距离相关性小于 −0.7 为强负子集，其他则为弱子集。从各共同路由器层中，任意提取一个地标主机作为目标主机，检查目标主机和 3 组地标子集之间的个体多层相对时延-距离相关性。经过测量，有 99.4%的主机和本层强正子集之间的个体多层相对时延和距离为强正相关(大于 0.7)；而 100%的主机和本层强负子集之间的个体多层相对时延和距离为强负相关(小于−0.7)；96.2%的主机和本层弱子集之间的个体多层相对时延和距离为弱相关。

本节对划分 3 类子集的 2 个参数进行遍历，部分结果如表 7-1 所示。

表 7-1　地标子集划分参数对假设的影响

划分 3 子集参数	属于强正子集的比例/%	属于弱子集的比例/%	属于强负子集的比例/%
0.1	80.5	42.5	80.4
0.2	61.2	50.1	76.9
0.3	80.4	73.5	94.6
0.4	84.5	82.0	96.5
0.5	92.7	89.9	99.1
0.6	99.2	94.4	99.7
0.7	99.4	96.2	100
0.8	99.8	97.7	100
0.9	100	98.5	100

从表 7-1 可以看出，本节假设成立的。不论一个主机的原始个体多层相对时延-距离相关性是什么特点，它和地标子集之间的时延-距离相关性倾向于受到该地标子集的多层相对时延-距离相关性影响很大。尤其是当划分子集的参数值在 0.6 以上时，和强正子集地标之间个体多层时延-距离相关性也在 0.6 以上的地标主机，和强负子集地标之间个体时延距离相关性仍

在−0.6 以下的地标主机，以及和弱子集地标之间个体时延距离相关性仍在−0.6 到 0.6 之间的地标主机都占到地标主机数目的 90%以上。

以上假设的验证，提示我们可以将各层目标主机按照个体时延距离相关性进行分为 3 个子集。在强正子集中选择与目标主多层相对时延最小的地标作为候选地标，在强负子集中选择与目标主多层相对时延最大的地标作为候选地标，而弱子集地标则不参与定位。这样尽管可能会使得部分距离目标主机更近的弱子集地标难以参与定位，但相比传统思路，我们可以更为准确地判断目标主机的时延-距离关系特点，从而避免过大的估计误差。这是本节基于多层相对时延-距离相关性的 IP 街道级定位算法的依据。

7.1.3 算法主要步骤

基于多层相对时延-距离相关性的 IP 街道级定位算法(Corr-SLG 算法)，首先获取所有地标间的共同路由器层；然后计算各层内地标的个体多层相对时延-距离相关性；再按照个体相对时延-距离相关性将地标分为 3 组子集，其中强正相关的地标子集中多层相对时延最小的被认为是距离目标最近的候选地标，而强负相关的地标子集中多层相对时延最大的为候选地标，经过多次训练后，确定最佳的子集分类参数；最后，汇总所有候选地标，排除离群点后，取平均值作为目标 IP 的位置估计。下面的内容将对各步骤进行详细介绍。

1. 建立共同路由器层

首先，获取目标 IP 所在城市的街道级地标集；然后，利用探测主机获取到所有地标主机的中间路由器信息，并对所有地标主机和中间路由器的绝对时延进行多次探测，保留最小绝对时延作为绝对时延数据集。基于该绝对时延集和中间路由器信息，提取地标集的共同路由器信息。建立起各共同路由器和经过各共同路由器的地标主机之间的对应关系。一个共同路由器及其对应的地标主机合称为一个共同路由器层。

对于地标集中的任意一对地标主机，一般至少有一台共同路由器，即为探测主机本身。但在少数情况下(如探测路径的前几个 IP 由于匿名路由而无法显示)，某些地标可能和其他地标之间没有共同路由器。为了方便算法运行，可以人工在所有地标路由信息的前面添加一个虚拟的共同路由器，设置其绝对时延为 0us。

基于时延的算法对时延变化十分敏感。同一城市的时延-距离关系，随着地标主机的存活比例(能够响应探测主机的探测报文的主机比例)、网络拥塞程度、探测主机的个数和多少等都可能发生变化。为了防止时延-距离关系发生较大变化，而影响定位精度，应当每过一段时间(几个小时)，就更新中间路由器信息、绝对时延数据，并重新计算共同路由器层数据。每次重新测量时的复杂度主要由探测中间路由器的 tracert 时间和对所有地标主机以及中间路由器的绝对时延次数决定。

以上介绍都是以一台探测主机为单位。算法以每台探测主机为单位执行，最后将各探测主机的定位结果合并作为最终定位结果。

2. 个体多层相对时延-距离相关性计算

在获得所有共同路由器层后，计算各层地标之间的多层相对时延。探测主机到两台地标主机时延的总和与探测主机到本层共同路由器时延有二倍之差。根据每层地标之间的多层相对时延和距离,可以计算每层地标的个体多层相对时延-距离相关性。此外,如果某层地标少于 5 个时,那么个体多层相对时延-距离相关性的绝对值会过大。在后面选取候选地标时,我们直接选取该层中与目标主机多层时延最小的主机作为候选主机。

3. 参数寻优

本节是算法的核心部分。Corr-SLG 算法运行时,需要设定三个重要参数以达到最好的定位精度。前两个参数是划分强正、强负以及弱子集的 2 个参数。如果参数绝对值接近 1,我们可以更为准确的预测目标 IP 的时延-距离关系,但是因为弱子集对应的地标主机无法参与定位,这意味着我们将更多的地标主机放入弱子集,定位精度将不可避免地受到影响;如果设置绝对值接近 0,弱子集中的地标数减少了,可以参与定位的地标主机数目增多了,我们对时延-距离关系的预测的准确程度就会下降。因此我们需要寻找最优的划分子集参数。此外,在合并各层候选地标时,由于候选地标只是局部最优结果,难免会有一些候选地标距离目标主机的实际位置过远,我们需要排除一部分异常候选地标。排除比例这个参数对最终定位结果有直接影响。因此,本节需要找到这三个参数的最优值,使得算法能够尽可能精确地定位目标 IP。本节把地标集作为目标集,对其进行定位,将中值误差最小对应的三个参数作为最优参数。

1) 各层候选地标筛选

以地标集中某台地标主机作为目标 IP,用其他地标主机对其进行定位。目标 IP 在与之具有共同路由器的地标中筛选候选地标。具体方法如下。

对于目标 IP,首先找出其经过的各层共同路由器。对于其经过的每层共同路由器,分别选择候选地标。

如图 7-2 所示,R 是目标 T 经过的某层共同路由器,$L(L_1, L_2, L_3, \cdots, L_n, n > 1)$ 是此层共同路由器对应的地标。根据多层相对时延-距离相关性,将此层地标分为 3 组。其中多层相对时延-距离相关性大于参数 C_a $(0 < C_a < 1)$,归为 A 组;多层相对时延-距离相关性小于参数 C_b $(0 < C_b < 1)$,归为 B 组;其他的归为 C 组。三组地标分别采用不同的候选地标选择策略。A 组的候选地标是 A 组中到目标 IP 多层相对时延最小的地标;B 组的候选地标是 B 组中与目标 IP 多层相对时延最大的地标;C 组的候选地标则是不参与定位过程。如果某层地标数量小于 5,该层到目标 IP 多层相对时延最小的地标为候选地标。

2) 排除离群点

通过以上过程,Corr-SLG 算法尽可能将各层地标中距离目标 IP 较近的地标筛选出来。但是,这个过程中也可能使得少数距离较远的地标被选为候选地标。例如,当某层地标的个数小于 5,那么该层到目标 IP 多层相对时延最小的地标为候选地标,而这台候选地标恰好距离目标较远,就可能影响定位精度。本节使用检测离群点的方法来排除这些地标。

汇总各层的候选地标,若候选地标主机总数超过 3 台,则使用 LOF 算法计算各候选地标的局部可达密度,并从大到小进行排序,仅保留前 $R\%$ 的地标,这种方法可以有效排除误差较大的候选地标。最终的定位结果是所有剩余地标地理位置的平均值。若候选地标主机数目少于 3 台,则直接对候选地标各自的位置取平均值作为目标 IP 的定位结果。

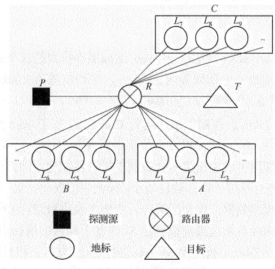

图 7-2　各层地标子集划分示意图

3) 寻找最小中值误差

首先，设置 $C_a = 0$，$C_b = -1$ 和 $R = 1$。定位完地标集中所有地标后，计算本次定位的中值误差。然后，调大 C_a、C_b 和 R，再重新按照"各层候选地标筛选"和"排除离群点"进行定位。调大的步长按照需求设置即可，（本文中，C_a 和 C_b 的步长设置为 0.1，R 的步长为 1），直到 $C_a = 1$，$C_b = 0$，$R = 100$ 停止。最后，汇总各参数组合以及对应的中值误差，选择出中值误差最小的参数集合作为最优参数集合。

若有多台探测主机，则检查各台探测主机的最小中值误差，最小中值误差过大的探测主机不参与此后的目标 IP 定位过程。

4. 对未知目标 IP 进行定位

探测主机探测未知地理位置的目标 IP 的路由信息，并对目标 IP 和所有中间路由器的绝对时延进行多次探测，只保留最小值。在目标 IP 经过的各共同路由器层，按照最优参数划分地标子集，选择候选地标，最终排除异常地标后得到每台探测主机的定位结果。汇总各探测主机的定位结果，取平均值作为目标 IP 的定位结果。

7.1.4　实验结果与分析

为了验证 Corr-SLG 算法能够在实际互联网中可以提高基于时延的 IP 街道级定位方法的精度，本节在中国郑州市进行了定位实验。

1. 实验设置

实验使用 181 个联通 Web 街道级地标作为地标数据集。而目标数据集则由本节在郑州市的银行、超市、咖啡厅、商店等公共场所采集的 163 个 Wi-Fi 地标组成。这些 Wi-Fi 地标的 IP 地址即为各 Wi-Fi 热点的公网 IP 地址，且全部属于联通，其地理位置是各公共场所的 GPS 位置，仍使用 3 台联通探测主机来测量相应数据。

2. 定位结果与分析

探测主机 1 运行 Corr-SLG 算法基于 Web 地标集寻找到的三个最优参数为 $C_a = 0.65$，$C_b = 0.35$，$R = 55$，对应最小中值误差为 3.29km，平均误差为 3.00km。探测主机 2 运行 Corr-SLG 寻找到的三个最优参数为 $C_a = 0.60$，$C_b = 0.60$，$R = 75$，对应最小中值误差为 3.80km，平均误差为 3.75km。探测主机 3 运行 Corr-SLG 基于 Web 地标集寻找到的三个最优参数为 $C_a = 0.45$，$C_b = 0.60$，$R = 50$，对应中值误差为 4.40km，平均误差为 4.80km。经检查，第二台和第三台探测主机相比第一台探测主机，在探测中间路由器时，匿名路由器比例过高，同时可以获取绝对时延的地标数目较少，因此中值误差比第一台探测主机误差要大。本节去掉后 2 台探测的探测数据，仅利用第一台探测主机来对目标 IP 进行定位。

作为对比，本节使用经典街道级定位算法 SLG 基于同样的地标集对目标 IP 进行定位。SLG 算法使用同样的 3 台探测主机对 Web 地标进行定位（与多层相对时延不同，3 台探测主机的经典相对时延数据可以合并，只保留最小经典相对时延），中值误差为 8.95km，平均误差为 8.01km。Corr-SLG 算法的最佳参数对应的定位结果和 SLG 算法相比，中值误差减少了 63.24%，平均误差减少了 37.51%。定位误差累积曲线如图 7-3 (a) 所示。

利用第一台探测主机的 Corr-SLG 算法的最佳参数组合和 Web 地标集对 Wi-Fi 目标集进行定位，得到中值误差为 4.43km，平均误差为 5.02km。而 SLG 对 Wi-Fi 目标集进行定位的中值误差为 7.89km，平均误差为 7.00km，精度提高为 40.05% 和 28.57%，如图 7-3 (b) 所示。根据以上定位结果来看，在郑州市数据集上，Corr-SLG 的定位精度高于 SLG 的定位精度。

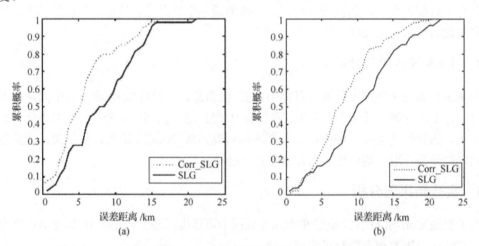

图 7-3　Corr-SLG 算法和 SLG 算法对地标集 (a)\目标集 (b) 定位结果比较

可以看出，Corr-SLG 算法对目标 IP 数据集的定位精度要略差于对地标数据集的最佳定位精度。这本质上是由于 Web 地标数据集和 Wi-Fi 目标 IP 数据集在时延-距离关系的差异性导致的。对 Web 地标数据集最佳的参数组合，对 Wi-Fi 目标 IP 数据集不一定最佳。在实际应用中，可以通过更为广泛地获取街道级地标，以及部署测量性能更好的探测主机来使得地标数据集能够更好地代表目标数据集的时延-距离关系。

3. 地标主机密度对定位结果的影响

本节考察地标主机对 Corr-SLG 算法的精度的影响。本节将 161 个地标，按经度优先、纬度次之的方式排列，每 2 个地标去掉其中一个的方式，获得 80 个地标，密度为原地标集的一半，该地标集称为 1/2 地标集；再采用同样的方法，从 80 个地标中获取 40 个地标，密度为原地标集的 1/4，该地标集称为 1/4 地标集。考察这 3 组密度不同的地标对 Corr-SLG 算法的精度的影响。

本节使用探测主机 1 对 3 个 Web 地标组的参数进行了寻优。1/2 地标集的最佳参数为 $Ca = 0.35$，$Cb = 0.25$，$R = 85$，对应最小中值误差为 4.80km，平均误差为 6.19km。1/4 地标集的最佳参数为 $C_a = 0.35$，$C_b = 0.25$，$R = 70$，对应最小中值误差为 7.21km，平均误差为 9.15km。可以看出，地标数据集的密度对 Corr-SLG 算法 IP 定位精度有着明显影响。尤其是平均误差增长很快，这是因为随着地标密度减少，出现了一些误差过大的极端情况。

Corr-SLG 算法本质上依赖地标数据集的时延-距离关系来预测郑州市一般主机之间的时延-距离关系。因此，其精度对地标集的依赖性很强。只有一个能够广泛覆盖和均匀分布在目标城市各城区的数据集才可以获得较好的定位精度。地标数据集密度减少将从以下 3 个方面影响 Corr-SLG 算法的精度：①地标数据集的时延-距离关系不能有效的代表郑州市多数主机的时延-距离关系；②和目标主机共享共同路由器的地标主机减少；③地标和目标主机之间的平均距离增大，增加了所有目标主机的基础误差水平。

7.2　基于最近共同路由器的目标 IP 定位算法

基于网络测量的定位算法的有效性主要依赖于已知点(探测源或地标)与目标 IP 间的时延以及时延与距离的转换关系。然而，现有定位算法大多采用多次测量选取最小值的策略给出时延，对整个网络(或每一个探测源)使用一个线性关系来描述时延到距离的转换，未考虑时延存在较大膨胀或时延与距离间不存在线性关系等情况。因此，如何给出更为合适的时延度量值及时延与距离转换的关系，对降低时延膨胀或不可测对定位的影响，提高定位结果的可靠性具有重要的理论意义和实用价值。针对上述问题，本节提出一种基于最近共同路由器的目标 IP 地理位置估计算法，通过路径探测寻找与目标 IP 具有最近共路由器的地标，结合地标位置及地标与该路由器间的时延，利用余弦定理给出该路由器所处的地理位置，将其作为目标 IP 所在位置的估计。

7.2.1　问题描述

本节首先介绍现有的时延测量方法，再对时延与距离间的线性转换关系在不同网络环境中的适用情况给出分析，指出直接为整个网络(或探测源)计算一个时延与距离转换关系的定位算法存在难以给出有效定位结果的问题。

1. 时延度量

1)直接时延

已有 IP 定位算法中使用的时延大都基于端到端的直接测量而得，两个网络实体间的时延通常是指源点和目的节点间的往返时延(round-trip time，RTT)，由发送时延、传播时延、处理时延和排队时延四部分组成，其中，发送时延是指源点发送数据帧所需要的时间，传播时延是指电磁波在信道中传播所需的时间，处理时延是指(源点到目的节点所途径的)中间路由器或目的节点收到分组时，用于数据提取、差错检验及转发等所需的时间，而排队时延是指分组达到中间路由器后等待处理的时间。显然地，上述四部分时延中，只有传播时延与距离有关，但由于其无法直接测得，而节点间的 RTT 却是易于测量的，故在网络实体定位技术中，常将两个实体间最小往返时延的一半视作传播时延，即小的端到端时延通常也意味着小的处理时延和发送时延，以此确保传播时延在网络时延中能够占据较大的比重。

2) 相对时延

Wang 等提出了相对时延的概念，即对于两个地标节点 A 和 B，当路由器 R 同时出现在数据包从探测源 P 路由 A 与 B 的路径上时，则节点 A 和 B 之间的相对时延(RltRTT(A,B))如式(7-1)所示，其中，RTT(P,A)、RTT(P,B) 和 RTT(P,R) 分别为且探测源 P 到 A、B 和 R 的往返时延。

$$\text{RltRTT}(A,B) = (\text{RTT}(P,A) - \text{RTT}(P,R)) + (\text{RTT}(P,B) - \text{RTT}(P,R)) \tag{7-1}$$

2. 现有定位方法采用的时延与距离转换关系

由上面内容介绍可知，无论是作为最早提出将距离约束引入到 IP 定位中的 CBG 算法，还是目前公开文献中定位误差最小的 SLG 算法，均认为存在一种关系(bestline 或 2/3C 等)可将探测源与目标间的 RTT 转换为两者间的地理距离。

后面内容以 PlanetLab 节点和郑州市中网络主机为例，对时延与距离间的线性转换关系进行考察。对 PlanetLab 实验网络，以 planetlab1.uta.edu 节点为探测源，其余 208 个 PlanetLab 节点为地标；对郑州实际互联网环境中的主机，以位于(34.816129N, 113.535455E)(N 代表北纬，E 代表东经)的主机为探测源，417 个主机为地标。将探测源与地标之间多次测量值中的最小时延作为两者的时延，保留与探测源之间时延小于等于100ms 的地标，计算其与探测源之间的地理距离，PlanetLab 网络中节点的<时延，距离>分布(如图 7-4)，郑州互联网主机间<时延，距离>(如图 7-5)。

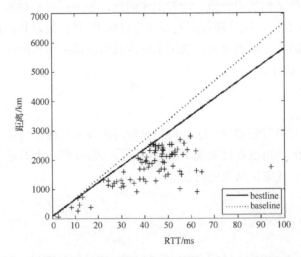

图 7-4　PlanetLab 网络中节点间的<时延，距离>及转换关系

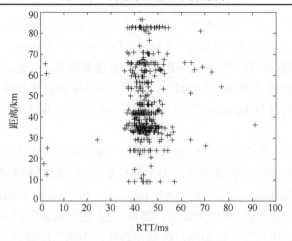

图 7-5　郑州互联网主机间的<时延，距离>

由图 7-4 和 7-5 可知，对于 PlanetLab 中的节点，依据 CBG 算法可得到时延与距离的转换关系 bestline ($y = 57.2055x + 71.8018$)，baseline 是以 4/9C 为系数对应的转换关系，而郑州实际互联网中主机间的时延到距离的转换则难以用上述关系来描述。

SLG 算法[2]认为，相对时延与距离间也存在类似的转换关系。在分析相对时延与距离的关系时，在郑州的 417 个地标中，选择时延和完整路径均可测的 176 个地标，地标间相对时延与地理距离的分布如图7-6所示，无法为相对时延与距离计算bestline，若采用2/3C（或 4/9C）作为转换系数，则会使得地标到目标的距离约束过大。

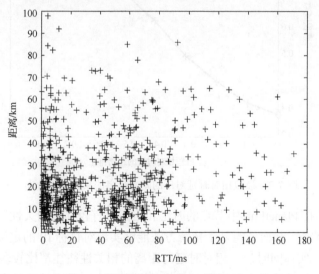

图 7-6　地标的<相对时延，距离>分布

Li 等[1]用式 (7-2) 来度量时延与距离的相关性，并以此来衡量网络的连通性。其中，d_e 为节点间的时延，d_i 为节点间的距离，$D(d_e)$ 为时延的方差，$D(d_i)$ 为距离的方差，$\mathrm{cov}(d_e, d_i)$ 为 d_e 和 d_i 的协方差，$\mathrm{corr}(d_e, d_i)$ 为 d_e 和 d_i 的相关系数。

$$\mathrm{corr}(d_e, d_i) = \frac{\mathrm{cov}(d_e, d_i)}{\mathrm{sqrt}(D(d_e)) \times \mathrm{sqrt}(D(d_i))} \tag{7-2}$$

对 PlanetLab 节点的<时延，距离>对，依据式(7-2)得到时延与距离的相关系数为 0.7439，即 PlanetLab 中的节点时延与距离具有较强的相关性。对郑州的地标，依据式(7-2)得到的时延与距离的相关系数为 0.0716，即时延与距离的相关性非常弱。可见，当网络连通性较强时，利用已有时延与距离线性关系来定位的算法能够得到目标的定位结果，当连通性较弱时，2/3C、4/9C 或为探测源计算 bestline 等都作为时延与距离的转换关系，难以给出有效的定位结果。

Li 等[1]同时指出，在网络连通性较弱的地区，当难以找出时延与距离间的转换关系时，最短时延对应最近距离的原则仍然成立。为了分析最短相对时延和距离的对应关系，Li[1]等计算 Disk-rank-of-shortest-delay 的方法来计算 Disk-rank-of-shortest-relative-delay。对一个地标节点 A，找出与其相对应的所有<相对时延，距离>对，将其按照距离从小到大排序，A 的最短相对时延对应的距离排名等于最短相对时延在该排序中的次序除以<相对时延，距离>对的总数，得到排名的累积概率分布如图 7-7 所示。当地标 A 的最短相对时延对应的距离排名为 0 时，则说明与 A 相对时延最短的地标恰好也是与 A 相距最近的地标。可见，对于实际互联网中的目标，依据最短相对时延对应最近地理距离的原则，只能将不到 30%的目标定位到与其距离最近的地标。

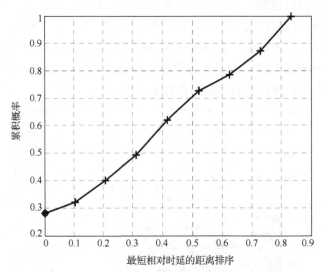

图 7-7　最短相对时延对应的距离排名的累积概率分布

由上述分析可知，PlanetLab 中节点的时延和距离具有较强的相关性，基于时延可得到探测源对目标的距离约束，从而使得基于传统方法能够实现对目标 IP 的定位。在连通性不太理想的实际互联网中，实体间时延、相对时延与距离的相关性往往都比较弱，利用 bestline 或固定的时延与距离的转换系数，难以得到目标的距离约束，最短时延对应最近地理距离原则的有效性也较低。

本节假设，测量$RTT(P,A)$和$RTT(P,B)$的数据包在从探测源 P 路由到路由器 R 的过程中途经相同的路径，且两个数据包在 R 处的转发时延相同，即按照式(7-1)得到的节点 A 和 B 间的时延准确可靠；在小范围内，时延(t)与距离(d)仍是线性相关的，即存在一个转换系数δ，可使得$d = \delta t$。本节以上述两个假设条件为前提，给出一种基于最近共同路由器的定位算法。

7.2.2　算法原理与主要步骤

1. 基本原理

定义 7-1　最近共同路由器：从探测源 P 路由到节点 L_i 所途经的路由器序列 $SR_i = (R_{i1}, R_{i2}, \cdots, R_{iu})$，从 P 路由到节点 L_j 所途经的路由器序列 $SR_j = (R_{j1}, R_{j2}, \cdots, R_{jv})$，如果路由器 Rw 同时出现在 SR_i 和 SR_j 中时，称 Rw 为 L_i 和 L_j 的共同路由器，当 L_i 和 L_j 间有多个共同路由器时，则出现 SR_i 和 SR_j 序列中最靠后的路由器即称为 L_i 和 L_j 的最近共同路由器。如图 7-8 所示，R_n 是 L_3、L_4 和 L_5 的最近共同路由器。

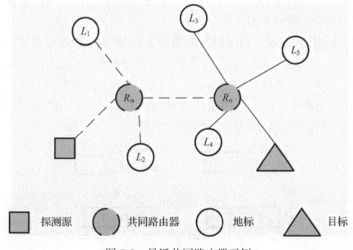

图 7-8　最近共同路由器示例

考虑到在实际互联网环境中，网络实体(尤其是网络终端节点)通常都分布在最后一跳路由器的周围，且其地理位置通常与最后一跳路由器相距较近，即位于探测源与目标节点路径上的最后一跳路由器，通常是目标 IP 地理位置可能分布的中心，基于该思想，本节提出基于最近共同路由器的目标 IP 定位算法。该算法通过对地标库和目标 IP 进行路径探测，结合拓扑分析找出地标与目标的最近共同路由器，再利用地标与最近共同路由器间的相对时延和地标的位置，依据余弦定理定位该路由器的位置，进而将其作为目标 IP 的估计位置。在使用时延来定位的过程中，可能会存在目标时延无法测得的情况，而由于网络本身的复杂性，准确估计地标和目标间的相对时延是较为困难的，将最近共同路由器所在位置作为目标 IP 地理位置的估计是合理的，当与(目标 IP 与地标 IP 间的)最近共同路由器相连接的地标数目不少于 3 个时，该算法能够以较高的准确性给出目标 IP 的定位结果。算法原理框架如图 7-9 所示，具体步骤如下。

Step1：路径探测源与拓扑分析。根据目标 IP 的先验信息和可能区域，从地标库中挑选部分地标，使得选取的地标与目标属于同一个运营商和地区，再利用 tracroute 获取从探测源到地标和目标的路径，并对目标网路进行拓扑分析，标识出目标路径上的路由器别名。

Step2：最近共同路由器判别。对目标路径上的路由器序列 $SR = (R_1, R_2, \cdots, R_n)$，从最后一跳路由器 R_n 开始，判断是否有与 R_n 相连的地标 s，若有，则 R_n 即为最近共同路由器 R，并将

s 加入集合 S；若 R_n 没有出现在任何一个地标的路径上，再判断 R_{n-1} 是否为最近共同路由器，以此类推。

Step3：获取待选地标集。对最近共同路由器 R 出现在通向其路径上的地标集 S，判断 R 在地标 s 的路径上跳数的大小，找出跳数最大的地标将其加入集合 L。

Step4：估计待选地标与最近共同路由器间的时延。从探测源测量到 L 中的地标的时延 t_1，探测源到 R 的时延 t_2，$t_1 - t_2$ 即为地标与 R 的时延 t。

Step5：计算地标和最近共同路由器间时延与距离的转换系数。从 L 中挑选与 R 间时延最小的三个地标，且三个地标的位置不在一条直线上，利用余弦定理建立以转换系数 δ 为未知数的方程，求解该方程。

Step6：定位最近共同路由器。利用时延 t 与转换系数 δ，计算路由器 R 与地标间的地理距离，依据三点定位即可得到 R 的位置。

Step7：估计目标 IP 的位置。当定位需求需要目标 IP 的一个单点位置，则直接将路由器 R 的位置作为目标 IP 的定位结果；当定位需求需要的是目标 IP 的区域，且目标与 R 间的时延 t' 可测时，以 $\delta t'$ 为半径，R 所在位置为圆心作圆，圆周上的点即为目标的可能位置，而当目标与 R 间的时延不可测时，计算 L 中地标与 R 间的最大时延 t'，以 $\delta t'$ 为半径，R 所在位置为圆心作圆，该圆所划定的区域即为目标的定位结果。

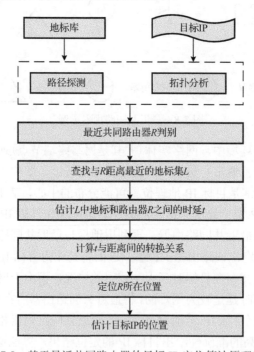

图 7-9　基于最近共同路由器的目标 IP 定位算法原理框架

在本节算法主要步骤中，时延与距离转换系数的计算和最近共同路由器定位是最为关键的环节，下面分别对其给出具体描述。

2. 时延与距离转换系数的获取

由于地标的位置都是已知的，在得到地标和目标之间的最近共同路由器以及地标和该路由器之间时延的估计值后，利用余弦定理能够计算出由该路由器转发数据包时，时延与距离约束的转换系数。

对如图 7-10 所示的网络实体分布场景中，与目标有最近共同路由器的地标共有 5 个，从中选取 3 个地标用于计算最近共同路由器和地标间的时延与距离的转换系数。目标 IP 实体记为 T，最近共同路由器记为 R，选取的 3 个地标记为 A、B 和 C，A 和 B 的距离为 d_1，A 和 C 的距离为 d_2，B 和 C 的距离为 d_3，R 与 A、B、C 的相对时延分别为 t_1、t_2 和 t_3，设 R 与地标间的相对时延与距离约束的转换系数为 δ，则 R 与 A、B、C 的距离分别为 δt_1、δt_2 和 δt_3，可得到图 7-10 对应的定位模型如图 7-11 和 7-12 所示，其中，D 和 E 是与最近共同路由器相连但未被挑选出来用于定位的地标。

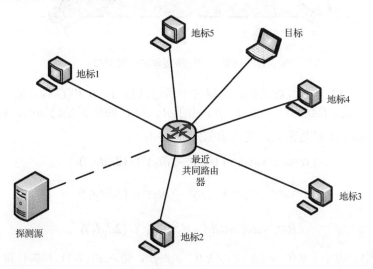

图 7-10　单探测源的网络实体定位场景

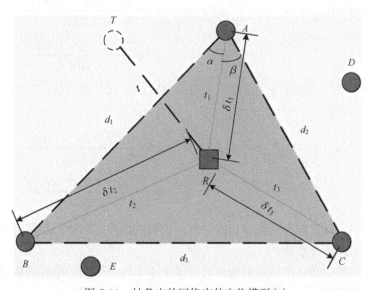

图 7-11　抽象山的网络实体定位模型(1)

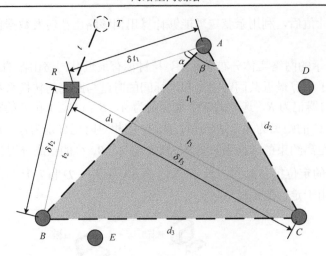

图 7-12　抽象出的网络实体定位模型(2)

图 7-11 和图 7-12 是指最近共同路由器位于所选地标 A、B 和 C 构成的三角形的内部和外部的两种情况。设 $\angle BAR=\alpha$，$\angle RAC=\beta$，由于 A、B、C 的位置是已知的，则三角形 ΔABC 是唯一确定的，即 $\angle BAC$ 是常数，则由余弦定理可知：

$$\alpha=\arccos((d_1^2+(\delta t_1)^2-(\delta t_2)^2)/(2\delta d_1t_1)) \tag{7-3}$$

$$\beta=\arccos(((\delta t_1)^2+d_2^2-(\delta t_3)^2)/(2\delta d_2t_1)) \tag{7-4}$$

$$\angle BAC=\arccos((d_1^2+d_2^2-d_3^2)/(2d_1d_2)) \tag{7-5}$$

在图 7-11 中，由于 $\angle BAC = \angle BAR+\angle RAC = \alpha+\beta$，带入式(7-3)、(7-4)和(7-5)，可得到如下方程：

$$\arccos((d_1^2+d_2^2-d_3^2)/(2d_1d_2)) = \arccos\frac{d_1^2+(\delta t_1)^2-(\delta t_2)^2}{2\delta d_1t_1} \\ +\arccos\frac{(\delta t_1)^2+d_2^2-(\delta t_3)^2}{2\delta d_2t_1} \tag{7-6}$$

在图 7-12 中，由于 $\angle BAC = \angle RAC - \angle BAR = \beta-\alpha$，代入式(7-3)、(7-4)和(7-5)，可得到如下方程：

$$\arccos((d_1^2+d_2^2-d_3^2)/(2d_1d_2)) = \arccos\frac{(\delta t_1)^2+d_2^2-(\delta t_3)^2}{2\delta d_2t_1} \\ -\arccos\frac{d_1^2+(\delta t_1)^2-(\delta t_2)^2}{2\delta d_1t_1} \tag{7-7}$$

在上述方程中，只有转换系数 δ 是未知数，求解该方程，即可得到最近共同路由器和地标间的时延与距离的转换系数。

当与最近共同路由器直接相连的地标数目多于 3 个时，不同的地标选取策略，会得到不同的转换系数。基于这样的假设：当时延较小时，该时延值的误差也会比较小，本节选取与最近共同路由器间时延最小的 3 个地标来计算转换系数。

3. 最近共同路由器的定位

在已知最近共同路由器的时延与距离约束的转换系数之后，即可得到如式(7-8)～式(7-10)所示的 3 个方程：

$$\text{distance}(\text{lat}_1, \text{lng}_1, x, y) = r_1 \tag{7-8}$$

$$\text{distance}(\text{lat}_2, \text{lng}_2, x, y) = r_2 \tag{7-9}$$

$$\text{distance}(\text{lat}_3, \text{lng}_3, x, y) = r_3 \tag{7-10}$$

式中 $(\text{lat}_1, \text{lng}_1)$ 为地标 A 的纬度和经度；$(\text{lat}_2, \text{lng}_2)$ 为地标 B 的纬度和经度，$(\text{lat}_3, \text{lng}_3)$ 为地标 C 的纬度和经度；r_1 为 R 到 A 的距离 $(r_1 = \delta t_1)$；r_2 为 R 到 B 的距离 $(r_2 = \delta t_2)$；r_3 为 R 到 C 的距离 $(r_3 = \delta t_3)$；$\text{distance}(\text{lat}_i, \text{lng}_i, \text{lat}_j, \text{lng}_j)$ 是采用 Vincenty 公式[5]计算点 $(\text{lat}_i, \text{lng}_i)$ 和点 $(\text{lat}_j, \text{lng}_j)$ 之间的距离；方程组的解 (x, y) 即为最近共同路由器 R 的纬度和经度。

7.2.3　算法分析

1. 算法有效性分析

基于最近共同路由器的定位算法通过定位与目标 IP 相距较近的路由器，给出目标 IP 所在位置的估计。7.2.1 节中已指出，该算法是在两个满足假设条件下提出的：①可得到最近共同路由器与地标间的准确时延；②最近共同路由器和地标间的时延与距离线性相关。在实际中，可通过分批次多次测量的方式，使得探测源到最近共同路由器和地标的时延都尽可能地准确，从而确保第一个条件成立；第二个条件是否成立则会影响式(7-6)和式(7-7)所示方程的求解结果。

当方程无解时，则表明找不到一个线性关系可将最近共同路由器和地标间的时延转换成地理距离，出现这种情况的原因有：①时延存在误差，当最近共同路由器和地标间的估计时延不够准确，会出现式(7-6)中参数 $(t_1$、t_2 和 $t_3)$ 出错的情况；②地标位置存在误差，即地标不在其声称的位置处时，则探测源与地标的距离 $(d_1$、d_2 和 $d_3)$ 也不是两者之间的真实距离，方程参数出错；③路径存在误差，这里的误差是指地标和最近共同路由器间链路的曲折较大，此时节点间链路的长度远远大于两者间的地理距离，当可获取到准确时延时，时延对应的距离代表链路的长度，而非实际的地理距离。

当方程只有一个解，且为正实数，则直接将该解作为 δ 的值。

当方程有多个解时，取正实数解作为时延到距离转换时的 δ，若有多个正实数解，则需要通过实验来判别 δ 的选取规则。

此外，由该算法的两个条件可知，该算法对于时延不可测，但路径较为完整的目标 IP 仍可给出定位结果，且路径信息越完整，找出的共同路由器就越接近于目标 IP 真实的最近共同路由器。

2. 误差分析

1) 累积误差分析

Wang 等[2]认为，当使用足够多的 traceroute 服务器，地标和目标之间通过共同路由器所连接起来的路径能够代表地标和目标之间的直接路径。此时，地标和目标之间的相对时延即可作为地标和目标之间的时延(相当于以地标为探测源，直接测得地标的时延值)，从而基于shortest ping 思想(从多个探测源测量到目标 IP 的时延，与目标时延最短的探测源即为目标的定位结果)可将目标定位到与其相对时延最短的地标所在位置。

从以上的分析可知，基于相对时延的定位算法采用的时延值 t_i' ($i=1,2,3$)，是地标与最近共同路由器间的时延 t_i ($i=1,2,3$)加上目标与最近共同路由器间的时延 t 所得，如图 7-13 所示。在实际互联网中，存在网络拥塞和路由协议等因素的影响，t_i' 和 t_i 的估计本身就存在误差，上述两个时延的相加会产生更多累积误差，这导致 SLG 算法等传统基于相对时延定位误差较大。而基于本节提出的最近共同路由器的目标 IP 位置估计算法，仅利用 t_i 实施定位，只引入一次误差，因此有望提高定位的精度。

2) 最大误差和平均误差分析

在实际互联网环境中，与目标 IP 实体具有最近共同路由器的地标和该目标通常都分布在最近共同路由器的周围，每个网络实体出现在各个位置的概率可视为相同，即存在一个以最近共同路由器为圆心，以与该路由器连接的最远的网络实体为半径的圆，目标实体和地标在圆内的分布可视为均匀分布。令 O 为圆心，r 为半径的圆，ε 为最近共同路由器和目标之间的距离，通常 $\varepsilon \leqslant r$。

最大误差的比较：基于最短相对时延的算法不考虑目标相对于地标和共同路由器的角度。对地标、目标及最近共同路由器的分布如图 7-13 所示的情况，当目标 T 与地标 L 的相对时延小于与 T 其他四个地标的相对时延时，基于最短相对时延算法将目标 T 定位到地标 L 所在位置，但实际上地标 L 是五个地标中距离目标最远的地标，此时定位结果对应最大误差 $\varepsilon+r$。同样是针对图 7-13 所示的情况，基于最近共同路由器的目标 IP 位置估计算法选取图中 3 个地标，依据这三个地标与 R 的相对时延来定位 R 所在位置，再将该位置作为目标 T 的位置估计值，定位误差为 ε。由于 $\varepsilon < \varepsilon+r$ 显然成立，可知本节提出的基于最近共同路由器的目标 IP 定位算法的最大误差小于基于最短相对时延算法。

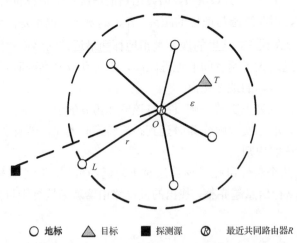

○ 地标　　△ 目标　　■ 探测源　　Ⓡ 最近共同路由器R

图 7-13　基于最短相对时延 SLG 算法和最近共同路由器的定位算法的最大误差比较

平均误差的比较：对如图 7-14 所示的情况，基于最短相对时延的定位算法是将目标定位到落在圆内的某一地标所在位置，设圆内有 n 个地标，记为 $L_1, \cdots, L_n$，第 i 个地标 L_i 与目标 T

的距离为 $d_e(L_i,T)$ ，由于地标在圆内的分布可看作均匀分布，则有 $d_e(L_i,T)\in[0,\varepsilon+r]$ ，可将 $d_e(L_i,T)$ 看作在 $[0,\varepsilon+r]$ 上的一组均匀取值，且每个取值的概率均为 $1/n$ ，因此，当基于最短相对时延的定位算法的平均误差为 d_{mean} ， 则有

$$
\begin{aligned}
d_{mean}=E(d_e(L_i,T))&=\frac{1}{n}\sum_{i=1}^{n}d_e(L_i,T)=\frac{1}{n}\sum_{i=1}^{n}\frac{i(\varepsilon+r)}{n}\\
&=\frac{1}{n}\left(\frac{\varepsilon+r}{n}+\frac{2(\varepsilon+r)}{n}+\cdots+(\varepsilon+r)\right)\\
&=\frac{1}{n}\left(\frac{\varepsilon+r}{n}(1+2+\cdots+n)\right)\\
&=\frac{(\varepsilon+r)(n+1)}{2n}
\end{aligned}
\tag{7-11}
$$

与基于最短相对时延的算法不同，本节提出的基于最近共同路由器的目标 IP 定位算法，是为路由器 R 计算其时延与距离约束的转换系数，从而可得到各地标与 R 之间的距离，当与 R 相连接的地标数目不少于 3 个时，基于三点定位即可得到 R 的位置估计，并将该位置估计值作为目标 T 的定位结果。基于最近共同路由器的目标 IP 位置估计是将目标定位到 R 所在位置，定位误差为 ε ，由于通常 $\varepsilon\leqslant r$ ，故有

$$
\varepsilon\leqslant\frac{\varepsilon+r}{2}<\frac{(\varepsilon+r)(n+1)}{2n}=d_{mean}
\tag{7-12}
$$

即本节提出的基于最近共同路由器的目标 IP 定位算法的平均误差小于基于最短相对时延的定位算法。

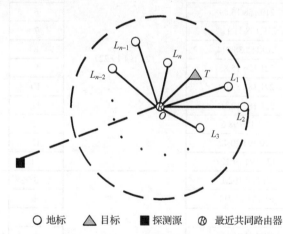

○ 地标　△ 目标　■ 探测源　Ⓡ 最近共同路由器

图 7-14　基于最短相对时延 SLG 算法和最近共同路由器的定位算法的平均误差比较

7.2.4　实验结果与分析

为了验证算法有效性，在探测源与目标在同一城市、探测源与目标在不同城市两种情况下分别进行了实验。实验中使用的单探测源位于郑州(位置为 (34.816129N, 113.535455E))，测试的地标(包括目标)位于郑州和上海两个城市，其中，郑州测试地标共 48 个，遍布于郑州市区及其下属县(市)，上海的测试地标共有 7 个，地标的 IP 地址和经纬度信息如表 7-2 所示。

表 7-2 上海的 7 个地标

地标 IP	纬度 (N)	经度 (E)
218.78.244.151	31.279583	121.557675
218.78.244.158	31.277654	121.511699
218.78.245.138	31.218469	121.50256
218.78.246.47	31.311994	121.547414
218.78.245.126	31.273125	121.552464
218.78.246.131	31.248195	121.467288
218.78.246.188	31.275733	121.538078

1. 探测源与目标位于同一城市的实验

在计算最近共同路由器和地标间的相对时延与距离的转换系数之前，需要寻找与目标和地标间的最近共同路由器。如将地标 120.194.19.227 和 120.194.19.229 作为目标 IP，其路径信息如表 7-3 所示，结合地标的路径信息，得到最近共同路由器为 120.194.30.42。与最近共同路由器相连的地标共有 12 个，如表 7-4 所示。

表 7-3 从探测源到目标 120.194.19.227 和 120.194.19.229 的路径信息

探测源	中间路由器	目标	跳数	探测时间
10.104.171.78	218.29.102.1	120.194.19.227	3	2014/4/18 8:20
	61.168.251.69		4	
	61.168.32.125		5	
	219.158.16.89		6	
	219.158.11.114		7	
	219.158.38.214		8	
	221.176.15.85		9	
	221.183.8.109		10	
	221.183.12.18		11	
	221.176.98.6		12	
	120.194.30.42		13	
	120.194.19.227		14	
	218.29.102.1	120.194.19.229	3	2014/4/18 8:22
	61.168.18.217		4	
	61.168.195.49		5	
	219.158.21.117		6	
	219.158.11.54		7	
	219.158.38.214		8	
	221.176.16.33		9	
	221.183.8.109		10	
	221.183.12.22		11	
	221.176.99.6		12	
	120.194.30.42		13	
	120.194.19.229		14	

表 7-4　120.194.19.227 和 120.194.19.229 的最近共同路由器及相连地标

目标	最近共同路由器	地标	纬度(N)	经度(E)
120.194.19.227 120.194.19.229	120.194.30.42	120.194.19.251	34.31920442	112.90632
		120.194.21.99	34.46173592	113.12939
		120.194.21.109	34.41836217	113.41749
		120.194.21.110	34.46383206	113.50942
		120.194.24.113	34.44353613	113.26704
		120.194.24.137	34.33220076	113.82434
		120.194.24.142	34.33220076	113.82434
		120.194.24.153	34.37341641	113.27229
		120.194.24.160	34.41911437	112.76502
		120.194.24.168	34.31920442	112.90632
		120.194.24.174	34.40685687	113.15662
		120.194.24.182	34.37146776	113.27132

从表 7-4 中的 12 个地标中选取与共同路由器间相对时延较小的两组共 6 个地标来定位共同路由器。根据式(7-6)和式(7-7)计算可得到两组时延与距离的转换系数 δ，取方程的正实数解。将四个正实数解 30.2704、21.2643、7.4086、2.5137 代入式(7-8)～式(7-10)，得到路由器 120.194.30.42 的位置分别为(34.4394，112.8683)、(34.3076，112.6946)、(34.255，113.274)和(34.3885，113.2277)，以此作为本节算法对两个目标 IP 的定位结果，并给出目标 IP 依据 SLG 算法第三层中的最短相对时延算法得到的定位结果。由于两个目标 IP 是从地标数据中选出，即已知目标 IP 的位置，计算目标定位结果与已知位置的距离，得到如表 7-5 所示的定位误差。表中各列依次为：目标 IP、SLG 算法的定位误差、本节算法不同 δ 对应的定位误差(单位为 km)。

表 7-5　120.194.19.227 和 120.194.19.229 基于最短相对时延 SLG 算法和最近共同路由器的定位算法定位误差

目标 IP	SLG 算法	δ=30.270	δ=21.2643	δ=7.4086	δ=2.5137
120.194.19.227	35.92	54.73	36.61	21.01	7.11
120.194.19.229	28.58	46.38	27.07	25.69	10.58

由表 7-5 可知，不同的 δ 可得到不同的定位结果，且 δ 的值越小，定位误差越小。因此当式(7-6)和式(7-7)有多个解时，选取最小的正实数解作为 δ 的值。

对于最近共同路由器 120.194.30.46 和 171.8.240.146，以这两个路由器为最后一跳的地标共有 34 个(共有 40 个，除去参与计算这两个路由器的 6 个地标)，基于最短相对时延 SLG 算法和最近共同路由器的定位算法(将定位出来的路由器的位置作为 34 个地标的位置估计值)得到的定位误差累积概率如图 7-15 所示。基于最近共同路由器的目标 IP 定位算法的平均误差和最大误差分别为 34.8482km 和 68.3527km，基于最短相对时延的平均误差和最大误差分别为 51.0131km 和 85.7670km，即本节算法的平均误差和最大误差均优于基于最短相对时延的 SLG 定位算法。由图 7-15 可知，两种算法的中值误差分别为 34.8482km 和 51.0131km，即本节算法的中值误差也优于基于最短相对时延的 SLG 定位算法。

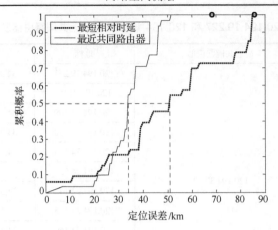

图 7-15　基于最短相对时延 SLG 算法和最近共同路由器的定位算法定位误差比较

2. 探测源与目标位于不同城市的实验

将表 7-2 中的前 4 个地标 IP 当作需要定位的目标 IP，后 3 个作为计算转换系数和定位最近共同路由器的候选地标。根据式(7-6)和式(7-7)计算可得到时延与距离的转换系数 δ，分别为 1.3921、−1.3921、1.2856、−1.2856，将正解 1.3921、1.2856 代入式(7-8)~式(7-10)，得到最近共同路由器 218.78.244.253 的位置分别为(31.2844, 121.53225)和(31.2661, 121.53165)，以此作为 4 个目标 IP 的位置估计，对应的定位误差如表 7-6 所示(误差的单位为 km)。

表 7-6　上海 4 个目标 IP 的定位结果

目标 IP	δ=1.3921	δ=1.2856
218.78.244.151	2.48	2.90
218.78.244.158	2.09	2.29
218.78.245.138	7.84	5.98
218.78.246.47	3.40	5.32

由表 7-6 可知，当探测源和目标位于不同城市时，本节提出的算法也能实现目标 IP 位置估计，且最小误差可达到 2.09km。由于目前已有异地高精度的地标数目有限，这里不对累积误差进行统计。

本节对实体间时延与距离的相关性及相对时延与距离的相关性进行分析，发现在连通性不太理想的实际互联网中，实体间时延、相对时延与距离的相关性往往都比较弱；相对时延估计值存在累积误差；最短相对时延在很多情况下也并不对应着最短距离。考虑到在实际互联网环境中，目标 IP 实体通常都分布在最后一跳路由器的周围，且该路由器通常是目标 IP 的地理位置可能分布的中心，本节提出了基于最近共同路由器的目标 IP 定位算法。该算法为每个最近共同路由器分别计算其时延到距离约束的转换系数，结合最近共同路由器与地标间的时延来计算距离约束，并利用最近共同路由器直接连接的地标来计算该路由器的位置。算法分析和实验结果表明，与 SLG 算法使用最短相对时延的定位相比，本节算法可消除相对时延带来的累积误差，有效降低了定位结果的平均误差和最大误差，提高了对目标 IP 的定位精度。算法分析中已指出，基于最近共同路由器的 IP 定位算法有效性取决于式(7-6)和式(7-7)

的解，下面将针对方程无解，即时延、地标和路径可能存在误差时的情况，给出可容错的定位算法。

7.3　误差容忍的目标 IP 定位算法

在 7.2 节中的基于最近共同路由器的定位算法中，通过求解路由器与地标间时延到距离的转换关系，从而定位该路由器，并据此给出目标 IP 的估计位置，在该算法中，一个默认的事实是有诸多的条件限制，如在获取地标到共同路由器的时延时，均假设要求探测源到共同路由器的每一次时延获取是在同一路径下，即各种影响时延的因素也是相同的。当定位所需的参照信息存在误差，在计算最近共同路由器时将会失效，进而无法给出目标 IP 的估计位置。针对上述问题，本节将时延、地标及链路等可能引入的误差，视作探测源(或地标)所在位置的偏差，即将各部分的累积误差都纳入地标的修正误差，给出一种可容忍误差的目标 IP 定位算法。

7.3.1　问题描述

本节首先指出 7.2 节中定位算法所需参照信息可能存在误差的几种情况，然后给出已有定位算法对上述误差的处理方式和存在的问题。

对于 7.2 节中的定位算法，在估计地标与共同路由器间的时延时，探测源到共同路由器和地标的时延测量数据包，在探测源与共同路由器间的路径是否一致，也会影响估计时延是否准确。在图 7-16 中，当目标 IP 与地标(L_1, L_2)的共同路由器为R_i，探测源 P 与 L_1 间的测量时延为t_1，P 与 R_i 间的测量时延为t_i，且t_1与t_i的测量过程中，数据包在 P 与 L_1 间的路径相同，则 L_1 与 R_i 间的时延t_{i1}为$t_1 - t_i$，但如果 P 与 R_i 间还存在另一条通信路径，且 P 与 R_i 间的时延t_i'正是通过该路径测得的，则t_{i1}应为$t_1 - t_i'$。然而，时延度量过程中，无法判断两个节点间测量时延时所经过路径的信息，而 P 与 R_i 间的不同路径，可能会给 L_1 与 R_i 间的估计时延引入误差。

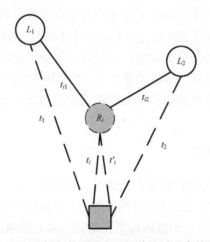

图 7-16　地标与共同路由器间估计时延中的误差

当地标位置存在误差，即声称位置与实际位置不相符，地标依据估计时延为共同路由器计算的距离约束并不能将该路由器包括在相应区域内,从而出现 7.2 节算法在计算时延与距离转换系数时无解的情况。此外,当节点间的链路的曲折程度较大,用时延来表征节点的地表距离时,易于出现估计距离大于实际距离的情况,进而难以给出共同路由器的所在位置。

一般地,定位算法所需要的参照信息包括时延、路径及参考地标等。时延测量易受网络负载及链路曲折程度等因素的影响,在 IP 定位中,当使用地标位置时,通常是指用经纬度所描述的位置信息,而基于 Web 挖掘方式获取地标时,往往只能得到地标所属机构邮政地址对应的经纬度,当机构覆盖范围较大或邮政地址不够详细时,地标声称的经纬度与对应实体实际所在位置的经纬度之间会存在偏差。如郑州大学新校区,覆盖范围约为三百万平方米,邮政地址为“河南省郑州市高新区科学大道 100 号”,对应的经纬度为(34.822975, 113.542962),该机构对应的 Web 服务器却未必一定落在该处。而对登封市第二耐火材料有限公司,其给出的邮政地址为“登封市大冶镇塔庙加油站西 100 米路南”。可见,当上述两类机构对应的网络实体用作定位所需的地标,且对应定位精度要有较高要求时,则需要考虑该地标的实际位置与声称位置之间存在偏差的情况。

对于地标可能存在误差的情况,SLG 算法中给出如下的分析和结论。将地标声称位置 L_c 与目标实体间的距离记为 R_1,地标真实位置 L_r 与目标实体间的距离记为 R_2,R_1 和 R_2 分别为地标位于 L_c 和 L_r 处时,依据时延计算得到的该地标与目标间的距离,从而该地标得到的目标实体的定位区域为以 L_c 为圆心,R_2 为半径的圆(这里假设利用时延计算得出的距离约束恰好等于地理距离)。SLG 算法依据 R_1 和 R_2 的大小,分析了四种情况下该地标对定位的影响:①地标的信息是准确的,$R_1=R_2$;②目标与 L_r 相距更远,$R_1< R_2$;③目标与 L_c 间的距离略大于与 L_r 间的距离,$R_1> R_2$;④目标与 L_c 间的距离远远大于与 L_r 间的距离,$R_1>>R_2$。在前三种情形下,利用该地标得到的定位区域均可将目标实体所在位置包括在内,即该不准确地标不会影响定位结果的准确性,只有在第四种情形下,目标实体所在的位置落在了该地标给出的定位区域外。SLG 算法认为,出现第四种情形的概率非常小,且不准确地标得到准确定位结果的概率不小于 $1/2$[6]。

由上述分析可知,地标(或目标)与共同路由器间的时延存在较难消除的测量误差,除主动部署的探测源用作地标外,利用 Web 采集和已有定位数据中获取的地标均可能存在位置有偏差的情况,而链路的曲折程度也会给定位算法带来不同程度的影响。现有 IP 定位算法多在理想网络使用部分高准确性的地标测试定位效果时,较少考虑时延、地标或链路可能存在误差时定位算法的设计。在上述误差存在的条件下,7.2 节中的定位算法将难以给出目标 IP 的有效定位结果,针对定位所需参照信息可能存在误差的问题,本节给出一种误差容忍的目标 IP 定位算法。

7.3.2　算法原理与主要步骤

当共同路由器与地标间的估计时延存在误差,即该时延比两者间的实际时延偏大(或偏小),且已知节点间的估计时延与距离的转换系数时,则地标依据该估计时延为共同路由器计算的距离约束也会偏大(或偏小),即以地标所在位置为圆心的圆,其真实半径应大于(或小于)计算所得的半径。同样地,链路过于曲折或地标声称位置与实际位置不相符时,也会使地标为共同路由器计算的距离约束出现诸如半径偏大或圆心偏移等情形,即算法所需的参照信息存在误差对定位结果的影响，均可视作由地标位置存在偏差所引起的。因此，本节将时延、地标及链路等可能引入的误差，均视作地标所在位置的偏差，即将各部分累积误差都纳入地标的修正误差，给出一种可容忍误差的 IP 定位算法。

1. 算法基本原理

容忍误差的目标 IP 定位算法的基本原理是地标不再是其声称位置处的一个点，而是为其引入偏离值，将以该偏离值为半径，声称位置为圆心的圆作为地标的可能区域，即地标的真实位置为该区域内的某一个点。在定位共同路由器时，按一定策略从中上述区域中取中一个采样点作为地标的位置，从而基于该地标与路由器间的时延可为路由器计算一个可能位置，一组地标对应一组采样点，同时对应路由器所在的一个可能位置，不同组的地标位置采样点得到的可能位置的并集，即为共同路由器的定位结果。该算法原理框架如图 7-17 所示。

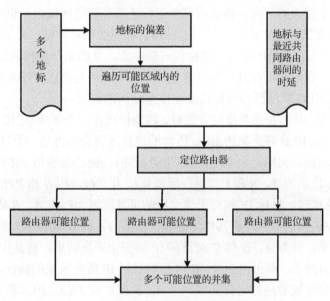

图 7-17　误差容忍的目标 IP 定位算法原理框架

本节误差容忍的目标 IP 定位算法是针对 7.2 节中的 IP 定位算法的一种改进，在定位过程中，也需要依据地标和目标 IP 的路径信息，获取与目标 IP 具有最近共同路由器的地标及该路由器，相应步骤同于 7.2 节中的算法，本节不再对其叙述，仅给出在已找出最近共同路由器后的算法步骤如下。

Step 1：地标偏差估计。对于与最近共同路由器相连接的地标，根据对应机构类型及所在网络连通性等先验信息为每一个地标给定偏差，地标所在位置即为以其声称位置圆心，偏差值为半径的圆覆盖的区域。

Step 2：地标位置采样。对一个地标 L，对依据 Step1 得到的可能区域 D，按照某种规则遍历 D 中的点，将其视作地标的真实位置，如以地标声称位置为圆心，半径依次为 1km、2km 等（最大为地标的偏差）作圆，在圆周上每隔 36° 去一个<维度，经度>对，即一个圆周上总共取 10 个点，将其作为地标真实位置的估计。

Step 3：定位最近共同路由器。将 Step2 中采样得到的点作为地标的位置，结合地标和最近共同路由器间的估计时延，依据 7.2.2 节中的步骤，定位该路由器的位置，当可求解出估计时延与距离间的转换系数 δ 时，则可得到该路由器的一个可能位置。

Step 4：给出最近共同路由器所在的区域。Step3 中得到的所有可能位置的并集即为路由器的定位结果，依据上述可能位置找出一个可覆盖所有可能位置的最小区域，即为路由器所在的区域。

依照上述步骤，可参照信息存在误差的情况下，为最近共同路由器找出范围最小的定位区域。本节的误差容忍的目标 IP 定位算法不仅可用来作为 7.2 节定位算法的一种改进，以估计最近共同路由器所在区域，还可使用于提供粗粒度和细粒度的目标 IP 定位。

2. 粗粒度目标 IP 定位

粗粒度目标 IP 定位是指为目标 IP 计算一个区域级的定位结果，本节中区域级定位是指所得定位结果是一个较大的区域，该区域可能落在了某一行政区域内，也可能覆盖了多个行政区域。SLG 算法在第二层定位时，依据地标和目标间的相对时延，采用 4/9C 作为时延与距离的转换关系，计算目标 IP 相对于地标的可能距离，从而结合地标的位置，得到目标 IP 的粗粒度定位结果。当地标不在其声称位置处时，若仍采用与上述方法来定位，则可能会出现目标 IP 并不落在 SLG 算法所得的粗粒度定位区域内的情况。

当地标存在偏差，并不在其声称位置处时，将地标视作一个区域（记作 PR），而不再是一个点，由该地标为目标 IP 计算距离约束时，所得的定位区域也不再是一个以声称位置为圆心，以距离约束为半径的圆，而应是一系列的圆（半径相同），圆心为遍历 PR 中的每个位置。以三个地标为例（地标依次为 A、B 和 C，对应区域依次为 PRA、PRB 和 PRC），在利用地标对目标 IP 计算距离约束时，目标 IP 相对于该地标的可能区域为：将 A、B 和 C 分别任意取区域 PRA、PRB 和 PRC 内的一点，将其作为圆心，依据与目标 IP 间的相对时延，4/9C 作为时延与距离的转换关系，计算 A、B 和 C 对目标 IP 的三个距离约束，将其作为半径，A、B 和 C 的三个采样位置为圆心，即可得到 A、B 和 C 对目标 IP 所在区域的估计，上述三个圆的交集即为地标该组采样位置对应的定位区域。当 A、B 和 C 取 PRA、PRB 和 PRC 中不同点时，可得到不同的交集，上述所有交集区域的并集，即为目标 IP 最终的定位区域。

3. 细粒度目标 IP 定位

细粒度目标 IP 定位是指已知目标 IP 所在的一个较小的估计区域，而需要将其定位到一个由经纬度指定的确定位置。通过估计地标和目标间的时延，将地标用作探测源，并为地标所在位置引入偏离值，将定位问题转换为一个最优化问题，从而利用该最优化问题的求解给出目标的位置。可见，细粒度 IP 定位主要包含两个步骤，分别为时延到距离的转换和定位问题的最优化求解。

在互联网环境中，主机通常都分布在最后一跳路由器的周围，进而对于利用最后一跳路由器来估计相对时延的地标和目标实体，从该路由器到地标和目标之间链路的拥塞、材质和曲折程度等都较为相似，即可认为由同一最近共同路由器相连接的地标和目标，相互之间的相对时延与地理距离是呈比例的。例如，对于待定位的目标实体 T，当 A、B、C 三个地标与 T 间的相对时延可估计，分别为 t_1、t_2 和 t_3，A、B、C 与 T 之间的地理距离分别为 $d(A,T)$、

$d(B,T)$ 和 $d(B,T)$，则有 $d(A,T):d(B,T):d(B,T)=t_1:t_2:t_3$。当为地标引入偏离值，且已知地标和目标之间的时延，定位目标 IP 的所在位置可转换为一个最优化问题的求解，该问题的目标函数为各地标偏离值的均方差最小，两个条件为：①地标的声称位置与实际位置之间的距离小于等于偏离值；②目标实体和地标实际位置间的距离与相对时延成比例。

当可估计得到三个地标与目标间的相对时延，基于地标修正的 IP 定位示意图如图 7-18 所示。

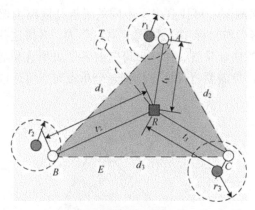

图 7-18　基于地标修正的细粒度 IP 定位示意图

三个地标的声称位置(●)为 A、B 和 C，实际位置(○)记为 A'、B' 和 C'，相应的偏离值分别为 r_1、r_2 和 r_3，三个地标与目标间的时延值分别为 t_1、t_2 和 t_3，则最优化问题的目标函数如式(7-13)所示，两个条件分别如式(7-14)和式(7-15)所示。

$$\min\left(\left(r_1{}^2 + r_2{}^2 + r_3{}^2\right)\big/3\right) \tag{7-13}$$

$$\begin{cases} d(A,A') \leqslant r_1 \\ d(B,B') \leqslant r_2 \\ d(C,C') \leqslant r_3 \end{cases} \tag{7-14}$$

$$\begin{cases} d(A',T)\times t_2 = d(B',T)\times t_1 \\ d(A',T)\times t_3 = d(C',T)\times t_1 \\ d(C',T)\times t_2 = d(B',T)\times t_3 \end{cases} \tag{7-15}$$

7.3.3　算法分析

已有定位算法大多基于探测源间(或地标)的时延和距离数据计算 bestline，或采用 2/3C、4/9C 作为时延到距离转换的固定系数，计算以节点间的 RTT(或相对时延)作为时延，数据包可到达的最远距离，因此已有定位算法不需考虑时延可能存在小范围内误差的情况；GeoTrack、CBG、TBG 及 Octant 等定位算法多采用 PlanetLab 节点、公共的 ping(或 traceroute)服务器或主动部署的节点作为探测源和地标，也不存在地标位置可能出现偏差的情况。

采用基于 Web 挖掘的地标获取方式采集机构的域名、IP 地址及邮政地址等信息，并验证这些信息与机构的对应关系，如去除使用共享主机、CDN 或 "多分支" 形式的机构，那些保留下来的机构即可用作地标。然而，经过上述验证之后，仍会有一部分地标的信息是不准确，如当一个公司没有任何分公司，并拥有一个专有的网站，但是它的 Web 服务器却不在网站上所声称的地理位置，即该 Web 服务器对应的地标存在误差。

当定位所需的时延和地标等参照信息存在误差时，将各种不同类型的误差都累积为地标的误差，本节给出地标存一定偏差的情况下的定位算法。此外，对于时延不可测的目标 IP，可通过定位最近共同路由器(R)所在的位置(图 7-19)，再将依据该位置给出目标 IP 的定位结果。当从不同的探测源，可找到多个不同的最近共同路由器，且有与其相连接的地标时，则可将这些路由器当作目标 IP，依次定位各个 R，再将这些路由器用作探测源，依照相应策略给出目标 IP 的估计位置，如找出可覆盖各个 R 所在位置的最小区域，将其作为目标 IP 所在的可能区域，当需要将目标定位到一个单点时，可选取区域的中心点作为最终的定位结果。

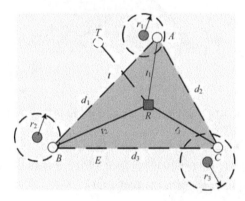

图 7-19　定位最近共同路由器的示意图

7.3.4　实验结果与分析

本节主要是针对细粒度目标 IP 定位给出实验验证，并且不考虑链路曲折和时延不准的因素，只考虑地标存在误差，并基于误差容忍给出定位结果。由于在地标获取过程中，已去除可能会出现声称位置与实际位置相差较大的地标，如使用 CDN 和共享主机时的情况，而在较小范围内会出现偏差的地标，现有地标获取技术尚未对其做进一步的处理。对于后种类型的地标，已有定位算法未考虑偏差存在的情况，而实际中该类地标数目较多，也不能将其直接去除。为了验证算法的有效性，对时延可测和不可测两类目标分别进行定位，实验过程中需要的时延和最近共同路由器等信息均从单探测源(位于(34.816129N, 113.535455E))测得。

1. 目标 IP 的时延可测

实验测试的地标数据共有 6 个(位于郑州市)，其 IP 地址和经纬度如表 7-7 所示。其中前四个地标由于其对应机构范围较小，可认为声称位置与实际位置偏差较少，而通常地，旅行社和区级政府机构较少独立维护其所属服务器，即该类地标的实际位置很可能与其声称位置间存在较大偏差。因此，本节将后两个地标作为待定位的目标 IP，利用前四个地标给出目标 IP 的定位结果。

表 7-7　郑州的 6 个目标

目标 IP	纬度(N)	经度(E)
1.192.147.69	34.72892	113.611044
222.88.59.236	34.79583	113.67322
123.161.204.46	34.67615	113.633818
1.192.156.104	34.79784	113.673154
1.192.158.178	34.78597	113.690709
171.8.225.141	34.81322	113.576988

从探测源到目标 1.192.158.178 和 171.8.225.141 的路径信息如表 7-8 所示，各列依次为：探测源 IP、中间路由器 IP、目标 IP、中间路由器在目标路径上的跳数及探测时间。结合四个地标的路径信息，得到目标与地标间的最近共同路由器为 171.8.240.213。从探测源测得其与地标、目标 IP 和路由器 171.8.240.213 的时延，可得到目标与地标间的相对时延如表 7-9 所示，各列依次为：目标 IP、地标 IP 和相对时延(单位为 ms)。

表 7-8　从探测源到目标 1.192.158.178 和 171.8.225.141 的路径信息

探测源	路由器 IP	目标 IP	跳数	测试时间
218.29.102.104	10.69.30.33	1.192.158.178	3	2014/12/15 17:08
	171.8.240.213		4	2014/12/15 17:08
	222.85.124.50		5	2014/12/15 17:08
	1.192.158.178		6	2014/12/15 17:08
	10.69.30.33	171.8.225.141	3	2014/12/15 17:08
	171.8.240.213		4	2014/12/15 17:08
	171.8.240.18		5	2014/12/15 17:08
	171.8.225.141		6	2014/12/15 17:08

表 7-9　目标和地标间的相对时延

目标 IP	地标 IP	相对时延/ms
1.192.158.178	1.192.147.69	2.314
1.192.158.178	222.88.59.236	1.733
1.192.158.178	123.161.204.46	2.863
1.192.158.178	1.192.156.104	2.180
171.8.225.141	1.192.147.69	1.813
171.8.225.141	222.88.59.236	1.232
171.8.225.141	123.161.204.46	2.362
171.8.225.141	1.192.156.104	1.679

在定位目标 IP 所在位置时，可选取不同数量的地标来构造相应的最优化问题。对两个目标 IP，当使用表 7-9 中的前三个地标来定位，即地标 A、B、C 依次为 1.192.147.69、222.88.59.236、123.161.204.46，依据式(7-14)和式(7-15)得到两类限制条件，求解如式(7-13)所示的最优化函数，即可得到对目标 IP 的定位结果。在求解该最优化问题时，可为地标对应的可能偏差值设置不同大小，不同的偏差范围对应着不同的定位结果。将三个地标对应的可能偏差范围设

为 0~1，两个目标 IP 的定位结果如表 7-10 所示，其中 r_1、r_2 和 r_3 为求解得到的三个地标实际对应的偏离值，纬度和经度为目标 IP 的实际位置，定位误差为目标 IP 的声称位置和实际位置间的距离(单位为 km)。

表 7-10　目标 IP 的定位结果

目标 IP	r_1	r_2	r_3	纬度(N)	经度(E)	定位误差/km
1.192.158.178	0.022	0.0219	0.0219	34.9557	113.603	20.5219
171.8.225.141	0.0218	0.0218	0.0218	34.7517	113.6882	12.2591

2. 目标 IP 的时延不可测

实验测试的地标数据共 11 个(位于郑州市)，其 IP 地址和经纬度如表 7-11 所示。其中前 3 个地标由于其对应机构范围较小，可认为声称位置与实际位置偏差较少，将其作为参考地标，将后 8 个地标作为待定位的目标 IP，且假设目标 IP 的时延均不可测。利用从探测源到地标和目标 IP 的路径信息，找出地标和目标间的最近共同路由器 61.168.251.69，将三个地标对应的可能偏差范围设为 0~1，给出 61.168.251.69 的估计位置，如表 7-12 中所示。

表 7-11　郑州的 11 个地标

IP 地址	纬度(N)	经度(E)
203.171.231.106	34.721486	113.67701
203.171.233.19	34.713082	113.67333
218.28.177.173	34.722917	113.7421
116.255.138.232	34.810269	113.68857
116.255.166.127	34.774541	113.75879
116.255.207.74	34.761226	113.70679
123.15.32.242	34.808231	113.6844
202.102.249.115	34.802163	113.57886
218.28.221.195	34.71182	113.5165
222.143.36.48	34.755977	113.63185
61.163.101.18	34.789172	113.6887

表 7-12　目标 IP 的定位结果

目标 IP	r_1	r_2	r_3	纬度(N)	经度(E)	定位误差 1/km	定位误差 2/km
116.255.138.232						4.2737	10.8867
116.255.166.127						4.8261	5.9461
116.255.207.74						1.7937	5.3498
123.15.32.242	0.8385	0.6052	0.2667	34.7272	113.7232	9.7744	10.8642
202.102.249.115						6.1943	17.3399
218.28.221.195						4.0743	20.6796
222.143.36.48						9.6931	10.7361
61.163.101.18						15.6163	8.846

在表 7-12 中，r_1、r_2 和 r_3 为求解得到的三个地标实际对应的偏离值，纬度和经度是指该

路由器的位置,定位误差 1 是指将该路由器的估计位置作为 8 个目标 IP 的定位结果,与表 7-11 中声称位置间的距离,定位误差 2 是指 SLG 算法对应的定位误差。

此外,该实验还表明,基于 Web 挖掘得到的地标中的确存在实际位置与声称位置不符的情况。由表 7-12 中的定位误差可知,通过利用本节所提算法来定位最近共同路由器,并将其作为目标的定位结果,得到的定位误差与 SLG 定位算法几乎相当,即当目标 IP 的时延不可测时,基于地标修正的定位算法仍可给出目标 IP 的估计位置。

能否找出时延与距离的转换系数,是决定 7.2 节中基于最近共同路由器的 IP 定位算法是否有效的关键所在,而时延测量不够准确、地标位置存在偏差或链路曲折偏大等都可能使上述算法在实际定位时失效。为了提高 IP 定位算法的有效性,提出了误差容忍的目标 IP 定位算法,该算法通过路径探测寻找与目标 IP 具有最近共同路由器的地标;为地标所在位置引入偏差,将其视作一个可能区域,并计算地标和目标 IP 间的相对时延;可依据地标对应的机构类型或可信度等信息,设定各偏离值的取值范围,采用最优化的思想,找出一组最优解,在得到地标实际位置的同时,还可得到目标 IP 的定位结果。

7.4　基于目标周边路由器的 IP 街道级定位算法

获得目标 IP 的城市级地理位置可为部分互联网服务提供商的在线服务提供足够精度的位置信息,但是对敏感网络实体甄别、网络欺诈行为检测等网络应用,城市级定位精度往往难以满足需求。而相比于城市级定位,街道定位难度更大,对地标的精度和密度、目标周边网络结构分析的准确性等往往要求更高。现有关于街道级定位算法的研究已取得了一些成果,定位精度可达到公里级,但其中仍存在部分缺陷,如现有算法常用的城市内节点间时延在实际的互联网环境下往往难以准确测量等。为此,本节在城市级定位的基础上,对目标 IP 街道级定位算法开展研究,提出一种基于目标周边路由器的 IP 街道级定位算法,该算法可避免传统街道级定位算法中存在的不足,提高对目标 IP 的定位精度。

7.4.1　问题描述

现有基于网络测量的 IP 定位算法大多尝试寻找时延与地理距离之间的转换或统计关系,但定位精度大多仅为数十公里甚至上百公里,仅有极少的定位算法如 SLG 和 NC-Geo 算法等,可达到公里级定位精度。SLG 算法采用 3 层定位的思想逐次缩小目标的可能位置,该算法在第一层,将从多个探测源测得的到目标 IP 的时延转换成地理距离,基于多点定位思想,将目标定位到一个较大的区域,在第二层将地标与目标之间的相对时延转换为距离,再次基于多点定位将目标定位到较小的区域,在第三层中,将与目标相对时延最小的地标位置作为对目标的估计位置。

然而,Chen 等[7]利用位于中国郑州市的 176 个地标开展的相对时延和地理距离关系分析实验,分别计算地标间的相对时延和地理距离,统计发现只有不足 30% 的最小相对时延对应最小距离,即 SLG 算法中根据最小相对时延挑选到距离目标最近地标的概率低于 30%。由于该实验中采用的地标数量较少,为了避免由地标数量较少导致统计出现误差,本节重新对中国香港的 6861 个地标进行了路径探测和时延测量,采用 Li 等[1]计算 Disk-rank-of-shortest-delay 的方法来计算 Disk-rank-of-shortest-relative-delay,即对一个地标 A,找出与其相对应的所有(相对时延，距离)对，将其按照距离从小到大排序，A 的最短相对时延对应的距离排名等于该距离在排序中的次序除以(相对时延，距离)对的总数，得到排名的累积概率分布如图 7-20 所示。当地标 A 的最短相对时延对应的距离排名为 0 时，表明与 A 相对时延最短的地标恰好也是与 A 相距最近的地标。可见，在实际互联网中，依据最短相对时延来查找最近地标，只能将不到 15% 的目标定位到与其距离最近的地标。因此，SLG 算法在第三层定位中，难以找到距离目标最近的地标。

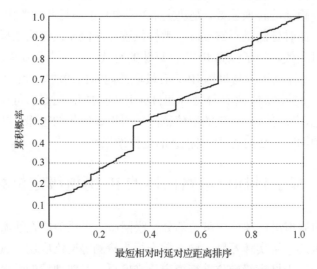

图 7-20　最短相对时延对应的距离排名的累积概率分布

　　我们提出了基于最近共同路由器的目标 IP 定位算法[7]，该算法首先从拓扑测量结果中找出地标与目标的最近共同路由器，利用余弦定理计算地标和共同路由器之间的时延与地理距离的转换系数。当与共同路由器相连的地标超过三个时，根据转换系数计算地标和共同路由器之间的距离，基于多点定位确定最近路由器的地理位置。该算法认为在城市内部，最短相对时延对应最近距离原则失效，但是最小时延对应最近距离原则仍然成立。但是在实际的互联网环境下，由于城市内部节点间距离较小，在测量时延中与距离相关的传播时延所占比例极小，尤其"最后一英里"的网络时延受多种因素影响，其中的传播时延所占比例更小，且由于共同路由器和地标间的时延无法直接测量，往往是测量探测源到地标的时延和探测源到共同路由器的时延之后，通过计算得到，这为节点间时延引入了更多误差，使得节点间时延难以转换为合适的地理距离，导致对共同路由器进行多点定位时，得到的交集区域较大，定位结果误差较大。此外，当最近共同路由器不止一个时，可计算出多个最近共同路由器位置，难以确定哪一个最近共同路由器距离目标最近。

　　综上所述，现有典型街道级定位算法 NC-Geo 和 SLG，通过寻找地标和目标 IP 的共同路由器来将两者关联起来，然后利用单跳时延计算最近共同路由器的位置，或挑选出与目标相对时延最小的地标作为目标的估计位置，但是城市内部的两个节点间距离较小，准确的传播时延难以测量，测得的时延难以转换为有效的地理距离，导致上述两种算法的定位精度仍有待提高。

7.4.2　算法原理与主要步骤

1. 算法基本原理

在实际的网络环境下，互联网服务提供商在部署设备时，往往综合考虑网络时延、带宽等多种因素。在靠近终端用户时，为了给用户提供高质量的接入环境，同时方便维护和管理网络设备，降低由负载过大导致的网络时延变大，部署的接入路由器与其服务的终端用户距离往往较小[8]，每个接入路由器通常服务的用户数量有限且地理分布相对固定。基于这种考虑，本节提出了一种基于目标周边路由器的 IP 街道级定位算法。该算法假设在某一段时间内，每个路由器路由的下一跳节点所在的地理位置相对固定，即这些节点的分布范围(本节称其为该路由器的服务范围)相对固定，在城市内部仅利用地标、目标及路由器间的连接关系，根据路由器的服务范围估计目标的可能位置，避免 SLG 和 NC-Geo 算法中时延测量不准确，而导致距离目标最近地标选择错误或计算最近共同路由器位置不准确的问题。本节首先对大量地标发起路径探测，根据利用 6.4 节提出的城市级定位算法判断目标所在城市；其次在城市内部不再通过节点间时延来估计节点距离，而是根据路由器连接的地标的地理位置分布，推测路由器的初始服务范围，并依据距离地标的远近，对其进行分级排序；最后根据目标 IP 连接的一个或多个路由器服务范围，计算目标的更细粒度位置。该算法的基本原理如图 7-21 所示。

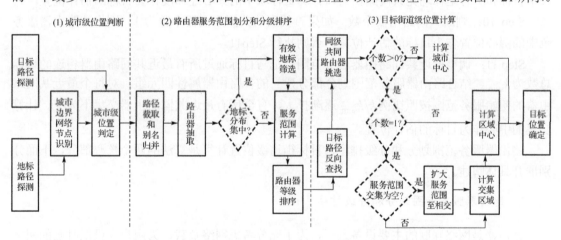

图 7-21　基于目标周边路由器的 IP 街道级定位算法基本原理

算法主要包括城市级位置判断(Step1～Step3)、路由器服务范围划分和分级排序(Step4～Step8)、目标街道级位置计算(Step9～Step11)三个部分，算法完整步骤如下。

输入：网络目标 IP，地标。

输出：目标 IP 地理位置。

Step 1：目标和地标路径测量。从探测源向目标和地标发起路径测量，获得从探测源到目标和地标路径上的一系列路由器的 IP 地址。

Step 2：区域网络边界节点识别。根据地标的探测路径，基于时延向量相似性判别区域网络的边界节点。

Step 3：城市级位置判定。根据目标探测路径经过的某个城市的网络边界 IP 内的节点，确定目标的城市级地理位置，记该城市为目标城市。

Step 4：地标路径截取和别名归并。将城市级位置判断部分得到的目标所处城市的网络边界 IP 与地标路径比对，保留网络边界 IP 至地标间的路径，并将同一个路由器的多个别名进行归并。

Step 5：路由器抽取和相连地标分布情况判断。查找与中间路由器相连的地标个数和地标所处的地理位置个数，当地标个数大于地理位置个数时，执行 Step6，否则执行 Step7。

Step 6：有效地标筛选。对位于同一位置的不同地标，采用 TreeNET 工具[9]判断该地标是否属同一子网，对属于同一子网的多个地标，仅保留其中一条。

Step 7：路由器服务范围计算。对每个路由器 R_i 连接的地标(设为 k 个)，根据其经纬度计算所有地标的中心，以该中心与地标间的最远距离为半径做圆，作为该中间路由器的初始服务范围，记该圆的半径为 r，圆心为 O，建立形如 (R_i, O, r, k) 的路由器地理属性四元组。

Step 8：路由器分级排序。根据路由器与地标的距离(跳数)远近和连接地标数量，对路由器进行分级排序，距离地标 l 跳的路由器记为第 l 级，在每个等级中，根据路由器连接地标数量，从高到低排序。

Step 9：目标路径反向查找和同级路由器挑选。从距离目标最近的路由器开始，从已构建的同级路由器序列中查找是否有相同路由器(即最近共同路由器)，如果查找结果为空，则表示目标和所有地标均无共同路由器，计算目标城市的中心经纬度作为目标的估计位置。

Step 10：判断共同路由器个数。如果查找到的共同路由器个数为 1，则将该路由器服务范围的圆心位置作为目标的估计位置，否则执行 Step11。

Step 11：调整最近共同路由器服务范围。记与目标通过所有最近共同路由器相连的地标总数为 k_{sum}，结合路由器服务范围划分部分建立的各路由器属性四元组，对每个最近共同路由器的初始服务范围按照比例 k/k_{sum} 逐渐扩大，直至所有最近共同路由器交集不为空，计算交集的中心作为目标的估计位置。

路由器服务范围划分和分级排序、目标街道级位置计算是算法的两个核心部分，下面分别展开具体阐述。

2. 路由器服务范围划分和分级排序

路由器是网络互联的主要设备之一，为了充分考虑网络负载，为用户提供低时延的网络服务，从而提高网络服务质量，运营商在部署路由器时，往往根据联网用户的规模、分布等，部署相应的路由器，这使得每个路由器都有特定的服务范围，其中不乏部分路由器的服务范围较小或相对集中。对路由器的服务范围进行计算和分级排序是本节算法的核心之一，可为后期在计算目标位置时提供基础。路由器服务范围计算和分级排序的具体方法如下。

1)路由器服务范围计算

在实际探测过程中，难以得到路由器与其服务范围内所有节点的连接信息，因此，仅根据探测得到的路由器连接的地标分布推测该路由器的服务范围存在一定误差，为了描述这种误差的相对大小，本节以路由器连接的分布在不同位置的地标数量来初步刻画推测结果的可信度，即对同一个路由器，在计算其服务范围时，使用的位于不同位置的地标数量越多，计算得到的服务范围的可信度越高；对与地标距离(跳数)相同的不同路由器，使用的位于不同位置的地标数量越多，计算结果的可信度越高。

考虑到属于同一子网的地标地理位置往往邻近，且通常连接在同一个路由器上，此时，地标数量大小不宜直接用于度量相连路由器服务范围计算结果的可信度。本文在计算路由器的服务范围时，根据地标经纬度，查看地标分布情况，若地标(或部分地标)分布相对集中，则利用子网分析工具 TreeNET 分析这些地标是否属于同一子网，对属于同一子网的地标，仅保留一条参与计算。

设所有地标的路径探测结果中，经过区域网络边界节点截取后的剩余路径中，路由器分别为 $R=\{R_1,R_2,\cdots,R_n\}$，经过子网分析过滤后，与第 k 个路由器 R_k 相连的有 count_k 个地标 $\{L_1,L_2,\cdots,L_{\mathrm{count}_k}\}$。对路由器 R_k：计算 count_k 个地标 $\{L_1,L_2,\cdots,L_{\mathrm{count}_k}\}$ 的中心 center_k，该中心与其中最远地标的距离记为 rad_k，构建形如 $(R_k,\mathrm{center}_k,\mathrm{rad}_k,\mathrm{count}_k)$ 的路由器地理属性四元组。

2)路由器服务范围分级和排序

通常情况下，距离地标跳数越远的路由器的服务范围往往越大，在定位目标时，服务范围越大的路由器对定位的帮助越小。对距离地标跳数相同的路由器，连接地标数量越多的路由器，计算得到的服务范围可信度越高，用于定位时的效果往往越好。因此，对已构建地理属性四元组的路由器，需要根据距离地标远近和连接地标数量对路由器进行分级和排序。本节将距离地标 i 跳的路由器定为第 i 级。

当 $i=1$ 时，构建的第一级序列为

$$S_1=\left[(R_1^1,\mathrm{center}_1^1,\mathrm{rad}_1^1,\mathrm{count}_1^1),(R_2^1,\mathrm{center}_2^1,\mathrm{rad}_2^1,\mathrm{count}_2^1),\cdots,(R_x^1,\mathrm{center}_x^1,\mathrm{rad}_x^1,\mathrm{count}_x^1)\right] \tag{7-16}$$

式中，x 为第一级序列中路由器的个数，且 $\mathrm{count}_1^1\geqslant\mathrm{count}_2^1\geqslant\cdots\geqslant\mathrm{count}_x^1$；

当 $i=2$ 时，构建的第二级序列为

$$S_2=\left[(R_1^2,\mathrm{center}_1^2,\mathrm{rad}_1^2,\mathrm{count}_1^2),(R_2^2,\mathrm{center}_2^2,\mathrm{rad}_2^2,\mathrm{count}_2^2),\cdots,(R_y^2,\mathrm{center}_y^2,\mathrm{rad}_y^2,\mathrm{count}_y^2))\right] \tag{7-17}$$

式中，y 为第二级序列中路由器的个数，且 $\mathrm{count}_1^2\geqslant\mathrm{count}_2^2\geqslant\cdots\geqslant\mathrm{count}_y^2$；

依此类推，构建的第 i 级序列为

$$S_i=\left[(R_1^i,\mathrm{center}_1^i,\mathrm{rad}_1^i,\mathrm{count}_1^i),(R_2^i,\mathrm{center}_2^i,\mathrm{rad}_2^i,\mathrm{count}_2^i),\cdots,(R_z^i,\mathrm{center}_z^i,\mathrm{rad}_z^i,\mathrm{count}_z^i)\right] \tag{7-18}$$

式中，z 为第 i 级序列中路由器的个数，且 $\mathrm{count}_1^i\geqslant\mathrm{count}_2^i\geqslant\cdots\geqslant\mathrm{count}_z^i$；

最后，对所有路由器，构建多级序列 $[S_1,S_2,\cdots,S_i]$。

下面举例说明上述路由器多级序列的构建过程。如图 7-22 所示，设所有地标均不属同一子网，地标 L_1、L_2 和 L_3 与路由器 R_1 直接相连，地标 L_4、L_5、L_6 和 L_7 与路由器 R_2 直接相连，L_8 和 L_9 与 R_3 直接相连，同时，R_1、R_2 与 R_3 直接相连，则该场景下的路由器多级序列构建过程如下。

(1)路由器服务范围计算：根据每个路由器连接地标的分布和数量情况，计算其服务范围，得到四元组 $(R_1,O_1,r_1,3)$，$(R_2,O_2,r_2,4)$，$(R_3,O_3,r_3,2)$ 和 $(R_3,O_4,r_4,9)$。

(2)路由器分级排序：利用上述路由器分级排序方法，首先查找与地标直接相连的路由器，即 R_1、R_2 和 R_3，从而得到第一级序列为 $((R_2,O_2,r_2,4),(R_1,O_1,r_1,3),(R_3,O_3,r_3,2))$，同理得到第二级序列为 $((R_3,O_4,r_4,9))$。

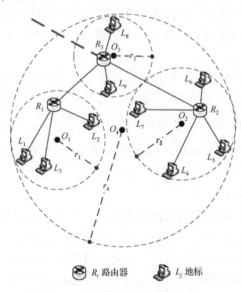

图 7-22　中间路由器多级划分举例

由该例可知，对同一个路由器，可能存在于多个等级序列，等级越低说明该路由器距离地标越远，计算出的服务范围通常越大，此时，基于该路由器推测目标位置时，对目标可能位置的约束强度越弱。因此，在定位目标时，优先从等级最高的路由器序列中查找最近共同路由器。

3. 目标 IP 位置估计

对目标 IP 进行定位时，首先对其进行路径探测，获得从探测源到该 IP 路径上的一系列路由器的 IP 地址，通过与多级划分后的路由器序列进行比较或计算，确定目标 IP 的可能位置。设目标 IP_T 经过截取后的路径为 $(h_{p-e}^T,\cdots,h_{p-1}^T,h_p^T,\text{IP}_T)$，已构建的比较序列为 $[S_1,S_2,\cdots,S_i]$，具体的比较或计算方法如下。

(1)取 h_p^T 与序列 S_1 中的路由器匹配，设该序列中与 h_p^T 相同的路由器的地理属性元组集合为

$$G_1 = \left[(R_1^1,\text{center}_1^1,\text{rad}_1^1,\text{count}_1^1),(R_2^1,\text{center}_2^1,\text{rad}_2^1,\text{count}_2^1),\cdots, \\ (R_q^1,\text{center}_q^1,\text{rad}_q^1,\text{count}_q^1) \right] \tag{7-19}$$

式中，$\text{count}_1^1 \geqslant \text{count}_2^1 \geqslant \cdots \geqslant \text{count}_q^1$，这些路由器连接的地标总数为 $\text{count}_{\text{sum}}^1 = \text{count}_1^1 + \text{count}_2^1 + \cdots + \text{count}_q^1$。当 $G_1 \neq \phi$ 时：

① 若 $q=1$，取 center_1^1 作为目标的估计位置；

② 若 $q>1$。

a.当圆 $(\text{center}_1^1,\text{rad}_1^1),(\text{center}_2^1,\text{rad}_2^1),\cdots,(\text{center}_q^1,\text{rad}_q^1)$ 两两相交时，取其交集的中心位置作

为目标的估计位置;

b. 当圆 $(\mathrm{center}_1^1, \mathrm{rad}_1^1), (\mathrm{center}_2^1, \mathrm{rad}_2^1), \cdots, (\mathrm{center}_q^1, \mathrm{rad}_q^1)$ 不相交或部分相交时，将路由器 $R_1^1, R_2^1, \cdots, R_q^1$ 的服务范围半径分别按照 $\mathrm{count}_1^1/\mathrm{count}_{\mathrm{sum}}^1, \mathrm{count}_2^1/\mathrm{count}_{\mathrm{sum}}^1, \cdots, \mathrm{count}_q^1/\mathrm{count}_{\mathrm{sum}}^1$ 比例逐渐扩大，直至两两相交，取该交集的中心位置作为目标的估计位置。

(2) 当 $G_1 = \phi$ 时，取 h_{p-1}^T 与序列 S_2 中的路由器匹配，比较和计算方法同上。

(3) 以此类推，若比较至 h_{p-e}^T，与其相同的路由器地理属性元组集合 $G_{e+1} = \phi$，则取城市的中心经纬度作为对目标的估计位置。

以 $e = 1$ 为例，如图 7-22 所示，设经过与构建的路由器等级序列比较后，在第一级查找到最近共同路由器，下面分三种情况讨论对目标 T 的定位过程。

(1) 当查找到的最近共同路由器个数为 1 时，如图 7-23(a) 所示，此时，取该路由器服务范围的中心作为目标的估计位置，即图中的水滴图标所在位置。

(2) 当查找到的最近共同路由器个数大于 1 时，则判断这些路由器的服务范围是否有交集，若交集不为空，如图 7-23(b) 所示(以路由器个数为 2 为例)，则取交集的中心作为目标的估计位置；若交集为空，则分别按 2/5 和 3/5 的比例扩大路由器 R_1 和 R_2 的服务范围半径 r_1 和 r_2，直至出现交集，取交集的中心作为目标的估计位置，如图 7-23(c) 所示。

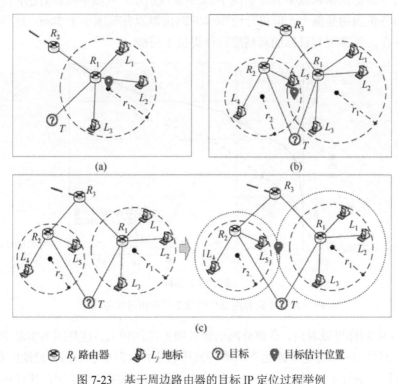

🖧 R_i 路由器　　📱 L_j 地标　　❓ 目标　　📍 目标估计位置

图 7-23　基于周边路由器的目标 IP 定位过程举例

4. 算法原理分析

本节分别从路由器多级划分有效性以及与现有典型定位算法的误差比较两个方面对算法的原理进行分析。

1) 路由器多级划分有效性分析

本节算法的基本思想是根据目标连接的共同路由器的服务范围，确定目标的可能位置，因此，共同路由器的服务范围大小直接影响着对目标的定位误差，当共同路由器的服务范围较小时，可实现对目标较高精度的定位。上述服务范围较小的路由器是否存在，以及这些路由器所占的比例大小，决定着算法的整体性能的好坏。从运营商部署网络设备的角度考虑，为了给用户提供高质量的网络服务，在同等条件下，更趋向于将网络设备部署于距离用户较近的位置，而不是在全城内随意部署，因此，在靠近网络边缘的路由器中，应当存在相当比例的路由器面向特定的地理区域提供网络接入服务。

为了验证该假设，本节对中国香港的 6861 个地标发起路径探测，为了保证地标分布能够尽可能准确描述与其相连的路由器的服务范围，同时保证有尽可能多的路由器数量以使结果具有统计意义，本节从探测结果中筛选出与至少 5 个位于不同位置的地标通过 1 跳直接相连的路由器 809 个。根据相连地标的地理分布，利用 7.4.2.2 节的计算方法，得到每个路由器的服务范围，图 7-24 中的实线给出了这些路由器服务范围的累积概率分布。从图中可以看出，有超过 50%的路由器的服务范围小于 2km，超过 60%的路由器的服务范围小于 5km。此外，本节从探测结果中也筛选出了与至少 5 个位于不同位置的地标通过 2 跳相连的路由器 634 个，这些路由器的服务范围累积概率分布如图 7-24 中虚线所示。从图中可以看出，距离地标 2 跳的路由器的服务范围明显偏大，但仍有近 40%的路由器服务范围小于 5km。这些服务范围较小路由器的存在，为实现对目标的高精度定位提供了可能。

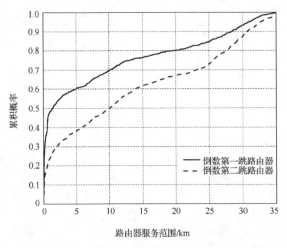

图 7-24　中国香港部分倒数 2 跳路由器服务范围

从图 7-24 中同样可以看出，有部分路由器的服务范围较大，这是因为实验中可能有部分地标距离骨干网较近。尽管这些路由器的服务范围较大，但仍小于中国香港地区最大直径(约 70km)，在对目标进行定位时，从多个探测源对目标的路径探测结果中，往往可以查找到多个最近共同路由器，根据 7.4.2.3 节的目标位置计算方法，当从多个路由器约束目标的可能位置时，仍有望将目标定位到一个相对较小的区域。

2) 与现有典型定位算法的误差比较分析

本节从最大误差和平均误差两个方面，比较现有 SLG 算法和 NC-Geo 算法与本节算法的性能。

(1)最大误差分析。

以共同路由器与目标和地标直接相连场景为例，设与共同路由器连接的地标的中心为 C ，该中心与最远地标的距离为 r ，目标与共同路由器的距离为 d_e ，目标和最近共同路由器在该圆内任何一点出现的概率相等，则得出以下几点结论。

①对于 SLG 算法，定位误差为基于最小相对时延挑选出的地标和目标之间的距离，最大误差出现的场景是当该地标和目标分别位于该圆直径的两端时，如图 7-25(a) 中实线所示，此时最大误差为 $\varepsilon_1 = 2r$ 。

②对于 NC-Geo 算法，该算法将共同路由器的位置作为目标的估计位置，因此，定位误差为共同路由器和目标之间的距离，最大误差出现的场景是当最近共同路由器和目标分别位于该圆直径的两端(图 7-25(b))，但是该算法假设最近共同路由器位于多个地标的内部，因此 NC-Geo 算法的最大误差 ε_2 略小于圆 C 的直径，记为 $\varepsilon_2 = r + \mu$（$0 \leqslant \mu < r$），则 $r < \varepsilon_2 < 2r$ 。

③对于本节算法，在该场景下，本节将圆心位置作为目标的估计位置，因此定位误差为圆心与目标之间的距离，最大误差出现的场景是当目标位于圆上时(图 7-25(c))，此时的最大误差为圆的半径，即 $\varepsilon_3 = r$ 。

综上所述，三种算法的最大定位误差大小比较结果如下：$\varepsilon_1 > \varepsilon_2 > \varepsilon_3$ ，即本节算法的最大误差最小。

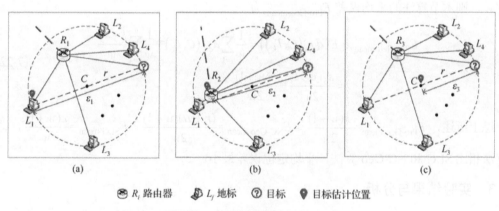

图 7-25　三种算法的最大误差场景

(2)平均误差分析。

SLG 算法是将目标定位到落在圆内的某一地标所在位置，借鉴 Chen 等[7] 的平均误差分析方法，设圆内有 w 个地标，记作 $L_1, L_2, \cdots, L_w$ ，第 i 个地标 L_i 与目标 T 的距离为 $d_{\mathrm{dis}}(L_i, T)$ ，地标在圆内的分布可看作均匀分布，则有 $d_{\mathrm{dis}}(L_i, T) \in [0, \varepsilon_1]$ ，可将 $d_{\mathrm{dis}}(L_i, T)$ 看作在 $[0, \varepsilon_1]$ 上的一组均匀取值，且每个取值的概率均为 $1/w$ ，SLG 算法的平均误差 $E_{\mathrm{SLG\text{-}mean}}$ 为

$$E_{\mathrm{SLG\text{-}mean}} = E\big(d_{\mathrm{dis}}(L_i, T)\big) = \frac{1}{w} \sum_{i=1}^{w} d_{\mathrm{dis}}(L_i, T) = \frac{1}{w} \sum_{i=1}^{w} \frac{i * \varepsilon_1}{w}$$

$$= \frac{1}{w} \left(\frac{\varepsilon_1}{w} + \frac{2\varepsilon_1}{w} + \cdots + \varepsilon_1 \right)$$

$$= \frac{1}{w}\left(\frac{\varepsilon_1}{w}(1+2+\cdots+w)\right)$$

$$= \frac{\varepsilon_1(w+1)}{2w} = \frac{r(w+1)}{w} \tag{7-20}$$

NC-Geo 算法将共同路由器的位置作为目标位置,当有 w 个地标在圆内均匀分布时,由于城市内单跳时延转换的距离误差较大,计算得到的共同路由器的位置也可看作在圆内均匀分布,记第 j 次计算得到的共同路由器位置与目标距离为 $d_{\mathrm{dis}}(R_j,T)$,则 $d_{\mathrm{dis}}(R_j,T)\in[0,\varepsilon_2]$,可将 $d_{\mathrm{dis}}(R_j,T)$ 看作 $[0,\varepsilon_2]$ 上的一组均匀取值,且每个取值的概率均为 $1/w$,因此,NC-Geo 算法的平均误差 $E_{\mathrm{NC\text{-}Geo\text{-}mean}}$ 为

$$E_{\mathrm{NC\text{-}Geo\text{-}mean}} = E\left(d_{\mathrm{dis}}(R_j,T)\right) = \frac{1}{w}\sum_{j=1}^{w}d_{\mathrm{dis}}(R_j,T) = \frac{1}{w}\sum_{j=1}^{w}\frac{j*\varepsilon_2}{w}$$

$$= \frac{\varepsilon_2(w+1)}{2w} = \frac{(r+\mu)(w+1)}{2w} \tag{7-21}$$

本节算法将圆心作为目标的估计位置,由于圆心位置是固定的,可将目标的可能位置看作在圆内的均匀分布,记第 k 次计算得到的共同路由器位置与目标距离为 $d_{\mathrm{dis}}(C,T_k)$,且 $d_{\mathrm{dis}}(C,T_k)\in[0,\ \varepsilon_3]$,可将 $d_{\mathrm{dis}}(C,T_k)$ 看作 $[0,\ \varepsilon_3]$ 上的一组均匀取值,且每个取值的概率均为 $1/w$,则本节算法的平均误差 $E_{\mathrm{Pro\text{-}Geo\text{-}mean}}$ 为

$$E_{\mathrm{Pro\text{-}Geo\text{-}mean}} = E\left(d_{\mathrm{dis}}(C,T_k)\right) = \frac{1}{w}\sum_{i=1}^{w}d_{\mathrm{dis}}(C,T_k) = \frac{1}{w}\sum_{k=1}^{w}\frac{k*\varepsilon_3}{w}$$

$$= \frac{\varepsilon_3(w+1)}{2w} = \frac{r(w+1)}{2w} \tag{7-22}$$

综上所述,$E_{\mathrm{Pro\text{-}Geo\text{-}mean}} = \dfrac{r(w+1)}{2w} \leqslant E_{\mathrm{NC\text{-}Geo\text{-}mean}} = \dfrac{(r+\mu)(w+1)}{2w} < E_{\mathrm{SLG\text{-}mean}} = \dfrac{r(w+1)}{w}$,即本节算法相比 SLG 和 NC-Geo 算法,平均定位误差最小。

7.4.3 实验结果与分析

为测试本节算法的性能,本节对中国、美国的部分实际互联网 IP 目标开展了定位实验。下面详细介绍实验的相关设置和对实验结果的讨论与分析。

1. 实验设置

1)探测源数量和分布

考虑到实验中使用的目标位于中国和美国的相关城市,为了降低探测冗余,采用的分布式探测源主要部署在中国和美国,其中,中国的探测源分布在北京、上海、广州、香港等 11 个不同城市,美国的探测源分布在洛杉矶、华盛顿、纽约等 11 个不同城市。

2)实验数据来源和数量

实验中使用的已知位置的 IP 数据主要采用如下两种方法获得。

一是基于 Web 挖掘获得,具体方法如下:首先,从 Web 页面中挖掘机构的地理位置,通过解析网站域名获得 IP 地址,从而将两者关联起来;然后,采用 IP 地址和域名分别访问

网页，去除返回结果不一致的 IP 地址；最后，采用基于最近共同路由器的评估方法[10]对其可信度进行评估，保留评估后位置可靠的 IP 地址。

二是从已有公开的数据库中，查询返回结果中具有街道级位置的 IP，同样采用基于最近共同路由器的地标评估方法[10]对其声称位置的可信度进行评估，保留评估后位置可靠的 IP 地址。

对上述算法获得的 IP 中，对探测请求有响应的 IP 地址用于实验。最终获得的各城市的具体数据如表 7-13 所示。

表 7-13　实验中使用的已知位置的 IP 数及分布的地理位置数

城市	IP 数/个	IP 分布的地理位置数/个
中国北京	1849	1467
中国香港	6861	6861
中国郑州	982	893
美国洛杉矶	2460	1305

3）测量方式

本节主要采用 traceroute 工具对目标和地标的时延和路径进行测量。traceroute 工具能够返回从探测源到目标和地标路径上报文流经的一系列 IP 地址。为了提高探测效率，尽可能降低路由迂回，并尽可能获得目标周边区域较为完整的网络拓扑，对不同地区的目标和地标，分别采用不同的探测源。对位于中国北京和郑州的目标和地标，采用位于中国内地 10 个城市和美国华盛顿的探测源进行测量；对位于中国香港的目标和地标，采用位于中国北京、上海、广州、香港和美国华盛顿、洛杉矶等 6 个探测源进行测量；对位于美国洛杉矶的目标和地标，采用位于中国北京、香港和美国的洛杉矶、华盛顿、纽约等 13 个不同城市的探测源进行测量。同时，为了能够测得较为准确的时延，以尽可能保证单跳时延和相对时延计算的准确性，对每个目标和地标分别测量 20 次，取测量时延的最小值用于实验。

为了验证基于目标周边路由器的目标 IP 街道级定位算法的性能，本节分别开展了该算法与 NC-Geo 算法和 SLG 算法的定位比较实验，使用的数据量及分布如表 7-1 所示，实验中采用缺一验证法，即将其中一个 IP 作为目标，剩余的 IP 作为地标。下面详细介绍两组实验的基本过程和对实验结果的讨论分析。

2. 与 NC-Geo 算法的定位比较实验

现有街道级定位算法 NC-Geo，利用与目标通过最近共同路由器相连的多个地标的时延（至少 3 个），计算最近一跳共同路由器的地理位置，将其作为目标的估计位置。因此，对通过最近共同路由器连接地标数量不足 3 个的目标，NC-Geo 算法将无法给出定位结果。由 7.2.2.4 节可知，NC-Geo 算法的平均误差和最大误差均大于本节算法。本节在中国北京、郑州、香港和美国洛杉矶开展了与 NC-Geo 算法的定位比较实验，实验结果如表 7-14 所示。

表 7-14　与 NC-Geo 算法的定位比较结果

城市	待定位目标数/个	可定位目标数/个		中值误差/km		最大误差/km	
		NC-Geo 算法	本节算法	NC-Geo 算法	本节算法	NC-Geo 算法	本节算法
北京	1849	1596	1849	7.26	6.08	29.82	24.86
香港	6861	6437	6861	4.25	3.78	31.62	30.61

城市	待定位目标数/个	可定位目标数/个		中值误差/km		最大误差/km	
		NC-Geo 算法	本节算法	NC-Geo 算法	本节算法	NC-Geo 算法	本节算法
郑州	982	815	982	1.37	1.24	18.39	15.28
洛杉矶	2460	2023	2460	2.23	1.90	34.28	33.27

从表 7-14 可以看出,对中国北京、香港、郑州和美国洛杉矶的 1849、6861、982 和 2460 个目标 IP,本节算法定位的中值误差和最大误差均优于 NC-Geo 算法。此外,NC-Geo 算法仅能够对通过最近共同路由器连接地标数量超过 3 个的目标 IP 进行定位,因此上述四个城市中,NC-Geo 算法分别有 253、424、167 和 437 个目标定位失败,而本节算法可对所有目标进行定位。

3. 与 SLG 算法的定位比较实验

本节同样基于 SLG 算法对上述城市的目标 IP 进行了定位。对郑州 982 个目标的定位结果如图 7-26 所示,SLG 算法定位结果的中值误差和最大误差分别为 2.33km 和 20.48km,本节算法的中值误差和最大误差分别为 1.24km 和 15.28km,中值误差和最大误差分别降低了约 46.78% 和 25.39%。

对北京 1849 个目标的定位结果如图 7-27 所示,SLG 算法定位结果的中值误差和最大误差分别为 8.98km 和 34.89km,本节算法的中值误差和最大误差分别为 6.08km 和 24.86km,中值误差和最大误差比 SLG 算法分别降低约 32.29% 和 28.75%。

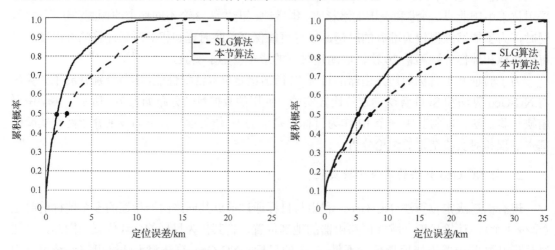

图 7-26　对郑州 982 个目标 IP 的定位结果　　　　图 7-27　对北京 1849 个目标 IP 的定位结果

对洛杉矶 2460 个目标的定位结果如图 7-28 所示,SLG 算法定位结果的中值误差和最大误差分别为 3.16km 和 34.74km,本节算法的中值误差和最大误差分别为 1.9km 和 33.27km,中值误差和最大误差比 SLG 算法分别降低约 39.87% 和 4.23%。

对中国香港 6861 个目标的定位结果如图 7-29 所示,SLG 算法定位结果的中值误差和最大误差分别为 4.47km 和 34.12km,本节算法的中值误差和最大误差分别为 3.78km 和 30.61km,中值误差和最大误差比 SLG 算法分别降低约 15.44% 和 10.29%。

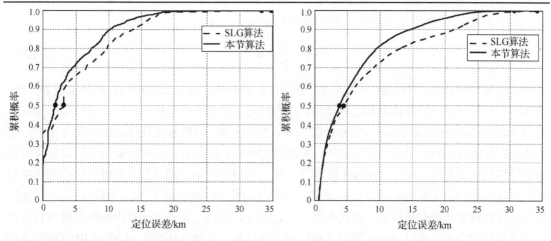

图 7-28　对洛杉矶 2460 个目标 IP 的定位结果　　　　图 7-29　对香港 6861 个目标 IP 的定位结果

此外，从图 7-28 也可以看出 SLG 算法和本节算法分别将 35% 和 23% 的目标定位至误差接近 0km。由于洛杉矶的 2460 个目标仅分布在 1305 个位置，即多个目标位于同一个位置的情况较多，使得 SLG 算法即使根据难以准确测量和计算的最小相对时延来选择最近地标，也有较高的概率挑选到与目标位于同一位置的地标，使其定位误差为 0 的目标数量大于本节算法，但从整体效果来看，本节算法仍具有优势。

本节对高精度 IP 定位算法进行了研究，提出了基于目标周边路由器的目标 IP 街道级定位算法。该算法根据路由器与地标的距离和地标的地理分布，推测该路由器的服务范围，并对其进行等级划分和排序，在此基础上根据目标连接的路由器的服务范围，估计目标的可能位置。传统的经典街道级定位算法如 SLG 和 NC-Geo 等，在定位目标时，使用了地标与目标之间的相对时延，或地标与最近路由器之间的单跳时延，而对城市内部的节点来说，由于其地理距离较近，测得的时延中传播时延所占的比例极小，这导致测得的时延难以转换为有效的地理距离。与现有方法不同的是，本节算法未使用城市内节点间的时延，而是充分利用了目标周边路由器和地标与目标的连接关系，克服了现有算法由于城市内节点间时延难以准确测量和计算，导致时延难以转换成有效地理距离，进而导致算法失效的问题。原理分析和实验结果均表明，本节算法与现有街道级定位算法 SLG 和 NC-Geo 相比具有明显优势。

7.5　基于局部时延分布相似性度量的目标 IP 定位算法

SLG 算法是现有的典型高精度网络实体算法，然而，当目标与地标的最近共同路由器为匿名时，这种情况在进行网络路径探测时常常发生，SLG 算法定位的可靠性将明显降低。为此，本节提出了一种基于局部时延分布相似性度量的改进的 SLG 定位算法。

7.5.1　问题描述

高精度的定位结果将更能满足无论网络服务提供商的定向广告服务，还是网络安全相关应用的需求。Wang 等在文章[2]中采用逐层逼近的定位思想，提出了 SLG 算法，具有相对较高的定位精度。在第一层定位中，该算法根据式 (7-23) 将从探测源测与目标的时延转换为距离，基于 CBG 算法[4]中的多点定位思想将目标定位在一个粗粒度的区域。

$$s = \frac{4}{9}c * d \qquad (7\text{-}23)$$

式中 d 为时延；s 为距离；c 为光速。在第二层定位中，通过增加地标、拓扑发现和分析，查找出与目标通过共同路由器相连的地标，同样利用上述公式将地标与目标之间的最小相对时延(共同路由器与地标和目标之间的时延之和)转换为距离，将地标用作探测源再次基于多点定位确定目标所在区域；最后一层定位中，再次增加地标，将与目标相对时延最小的地标位置作为对目标的估计位置。然而，Baden 指出[11]，在一个城域网中，测量得到的时延值中的传播时延是可以忽略的。而在时延中，仅传播时延与距离相关。因此，如果 SLG 算法在第一层能够将目标定位到城市级粒度区域，则其在第二层定位中，根据上述公式计算出的距离将对目标产生过于宽松的约束，难以获得比城市级粒度更小的区域。文献[12]指出，与终端 IP 直接相连的最后一跳路由器与该 IP 通常距离在几公里之内。若 SLG 算法的第三层定位中最近共同路由器为最后一跳共同路由器，则测量得到的最后一跳时延中，与距离相关的传播时延所占比例极小，几乎无法用来估计距离的远近，此时，SLG 算法选取与目标的相对时延最小的地标作为目标的估计位置具有一定的随机性；当最后一跳(或最后若干跳)共同路由器为匿名路由器时，上述通过拓扑发现和分析能够获得的最近共同路由器(并非地标和目标之间真实的最近共同路由器)，虽然不是最后一跳共同路由器，测得时延中传播时延所占比例可能增大，但是，此时该共同路由器与目标通过至少 2 跳相连，两者之间的地理距离可能较远，若选择与目标相对时延最小的地标作为目标的估计位置，则将具有更大的随机性。因此，SLG 算法中依据最小相对时延策略挑选出的地标难以保证距离目标最近。在重现该算法的实验中同样发现，与目标之间相对时延最小的地标并非总是距离目标最近，实验结果与上述分析一致。

针对 SLG 算法中存在的不足，本节在获得目标的城市级粒度位置的基础上，不采用最小相对时延的原则来挑选用于估计目标位置的地标，而是将所有与目标通过最近共同路由器相连的地标全部保留，通过多次时延测量，分别获取共同路由器与地标和目标之间的时延(本节分别称其为地标、目标的局部时延)的分布，通过比较其局部时延分布的相似性，将与目标局部时延分布相似度最高的地标作为目标的估计位置。

7.5.2　算法原理与主要步骤

基于局部时延分布相似性的定位算法的基本思想是在同一个运营商网络内，通过最后一跳共同路由器相连的两台主机，若地理距离相近，则以同种方式接入互联网的概率较大，相同的网络接入方式对最后一跳时延的影响应近似，进而两台主机的最后一跳时延具有相似的变化特点；分别测量两台主机时延时，若探测报文经过相似的转发路径，则这两台主机的时延应呈现相似的变化特点，即时延分布相似。基于该思想，本节提出了基于局部时延分布相似性度量的目标 IP 定位算法，该算法首先通过对地标和目标的拓扑发现和分析，确定目标与地标在拓扑结构上相连的最近共同路由器；接着对目标、地标及其最近共同路由器发起多次时延测量，得到共同路由器与目标及地标之间的局部时延；然后通过对测得的局部时延做统计分析，获取每个地标和目标的局部时延的分布；最后比较每个地标与目标的局部时延分布的相似性，将与目标局部时延分布相似度最高的地标位置作为目标的估计位置。

1. 算法流程

　　基于局部时延分布相似性度量的目标 IP 定位算法的定位过程包括如下几个主要部分：目标 IP 的区域城市级位置估计、拓扑发现和分析、局部时延测量和分布获取及相似性计算等。该算法原理如图 7-30 所示，具体算法如下。

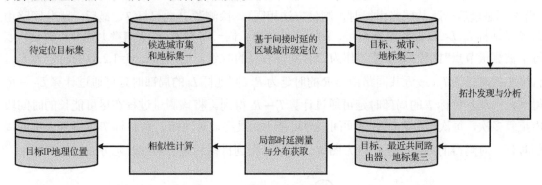

图 7-30　基于局部时延分布相似性度量的目标 IP 定位算法原理图

2. 主要步骤

算法步骤如下。

输入：待定位目标集。

输出：待定位目标的地理位置。

Step 1：区域城市级位置估计。根据已获取的候选城市集和各城市内的地标(记为地标集一)，基于 6.6 节的城市级定位方法，初步判断目标所属城市(或区域)及该城市内的地标(记为地标集二)。

Step 2：拓扑发现与分析。对目标和地标集二中的所有地标，采用 traceroute 程序对其进行路径探测，得到该地标集的拓扑连接关系，从中查找出地标与目标相连的最近共同路由器，并将该地标作为地标集三。

Step 3：局部时延测量与分布获取。对目标、最近共同路由器和地标集三中的地标发起时延测量，计算得到目标和地标与最近共同路由器间的局部时延。在较长一段时间内，重复该测量过程，得到大量的局部时延数据。经过统计分析，得到目标和地标的局部时延分布。

Step 4：相似性计算。计算目标和每个地标之间局部时延分布的相似性，将与目标的局部时延分布相似度最高的地标，作为对目标的估计位置。

7.5.3　局部时延分布获取与相似性计算

1. 局部时延测量与分布获取

　　局部时延测量和分布获取是本节定位算法的核心步骤之一。通过拓扑发现和分析，可确定与目标 T 通过最近共同路由器 R 相连的地标 $L = \{L_1, L_2, \cdots, L_n\}$。因为在某一时刻，网络环境近似处于相对稳定的状态，而目标和地标集 L 中的地标通过最近共同路由器 R 相连，且如果探测源与目标位于同一城市，探测源和目标(地标)之间的路径长度(跳数)相对较短，在同一时刻测量目标和地标的时延时，从探测源至 R 之间的路径往往变化较小，不同地标(地标和目标)之间的时延分布存在差异，这种差异往往是由共同路由器与地标和目标之间的局部时延造成的。因此，本节通过测量最近共同路由器和地标及目标之间的时延，计算得到局部时延。

图 7-31 给出了三个地标通过最后一跳共同路由器 R 与目标 T 相连的局部时延测量实例(当 R 不是最后一跳共同路由器时，测量方法相同)。探测源 P 向目标 T、最后一跳共同路由器 R 及地标 L_1, L_2, L_3 发起时延测量，测量方法如下：同一时刻 t，多次测量上述节点时延，取每个被测量节点时延的最小值，作为该时刻各节点的时延，记地标 L_i (i=1,2,3)的时延为 $L_{i,t}$，目标 T 的时延为 T_t，最近共同路由器 R 的时延为 R_t，则地标 L_i 的局部时延可通过计算 $L_{i,t} - R_t$ 得到，同理，目标 T 的局部时延可通过计算 $T_t - R_t$ 得到。将该测量过程在尽可能长的时间段内重复多次，每次测量之间的时间间隔尽可能小。最终，对地标 L_i 和目标 T 可得到大量的局部时延。对测得的局部时延作直方图统计，即可得到目标和地标局部时延分布。

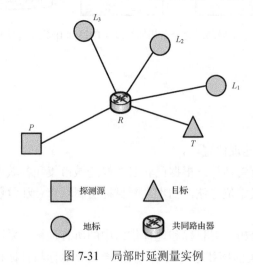

图 7-31　局部时延测量实例

2. 相似性计算

判断两个概率密度分布 P 和 Q 之间的相似度，可采用计算相对熵(relative entropy)来衡量[13]。相对熵又称 KL 散度(Kullback-Leibler divergence，KLD)，是用来度量使用基于 Q 的编码来编码来自 P 的样本平均所需的额外的位元数。典型情况下，P 表示数据的真实分布，Q 表示数据的理论分布、模型分布，或 P 的近似分布。当两个分布相同时，其相对熵为 0，当两个分布的差异增大时，相对熵也随之增大。

对离散型的随机变量来说，概率分布 $P(X)$、$Q(X)$ 的相对熵：

$$D_{\text{KL}}\big(P(X)\|Q(X)\big) = \sum_{x \in X} P(x)\log\frac{P(X)}{Q(X)} \tag{7-24}$$

本节在比较地标和目标局部时延分布的相似性时候，采用相对熵来衡量。设 $P_T(X)$ 为目标 T 的局部时延分布，$Q_i(X)$ 为地标的局部时延分布，则两者局部时延分布的相似性，可通过下式计算相对熵来衡量：

$$D_{KL}\left(P_T\left(X\right)\|Q_i\left(X\right)\right) = \sum_{x \in X} P_T\left(x\right)\log\frac{P_T\left(X\right)}{Q_i\left(X\right)} \tag{7-25}$$

式中，X 为局部时延的取值范围，通常根据实际的测量值确定。

最后，比较目标与每个地标局部时延分布的相似性，将与目标局部时延分布相似性最大（即与目标局部时延分布相对熵最小）的地标 $L_{\hat{i}}$ 作为对目标的估计位置：

$$\hat{i} = \arg\min_i D_{KL}\left(P_T\left(X\right)\|Q_i\left(X\right)\right) \tag{7-26}$$

如对目标 222.137.96.1，通过拓扑探测和分析，可查找出与其通过最近共同路由器 218.29.102.1 相连的地标，在获得其局部时延分布之后，计算各目标与各地标的相对熵，计算结果如表 7-15 所示。由表中相对熵的计算结果可知，本节算法将地标 125.41.72.1 的位置作为对目标 222.137.96.1 的估计位置。

表 7-15　局部时延分布相似性计算举例

目标 IP	最近共同路由器	地标	相对熵
222.137.96.1	218.29.102.1	115.60.144.1	1.081169
222.137.96.1	218.29.102.1	123.14.176.1	0.495614
222.137.96.1	218.29.102.1	123.14.200.1	0.847923
222.137.96.1	218.29.102.1	123.14.24.1	0.833725
222.137.96.1	218.29.102.1	123.14.40.1	0.930192
222.137.96.1	218.29.102.1	123.14.80.1	1.097668
222.137.96.1	218.29.102.1	123.14.96.1	0.956339
222.137.96.1	218.29.102.1	125.41.72.1	0.486703
222.137.96.1	218.29.102.1	123.15.51.129	1.795479
222.137.96.1	218.29.102.1	123.15.47.233	0.725328
222.137.96.1	218.29.102.1	123.6.144.1	1.782708
222.137.96.1	218.29.102.1	123.6.160.1	1.088317

7.5.4　算法分析

对区域内目标和地标的路径探测后，可构建该区域内目标和地标间的拓扑连接关系，进而可查找出目标与地标相连的最近共同路由器。当该最近共同路由器是最后一跳共同路由器时，与其相连的目标和地标之间通常相距较近。当共同路由器中，靠近目标的若干个共同路由器为匿名路由器时，从上述拓扑结构中能够查找到的最近共同路由器（并非真实的最近共同路由器）可能距离目标较远。下面分别从最后一跳（或若干跳）共同路由器是否为匿名路由器两种情况，分析本节算法的有效性。

1. 最后一跳（或若干跳）共同路由器为匿名路由器

现有用于发现网络拓扑结构的算法主要是通过 traceroute 程序获取目标网络中路由器的 IP 地址之间的连接关系，进而推断实际的网络结构。然而，在探测过程中，常常出现无法识别的路由器的 IP 地址等多种原因造成路由器不对探测报文作出响应，如网络管理员为了其管辖的网络的安全性和私密性，将路由器配置成屏蔽对 traceroute 探测报文的响应；网络处于拥塞状态时，路由器可能不对探测报文作出响应等，通常称这些路由器为匿名路由器[14]。匿名路由器的出现将严重影响网络拓扑结构的正确性和完整性。

在 SLG 算法中，对地标和目标发起路径探测，构建其拓扑连接结构，进而找出与目标通过最近共同路由器相连的地标是该算法的核心部分之一。但是，当在该网络拓扑结构中，地标和目标的最近共同路由器为匿名路由器时，将无法正确获知地标和目标在拓扑结构中真实的连接关系，进而将影响算法的定位精度。图 7-32 给出了地标和目标的部分共同路由器为匿名路由器实例。其中，与目标 T 之间通过共同路由器相连的地标为 L_1、L_2、L_3 和 L_4，图中的虚线框内的路由器均为匿名路由器。从图中可以看出，R_1, R_2 和 R_3 分别为目标与 L_1、L_2、L_3 和 L_4 的共同路由器，然而，由于 R_1、R_2 为匿名路由器，无法获得其与目标和地标之间真实的连接关系。SLG 算法将把 R_3 作为目标和地标 L_1、L_2、L_3 和 L_4 的最近共同路由器，然后从 L_1、L_2、L_3、L_4 中将与 T 相对时延最小的地标作为目标的估计位置，由于 L_1 与 L_3 相比，测量时延的探测报文经过更多的路由器转发（R_1 和 R_2），L_1 与 T 之间以 R_3 为最近共同路由器的相对时延往往大于 L_3 和 T 之间的相对时延，此时，SLG 算法将以较大概率将 L_3 作为对目标的估计位置，造成较大的定位误差。

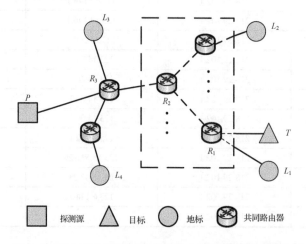

图 7-32   地标和目标的部分共同路由器为匿名路由器实例

基于局部时延分布相似性度量的定位算法在拓扑发现和分析阶段，同样将 R_3 作为目标 T 和地标 L_1、L_2、L_3、L_4 的最近共同路由器。与 SLG 算法不同的是，本节算法不根据相对时延来判断地标与目标之间地理距离的远近，而是对 T、L_1、L_2、L_3、L_4 和 R_3 发起多次时延测量（测量方法见 7.4.3 节），得到 T、L_1、L_2、L_3、L_4 的局部时延分布。由图 7-32 可知，在测量地标 L_1 和 T 的时延时，探测报文的转发路径最为相似，两者的时延分布往往也更为相似。此时，该算法能够以较大的概率将 L_1 作为目标的估计位置，误差较小。

2. 最后一跳（或若干跳）共同路由器为非匿名路由器

最后一跳时延通常与主机和互联网的接入方式有关[15]。不同的接入方式在安装条件、所需设备、数据传输速率等方面都有很大的不同，呈现出不同的特点，如 Cable Modem 接入方式下，在很短的时间段内，其链路带宽也会变化很大；DSL 接入方式下，最后一跳时延相对较大[16]。对用户而言，必须通过 ISP 才能接入到因特网，而 ISP 为了管理方便、节省成本，在一个较小区域(如小区)内,通常使用同一种接入技术(或以一种接入技术为主),因此,位于该区域内的不同主机,在与外部网络进行数据交换时,往往经过相同的处理设备和相似的物理链路,对外呈现出相似的网络特点,如时延的抖动状况等。

最近共同路由器为最后一跳共同路由器的实例如图 7-31 所示。其中,地标 L_1、L_2、L_3 通过最后一跳共同路由器 R 与目标 T 相连,局部时延即是最后一跳时延,最后一跳时延的测量方法如 7.5.3 节所述。此时,测得的最后一跳时延中,传播时延所占比例极小,大部分的时延是由网络接入部分的链路和设备造成的,SLG 算法试图通过地标与目标之间的相对时延(即两段最后一跳时延之和)的大小,来衡量其距离的远近,随机性较大。本节算法通过比较最后一跳时延分布的相似性,能够以一定概率挑选出与目标以同种方式接入因特网的地标,从而可排除虽与目标通过最后一跳共同路由器相连,但以不同方式接入因特网的地标,与 SLG 算法相比,可在一定程度上降低选择距离目标较近的地标的随机性。

7.5.5　实验结果与分析

1. 实验设置

为验证算法的有效性,本节在郑州及其周边地区的同一运营商网络内开展了性能比较实验。实验中使用了 118 个地标。

使用位于郑州市内的一台主机作为探测源。在获取局部时延分布阶段,对目标、共同路由器及通过共同路由器与目标相连的地标,采用基于 ICMP 开发的 Ping 程序测量时延,每组测量十次,取最小值。拓扑发现部分使用 traceroute 程序实现。

2. 结果与分析

由于实验中的数据量有限,在测试算法时,本节采用了机器学习中常用的缺一交叉验证法(leave-one-out cross-validation),即每一次测试算法时,只取其中的一个 IP 当作目标用于测试,其余的 IP 作为地标。

本节算法和 SLG 算法的测试结果以误差的累积概率分布表示,如图 7-33 所示。

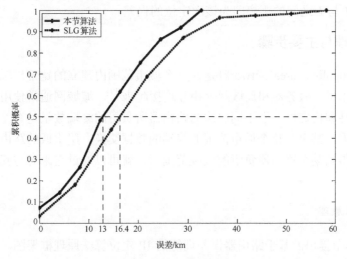

图 7-33　本节算法与 SLG 算法的实验结果

从图 7-33 可以看出：本节算法对 118 个目标的定位结果最大误差约 35km，中值误差约为 13km。SLG 算法的最大误差近 60km，中值误差约为 16.4km。本节定位算法虽优于 SLG 算法，但是由于地标数量较少，且分布较分散，覆盖面积较大，误差仍然较大。

本节首先介绍了现有典型的高精度三层定位算法 SLG 的基本思想，并指出了该算法在最后一层定位中地标选取方法存在的不足；接着针对该问题，提出了一种基于局部时延分布相似性度量的目标 IP 定位算法，并给出了该算法的基本流程和主要步骤；然后介绍了局部时延的测量和分布获取方法，及相似性计算方法；最后通过实验验证了该算法的有效性。实验中，对数据集，分别采用本节提出的定位算法和 SLG 算法进行定位，实验结果表明，与 SLG 算法相比，本节算法具有更高的定位精度。

7.6　基于路由器误差训练的 IP 定位算法

随着网络个性化服务的普及，基于位置的服务快速发展。独立于客户的高精度定位服务成为 Internet 的重要目标。然而，现有基于网络测量的定位算法得到的定位结果中只有位置信息，没有误差，导致定位结果可信度难以估计。本节着眼于对城域网路由器做出定位能力的评估，提出一种基于路由器误差训练的 IP 定位算法。该算法首先划分地标并对其探测，得到目标所在城市拓扑网络；然后对网络中路由器进行误差训练，得到各路由器的经验结果及估计误差；最后使用训练完成的城域网络进行 IP 定位，得到定位结果。

7.6.1　问题描述

基于网络测量的定位算法通过对探测源与目标节点之间的时延、拓扑、地标等信息进行测量与收集，完成对目标的位置估计。此类算法需要借助已知的地标位置来完成位置估计。当目标的实际地理位置与所估计得到的位置不相同时，就会产生误差，所以误差几乎是不可避免的。现有算法往往通过大量实验，得出该算法的最大误差，并以此作为定位结果的可信程度。

定位算法以目标 T 的 IP 为输入，经定位分析后，输出地标 L 的位置，并将其作为目标 T 的位置。此时，T 与 L 之间的距离即为该次定位的误差。

7.6.2　算法原理与主要步骤

城域网(metropolitan area network)是在一个城市范围内建立的宽带局域网，将同一城市内部不同地点的主机、服务器和局域网等相互连接起来[17]。城域网通常使用多层网络架构来提高网络的安全性和稳定性，而不同层次的路由器所负责的终端数量是有差别的。层次高的路由器会承担更多，甚至是整个城市范围的终端的数据交换；层次低的路由器往往只负责特定区域的终端。得到某个路由器负责的区域范围后，就可以通过它来对与其相连的目标进行位置估计。

1. 算法基本原理

图 7-34 为本节提出的基于路由器误差训练的 IP 定位算法原理框架图。该算法主要可分为以下几个主要步骤。

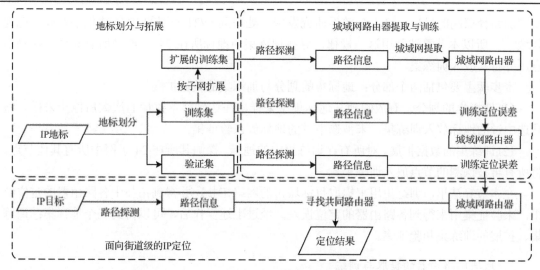

图 7-34　基于路由器误差训练的 IP 定位算法原理框架图

Step 1：地标的划分与扩展。通过自助法对目标城市地标集进行采样，划分出训练集和验证集，并对训练集按子网进行扩展。

Step 2：城域网路由器的提取与训练。采集探测源到扩展的训练集节点的路径，从中提取出目标城市的拓扑网络，通过到训练集节点的路径训练路由器定位结果，通过到验证集节点的路径训练路由器定位误差。

Step 3：面向街道级的 IP 定位。采集探测源到目标的路径，寻找其与目标城市网络拓扑重合部分，并得到最终定位结果。

如图 7-34 所示，本节算法被划分为了地标的划分与扩展、城域网路由器的提取与训练以及面向街道级的 IP 定位三个步骤。这三个步骤将在下面详细介绍。

2. 地标的划分与扩展

地标是地理位置确定的 IP 节点，在定位过程中通常起到基准点的作用。因为本节算法需要两个地标集来分别用于得到定位的结果以及误差估计，所以有必要将地标数据划分为两部分。

大量定位实验表明，地标数量与分布会影响定位结果的准确率与误差范围。地标数量越多，地标的分布越均匀，定位结果的准确率就越高，误差就会越小。然而在对地标进行划分的过程中，不可避免地会导致地标的分布被改变。在实际定位过程中，目标城市的地标数量也同样无法保证。因此，本节采用自助法对地标集进行划分。

自助法是一种从给定样本集中有放回的均匀抽样，在数据集较小时很有用。该算法对包含 D 个样本的数据集有放回的抽样 D 次后，被抽中过的样本构成训练集，未被抽中过的样本构成验证集。当 D 趋于无穷大时，样本未在训练集出现过的概率就将趋近于 e^{-1}=0.368，留在训练集中的样本占总数据集的 63.2% 左右。在样本不足时，采用自助法将样本划分为训练集与验证集，可以在一定程度上减轻样本的数量和分布对定位的影响。经自助法采样后，样本地标分布与原始地标分布相比差别不大。

考虑到只依靠地标进行路径探测可能会使得到的目标城市城域网路由器数量较少，有必要增加路径探测的目标。Mukne 等经研究发现，处理同一/24 子网的 IP 往往集中在同一地理区域[18]。所以本节算法利用这一规律，寻找训练集中地标所在/24 子网中所有其他可探测节点，并将其放入训练集。

本步骤主要包括两个部分：地标集的划分与训练集的数据扩展。

(1)地标集的划分。有放回地从地标集中采样，在达到样本数量的次数后停止采样。将被选中过的地标放入训练集，未被选中过的地标放入验证集。

(2)训练集的数据扩展。对所有在训练集中的地标，探测其所在/24 子网中所有其他节点。将所有可被探测的节点放入训练集。

在本节算法里，训练集用来提取目标城市的网络拓扑，并得到拓扑中各路由器的定位结果，来验证集用来得到各路由器的定位误差。经过上述操作后，可以得到三个地标集：训练集、扩展的训练集和验证集。

3. 城域网路由器的提取与训练

城域网中路由器主要负责城市内部的数据接入与传输工作。发出的报文在经过各个路由器转发后，最终到达目标终端。城域网内路由器越接近核心路由器，其所管理的用户越多，用户的地理位置越不容易确定；反之，越接近接入路由器，管理的用户越少，用户的地理位置往往倾向于集中在某一块特定区域。可以通过获得目标城市网络中各路由器与地标的连接情况来推断其用户的位置分布范围，来对路由器所连接的用户进行定位，并对定位的结果进行误差估计。

从 6.5.2 节可知，在进行跨城市的路径探测时，路径中的单跳时延会呈现一种"低-高-低"的分布规律。根据这个规律能够找到路径中城市间的交界点，从而将路径中不属于目标城市的 IP 节点去除掉，来减少运算负担，同时也能消除计算误差。

如何利用已知的地标数据得到目标城市城域网各路由器的业务范围是本节算法的关键。在城域网中，不同路由器负责的用户数量和分布范围都有差别，通常距离骨干网路由器跳数越多，负责的用户数量越少，用户分布更集中。因此，本节针对路由器所具有的这种特性，利用已知的地标数据，通过对地标进行定位来得到城域网路由器的业务范围，也就是其误差范围。

首先要获取目标城市的城域网路由器。本节使用多个探测源，通过对扩展的训练集进行路径采集，来尽可能多地得到目标城市的城域网路由器。在保留探测路径中目标城市的部分后，将其中的路由节点全部保留下来。然后通过训练集中的地标来标记每个路由器的位置。若路由器的位置已知，则可以将该位置标记为路由器的定位结果；若路由器的位置不可知，则寻找距离该路由器最近的地标，并将其标记为路由器的位置。最后通过测试集中的地标来计算每个路由器的误差范围。对大量的已知地标进行路径采集后，通过将其路径上的路由器与得到的目标城市城域网路由器及其定位结果进行对比，可以推测每个路由器的业务范围。

例如，在图 7-35 中，经过大量地标数据的训练，可以确定负责地标 L_1、L_2、L_3、L_4 接入工作的路由器 R_2 的用户分布范围，将距 R_2 最近的地标 L_3 的位置定为 R_2 的定位结果，将与 R_2 相连的地标间的最大距离定为 R_2 的误差估计；类似地，也可以得到路由器 R_3 的定位结果和误差范围。而 R_2 和 R_3 的上一级路由器 R_1 的定位结果定为 R_2 和 R_3 中距离路由器最近的地标，误差范围则为两个路由器所负责的地标间的最大距离。

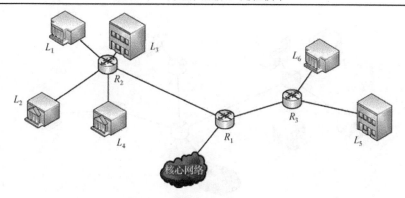

图 7-35　误差估计过程示意图

本步骤的主要步骤如下所示。

(1) 路径采集。使用多个探测源对训练集、扩展的训练集和验证集中所有节点分别进行路径探测，并按照时延分布规律去除骨干网节点与其他城市节点，保留属于目标城市的 IP 节点，得到的 3 个地标集的路径集，记为路径集 1、路径集 2 和路径集 3。

(2) 提取城域网拓扑。对路径集 2 进行别名解析，合并同一路由器对应的不同 IP 节点，整理城市内部路由节点间连接关系，得到城域网拓扑。

(3) 训练定位结果。分析路径集 1 与城域网拓扑的重合关系，按照先跳数后时延的优先级顺序确定城域网中各路由节点对应的最近地标，以该地标位置为该路由节点的定位结果。未与路径集 1 重合的路由节点只具有城市级定位能力，不具有更高精度的定位能力。

(4) 训练定位误差。分析路径集 3 与城域网拓扑的重合关系，将距离某一路由节点最远的地标与其定位结果的距离作为该节点的定位最大误差。只具有城市级定位能力的路由节点的最大误差作为该城市的实际半径。

经过上述的步骤，我们得到了目标城市的城域网拓扑，其中每个路由节点都拥有各自的对应定位结果与误差范围。

4. 面向街道级的 IP 定位

在完成城域网拓扑的提取与训练后，就拥有了城域网范围内路由器所连地标的情况与各路由节点所负责区域的大致范围。通过这些信息，可以对目标进行位置估计。在对目标进行路径探测时，同样采用 6.5.2 节的算法，保存路径中属于目标城市的部分。细节如下。

(1) 路径采集。对目标进行路径探测，并按照时延分布规律去除骨干网节点与其他城市节点，保留属于目标城市的 IP 节点。

(2) 目标的地理定位。将上一步所得路径中的路由节点按倒序从城域网络中寻找，若找到，则将对应路由器的定位地标和误差定为定位结果。

例如，在图 7-36 中，通过前面的训练后，R_2 已经具有了定位结果与误差范围。在向目标 T_1 发送探测报文时，可以发现其所经过最近的路由器为 R_2，即可将 R_2 的定位结果和误差范围输出为 T_1 的位置估计。而在对目标 T_2 定位时，距离其最近的路由器 R_3 并没有直接相连的地标，需要沿探测报文路径向上追溯至路由器 R_1，将 R_1 的定位结果和误差范围输出为 T_2 的位置估计。

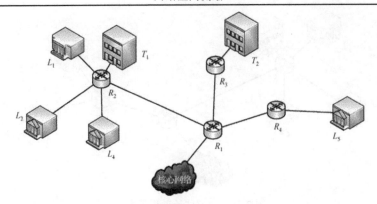

图 7-36　面向街道级的 IP 定位过程示意图

本节算法在实现目标位置估计的同时，还能得出本次定位的误差范围，这会增加定位结果的可信度。此外，本节算法在定位过程中并不需要探测报文实际到达目标 IP。只要能够保证探测路径确实通向目标 IP，便可通过路径中所包含的路由器确定目标所处的位置区域。因此本节算法能够有效地完成对某些探测不可达的目标的位置估计。

7.6.3　实验结果与分析

为验证本节算法的定位能力，本节进行了相关实验并与 LBG、SLG、NNG 等典型定位算法进行了比较。结果表明，本节算法在拥有最高城市级定位成功率的同时，在城市内定位时也能得到更低的定位误差。

1. 实验设置

为验证本节提出算法的定位性能，设置实验参数如表 7-16 所示。在搭建实验环境时，共部署探测源 6 个，其中中国内地 4 个(分别位于郑州、上海、北京和成都)、韩国首尔 1 个、美国洛杉矶 1 个。由于城市级定位是街道级定位的基础，所以本节在进行实验时，先对城市级的定位结果进行比较分析，后进行城市内部的定位实验。

城市的规模和分布往往不会影响定位算法的成功率，但 ISP 会对定位过程产生影响，因此本节选择在同一运营商的网络环境下进行实验。由于 SLG 算法步骤中使用的 CBG 算法在中国网络运营商间独立性高及分层现象明显条件下效果很差，本节在实验过程中仅使用 SLG 算法的后半部分，人工对其提供地标信息并以此定位。由于 LBG 算法并不具备城市内部定位能力，故不参与城市内定位的结果分析。

此外，本节在探测目标网络拓扑信息时，综合使用 ICMP、TCP、UDP、ICMP-paris、UDP-paris 五种类型的协议，通过采用多协议路径探测，提高拓扑信息获取规模。ICMP-paris 和 UDP-paris 协议还会避免错误路径信息的产生。

表 7-16　实验设置

实验	探测源分布	探测报文	实验精度	实验城市	测试算法
城市级定位	郑州、上海、北京、成都、洛杉矶、首尔	ICMP TCP UDP ICMP-paris UDP-paris	城市级	北京、上海、广州、南京、郑州、武汉、长沙、成都、兰州、太原、福州、杭州	LBG、SLG、NNG、本节算法

2. 城市级定位实验及分析

为确保最基本的城市级定位能力，本节在中国挑选了 12 个城市在同一 ISP 下进行定位实验。实验结果图 7-37 所示。

经过统计，在同一 ISP 环境下，LBG 算法、SLG 算法和本节算法的平均城市级定位成功率分别为 73.36%、93.87% 和 97.72%。与 LBG、SLG 算法相比，本节算法拥有更高的城市级定位成功率。

3. 城市内定位实验及分析

在城市级定位的基础上，本节在中国香港、北京、上海、深圳等城市内进行定位实验，实验结果如图 7-38 所示。

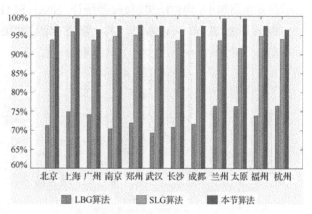

图 7-37　城市级定位结果

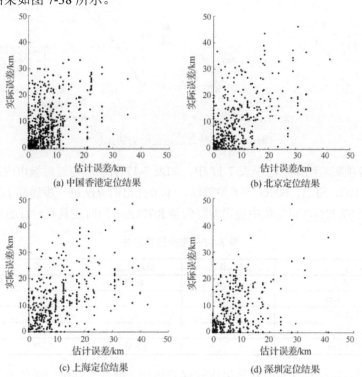

图 7-38　本节算法城市内部定位误差散点图

在图 7-38 中，每一个点表示一次定位结果。其中点到横轴的距离代表着定位的精度，距离越近则表示精度越高；点到两坐标轴角平分线的距离代表着估计误差与实际误差之间的差距，距离越近意味着差距越小。从图中可以看出，大部分的定位结果都维持在误差较低的水平。经统计，本节算法的中值误差可以达到 8.73km，均值误差可以达到 11.16km，同时估计误差有 70% 的概率与实际误差相差不超过 5km。

随后，本节在上述城市内部使用多种定位算法进行实验。图 7-39 展示了定位实验的累积误差概率，即小于给定定位误差的结果占全部定位结果的比例。在图中，曲线越接近左上角，则表示误差距离越小，定位结果越好。经统计，NNG、SLG 和本节算法的定位中值误差分别为 16.8km、15.6km 和 8.72km。可以看出，本节算法的定位结果要优于 SLG、NNG 等定位算法。

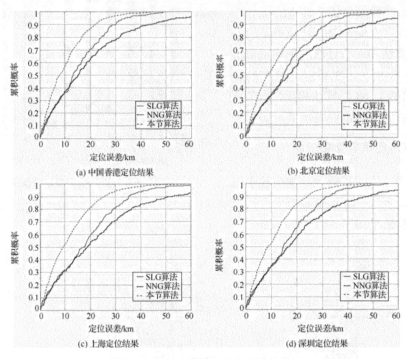

图 7-39　三种算法定位能力的比较

最后，将各项实验结果汇总至表 7-17 中。如表 7-17 所示，通过对城市内部路由器的提取和训练，相比 LBG、SLG、NNG 等典型算法，本节提出的算法进一步提高了定位能力，将定位成功率提升至 97.72%，将定位中值误差降低至 8.72km，同时还具有较好的误差估计能力。

表 7-17　实验结果汇总

算法	LBG 算法	SLG 算法	NNG 算法	本节算法
城市级定位成功率/%	73.36	93.87		97.72
城市内定位能力	无	有	有	有
误差估计能力	无	无	无	有
平均误差/km		17.38	21.30	11.16
中值误差/km		15.53	16.81	8.72

大部分的现有定位算法没有对结果进行误差估计，降低了定位结果的可信度。本节着眼于对城域网路由器做出定位能力的评估，提出了一种面向街道级的基于城域网路由器误差训练的 IP 定位算法。该算法首先划分地标并对其探测，提取目标所在城市的拓扑网络，随后对网络中路由器进行误差训练，得到经验定位结果及估计误差，最后使用训练完成的城域网络进行 IP 定位，得到定位结果。在中国 13 个城市进行的实验结果表明，本节算法相比 LBG、SLG、NNG 等典型定位算法，将城市级定位成功率提升至 97.72%，将城市内定位中值误差降低至 8.72km，同时还具备较好的误差估计能力。

参 考 文 献

[1] LI D, CHEN J, GUO C X, et al. IP-geolocation mapping for moderately connected Internet regions[J]. IEEE Transactions on Parallel and Distributed Systems, 2012, 24 (2): 381-391.

[2] WANG Y, BURGENER D, FLORES M, et al. Towards street-level client-independent IP geolocation[C]// The 8th USENIX Symposium on Networked Systems Design and Implementation, 2011, 11: 27.

[3] PADMANABHAN V N, SUBRAMANIAN L. An investigation of geographic mapping techniques for Internet hosts[J]. ACM SIGCOMM Computer Communication Review, 2001, 31 (4): 173-185.

[4] GUEYE B, ZIVIANI A, CROVELLA M, et al. Constraint-based Geolocation of Internet Hosts[J]. IEEE/ACM Transactions on Networking, 2006, 14 (6): 1219-1232.

[5] VINCENTY T. Direct and inverse solutions of geodesics on the ellipsoid with application of nested equations[J]. Survey Review, 1975, 23 (176): 88-93.

[6] WANG Y, BURGENER D, FLORES M, et al. Technical report [EB/OL]. http://networks.cs.northwest.edu/technicalreport. pdf.[2001].

[7] CHEN J N, LIU F L, SHI Y F, et al. Towards IP location estimation using the nearest common router[J]. Journal of Internet Technology, 2018, 19 (7): 2097-2110.

[8] WANG T, XU K, SONG Jd, et al. An Optimization Method for the Geolocation Databases of Internet Hosts Based on Machine Learning[J]. Mathematical Problems in Engineering, 2015, DOI: 10.1155/2015/972642.

[9] GRAILET JF, TARISSAN F, DONNET B. TreeNET: Discovering and connecting subnets[C]// The 8th International Workshop on Traffic Monitoring and Analysis, 2016.

[10] LI R X, SUN Y C, HU J W, et al. Street-level landmark evaluation based on nearest routers[J]. Security and Communication Networks, 2018, DOI: 10.1155/2018/2507293.

[11] BADEN R. IP geolocation in metropolitan area networks[D].College Park: University of Maryland, 2008.

[12] PRIEDITIS A, CHEN G. Mapping the Internet: Geolocating routers by using machine learning[J]. International Conference on Computing for Geospatial Research & Application, 2013, 68 (3):101 - 105.

[13] 王卫平, 范田. 一种基于主题相似性和网络拓扑的微博社区发现方法[J]. 2013, 22 (6): 108-113.

[14] 史怀洲, 朱培栋. 一种新的匿名路由器问题解决方案[J]. 信息网络安全, 2009 (11): 45-46.

[15] WONG B, STOYANOV I, SIRER E G. Octant: A comprehensive framework for the geolocalization of Internet hosts[C]// The 4th Usenix Symposium on Networked Systems Design & Implementation, 2007: 313-326.

[16] DISCHINGER M, HAEBERLEN A, GUMMADI K P, et al. Characterizing residential broadband networks[C]//In: Proceeding of the 2007 Internet Measurement Comference, San Diego, 2007: 43-56.

[17] IEEE Std 802.1X-2001. IEEE Standard for Local and Metropolitan Area Networks- Port-Based Network Access Control [S]. 2011.

[18] MUKNE N, PAFFENROTH R. Probabilistic inference of Internet node geolocation with anomaly detection [J]. IEEE International Symposium on Technologies for Homeland Security, 2017.

第8章 即时通信用户定位

8.1 即时通信用户定位概述

8.1.1 即时通信用户定位研究背景

随着移动互联网的快速发展和智能移动设备的迅速普及，因智能移动设备获取位置信息的便捷性，传统社交网络与位置信息相结合成为了新的发展趋势，催生了很多基于位置的社交网络(location based social network，LBSN)，如微信、微博、陌陌等。截至 2019 年 9 月底，微信在全球范围内已拥有超过 11 亿的月活跃用户[1]。LBSN 能利用智能移动设备的位置信息，为用户提供基于位置的服务(location based service, LBS)，将虚拟的网络世界与现实世界相结合，提供更为便捷的社交途径和个性化的服务。然而，LBSN 也给不法分子相互勾连，从事赌博、造谣、诈骗、传播淫秽色情视频等违法活动提供了新的渠道。

微信用户定位技术往往通过利用微信提供的 LBS，以非协作的方式，发现和定位恶意用户的地理位置。开展微信用户定位技术研究，能够发现微信恶意用户的位置，为执法机关提供一种隐蔽的、非协作的、实时性较高的执法手段；同时结合网络空间测绘[2]、社交关系挖掘[3]等技术，能够实现对目标用户和人群活动的地理位置和活动轨迹进行挖掘，从而为网络舆情监控、行政执法等提供帮助。

近年来，关于微信、陌陌等 LBSN 用户定位技术逐渐成为网络空间安全领域的研究热点之一。国内外一些知名高校和学术研究机构已开展相关研究，如斯坦福大学、纽约大学、东京大学等，以及国内的上海交通大学、华中科技大学、华东师范大学等，相关研究成果陆续发表于 *ACM SIGKDD*、*CCS*、*IEEE INFOCOM*、*IEEE TDSC* 等计算机和网络领域权威期刊和会议上。现有的微信用户定位算法虽然具有一定程度的定位能力，但实际定位精度和可靠性往往受限于实际环境下通告距离与实际距离复杂的对应关系，如服务器在通告信息中引入噪声、通告距离对应大带宽实际距离段等，使得难以确定目标用户所处的实际距离范围，且在定位过程中极易出现误判。此外，现有的定位算法通常基于通告距离与实际距离之间的对应关系，而对通告数据中用户间的相对关系考虑不足，一定程度上限制了定位效果，导致现有的定位算法无法满足当前实际环境下的定位需求。

因此，如何利用通告信息中的位置特性，提高当前环境下针对微信等 LBSN 用户的定位精度和可靠性，是网络目标定位领域一个亟待解决的重要问题。

8.1.2 即时通信用户定位的研究现状

现有以微信为代表的 LBSN 用户位置利用技术主要可分为三种：①社交软件利用用户的位置信息为用户提供 LBSD 服务；②用户位置隐私保护技术；③目标用户定位技术。下面分别进行简要介绍。

1. LBSN 中的 LBSD 服务

本节主要介绍 LBSN 的基于位置的社交发现(location based social discovery, LBSD)服务，并对 LBSD 服务获取设备位置信息方法进行说明。

1)LBSD 服务简介

社交网络与地理位置信息相结合是社交网络新的发展趋势，LBSN 是指能够利用位置信息，为用户提供 LBS 的社交网络，如微信、陌陌等。通过获得设备的位置信息，LBSN 能够为用户提供更多定制化、个性化的服务。LBSD 是一类典型的 LBS，能够基于用户的位置信息进行附近用户发现，极大地扩展了用户的交友渠道，增加了社交网络用户之间的黏性，如微信的"附近的人"，陌陌的"好友推荐"等。图 8-1 展示了典型的 LBSD 服务过程。

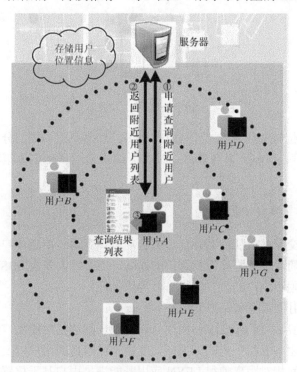

图 8-1　典型的 LBSD 服务过程

LBSD 服务器维持保存用户的账户和位置信息的数据库。当用户(查询者)希望利用 LBSD 服务发现附近的其他用户时，首先将查询附近用户请求，连同自身位置信息发往服务器，此过程可通过点击应用中相关功能按键或刷新操作等实现；然后服务器收到查询者的查询请求时，记录下查询者的当前位置信息，并将数据库中与查询者地理位置相邻的用户信息及这些用户的位置信息返回给查询者；最后查询者得到查询结果列表，寻找查询结果列表中感兴趣的用户，并建立社交关系。用户在使用 LBSD 服务结束后，可选择性的清除自身位置信息。若清除，则服务器不会将该用户的信息通告给其他用户；否则，该用户也可被其他用户发现。

LBSD 服务扩展了用户的交友渠道，且基于用户的当前位置为用户推荐与其地理空间相近的用户，增加了用户间建立社交关系的可能。

2）LBSD 服务位置信息获取

LBSN 利用智能移动设备的位置信息为用户提供 LBSD 服务。当用户使用 LBSD 服务时，社交软件通过调用系统的 API（如微信）或者使用第三方 SDK（如陌陌）来获得位置信息。设备根据当前可用的位置提供器（location provider）获得自身的位置信息，并将该位置信息提供给 LBSN 使用。该过程如图 8-2 所示。

图 8-2　LBSN 获取位置信息示意图

智能移动设备的位置提供器主要有 GPS、Wi-Fi 和基站三种[4]，分别提供 10m、20m、200m 左右的定位精度。当前大多智能移动设备会综合采用多种定位策略，并根据实际网络环境做出调整。

2. LBSD 服务位置隐私保护策略

为了便于用户间交流，最初的 LBSD 服务会向查询者通告附近用户的准确位置，或与查询者的精确距离。但随着位置隐私保护意识的提高，当前绝大多数 LBSD 服务在向查询者返回查询结果时，会对附近用户的位置信息进行混淆处理。

LBSD 服务中常用位置隐私保护策略如下。

（1）只通告相对距离。很多 LBSN 应用只通告用户间的相对距离，而隐藏用户的实际经纬度坐标。查询者从服务器得到返回结果后，能够知道附近的用户以及这些用户与自身的大致距离。只通告用户间相对距离使得 LBSN 应用既能满足用户基于位置的社交需求，又能保护用户的准确位置不被泄露。

（2）通告距离段。隐藏用户间精确距离，而采用距离段的方式表示。如微信以 100m 为单位通告用户间的相对距离，查询者得到的通告距离为 100m 的倍数，若用户间的实际距离为 50m，则得到的通告距离为 100m。

（3）限制最大查询范围。为了避免用户滥用 LBSD 服务进行恶意行为，LBSN 会限制最大查询范围，只允许用户查询自身位置附近一定地理区域（如 1km）内的其他用户，或者限制查询结果中用户的个数。

（4）限制查询次数。部分 LBSN 应用会限制单个账户在一定时间段的最大查询次数。如微信"附近的人"功能限制用户每天查询的次数为 85 次左右，一旦超出此限额，将禁用"附近的人"功能 24 小时，如图 8-3 所示。

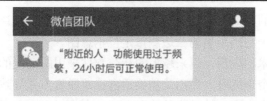

图 8-3　微信"附近的人"限制查询次数截图

(5)通告距离中引入噪声。即在满足用户的基于位置进行交友需求的基础上，LBSN 不通告准确的相对距离。假设两微信用户 A 和 B 之间的实际距离为 250m，用户 A 查询附近用户得到的用户 B 的通告距离可能为 400m，而不是 300m。

此外，LBSN 还会采用在通告信息中隐藏相对距离、定时清除用户的位置信息等方式保护用户位置隐私。在实际环境下，LBSN 通常将用上述多种方法结合使用。如微信只通告相对距离段，且在通告距离中引入噪声，同时会限制用户的查询范围和查询次数；陌陌只通告相对距离，且设置最小通告距离限制。

3. LBSN 用户定位技术

LBSN 用户定位技术有以下几个常用术语。

探针：位置可修改的合法账户。探针拥有和普通用户相同的权限，使用和普通用户相同的服务。在定位目标用户时，探针在不同位置通过向 LBSD 服务器查询目标用户的通告信息，得到目标用户相对于探针所处的不同查询位置的通告信息，基于对通告信息的分析确定目标用户的位置。运行探针的可以是实体设备，也可以是模拟器。

查询点：探针的位置。在定位目标用户过程中，首先基于算法的策略确定查询点的位置；然后在该位置部署探针，搜集目标用户的通告信息。

通告距离：通告信息中用户与查询者的距离。通告距离是 LBSD 服务器反馈给查询者的附近用户与查询者的相对距离信息，通常不是精确距离，而表示一个距离段。如微信的通告距离以 100m 为单位，陌陌以 10m 为单位。

实际距离：两个运行 LBSN 应用的智能移动设备的经纬度计算得来的距离。实际距离变化可以通过智能移动设备在地理空间上的移动来实现，也可以通过修改设备(或模拟器)的位置信息实现。

噪声：噪声是指为了保护用户位置隐私，LBSN 在通告距离时刻意引入的误差。噪声的存在使得通告距离与实际距离之间的对应关系存在不确定性，如当用户间实际距离为 350m，依据 LBSD 服务的特性，用户应得到的另一用户的通告距离为 400m，但因为噪声的存在，得到的通告距离可能为 300m 或 500m。

根据定位策略不同，现有针对 LBSN 用户的定位方法主要可分为三种：基于三边测量的定位、基于数论的定位以及基于逐次逼近的定位。

1)基于三边测量的定位

基于三边测量的定位方法利用通告距离与实际距离之间的对应关系，通过在三个已知位置获得与目标用户的精确距离，来确定二维平面上的目标所在位置的过程[5]。

最早的 LBSN 的通告信息中包含用户的精确距离，如用户 A 距离 123m，用户 B 距离 432m。定位目标用户时，只需在三个不同的位置分别查询目标用户与自身的距离，再分别以三个位置为圆心，以查询得到的距离为半径画圆。三个圆将交于一点，且该交点就是目标用户所在的位置。图 8-4(a)是基于精确距离的三边测量定位示意图。

但随着隐私保护技术的应用，越来越多的社交软件采用距离段的方式来通告用户间的距离，即通告距离表示一个距离段，而不是精确距离。该通告方式导致基于三边测量的定位算法获得的三个圆无法交于一点。针对这种情况，Ding 等[6]提出了基于通告距离段的三边测量定位方法实现对微信用户的定位和追踪。该方法如图 8-4(b)所示，探针在三个位置分别查询目标用户的通告距离，基于通告距离段属性确定包含目标用户位置的三个圆环，在三个圆环的交叉区域中取得目标用户的定位结果。Hoang 等[7]利用社交软件 Grindr 在附近用户查询结果中将用户由近到远进行排序的特性，首先通过构造虚拟用户寻找目标用户与探针实际距离的上下限，从而确定包含目标用户的环状区域；再利用文献[6]中的改进三边测量定位算法定位目标用户的位置。

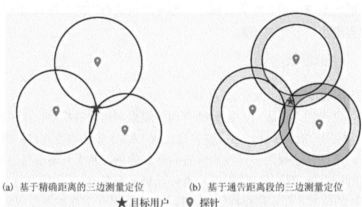

(a) 基于精确距离的三边测量定位　　(b) 基于通告距离段的三边测量定位

★ 目标用户　　♀ 探针

图 8-4　基于三边测量原理的定位示意图

基于三边测量的定位算法定位开销小且易于实施，当通告距离所对应的实际距离范围较小且相对稳定时，具有较高的定位精度；而当通告距离对应的实际距离范围较大时，得到的环形区域过大，从而导致较大的定位误差。该算法现常用于移动目标或人群的轨迹分析等对定位精度要求不高的场景。

2) 基于数论的定位

基于数论的定位方法利用通告距离的带状特性，将通告距离与实际距离的关系抽象成数学模型，通过在目标区域策略性部署探针，并对各探针得到的目标用户通告距离进行约束求解，确定目标用户的位置。代表算法主要有二维数论定位算法[8,9]以及基于启发式数论的定位算法[10]。

基于数论的定位方法首先社交网络中的通告距离方式建立数学模型：设通告距离每隔 K 米发生一次跳跃，当用户之间的实际距离为 d 时，则通告距离 Wp 满足：

$$Wp = \left(\left\lfloor \frac{d}{K} \right\rfloor + 1 \right) \times K \tag{8-1}$$

文献[8]在此数学模型的基础上提出了一维定位算法。首先在目标用户所处的一维直线上等距部署探针，相邻探针之间的距离 x 与距离段宽度 K 互质，即 $\gcd(x, K) = 1$；然后各探针分别获取目标用户的通告距离，即 Wp_i，寻找满足

$$\frac{Wp_N}{K} = \frac{Wp_1}{K} + \left\lfloor \frac{f_s(T) \times x}{K} \right\rfloor \tag{8-2}$$

的最大的 T 值，并将

$$D = Wp_1 - T - \frac{1}{2} \tag{8-3}$$

作为目标用户与初始探针之间的距离。其中 T 是满足 $1 \leqslant T \leqslant (K-1)$ 的正整数；Wp_N 表示第 N 个探针得到的目标的通告距离；s 表示满足 $s \times x + t \times K = 1$ 的整数；$f_s(T) \equiv T \times s(\mathrm{mod}\,K)$ 是 Z_K 上的置换运算。由初始探针的坐标及目标用户相对于初始探针的距离 D 推测出目标用户的位置。在此基础上，Xue 等将一维定位算法扩展到二维空间[9]，并理论证明了当满足式(8-1)时，该算法理论上的最高精度能达到 1m。

Peng 等在上述工作的基础上，考虑到实际情况下 LBSN 为了保护用户隐私，会在通告距离时引入噪声，给出了基于启发式数论的定位算法[10]。假定已知目标用户位于 1000m × 1000m 的区域内，该算法的基本思想是：首先构建坐标系，从坐标系的原点开始，分别沿着 X 和 Y 轴等距部署探针，探针通过查询服务器得到与目标用户的通告距离；然后将 X 和 Y 轴上得到目标用户的通告距离最小的多个探针的中间探针的位置 P_X 和 P_Y，作为目标用户在该轴的初始坐标；最后再以 P_X 和 P_Y 为初始点，沿着垂直 X 和 Y 轴的方向执行一维定位算法，得到目标用户的最终坐标。考虑到噪声对潜在区域右上角边界的影响较大，当 P_X 和 P_Y 的值大于阈值时，将坐标的原点移至(500，500)坐标处，再进行上述过程。基于 MATLAB 的模拟试验表明，在噪声符合常用的误差模型的前提下，70%定位误差在 40m 以内。Cheng 等[11]通过对文献[9]中方法进行理论分析，指出噪声的存在会导致当初始探针与目标用户的实际距离逐渐增大时，基于一维数论的定位算法的定位误差会逐渐增大，并改进了初始探针的部署策略。将初始探针部署在距离目标用户 100m 范围以内，再执行一维定位算法，提高了基于数论的定位算法的实用性。

基于数论的定位算法在理论上具有较高的定位精度，但该类算法对实际环境下 LBSN 的通告距离中的噪声分布缺乏实验验证和科学性分析，所基于的通告距离与实际距离间数学模型与实际情况相差较大，导致该类算法的实际定位效果难以达到其理论精度。

3）基于逐次逼近的定位

基于逐次逼近的定位方法首先划定目标用户所处的初始空间，得到中间定位结果，然后通过不断调整探针的部署，基于探针在不同位置得到的目标用户通告距离变化，对中间定位结果进行不断修正，从而逐渐逼近目标用户的真实位置。代表算法主要有基于迭代三边测量的定位算法[12]、基于统计迭代的定位算法[13]、两步定位算法[14]和基于空间划分的定位算法(space partition based geolocation, SPBG)[12]。

基于迭代三边测量的定位算法利用了经典的三边测量定位思想[12]。首先生成三个随机点作为第一轮三边测量定位的探针位置，并利用最小二乘法[15]计算三个探针得到的环形区域的重叠部分的中心点，作为中间定位结果；然后在得到的中间定位结果处部署探针，得到目标用户的通告距离，并将该中间定位结果和本轮的三个探针位置作为下一轮定位的候选探针位置；最后选取四个候选探针位置中获得的目标用户通告距离最小的三个位置作为下一轮定位的探针位置，使用三边测量定位方法得到下一中间定位结果。迭代此过程，直到本轮选取的三个探针之间的最大距离小于阈值，选取与目标距离最近的探针位置作为目标的定位结果。基于陌陌的定位实验结果表明，该算法 60%的定位误差在 20m 以内。该算法扩展了基于三边测量的定位算法的应用范围，但初始探针位置的随机选取使得算法存在刚开始就满足终止条件的可能，且选取与目标用户距离最近的探针位置作为目标的定位结果，会造成误差过大。该算法对于通告距离段较小(如陌陌的 10m)且查询的地理范围较大的社交网络用户的定位具有较好的效果，但对于通告距离带宽较大且查询范围较小的社交网络用户的定位效果较差。

针对 LBSN 在通告用户间距离时会引入噪声，导致在同一位置得到的目标用户通告距离可能不同，文献[13]提出一种基于统计约束消除噪声，从而确定目标用户方位的定位方法。该方法的主要思想为：在不同位置分别多次获取同一目标用户的通告距离，利用大规模的统计分析，迭代获取目标的距离和方向，然后修改探针位置向目标不断靠近，从而不断逼近目标用户位置。该算法的如图 8-5 所示。

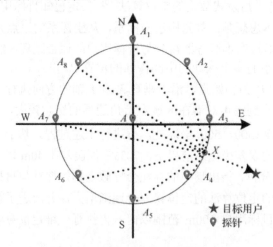

图 8-5　基于统计约束的定位算法示意图

首先，探针 A 多次查询附近用户，得到目标 B 的通告距离(取平均值)；然后，分别在以探针 A 为中心，以 d 为半径的圆上选取均匀分布的 8 个点($A_1\sim A_8$)，在 8 个点上分别部署探针，并分别得到目标用户的通告距离($d_1\sim d_8$)。设 X 是圆上的点，当目标函数

$$\text{Obj} = \sqrt{\frac{\sum_{i=1}^{i=8}(|\overline{A_iX}|-d_i)^2}{8}} \tag{8-4}$$

取最小值时，$\overline{AX}$ 即为目标所处方向；最后，攻击者向 $\overline{AX}$ 方向前进 d 距离，重复上述步骤。如果 d 小于阈值或连续两轮得到的 d 值之差小于阈值，算法结束。该算法以一款匿名社交软件 Whisper 为例进行的实验结果表明，定位误差在 0.2 英里(320m 左右)内。

该算法利用统计迭代的方式不断修正噪声对定位结果的影响，远距离定位目标用户时效果较好，但该算法无法突破最小通告距离限制，对于距离段较大的社交网络用户的定位效果有待提高。且该算法需要在每个查询点对目标用户的通告距离进行频繁查询，对于微信等限制查询次数的社交软件用户，定位效果较差。

为了突破社交软件的最小通告距离限制，文献[12]提出了 SPBG 算法。该算法研究当目标用户位于探针最小通告距离以内时对目标用户的定位。此时基于最小通告距离划定初始空间，并通过移动探针位置，使得新划定的空间与初始空间存在部分重叠；判断此时目标用户的通告距离是否增大，确定目标用户是否在重叠区域内，实现对初始空间范围的不断缩减，从而逼近目标用户的位置。针对微信开展的实际定位实验结果表明，该算法 50%的定位误差在 40m 以内。

两步定位算法是一种新型的基于逐次逼近的定位算法[14]。该算法分为两步，首先确定目标用户所在的圆形区域；然后再利用多边测量方法确定目标用户的位置。在第一步中，首先利用探针查询目标用户的通告距离，从而确定包含目标用户位置的环形区域；然后在环形区域内部等距设置探针 $A_1 - A_n$，基于各探针得到的目标用户通告距离大小，将目标用户的位置确定在以某一探针为中心，以最小通告距离 r 为半径的圆内，其过程如图 8-6 所示。在第二步中，首先利用二分查找方法，在过探针且与横(纵)坐标轴平行的直线上寻找与目标用户相距 r 的两个参考位置，取参考位置的中点作为目标用户的横(纵)坐标；然后再在过横(纵)坐标且与纵(横)坐标轴平行的直线上，利用相同方法得到目标用户的纵(横)坐标，从而实现对目标用户的定位。模拟实验表明，在第一步中得到的圆成功覆盖目标用户的位置，且噪声符合高斯分布的前提下，该算法能达到较高的定位精度。但由于噪声的存在，在该算法第一步中难以确定准确的圆形区域，且在第二步中，基于通告距离变化确定参考位置容易发生误判，导致该算法针对实际社交用户的定位效果有待提高。

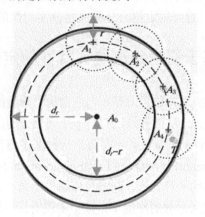

图 8-6　两步定位算法示意图

基于逐次逼近的定位算法健壮性较高，适用范围广，当通告信息中存在噪声时，依然能达到一定的定位精度。但该类算法的定位精度依赖于通告距离与实际距离之间具有较稳定的对应关系。受位置隐私保护策略升级等的影响，该算法在实际定位过程中难以确定初始空间范围，且在逼近用户位置过程中容易发生误判，导致该类算法难以实现对目标用户的高精度定位。

8.1.3　存在的主要问题

从 8.1.2 节介绍的国内外研究现状可知，微信用户定位技术研究已取得很多优秀成果，然而，仍存在如下主要问题有待深入研究与解决。

(1)缺乏对通告距离与实际距离关系的准确刻画。现有定位算法往往将微信通告距离对应稳定的实际距离范围作为前提条件，但实际环境下实际距离与通告距离之间的关系是复杂且难以刻画的，导致了现有定位算法难以基于通告距离确定实际距离范围，实际定位效果难以达到理论精度。因此，如何对微信通告距离与实际距离之间的关系进行准确刻画，从而为定位算法的设计提供可靠依据，是当前实现微信用户高精度定位面临的主要问题。

(2)空间缩减过程中容易发生误判。由于噪声的存在，探针在同一位置多次查询目标用户，可能得到不同的通告距离。当通告距离发生变化时，不表示实际距离也发生了较大变化，将单个探针得到的目标用户通告距离发生变化作为定位过程中的判断条件，极易导致误判，从而增大定位误差。因此，设计合理的判断条件，提高判断成功率，是提高目标用户定位精度的关键之一。

(3)对查询结果中的用户关系考虑不足。当前微信用户定位算法大多基于通告信息中通告距离与实际距离之间的关系，而对查询结果列表中用户间的相对次序关系考虑不足，一定程度上限制了算法的定位效果。因此，对查询结果内部用户间的相对关系进行分析，并利用该关系实现对目标用户的高精度定位，是实现对微信目标用户高精度定位的新思路。

(4)难以平衡定位精度和定位开销之间的关系。微信中位置隐私保护策略的不断更新，使得传统的高效定位算法失效，如基于三边测量的定位算法。为了提高定位精度，越来越多的新算法会通过部署大量的探针，对目标用户进行大量的通告距离查询，从而缓解噪声对定位误差的影响，但也导致了定位开销的加大。因此，平衡定位精度和定位开销之间的关系，以较低的开销实现对目标用户的可靠定位，是提高定位实用性的关键之一。

8.2 基于通告距离统计特性的定位算法

在8.1节中，指出为了保护用户位置隐私，当前微信"附近的人"服务中通告距离与实际距离之间不存在严格的对应关系，从而导致现有基于空间划分的定位算法在判定目标用户所处的子空间时，容易发生误判。针对此问题，本节提出一种基于通告距离统计特性的目标用户定位(statistical characteristics of reported distance based geolocation, SCoReG)算法。通过分析通告距离对应的实际距离范围分布的统计特性，选定目标通告距离及其对应的实际距离范围，基于分步策略部署探针，以提高空间划分的准确率，期望实现对目标用户更高精度的定位。

8.2.1 现有基于空间划分的微信用户定位算法简介及分析

SPBG 算法旨在打破 LBSD 服务最小通告距离限制，通过对目标用户的最小通告距离所确定的空间进行划分，将目标用户的位置确定在更小区域内[12]。

该算法需满足以下条件：

(1)已知目标用户可能所处的街道级区域；

(2)目标用户相对于当前查询点的通告距离为最小通告距离 R；

(3)用户之间以 K 为单位进行通告距离，且通告距离 Wp 与实际距离 d 满足

$$Wp = \left(\left\lfloor \frac{d}{K} \right\rfloor + 1\right) \times K \tag{8-5}$$

式中当 $d \leqslant 1000\,\mathrm{m}$ 时 $K=100\mathrm{m}$；当 $d > 1000\mathrm{m}$ 时 $K=1000\mathrm{m}$。

该算法如图 8-7 所示。

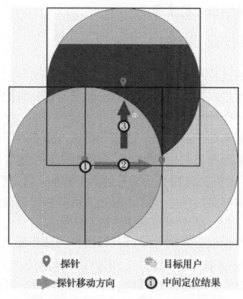

图 8-7　基于空间划分的定位算法示意图

该算法利用了逐次逼近思想。首先，动态调整探针的位置，在目标用户可能所处区域内的不同位置，利用"附近的人"查询目标用户，直到目标用户出现在探针的查询结果列表中，且其通告距离为最小通告距离内，此过程称为扫描潜在区域，此时将目标用户的位置确定在以当前查询点为中心，以 $2R$ 为边长的正方形区域内，将此区域称为初始空间，并将此时的探针位置作为中间定位结果；然后，将探针的位置相对于中间定位结果移动 R 距离，使得以新探针位置为中心，以 $2R$ 为边长划定的正方形区域覆盖初始空间的一半，此时初始空间被分为两个子空间：覆盖区域和非覆盖区域；接着，通过判断探针在新位置得到的目标用户通告距离是否发生变化，确定目标用户所在的子空间，并修正中间定位结果，使得中间定位结果位于目标用户所处子空间的中心；最后，迭代上述过程直到将子空间范围缩小至预定范围，将此时的中间定位结果作为最终的定位结果。文献[12]利用该算法针对微信用户的定位结果表明，该算法的平均精度约 51m。

基于空间划分的定位算法选取最小通告距离范围作为目标区域，并将通告距离是否增大作为目标用户所处子空间的判定条件，其定位精度依赖于实际距离与通告距离之间存在严格的对应关系，即式(8-5)。针对微信的实际测试发现：微信"附近的人"功能中实际距离与通告距离之间并不满足上述对应关系，易出现以下异常情况：①用户 A、B 之间的实际距离小于最小通告距离(100m)，但用户 A 得到的用户 B 的通告距离大于最小通告距离，此时基于该算法的扫描潜在区域的策略难以发现目标用户；②用户 A、B 之间的实际距离大于最小通告距离(100m)，但用户 A 得到的用户 B 的通告距离为最小通告距离，此时确定的初始空间范围没有覆盖目标用户位置。

此外，存在当前微信的通告距离所对应的实际距离范围较大，且不同通告距离所对应的实际距离范围段有交叉的现实情况。当目标用户与探针的实际距离位于多个通告距离所对应的实际距离段的交叉范围内时，探针得到的目标用户通告距离可能为其中任一通告距离，使得以通告距离变化作为确定目标用户所处的子空间的判定条件容易出现误判，且随着空间划分的持续，误判会造成定位的误差持续增大。

8.2.2　算法原理与主要步骤

针对上述问题，本节通过构造测试环境，对用户间不同实际距离下的通告距离进行统计分析，基于其统计特性，改进初始空间的划定方法和空间划分时的探针部署策略，以提高定位精度。

SCoReG 算法的基本原理如下：首先，通过分析通告距离对应的实际距离范围分布的统计特性，选定所对应的实际距离范围较稳定的通告距离为目标通告距离；然后，当目标用户出现在探针的查询结果中，且其通告距离为目标通告距离时，确定目标用户所处的初始空间；最后，基于初始空间范围调整策略部署探针，通过分析各探针得到的目标用户的通告距离变化，确定目标用户所在子空间，从而不断缩减当前空间的范围，实现对目标用户的定位。

假设算法以 Wp_i 作为目标通告距离，即当目标用户的通告距离为 Wp_i 时，算法开始对目标用户进行定位。为了便于计算，此时将目标用户所在的初始空间看作以当前查询点为中心，以 2D 为边长的正方形；R 为通告距离 Wp_i 所确定的有效空间范围，即当实际距离小于 R 时，通告距离小于或等于 Wp_i 的概率高于大于 Wp_i 的概率。SCoReG 算法的原理框架如下图 8-8 所示。

算法的主要步骤如下。

Step 1：数据收集。构建虚拟用户，通过动态调整不同虚拟用户之间的实际距离，记录不同实际距离下用户之间的通告距离变化，得到<实际距离，通告距离>数据对，并对其进行统计分析，确定目标通告距离 Wp_i 以及所对应的实际距离有效值 R。

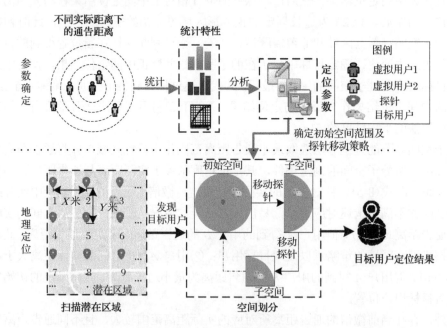

图 8-8　SCoReG 算法原理框架

Step 2：确定初始空间。动态调整查询点的位置，直到目标用户出现在查询结果列表中，且其通告距离为 Wp_i。基于通告距离与实际距离关系的统计特性，通过统计分析目标通告距离对应的实际距离上限值概率分布，确定目标用户与当前探针之间的可能的最大实际距离 D，从而以当前探针位置为中心，以 $2D$ 为边长划定初始空间。

Step 3：缩小初始空间范围。在初始空间的一侧选取多个查询点，使得相邻查询点之间的距离为 R，且以这些查询点为中心，以 $2R$ 为边长的正方形区域的并集能够覆盖初始空间的一半，此时将初始空间划分为两个子空间：覆盖区域和非覆盖区域。探针在各查询点分别多次查询目标用户的通告距离，取出现次数最多的通告距离作为目标用户相对于该探针的通告距离。当且仅当探针得到的目标用户通告距离均增大，判定用户在非覆盖区域，否则判定目标用户在覆盖区域。迭代此过程直到缩减后的空间的较大边长小于 $2R$，此时通过单点查询能够覆盖当前目标空间的一半。

Step 4：定位目标用户。依据现有 SPBG 算法对目标用户进行单点多次查询定位，每轮划分时选取一个查询点，且探针在该查询点进行多次查询，选取出现次数最多的通告距离作为目标用户的通告距离。迭代此过程直到目标区域的最大边长小于预定阈值。选取最终区域的中心位置作为目标用户的定位结果。

在上述主要步骤中，确定目标用户所处空间的范围，以及在确定初始目标空间以后准确的判定目标用户所处的子空间，是本算法的关键和核心，下面分别进行详细论述。

8.2.3　基于通告距离统计特性确定初始空间范围

准确确定包含目标用户位置的初始空间范围是实现对目标用户定位的首要问题。本节通过分析 LBSD 服务中不同通告距离所对应的实际距离上限值分布的统计特性，来确定目标通告距离以及对应的实际距离范围，从而确定初始空间。

1. 目标通告距离的选择

目标通告距离的选择需要遵循以下原则：
(1) 目标通告距离所对应的实际距离上限值较稳定；
(2) 同等条件下应选取较小的通告距离作为目标通告距离。

目标通告距离直接影响所确定的初始空间范围。目标通告距离所对应的实际距离区间越稳定，越便于确定目标用户所在的初始空间范围。

1) 最小通告距离作为目标通告距离的合理性分析

基于空间划分的定位算法选取最小通告距离作为目标通告距离，通过判断位置改变后的探针得到的目标用户通告距离变化来确定目标用户所处的子空间。为了验证这种目标通告距离选择策略的合理性，本节针对微信的最小通告距离精确度进行了测试，通过两台手机分别运行不同的微信账号(称为用户 A 和用户 B)，并利用位置模拟软件"天下游"来模拟微信用户的位置信息。

首先，将两用户的初始位置设为相同，此时用户 A 得到的用户 B 的通告距离为 100m；然后，以 10m 为单位调整两个微信用户间的实际距离，记录在实际距离变化过程中使得用户 B 的通告距离增人为 200m 的最小实际距离。将上述过程称为一轮测试，共进行了 100 轮测试，得到的 100 个记录值。实际距离记录值的分布情况如图 8-9 所示。

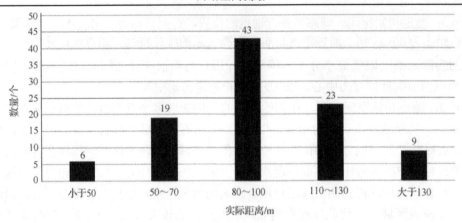

图 8-9　实际距离记录值分布

由图 8-9 可知，记录的通告距离中有 68%小于 100 m，且 25%小于 70 m。基于空间划分的定位算法在判定目标用户所处子空间时，当目标用户与移动后的探针的实际距离小于 100m时，其通告距离发生变化的可能性依然较大，从而导致发生误判。基于单个探针得到的目标用户通告距离发生变化确定子空间，会导致较大的定位误差。

2) 基于实际距离上限值分布方差确定目标通告距离

方差可用来衡量一组数据的离散程度。本节以实际距离上限值分布方差作为选取目标通告距离的衡量标准，通告距离对应的实际距离上限值方差越小，表示该通告距离所对应的实际距离的上限越稳定，在进行空间划分时发生误判的可能性越低。

因此，通过对不同实际距离下的通告距离变化情况进行大量测试，可知不同通告距离对应的实际距离上限值分布，选取实际距离上限值方差最小的通告距离作为目标通告距离。同等条件下选取最小的通告距离作为目标通告距离，既能缩小初始目标空间的范围，降低空间划分时的误判所造成的定位误差。本节不考虑通告距离所对应的实际距离的下限值分布，而是由上限值来确定目标初始空间，能降低了确定目标所处的初始空间的难度，且增加了初始空间覆盖到用户位置的可能性。

目标用户出现在探针的查询结果中，且其通告距离为目标通告距离时，其与探针的实际距离可通过上限值累积概率的方式得到。

2. 初始空间范围的确定

本节算法利用目标通告距离所对应的实际距离上限值的概率分布来确定目标用户所处的初始空间范围。

确定目标通告距离 Wp_i 后，分析通告距离 Wp_i 的实际距离上限值累积概率分布情况，取累积概率为 P 时所对应的实际距离值 D，即

$$P_i(d \leq D) = P \qquad (8\text{-}6)$$

式中，d 为实际距离。此时将目标用户的范围确定在以当前查询点为中心，以 $2D$ 为边长的正方形区域。当目标用户的通告距离为 Wp_i 时，基于上述方法确定的目标区域覆盖到目标用户的概率大于等于 P。

通过累积概率确定 D 的取值，而不取 Wp_i 对应的实际距离最大值，既能使确定的初始空

间高概率覆盖目标用户位置（当 d 足够大），又能缩小初始空间的范围，减少定位目标用户过程中的迭代次数，提高定位效率。

8.2.4　基于分步策略确定目标用户位置

通过划定目标用户所处的初始空间，得到目标用户所处的大致范围。为了定位目标用户，需要对初始空间进行缩减。本节算法通过划定有效空间范围，并提出分步策略，保证空间缩减的成功率。

1. 定义有效空间范围

D 的选取是为了使确定的目标区域较大概率的覆盖到目标用户位置，当实际距离小于 D 时得到的目标用户通告距离也有较大概率大于 Wp_i，因此 D 不适合作为空间划分时探针的移动距离。为了提高空间划分的成功率，本节算法定义了有效距离 R。

当目标用户与探针的实际距离小于 R 时，探针得到的目标用户通告距离小于等于 Wp_i 的概率高于大于 Wp_i 的概率。满足该条件的最小值 R 设为有效距离，并将其作为每次空间划分时相邻查询点的间隔距离，显然 R 的值小于 D。将以当前探针位置为中心，以 $2R$ 为边长确定的空间称为有效空间。探针得到的位于与初始空间的交叉区域内的用户的通告距离不大于 Wp_i 的概率更高。

2. 分步判定提高空间划分准确率

因 R 的值小于 D，选取单一查询点确定的边长为 $2R$ 的有效空间范围无法覆盖初始目标空间范围的一半。为了提高空间划分的准确度，在当前空间的一侧选取多个查询点。查询点的选择需要满足如下条件：

（1）待判定区域内的任意点至少相对于一个查询点的通告距离小于或等于 Wp_i 的概率高于大于 Wp_i；

（2）另一半区域内的任意点相对于所有查询点的通告距离大于 Wp_i 的概率均高于小于等于 Wp_i。

本节算法在当前目标区域的一侧选择多个查询点，并分别部署探针，使得相邻探针之间的距离为 R，且满足上述条件。查询点的选取如图 8-10 所示。

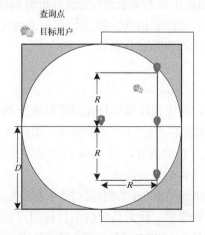

图 8-10　初步定位时查询点选取示意图

在各查询点部署探针，使得相邻探针之间的距离为 R。当目标用户位于交叉区域时，其相对于至少一个探针的实际距离小于 R，且相对该探针的通告距离小于等于 Wp_i 的概率更大。在该查询点的探针对目标用户进行多次查询，目标用户的通告距离小于等于 Wp_i 出现次数更多的概率高于大于 Wp_i。在设定的查询点上分别对目标用户进行多次查询，选取出现次数最多的通告距离作为在该点上得到的通告距离，能够减少误判的可能性，提高判断的准确性。

迭代上述过程直到目标空间的最大边长缩小至 $2R$ 以内，如图 8-11 所示，此时单个查询点确定的有效空间范围能够覆盖当前空间的一半，每轮判定时只需部署单个探针即可。重复此过程直到将目标空间的最大边长缩小到阈值，选取当前目标区域的中心作为目标用户的定位结果。

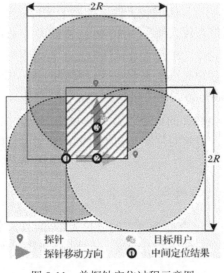

图 8-11　单探针定位过程示意图

8.2.5　实验结果与分析

本节针对微信用户开展定位实验，通过在实际环境下定位微信用户来验证算法的有效性。利用多台手机运行不同的微信账号，并利用位置模拟软件"天下游"来修改设备的 GPS 以构建探针。通过对实际距离与通告距离的关系进行统计分析得到算法的参数，然后基于选取的参数对目标进行定位，并将定位结果与 SPBG 算法[12]和基于启发式数论的定位算法[10](heuristic number theory based geolocation, HNBG) 作对比。

1. 实验设置

在参数确定部分，利用同款位置模拟软件模拟不同账户的实际位置，并统计分析实际距离与通告距离之间的关系。首先，设定用户 A 的位置，用户 A 通过查询附近的人在该位置留下记录；然后，动态设定用户 B 的位置，以 10m 为增量调整用户 B 与 A 之间的实际距离，并记录在不同实际距离下用户 B 的通告距离。

在对比实验部分，在 1000m×1000m 的测试区域内随机生成 50 个位置，利用"天下游"将这些位置设置为微信账户的位置，作为待定位的目标用户。其余账户作为探针。为了保证算法对比的公平性，本节算法与 SPBG 算法采用相同的空间遍历策略，在测试区域内每隔

100m 查询一次附近用户，如图 8-12 所示，直到发现目标用户，且其通告距离为各自算法的目标通告距离。设定最终空间边长的阈值为 5m。基于启发式数论的定位算法依据文献[10]进行实验设置，以测试区域的左下角作为原点构建坐标系，并在两坐标轴上分别部署 41 个探针；得到目标用户的初始坐标以后，再在经过该坐标且与两坐标轴分别平行的两条直线上各部署 100 个探针，对目标用户进行一维数论定位，得到目标用户的最终定位结果。

图 8-12　探针遍历测试区域示意图

2. 定位参数确定

将用户 A、B 实际距离从 0m 增大到 1000m 计为一轮测试，共进行 100 轮测试。将一轮测试中通告距离为目标通告距离 Wp_i 时所对应的最大实际距离，作为 Wp_i 的实际距离上限值的一个记录，每个通告距离共有 100 个记录。Wp_i 对应的实际距离上限值选取举例如表 8-1 所示。

表 8-1　实际距离上限值选取举例

用户 A、B 实际距离/m	用户 B 的通告距离/m
140	Wp_i
150	Wp_i
160	Wp_i
170	Wp_i
180	Wp_i+100

如表 8-1 所示，假设在一轮测试中，当用户 A、B 的实际距离以 10m 为单位增大，当两用户的实际距离等于 170m 时，用户 A 得到的用户 B 的通告距离为 Wp_i；继续增大两用户的实际距离，使其增大为 180m 时，用户 A 得到的用户 B 的通告距离增大为 $(Wp_i+100)\,$m，且随着实际距离增大，用户 B 的通告距离均大于 Wp_i，此时 170m 为本轮测试中的实际距离最大值，作为 Wp_i 的实际距离上限值的一个记录。计算得到各通告距离对应实际距离的上限值的方差如图 8-13 所示。

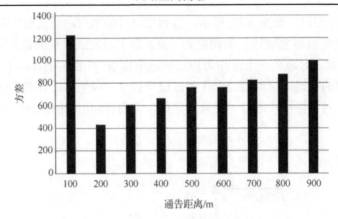

图 8-13　各通告距离的实际距离上限值方差

由图 8-13 可知，各通告距离的方差值均较大，且方差随着通告距离增加有增大趋势，这说明了噪声的对通告距离有较大的影响，且这种影响会随着通告距离增大而增大。200m 通告距离所对应实际距离上限值方差最小，因此选择 200m 通告距离作为目标通告距离。值得注意的是，100m 通告距离所对应的实际距离上限值分布的方差相比其他通告距离更大，这是因为在实际测试过程中经常出现以下情况：实际距离较小时，通告距离结果为 200m 甚至更大，而当实际距离大于 100m 时，通告距离也有可能是 100m，导致 100m 通告距离所对应的实际距离上限值的跳跃性较大。出现这种情况的原因可能是微信认为当用户与查询者的实际距离过小时，若通告距离显示为 100m，则能将用户的位置确定在一个较小的范围内，可能会造成用户的位置隐私泄露，因此会刻意的避免通告最小通告距离。

通告距离为 200m 时对应的实际距离上限值概率分布如图 8-14 所示。

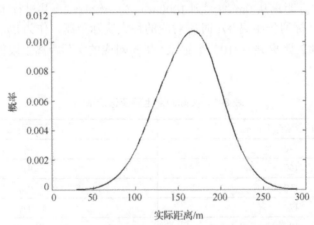

图 8-14　目标通告距离的实际距离上限值概率分布

由图 8-14 可知，200m 通告距离所对应实际距离上限值概率大致服从正态分布，且上限值在 170m 左右时概率最大，即当用户之间的实际距离在 170m 左右通告距离变为 300m 的概率最大。基于该算法的取值策略，分别取目标通告距离所对应概率分布累积概率达到 95%和50%时所对应的实际距离值作为初始目标空间范围和有效距离，此时确定的目标空间范围覆盖目标用户的概率大于 95%。

3. 实验结果对比

在对 50 个目标用户的定位实验中，SPBG 算法成功将 46 个目标用户确定在最小通告距离范围内，得到 46 个定位结果。而所有的目标用户都出现在 200m 通告距离内。SPBG 算法未能发现 4 个目标用户的原因是：噪声的存在导致虽然目标用户与探针的实际距离小于最小通告距离，但探针得到的目标用户通告距离为 200m。定位结果对比如表 8-2 所示。

表 8-2　本节算法与 SPBG、HNBG 算法定位结果对比

误差	SPBG 算法	HNBG 算法	本节算法
最小误差/m	22.1	15.8	8.2
平均误差/m	68.9	63.1	56.6
中值误差/m	69.7	63.3	55.4

由表 8-2 可知，本节算法在最小定位误差、平均误差、中值误差等指标均优于现有的 SPBG 算法以及 HNBG 算法。本节算法的平均误差为 56.6m，高于 SPBG 算法的 68.9m 和 HNBG 算法的 63.1m；最小误差小于 10m，而 SPBG 算法和 HNBG 算法的最小误差均大于 15m；中值误差为 56.4m，高于 SPBG 算法的 63.3m 和 HNBG 算法的 69.7m。

SCoReG 算法的定位结果中 56% 的误差在 60m 以内，高于 SPBG 算法的 34.8% 和 HNBG 算法的 42%。造成 SPBG 算法的定位误差较大的原因可能是，目标用户出现在查询点的最小通告距离内时，其实际距离大于 100m，使得确定的初始目标区域未能覆盖到目标用户，且在定位过程中的频繁误判导致定位结果与目标用户实际位置的偏差越来越大。对于 HNBG 算法，通告距离与实际距离之间的不稳定关系使得在不同轴线上所确定的目标用户初始坐标存在偏差，而沿着坐标轴进行的一维数论定位过程进一步拉大了这种偏差。影响本节算法定位精度的原因主要有：位置模拟软件误差、空间划分时出现的误判、微信服务器端用户位置的缓存更新策略等。

综上所述，SCoReG 定位算法，与现有典型的 SPBG 算法以及 HNBG 算法相比，能够实现对目标用户的更高精度的定位。

本节针对现有定位算法难以基于通告距离确定初始空间范围，且在空间缩减过程中容易发生误判的不足，提出了一种 SCoReG 算法。通过对通告距离与实际距离的关系进行统计分析，在此基础上改进了现有的 SPBG 算法。本节算法利用实际距离上限值分布特性确定目标通告距离和初始空间划定方式；同时提出分步判定策略，在定位的不同过程中，依据当前空间的范围大小采用不同的探针部署策略，提高了子空间判定的成功率。在实际环境下针对微信用户的定位实验结果表明，与现有典型的 SPBG 算法以及 HNBG 算法相比，本节算法能够实现更高精度的定位，且最小定位误差达到 10m 以内。

8.3　基于查询结果中用户失序分析的定位算法

在上一节中提出了 SCoReG 算法，相比现有典型的 SPBG 算法以及 HNBG 算法，能够实现对微信用户的更高精度的定位。但通告距离与实际距离之间关系的不确定性使得基于得到的通告距离难以将目标用户确定在较小的距离段内，造成对目标用户的定位依然存在较大的

误差。针对此不足，本节提出基于查询结果中用户失序分析的定位(user missequence analysis in query result based geolocation, MiReG)算法。利用"附近的人"中的用户存在相对次序的特性，通过对用户失序现象进行统计分析，确定目标用户与探针的实际距离范围，并利用三边测量原理实现对目标用户的定位。

8.3.1　现有基于查询结果相对次序的 LBSN 用户定位算法简介及分析

Hoang 等提出的基于改进三边测量定位方法利用了社交网络通告信息中用户间的相对次序特性[7]。通过对一款国外的约会软件 Grindr 的实际测试，Hoang 等发现该软件的通告信息中的用户次序与该用户相距查询者的实际距离有关，查询结果中目标用户的前后两个相邻用户与查询者的实际距离，可作为该用户与查询者的实际距离的上下限。基于此特性，通过构造两个位置可控的虚拟用户 A 和 B，并调整虚拟用户 A、B 与查询者之间的距离，使得探针的查询结果中目标用户位于两个虚拟用户之间且虚拟用户 A、B 与探针之间的实际距离之差尽可能小，此时目标用户与探针的实际距离 d 和虚拟用户与探针的实际距离(分别为 d_1、d_2，且 $d_1 < d_2$)之间的关系为：$d_1 < d < d_2$，从而确定目标用户所处的圆环区域，如图 8-15 所示。最后利用三边测量定位算法确定目标用户的位置。

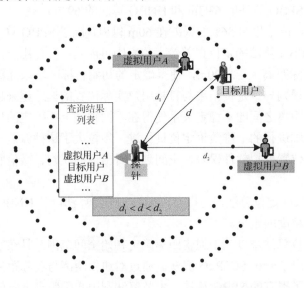

图 8-15　构造虚拟用户确定目标用户实际距离范围示意图

基于该算法确定的目标用户与探针的实际距离范围，远小于基于通告距离确定的实际距离范围。但该算法依赖于社交软件的通告信息中的用户次序属性，当社交软件的通告信息中的用户排序满足与查询者的实际距离之间的对应关系，该方法能够实现对目标用户的可靠定位。

但随着隐私保护技术的应用与升级，大部分 LBSN 在通告附近用户时，会对位置信息进行混淆处理，使得查询结果中的用户次序与用户相距查询者的实际距离之间不满足严格对应关系，导致该算法无法容忍查询结果中用户失序现象。易出现以下情况：探针的查询结果中目标用户位于虚拟用户 A、B 之间，但此时 $d < d_1 < d_2$ 或 $d_1 < d_2 < d$，即该算法确定的环状区域没有包含目标用户的位置；定位目标用户时，三个圆环的交叉区域内并不包含目标用户的位置，或不存在交叉区域。因此该算法无法直接用于微信用户的定位。

8.3.2　相关定义

1）混杂区间

实际测试发现，微信"附近的人"中，当查询者与被查询者之间的实际距离增大时，被查询者在查询者得到的查询结果列表中的位置存在向下移动的趋势。但为了保护用户隐私，"附近的人"中的用户前后关系并非严格满足与查询者实际距离的大小对应关系，往往会存在失序现象。假设用户 A 与查询者的实际距离为 d_1，用户 B 与查询者的实际距离为 d_2，失序现象是指当 $d_1 < d_2$，但查询结果中用户 B 更靠前；或 $d_1 > d_2$，但查询结果中用户 A 更靠前。

为使于算法的解释和说明，本节将"附近的人"查询结果列表中两个失序用户与查询者之间的实际距离之差的变化范围称为混杂区间。设混杂区间为 M，则

$$|d_1 - d_2| < M \tag{8-7}$$

2）参考探针

参考探针是指在定位目标用户的过程中，为了获得目标用户与探针之间的实际距离范围而构建的虚拟用户。和探针一样，参考探针是合法账户，能够正常使用微信"附近的人"服务，只是在定位目标用户的过程中与探针扮演的角色不同。

8.3.3　算法原理与主要步骤

本节通过对微信通告信息进行统计分析，基于查询结果中用户次序的统计特性确定圆环区域，实现对目标用户的定位，从而可将文献[7]提出的基于改进三边测量的定位方法用于微信用户的定位。

基于上述定义，本节提出了 MiReG 算法。将参考探针与探针的实际距离用变量 d_{pr} 表示，目标用户与探针的实际距离用 d_{pt} 表示，该算法的基本流程如图 8-16 所示。首先，通过对查询结果中用户相对次序变化与相距探针实际距离之间的关系进行统计分析，确定混杂区间的大小；其次，通过动态调整参考探针的距离，使得查询结果列表中参考探针和目标用户相邻

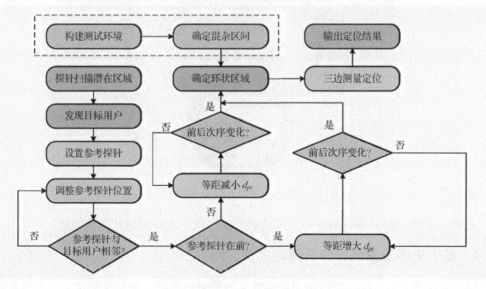

图 8-16　MiReG 算法流程图

且前后次序发生变化，此时基于参考探针的位置确定目标用户的实际距离范围；最后，利用三边测量完成对目标用户的定位。

算法的主要步骤如下。

Step 1：确定混杂区间。基于位置模拟技术构建虚拟用户。通过设置虚拟用户的位置，不同虚拟用户在查询者的查询结果中相邻，分析此时虚拟用户在查询者的查询结果中前后次序变化与相距查询者的实际距离变化之间的关系，在此基础上判定失序现象，基于对失序情况的统计分析确定混杂区间的大小。

Step 2：扫描潜在区域。在目标用户可能所处的潜在区域内等距设定查询点，并将探针的位置依次设置为查询点的位置。每次修改完探针的位置以后，探针查询附近的人，搜集附近用户列表。重复此步骤直至目标用户出现在查询结果列表中。

Step 3：设置参考探针。通过修改参考探针的位置使得 d_{pr} 以 x 为单位动态变化。探针在参考探针的位置改变后查询附近用户，直到附近用户列表中参考探针与目标用户相邻。若此时查询结果中目标用户更靠前，则以 y 为单位逐渐减小 d_{pr}（$y < M$），使得参考探针在列表中次序上升；否则，以 y 为单位逐渐增大 d_{pr}（$y < M$），使得参考探针在列表中的次序下降。直到查询结果中参考探针和目标用户的前后次序发生变化。

Step 4：确定环状区域。将此时探针与参考探针之间的实际距离记为 D_R，即 $D_R = d_{pr}$。此时，目标用户的位置被确定在以查询者位置为中心，内圆半径为 $|D_R - M|$，外圆半径为 $|D_R + M|$，环宽为 $2M$ 的圆环内。

Step 5：三边测量定位。选择下一查询点，下一查询点的位置与当前探针位置的距离大于 $|D_R + M|$ 且小于 $2|D_R + M|$；在两查询点所在线段的中垂线上取第三个查询点。探针在新查询点重复 Step3 和 Step4，得到两个不同的圆环。取得到的多个圆环的交叉区域的中心位置作为目标用户的定位结果。该过程如图 8-17 所示。

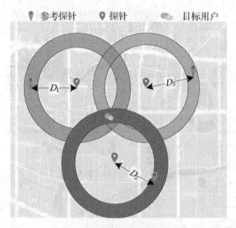

图 8-17　利用三边测量原理确定目标用户位置

上述步骤中，Step1 和 Step5 是本算法的关键，接下来分别进行详细阐述。

8.3.4　基于失序现象统计分析确定混杂区间

混杂区间的大小直接影响所确定的环状区域的覆盖范围。混杂区间过大，会导致对多点测量定位时得到的交叉区域过大，从而增大定位误差；混杂区间过小，会导致所确定的环状区域没有覆盖目标用户的位置，使得在错误的交叉区域内得到目标用户的定位结果，从而影响定位精度。本节通过构建测试环境，利用位置模拟技术模拟智能移动设备的位置信息，获取实际环境下不同实际距离对应的通告数据，并对其中导致用户失序的数据进行统计分析，确定混杂区间大小。

1. 构建测试环境

要确定混杂区间大小，需要获得微信"附近的人"的大量实际通告数据。而利用智能移动设备在地理空间的移动来获取通告数据费时费力，且测试结果易受设备定位误差的影响。

本节通过构建测试环境，利用智能移动设备位置模拟技术构造虚拟用户，实现通告数据的获取，而无须进行设备在实际地理位置的频繁移动，提高了通告数据获取的便捷性和可操作性。测试环境的构建如图 8-18 所示。

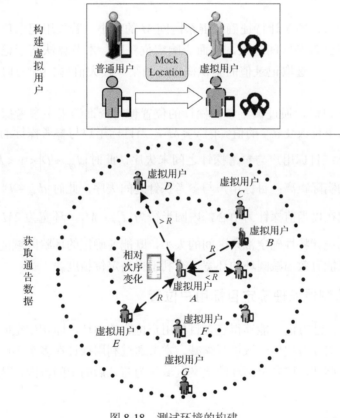

图 8-18　测试环境的构建

首先，利用位置模拟技术模拟智能移动设备的地理位置，从而构造多个位置可变的虚拟用户(称为虚拟用户 A、虚拟用户 B 等)；然后，设置虚拟用户 A 的位置并将其作为查询者，设置虚拟用户 B 的位置并将其作为虚拟目标，虚拟用户 A 和 B 的距离为 R_B 并保持不变；接着，改变其他虚拟用户的位置，记录其与查询者的实际距离与 R_B 的大小关系，以及在查询者的查询结果列表中的与虚拟用户 B 的前后次序变化；最后，基于对获得的数据的统计分析确定混杂区间。

2. 确定混杂区间

为了提升 LBSD 服务的质量，便于用户间建立社交关系，微信在向查询者通告附近用户时，往往根据用户与查询者的实际距离大小，将与查询者的实际距离较近的用户排在前面，而实际距离较远的用户排在后面。但服务器在向查询者返回附近用户的位置信息时添加噪声，导致查询结果列表中的用户可能出现失序现象。基于这种特性，可对获得的数据进行如下处理，以求得混杂区间。

首先，进行数据筛选，得到记录值。基于微信的通告次序属性，选取出现失序现象的数据作为测试数据。假设虚拟用户 C 与查询者的实际距离为 d_1，在实际测试中保持 R_B 不变，逐渐增大或减少 d_1 的值，使得 $|d_1 - R_B|$ 的值逐渐变大。当 $|d_1 - R_B|$ 的值大于某一值时，虚拟用户 C 和虚拟目标在查询结果中的前后次序会保持固定不变，将一轮测试过程中引起失序的 $|d_1 - R_B|$ 的最大值作为一个记录值。记录值的分布反映了噪声对查询结果中用户间前后次序的影响。

然后，基于记录值的统计特征确定混杂区间 M 的大小。若采用记录值中的最大值作为混杂区间，则会导致混杂区间过大，从而影响定位精度。本节算法基于记录值的累积概率来确定混杂区间大小，选取记录值的累积概率达到某一较大值(如 95%)时对应的值作为混杂区间 M。

在定位目标用户时，通过调整参考探针的位置使得查询结果中参考探针与目标用户相邻，此时再以 y 为单位改变 d_{pr} 的值。因 $y < M$，当目标用户与参考探针的前后关系发生变化时，有两种可能：目标用户与参考探针之间未失序，此时 $|d_{pr} - D| < y < M$，其中 D 表示目标用户与探针的实际距离；目标用户与参考探针之间失序，此时 $|d_{pr} - D| < M$。这时将目标用户的位置确定在以当前探针为中心，内圆半径为 $|d_{pr} - M|$，环宽为 $2M$ 的圆环内。

基于记录值的统计特性确定混杂区间的大小，既能使确定的环状区域能高概率的覆盖目标用户的位置，又能有效缩减圆环的环宽，有利于提高定位精度。

8.3.5 基于三边测量原理确定目标用户位置

利用 8.3.4 节所述方法，能够得包含目标用户位置的圆环，即初始空间。为了实现对目标用户的定位，还需要对圆环区域进行缩减。本节通过利用探针在多个不同位置得到包含目标用户位置的多个圆环，取多个圆环的交叉区域作为缩减后的空间范围，从而实现对目标用户的定位。

1. 查询点选择策略

在选取查询点对初始空间进行缩减时，查询点的位置可能会对定位结果产生影响。当三个查询点分布在一条直线上时，如图 8-19 所示，会导致以三个查询点为圆心确定的三个圆环不存在公共区域，或三个圆环相交于多个不同的区域，此时目标用户的定位结果难以确定，且当三个查询点相距较近时，多个相交区域的分布可能较远，导致最终的定位结果与目标用户的实际位置相距较远。

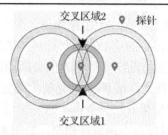

图 8-19　查询点选择异常示例

　　为了避免上述情况的发生，本节算法采用以下方法选择查询点的位置：首先，在查询点 A 得到包含目标用户所在位置的圆环 A，且圆环 A 的外圆半径为 R_1，内圆半径为 R_2；然后，选择下一查询点 B，查询点 B 与 A 的实际距离大于 R_1 且小于 $2R_1$，将查询点 B 设置为探针的位置，重复上述过程得到包含目标用户所在位置的圆环 B；最后，在查询点 A、B 连线的垂直平分线上确定查询点 C 的位置，查询点 C 到该线段的距离大于 R_1 且小于 $2R_1$，重复上述过程得到包含目标用户所在位置的圆环 C。基于得到的三个圆环的交叉区域确定目标用户的位置。

2.　异常情况处理

　　基于上述查询点选择策略，能够使得所确定的圆环不会出现多个公共区域，但无法保证多个圆环之间一定存在公共交叉区域。可能出现以下异常情况，如图 8-20 所示。

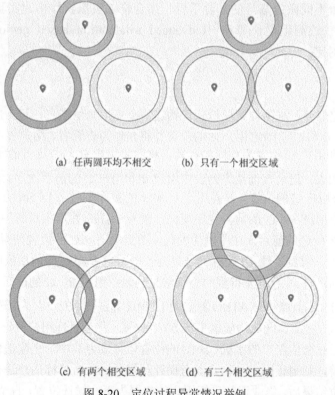

(a) 任两圆环均不相交　　　(b) 只有一个相交区域

(c) 有两个相交区域　　　(d) 有三个相交区域

图 8-20　定位过程异常情况举例

(1)任两圆环均不相交。此时若不存在一个圆环包含两个圆环的情况，如图 8-20(a)所示，则选取三个探针位置所构成的三角形的重心作为目标用户的定位结果。若存在圆环 A 包含圆环 B、C，则选取探针 A 与 B 所在的直线与圆环 B 的外圆的两个交点中，与探针 A 距离较远的交点作为候选定位结果 1；同理，在圆环 C 的外圆上得到候选定位结果 2。取两个候选定位结果连线的中点作为最终定位结果。

(2)只有一个相交区域。此时仅存在两圆环相交，如图 8-20(b)所示。假设圆环 A 和圆环 B 相交，若圆环 C 包含圆环 A、B，则选取相交区域内距离探针 C 最远的点的位置作为定位结果；否则，选取相交区域内距离探针 C 最近的点的位置作为定位结果。

(3)有两个相交区域。此时可能存在两种情况：只有两个圆环(如圆环 A 和 B)相交，且相交区域为两个，如图 8-20(c)所示；圆环 A 和圆环 B、C 均相交，且各有一个交叉区域。若为前者，则利用最小二乘法分别得到两个交叉区域的中心点作为候选定位结果，并将与另一圆环(如圆环 C)的外圆上最短距离最小的候选定位结果作为最终定位结果；若为后者，则分别利用最小二乘法计算两交叉区域的中心点，取两中心点连线上的中点作为定位结果。

(4)若相交区域大于等于 3 个。以相交区域为 3 个为例，如图 8-20(d)所示，选取三个探针位置所构成的三角形的重心作为目标用户的定位结果。

基于上述的异常处理，能充分利用各探针得到的目标用户的通告信息，从而减少定位误差。

8.3.6　实验结果与分析

本节针对微信开展定位实验，通过在实际环境下对微信用户进行定位来验证算法的有效性。利用运行着不同微信账号的多台手机，结合位置模拟软件构建实验环境，并将定位结果与基于改进三边测量定位算法[7](advanced trilateration based geolocation, ATBG)和 HNBG 算法[10]作对比。

1. 实验设置

混杂区间确定部分，利用位置模拟软件构建多个虚拟微信账户，记为虚拟用户 A、B 和 C(简称为用户 A、B 和 C)。固定用户 A 的位置并将其作为查询者，用户 B、C 作为被查询者。首先，将用户 B 和用户 C 设置为相同的位置，将此时用户 B 与查询者的实际距离记为 d_b，用户 A 查询附近的人，记录查询结果列表中用户 B 和用户 C 的前后次序；然后，保持用户 B 的位置不变，调整用户 C 的位置，使得用户 C 和 A 的实际距离 d_c 以 5m 为单位逐渐增大，记录查询结果列表中用户 B、C 的前后次序变化；接着，若 d_c 在增大过程中，连续 10 次查询结果列表中用户 B 和 C 的前后次序不发生变化，则修改用户 C 的位置使得 $d_c = d_b$，并以 5m 为单位逐渐减少 d_c，直到连续 10 次查询结果列表中用户 B 和 C 的前后次序不发生变化。记录该过程中在不同 d_c 下，用户 A 得到的查询结果列表中用户 B、C 的前后次序变化。

定位实验部分，本节算法与 ATBG 算法及 HNBG 算法作对比。首先，选取 1000m×1000m 的区域为测试区域，在测试区域内随机生成 50 个位置，称为目标用户候选位置；然后，利用位置模拟软件将运行微信账户的手机(小米)的位置信息设为其中一个候选位置，作为待定位的目标用户；接着，利用相同方法构建参考探针和探针，并对目标用户进行定位；最后，得到目标用户的定位结果后，修改运行目标用户的位置为下一候选位置，直至得到 50 个定位结果。HNBG 算法的实验设置与 8.2 节相同。本节算法和 ATBG 算法采用与 SCoReG 算法相同的方式扫描潜在区域，每隔 100m 设置一个查询点，并在查询点设置探针以发现附近用户，直到目标用户出现在查询结果列表中。在设置参考探针的位置时，本节算法在 0~100m 中选取随机值，并以该随机值为单位调整 d_{pr}，直到目标用户与参考探针在探针的查询结果中相邻，依据此时参考探针和目标用户的前后顺序，以 5m 为单位调整 d_{pr}。

2. 混杂区间的确定

1) 微信"附近的人"查询结果用户失序现象分析

为了验证使用微信的"附近的人"功能得到的附近用户列表是否有序，本节进行了微信查询结果用户相对次序测试。因微信的通告距离以 100m 为单位，为了分析实际距离大小对混杂区间的影响，共进行 10 轮测试，每轮测试中将虚拟用户 B、C 与虚拟用户 A 的初始距离分别设为 50m，150m，250m，…，950m。

一轮测试所得结果如表 8-3 所示(不包含连续 10 次用户 B 和 C 的次序不发生变化的情况)。

表 8-3　一轮测试所得结果

初始距离 d_b/m	通告数据个数/个	记录值/m
50	8	15/25
150	6	20/10
250	8	20/20
350	9	25/20
450	10	35/20
550	8	15/25
650	7	15/20
750	9	25/20
850	8	20/20
950	8	25/15

表 8-3 中通告距离个数是指 d_c 变化(包括增大和减小)过程中记录的 d_c 值的个数，记录值一栏中斜线左右分别表示在 d_c 增大和减小过程中得到的记录值。如表中的第一行是指当初始距离 d_b=50m 时，在 d_c 增大过程中得到的记录值为 30m，在 d_c 减小过程中得到的记录值为 25m，即在本轮测试中，当 $(d_c-d_b)>30$m 时，查询结果中用户 B 在用户 C 前面且保持不变，同理当 $0<(d_b-d_c)<25$m 时，查询结果中用户 C 在用户 B 前面且保持不变。

由表 8-3 可知，初始距离 d_b 的增大对查询结果内部用户间的相对次序影响不大。测试过程中得到的最大记录值为 35m，且大多记录值小于等于 25m，即当两用户与查询者的实际距离之差大于 25m 时，查询结果中出现失序的可能性较小。因此，微信附近的人查询结果中用户间相对次序整体是有序的。

2) 基于记录值统计特性确定混杂区间

本节算法基于记录值的统计特性来确定混杂区间的大小。为了获得足够数量的记录值，从而得到更合理的混杂区间，本节算法采用 1) 中的方式再次进行了 4 组测试，各组测试的实验设置如表 8-4 所示。

表 8-4　测试条件设置

	第一组	第二组	第三组	第四组
	60	70	80	90
	160	170	180	190
	260	270	280	290
	360	370	380	390
初始距离 d_b/m	460	470	480	490
	560	570	580	590
	660	670	680	690
	760	770	780	790
	860	870	880	890
	960	970	980	990

　　基于上述设置进行测试，可得到 80 个记录值，加上 1)中得到的 20 个记录值，共得到 100 个记录值。利用多项式函数拟合记录值的概率分布，如图 8-21 所示。

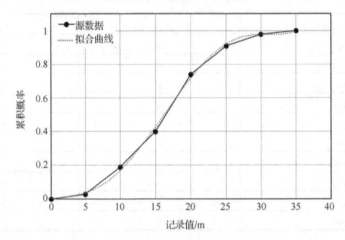

图 8-21　记录值累积概率分布拟合曲线

　　在判定系数 R^2 为 0.9986 的条件下,拟合得到的记录值 x 与累积概率 y 之间的多项式关系如下:

$$y = 2.554 \times 10^{-7} \times x^5 - 2.10886 \times 10^{-5} \times x^4 + 5.160256 \times 10^{-4} \times x^3 - 2.6657925 \times 10^{-3} \times x^2$$

$$+1.07194639 \times 10^{-2} \times x - 1.2762238 \times 10^{-3} \tag{8-8}$$

　　令 $y=0.95$,求对应的 x 为混杂区间的值,得到的混杂区间 $M=26.4$m。当查询结果中目标用户与参考探针相邻时,设此时参考探针与探针的实际距离为 D_R,则目标用户的位置被确定在以当前探针位置为中心,内圆半径为 $|D_R - 26.4|$ m,外圆半径为 $|D_R + 26.4|$ m 的圆环内。

3. 实验结果对比

各算法的定位误差对比如表 8-5 所示。

表 8-5　本节算法与 ATBG 算法、HNBG 算法定位误差对比

误差	ATBG 算法	HNBG 算法	本节算法
最小误差/m	23.8	15.8	9.5
平均误差/m	89.5	63.1	49.6
中值误差/m	89.4	63.3	51.3

由表 8-5 可知，本节算法针对微信用户的平均定位误差、最小误差和中值误差均明显优于现有的 HNBG 算法以及 ATBG 算法。本节算法的最高精度达到 9.5m，高于 HNBG 算法的 15.8m 和 ATBG 算法的 23.8m；平均精度为 49.6m，高于 HNBG 算法的 63.1m 和 ATBG 算法的 89.5m；中值误差为 51.3m，高于 HNBG 算法的 63.3m 和 ATBG 算法的 89.4m。

MiReG 算法针对微信用户的定位结果中，定位误差小于 40m 的概率达到 40%，高于 HNBG 算法的 20% 和 ATBG 算法的 16%；定位误差小于 60m 的概率达到 64%，高于 HNBG 算法的 42% 和 ATBG 算法的 26%。

ATBG 定位算法的定位误差较大的原因主要如下：该算法将目标用户前后相邻的两个参考探针与探针的实际距离，分别作为目标用户与探针实际距离的上下限。而在用户失序现象测试结果可知，查询结果列表中会出现失序现象，从而易造成误判，导致确定的环状区域没有覆盖到目标用户的位置，增大定位误差。

MiReG 算法定位有误差的主要原因如下：获取的通告数据有限，导致确定的混杂区间大小与实际情况下引起失序的区间范围有偏差；在确定目标用户所处的环状区域时，参考探针与目标用户初次相邻时若为失序状态，则会导致环状区域无法覆盖目标用户的位置，引起定位误差；此外，三边测量定位目标用户时也会导致一定的定位误差。

综上，本节提出的 MiReG 算法能实现对微信目标用户的高精度定位，且与现有 HNBG 算法[10]以及 ATBG 算法[7]相比，定位精度更高。

本节针对现有算法难以基于通告距离确定目标用户的实际距离范围的不足，提出了 MiReG 算法。MiReG 算法借鉴了 ATBG 算法的思想，通过分析微信"附近的人"列表中的用户失序现象，定义了混杂区间。首先，通过对查询结果中相邻用户与探针的实际距离的变化范围进行统计分析，基于其中失序数据确定混杂区间的大小；然后，等距调整参考探针与探针之间的距离，使得查询结果列表中参考探针和目标用户相邻并发生前后次序变化，此时以参考探针与探针的实际距离为参考，基于得到的混杂区间，确定目标用户与探针的实际距离范围；最后，利用三边测量原理实现对目标用户的定位。针对微信开展了定位实验，实验结果表明，本节提出的 MiReG 算法的定位精度优于现有基于启发式数论的定位算法和基于改进三边测量的定位算法，平均定位误差在 50m 以内。

8.4　基于查询结果中用户次序变化的定位算法

MiReG 算法与现有 ATBG 算法和 HNBG 算法相比，能得到更高的定位精度，但 MiReG 法前期需要对"附近的人"列表中的用户相对次序进行大量统计分析以确定混杂区间大小，且现有微信用户定位算法大多需要构建大量探针，且探针需在不同位置对目标用户的通告距离进行频繁查询，导致定位开销较大。针对此问题，考虑到微信"附近的人"查询结果中用

户间相对次序相对稳定，本节提出基于查询结果中用户次序变化的定位(adjacency relation change based geolocation, AdReG)算法。通过判断查询结果中目标用户与参考探针的相邻关系变化，得到参考探针与探针的实际距离变化序列，基于该序列得到确定目标用户与探针之间的实际距离，利用三边测量原理实现对目标用户的定位。

8.4.1　问题描述

现有针对微信用户的定位算法可分为基于数论的定位和基于逐次逼近的定位。

基于数论的定位算法往往需要在目标用户可能所处的潜在区域内部署大量的探针，在实际定位时需要注册大量的微信账号，在微信加强实名认证的情况下，实际定位难度较大。且该类算法对微信"附近的人"中通告距离与实际距离之间的复杂关系考虑不足，实际定位效果与理论精度相差较大。基于逐次逼近的定位算法在定位目标用户的过程中需要进行频繁的迭代，来不断逼近目标用户的位置，客观上导致了查询次数的增加。

MiReG 算法拥有更高的定位精度，但该算法需要前期进行大量的测试以获得确定混杂区间所需的数据，定位开销依然较大。

从 8.1.2 节研究现状可知，基于实际距离的三边测量定位算法易于实施，且定位过程仅需要在三个不同位置获得目标用户的实际距离(范围)，即可实现对目标用户的定位，无须对定位过程进行迭代，定位开销较小。但该算法需要基于探针可得到目标用户与自身的精确距离或范围较小的实际距离区间，才能实现对目标用户的高精度定位。受噪声的影响，即使查询结果中两用户相邻，其与查询者的实际距离之差依然可能较大，单纯依据查询结果中与目标用户相邻的参考探针和探针之间的实际距离，难以直接确定目标用户与探针之间的实际距离。

因此，在当前微信限制用户每天使用"附近的人"服务次数，且加强新用户实名制认证的情况下，如何以较小的开销实现对微信目标用户的高精度定位，仍是一个有待解决的现实问题。

8.4.2　算法原理与主要步骤

Peng 等[10]提出的 HNBG 算法采用以下方式削弱噪声对定位的影响：在目标用户可能所处的潜在区域建立坐标轴，通过在坐标轴上分别等距部署探针，选取在所有得到最小目标用户通告距离的探针中，位于中间的探针位置作为目标用户在该坐标轴的坐标，从而得到目标用户的位置。实际定位结果也表明，该算法相较基于二维数论的定位算法，能够有效提高实际环境下的定位精度。

受此思想启发，并通过分析当查询结果中两用户间次序发生变化时，其与查询者的实际距离之间的变化情况，提出了 AdReG 算法。

AdReG 算法的基本原理如下：通过设置参考探针的位置，参考探针与目标用户在探针的查询结果中的次序相邻，并调整参考探针与查询者的实际距离，当参考探针与目标用户在查询结果中的相邻关系发生变化时，选取合适的参考探针位置作为目标用户与查询者之间的实际距离。并在此基础上利用三边测量原理定位目标用户。

设参考探针与探针的距离为 D_r，目标用户与探针的实际距离为 D，该算法的流程如图 8-22 所示。

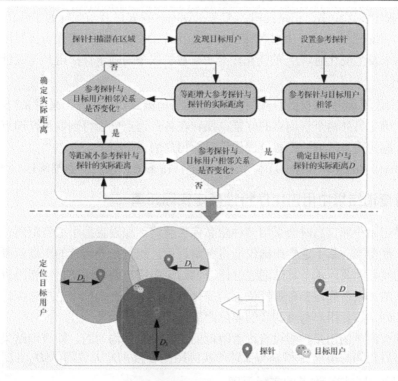

图 8-22　AdReG 算法的流程图

该算法的主要步骤如下。

Step 1：扫描潜在区域。在目标用户可能所处的潜在区域内，动态改变探针的位置并查询附近用户，直到目标用户出现在探针的查询结果列表中，此时目标用户的通告距离为 Wp。

Step 2：设置参考探针。设置参考探针的位置，使得 $D_r = Wp$。依据此时查询结果中参考探针与目标用户的相对次序，采用二分法逐渐增大或减小参考探针与探针之间的实际距离，直到探针的查询结果中参考探针与目标用户相邻。设 LBSN 的最小通告距离为 W，该过程如图 8-23 所示。

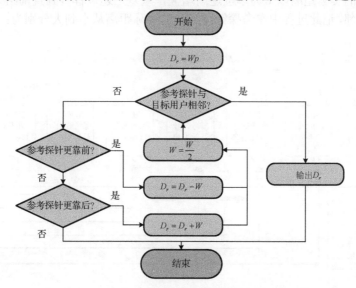

图 8-23　二分法调整参考探针位置流程图

Step 3：确定实际距离。记录此时的参考探针的位置 R 以及与探针的实际距离 p_i。通过改变 D_r 的值，并记录查询结果中参考探针与目标用户的相邻情况，得到当目标用户与参考探针的临近关系未发生变化时，D_r 的变化序列 P。基于该序列确定目标用户与探针的实际距离 D 的近似值。

Step 4：三边测量定位目标用户。利用经典的三边测量定位原理，采用 8.3.5 节中的查询点选择策略，确定另外两个查询点的位置。探针在各查询点分别得到以各查询点为中心的三个圆。取三个圆的交叉区域的中心位置作为目标用户的定位结果。

上述步骤中，Step3 和 Step4 是本算法的关键，接下来分别进行详细阐述。

8.4.3　利用查询结果中用户次序特性确定实际距离

微信在通告用户间信息时会采用多种隐私保护策略，如设置最小通告距离、通告距离中引入噪声等，使得当前基于通告距离仅能得到附近用户相对于查询者的距离范围，而无法直接确定精确的实际距离。本节算法通过分析查询结果中用户的次序变化与相距查询者的实际距离变化之间的关系，确定参考探针位置的变化策略，基于查询结果中参考探针与目标用户的次序变化，确定目标用户与查询者的实际距离。

因微信拥有海量的用户，假设查询者附近的用户分布是均匀的，即查询结果列表中与目标用户次序前后相邻的用户 A 和 B 与探针的实际距离 D_A、D_B 大致满足 $|D_A - D| \approx |D - D_B|$，其中 D 表示目标用户与查询者的实际距离。

当探针的查询结果中目标用户与参考探针相邻时，记录此时的参考探针的位置 R 以及与探针的实际距离 P_i。该算法采用以下方法确定 D 的取值：首先，若此时目标用户在前，则改变参考探针的位置，使得参考探针与探针之间的实际距离以 x 为单位减小，参考探针的位置每次发生改变后，探针查询附近用户获得目标用户与参考探针的相邻情况，重复上述过程直到查询结果中目标用户与参考探针不再相邻，记此过程中参考探针与探针的实际距离从小到大分别为：$P_1, P_2, \cdots, P_i$；然后，将参考探针的位置设为 R，改变参考探针的位置，使得参考探针与探针之间的实际距离以 x 为单位逐渐增大，重复上述过程直到查询结果中目标用户与参考探针不再相邻，记此过程中参考探针与探针的实际距离从小到大分别为：$P_{i+1}, P_{i+2}, \cdots, P_j$。该过程如图 8-24 所示。

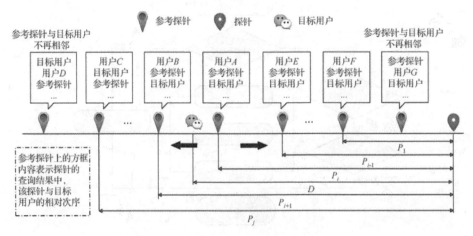

图 8-24　确定目标用户实际距离示意图

上述过程得到递增序列 $P = \left[P_1, \cdots, P_{i-1}, P_i, P_{i+1}, \cdots, P_j \right]$，取其中 P_m（其中 $m = \left\lceil \dfrac{j}{2} \right\rceil + 1$）作为目标用户与探针的实际距离估计值。

通过调整 D_r 的值，寻找查询列表中当参考探针与目标用户相邻关系不变(前后次序可能发生变化)时，D_r 的变化范围，即序列 P。该序列一定程度上反映了噪声对查询结果列表中用户次序的影响。由 8.3 节中微信"附近的人"查询结果中用户相对次序测试可知，服务器在返回查询结果时，会对所有返回结果中用户的位置信息进行混淆，使得查询结果列表中的用户次序和相较查询者的实际距离之间虽然不具有严格的对应关系，但会保持相对稳定。

因此，序列 P 的中值记录应与 D 相差不大，选取 P 中略大于中值的记录 P_m 作为目标用户与探针的实际距离估计值，能使得确定的估计值有较大的可能性与 D 相差较小且略大于 D，此时目标用户很可能位于基于得到的估计值确定的圆的圆内，且靠近圆周，更有利于三边测量定位目标用户时存在相交区域，从而得到目标用户的定位结果。且相较于文献[10]中选取得到目标用户的通告距离最小的探针位置确定目标用户的坐标，产生的误差更小。

8.4.4　基于三边测量原理定位目标用户

基于 8.4.3 中的方法能得到目标用户与探针之间实际距离的估计值，从而确定目标用户所在的圆。利用三边测量原理，在不同位置设置探针，得到三个不同的圆，取圆的交叉区域的中心位置作为目标用户的定位结果。

为避免三个圆交于多个点，本节算法采用 8.3.5 中查询点选择策略得到查询点的位置。但因 AdReG 得到的并非目标用户与探针的精确距离，实际情况下在多个位置得到的包含目标用户的三个圆可能没有交点或交点不止一个，如图 8-25 所示。

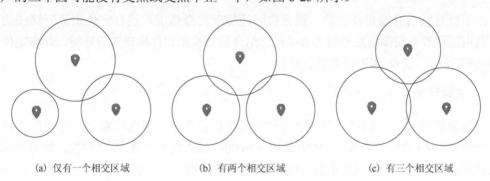

(a) 仅有一个相交区域　　　　　(b) 有两个相交区域　　　　　(c) 有三个相交区域

图 8-25　三边测量定位异常情况举例

针对可能出现的异常情况，本节算法作如下处理。

(1)任两圆均不相交。选取三个探针位置所构成的三角形的重心作为目标用户的定位结果。

(2)仅有一个相交区域。如图 8-25(a)所示，此时只有一个交叉区域，假设圆 A 和圆 B 相交，选取相交区域内距离探针 C 最近的点的位置作为定位结果。

(3)有两个相交区域。如图 8-25(b)所示，此时一个圆与另外两个圆分别相交，分别利用最小二乘法得到两相交区域的中心，取两中心连线的中点作为定位结果。

(4)有三个相交区域。此时三个圆两两相交，且不存在共同相交区域，如图 8-25(c)所示。将三个圆的外部的重叠部分构成的封闭区域，作为目标用户的所处区域，利用最小二乘法得到目标用户的定位结果。

(5) 其他情况下，选取三个探针位置所构成的三角形的重心作为目标用户的定位结果。

上述异常处理过程充分利用探针得到的与目标用户的距离信息，与传统基于三边测量的定位算法相比，能有效减少定位误差。

8.4.5　算法复杂度分析

当前 LBSN 的隐私保护策略升级，导致很多现有定位算法对实际社交用户的定位效果往往较差；而为了克服通告数据中的噪声影响，已有工作[8,9,10,11,13,14]往往需要部署大量的探针，并频繁使用 LBSD 服务以获取目标用户的通告距离。8.2 节和 8.3 节中所提算法能够实现对目标用户的更高精度的定位，但需要前期对 LBSD 服务进行大量测试来获得定位过程中的相关参数，定位开销较大。

本节算法，无须对社交软件的 LBSD 服务进行大量测试以获取定位所需的参数，而通过对参考探针的位置进行数次调整，即可获得目标用户与探针的实际距离信息；且本节算法利用三边测量思想定位目标用户，定位过程无须进行多轮迭代，进一步降低了本节算法的复杂度。

现有 SPBG 和 HNBG 算法在定位目标用户的过程中没有参数确定过程，但均存在迭代的过程，且 HNBG 算法还需要在坐标轴上以及一维数论定位时部署大量的探针；MiReG 算法虽然没有迭代过程，且所需探针数量较少，但该算法存在参数确定过程，需要构建测试环境来搜集大量的通告数据，导致算法的开销较大。因此，本节算法在定位过程中的开销小于现有的 SPBG 算法、HNBG 算法以及 MiReG 算法。

8.4.6　实验结果与分析

本节针对微信开展定位实验，通过实际环境下对微信用户进行定位来验证算法的有效性。利用运行着不同微信账号的多台手机，结合位置模拟软件构建实验环境，并将定位结果与 HNBG 算法[10]以及 MiReG 算法作比较。

1. 实验设置

在智能移动设备上(小米)利用位置模拟软件构建多个虚拟微信账户，分别作为目标用户、探针和参考探针。首先，在 1000m×1000m 的区域内随机生成 50 个位置，称为目标用户候选位置；然后，利用位置模拟软件将目标用户的位置信息设为其中一个候选位置，并利用探针和参考探针对目标用户进行定位，得到定位结果；最后，修改目标用户的位置为下一候选位置并对其进行定位，直至得到 50 个定位结果。

定位目标用户时，在扫描潜在区域以发现目标用户的过程中，以 100m 为单位移动探针的位置。因微信的最小通告距离为 100m，在设置参考探针的位置时，使 $D_r=100m$，再使用二分法调整 D_r 的值，直到查询结果中目标用户与参考探针相邻；在确定 D_r 的变化序列 P 的过程中，以 5m 为单位调整 D_r 的值。

2. 确定目标用户实际距离

通过动态改变参考探针的位置，使得探针的查询结果中目标用户与参考探针相邻，并按照算法步骤得到 D_r 的变化序列 P。表 8-6 展示了实际定位过程中得到的部分序列 P。

表 8-6　定位过程中得到的部分 D_r 变化序列实例

序号	记录个数/个	最大记录值/m	最小记录值/m	P_m/m	实际距离/m
1	7	165	135	155	151
2	8	245	210	230	213
3	6	362.5	337.5	352.5	348
4	5	470	450	465	472
5	7	550	520	540	537

由表 8-6 可知，在得到 D_r 的变化序列 P 的过程中，基于算法 Ster3 中所述策略，得到的实际距离估计值 P_m 大多大于目标用户与探针的实际距离 D，但与 D 值相差不大。导致这种现象的原因是，算法在得到序列 P，选取序列中间记录的下一记录，即 P_m，作为 D 的估计值。P_m 值略大于目标用户与探针的实际距离 D，使得目标用户的位置有较大的概率在以探针位置为中心，以 P_m 为半径的圆内部，且靠近圆周。利用三边测量原理定位目标用户位置时，三个圆有较大概率存在交叉区域，有利于对目标用户的定位。

3. 实验结果对比

表 8-7 展示了本节算法与 MiReG 算法、HNBG 算法[10]的定位实验结果的对比情况。

表 8-7　本节算法与 HNBG 算法、MiReG 算法定位结果对比

误差	HNBG 算法	MiReG 算法	本节算法
最小误差/m	15.8	9.5	10.2
平均误差/m	63.1	49.6	50.7
中值误差/m	63.3	51.3	49.9

由表 8-7 可知，本节算法的平均定位误差为 50.7m，低于 HNBG 算法的 63.1m，略高于 MiReG 算法的 49.6m。中值误差为 49.9m，高于 HNBG 算法的 63.3m 和 MiReG 算法的 51.3m。

本节算法的平均定位精度明显优于现有的 HNBG 算法。定位误差小于 40m 的概率为 36%，高于 HNBG 算法的 20%；定位误差小于 60m 的概率为 68%，高于 HNBG 算法的 42%。本节算法的定位精度可能受以下原因影响：实验过程中位置模拟软件本身存在误差；微信服务器端的位置信息缓存策略；本节算法异常情况处理过程中引起的定位误差等等。

综上所述，本节算法能实现对微信目标用户的高精度定位，且定位精度高于现有的典型定位算法。与第 8.3 节中所提算法的实验结果相比，本节算法以更低的复杂度，实现了相当的定位效果。

针对现有定位算法在定位过程中往往需要构建大量探针，定位开销较大的不足，本节提出了 AdReG 算法。该算法通过构造参考探针，并采用二分法调整参考探针与探针之间的距离，使得在探针的查询结果中目标用户与参考探针相邻；然后，通过判断查询结果中目标用户与参考探针的相邻关系，得到参考探针与探针的实际距离变化序列 P，基于序列 P 确定目标用户与探针之间的实际距离；最后，基于三边测量原理确定目标用户的位置。针对微信开展的定位实验结果和理论分析表明，与现有典型的 HNBG 算法相比，该算法能以更低的定位开销实现更高的定位精度。

参 考 文 献

[1] 腾讯控股有限公司. 腾讯公布 2019 年第三季度业绩[R]. 深圳, 2018.

[2] WANG Y, BURGENER D, FLORES M, et al. Towards street level client independent IP geolocation[C]// The 8th USENIX Conference on Networked Systems Design and Implementation (NSDI), Boston, 2011, 11: 27-40.

[3] XIAO X, ZHENG Y, LUO Q, et al. Inferring social ties between users with human location history[J]. Journal of Ambient Intelligence and Humanized Computing, 2014, 5(1): 3-19.

[4] ZANDBERGEN P A. Accuracy of iPhone locations: A comparison of assisted GPS, WiFi and cellular positioning[J]. Transactions in Gis, 2009, 13(s1): 5-25.

[5] HUANG M S, NARAYANAN R M. Trilateration-based localization algorithm using the lemoine point formulation[J]. IETE Journal of Research, 2014, 60(1): 60-73.

[6] DING Y, PEDDINTI S T, ROSS K W. Stalking Beijing From Timbuktu: A generic measurement approach for exploiting location-based social discovery[C]// The 4th ACM Workshop on Security and Privacy in Smartphones & Mobile Devices, Scottsdale Arizona, 2014: 75-80.

[7] HOANG N P, ASANO Y, YOSHIKAWA M. Your neighbors are my spies: Location and other privacy concerns in dating apps[C]// The 18th International Conference on Advanced Communication Technology, Pyeong Chang, 2016: 715-721.

[8] 王荣荣, 薛曼辉, 李祥学, 等. 基于位置社交网络的高效定位算法[J]. 华东师范大学学报(自然科学版), 2016, 2016(2): 62-72.

[9] XUE M, LIU Y, ROSS K W, et al. I know where you are: Thwarting privacy protection in location-based social discovery services[C]// The IEEE Conference on Computer Communications Workshops (INFOCOM WKSHPS), Hong Kong, 2015: 179-184.

[10] PENG J, MENG Y, XUE M, et al. Attacks and defenses in location-based social networks: A heuristic number theory approach[C]//Proceedings of the 36th International Symposium on Security and Privacy in Social Networks and Big Data (SocialSec), Hangzhou, 2015: 64-71.

[11] CHENG H, MAO S, XUE M, et al. On the impact of location errors on localization attacks in location-based social network services[C]// The 9th International Conference on Security, Privacy and Anonymity in Computation, Communication and Storage, Zhangjiajie 2016: 343-357.

[12] LI M, ZHU H, GAO Z, et al. All your location are belong to Us: Breaking mobile social networks for automated user location tracking[C]// The 15th ACM International Symposium on Mobile Ad Hoc Networking and Computing, Philadelphia Pennsylvania, 2014: 43-52.

[13] WANG G, WANG B, WANG T, et al. Whispers in the dark: Analysis of an anonymous social network[C]// The 14th ACM Conference on Internet Measurement Conference, Vancouver BC, 2014: 137-150.

[14] WANG J, CHENG H, XUE M, et al. Revisiting localization attacks in mobile app people-nearby services[C]// The 10th International Conference on Security, Privacy and Anonymity in Computation, Communication and Storage, Guangzhou, 2017: 17-30.

[15] LIU J, ZHANG Y, ZHAO F. Robust distributed node localization with error management[C]// The 7th ACM International Symposium on Mobile Ad Hoc Networking and Computing, Florence, 2006: 250-261.

第9章 社交网络用户位置推断

社交网络用户位置推断方法主要用于对社交网络用户所在的地理位置进行分析和定位,可为基于位置的社交网络服务、基于位置的事件分析和基于位置的敏感人物位置分析提供帮助。

9.1 用户位置推断技术研究现状

国内外许多知名高校和学术研究机构已开展相关研究十余年,社交网络用户位置推断的相关研究成果已陆续发表于 *ACM SIGKDD*、*WWW*、*AAAI*、*ACL*、*TKDE* 等计算机领域顶级的国际会议和期刊上。本节将分为基于生成文本、基于社交关系和基于两者联合的用户位置推断三部分进行介绍。

9.1.1 基于生成文本的用户位置推断

通过社交网络平台,用户可以随时随地分享自己的实时动态,参与周边热门话题的讨论,并添加地理位置标签标记当前所处的地理位置。新浪微博和 Facebook 用户生成文本的示例,分别如图 9-1、图 9-2 所示。为保护用户隐私,图中用马赛克遮盖了用户头像和用户名。现有基于生成文本的位置推断方法往往基于生成文本提取位置指示项推断用户位置,如位置关联的话题、位置指示词、特征等。基于生成文本进行位置推断的挑战主要在于如何提取位置指示项以及如何通过位置指示项将用户精确地和位置链接起来。

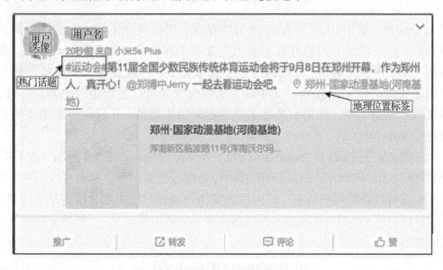

图 9-1 新浪微博用户生成文本示例

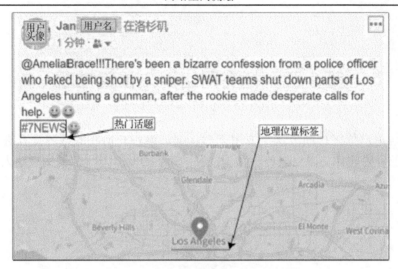

图 9-2　Facebook 用户生成文本示例

1. 基于生成文本提取位置关联话题的用户位置推断方法

基于生成文本提取位置关联话题方法的主要依据是用户往往会更多地谈论周边发生的热门话题。例如，休斯敦人会比纽约人更多地谈论休斯敦火箭队。基于文本提取位置关联话题的方法主要包括联合区域和话题的生成模型[1]、基于分层树的统计模型[2]、4W[3]。

Eisenstein 等[1]假设区域和话题的相互作用会影响词频的分布，通过分析潜在话题、区域和词汇分布的关系，提出联合区域和话题的基于高斯和隐含狄利克雷分布的多级生成模型，推断用户发布原始文本的位置。对于一个待推断的位置 y_d，迭代地更新隐含主题 z_d、主题的比例 θ_d 和区域 r_d，直到收敛。根据区域 r_d，位置 y_d 可以被估计为

$$\hat{y}_d = \arg\max_y \sum_j^J p(y\,|\,v_j,\Lambda_j)q, \quad r_d = j \tag{9-1}$$

改进 Eisenstein 等[1]的方法，Ahmed 等[2]假设出现在同一地域用户文本中的话题是处于特定位置的，并利用统一的隐藏树表示用户文本中涉及的话题和位置的关系，提出一个基于分层树的统计模型（nRCF）。根据构建的隐藏宽度和深度无限的分层树，能够更好地观察每个主题所处的位置，并基于文本讨论话题的位置进行用户位置推断。在 Tweets 数据上的位置推断结果表明，该模型提高了位置推断的准确性，且位置推断的不确定性比相关方法降低了 40%。

进一步考虑文本发布时间，Yuan 等[3]提出一个 4W 模型，如图 9-3 所示，基于位置区域、文本生成的时间、用户活动范围对用户的移动行为进行建模，得到概率生成模型推断用户位置。该模型不仅可以推断用户位置，还可以发现用户地理时空主题。给定某个用户 u，以及生成文本的具体日期 s，具体时间 t，和生成文本 d 中词语集合 w_d，则利用概率生成模型推断用户的位置为

$$l(u) = \arg\max_{l \in L} P(l\,|\,u,s,t,w_d) \tag{9-2}$$

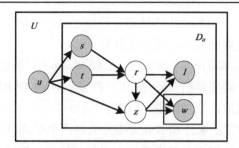

图 9-3　4W 模型示意图

2. 基于生成文本提取位置指示词的用户位置推断方法

基于生成文本提取位置指示词方法的主要依据是用户使用语言的特点具有地理位置偏向性。不同位置的用户使用词语具有一定的偏好，同一地域的用户文本中常出现带有地域特色的词语，如方言、街道建筑名、特色小吃等。例如，得克萨斯州的 Twitter 用户的推特中经常使用方言"howdy"，而那些来自费城的 Twitter 用户则经常在推特中称自己为"phillies"。河南地区的用户文本中常常会提及"烩面""胡辣汤"等特色小吃名，而四川地区的用户文本中常常会出现"雄起""巴适"等方言词汇。

一类方法基于生成文本计算词语出现位置的焦点和分布离散度来识别位置指示词，并将用户出现在每个位置的概率条件分解为用户文本中位置指示词出现在每个位置的概率来完成对用户位置的推断。Cheng 等[4]基于大量城市级位置已知用户的文本，估计词语出现位置的焦点和分布离散度来识别位置指示词，并利用基于网格的邻域平滑模型估计用户位于不同位置的概率，将概率最大的位置推断为用户所在位置。Cheng 等提出的方法[4]需要人工标注，费时费力。同时，将城市的中心点坐标作为参照点来计算词语的焦点和分布离散度，参照点与真实位置之间的偏差相对较大，导致了位置推断的误差距离较大。

另一类基于文本提取位置指示词的位置推断方法往往利用词袋模型表示用户生成的文本，将位置推断问题看成文本分类问题来处理。此类方法首先预处理所有用户生成的文本，并从位置已知用户生成的文本中获取原始的词语集合。然后，基于词语的词频、信息增益率、最大熵、K-L 散度等统计特性区分非位置指示词和位置指示词。其次，设定阈值提取位置指示性得分较高的词语作为位置指示词。最后，基于提取的位置指示词推断用户位置。

3. 基于生成文本提取特征的用户位置推断方法

基于生成文本提取特征的用户位置推断方法主要从用户生成文本中提取#话题#、@用户、实体等作为用户特征进行位置推断。基于生成文本提取特征的位置推断方法有基于集束搜索的多级判别式分层模型(HierLR)[5]、基于多项式朴素贝叶斯的分类模型(MNB-PART)[6]、多层识别模型(MRM)[7]。

HierLR 模型：划分不同层级的区域单元网络，把每个层级给定的区域单元网格看成一个位置，计算词语的信息增益率，根据词语的信息增益率大小提取特征词。推断用户位置时，由根节点的区域单元网格开始，从粗粒度的网格开始往细粒度的网格进行搜索。在树的每一层，利用逻辑回归分类器推断用户最可能出现的 b 个区域单元网络。在下一层扩展时，仅继续搜索这 b 个节点，其他节点被剪枝掉，直到搜索到叶节点为止。最终，叶节点对应的区域单元网格则推断为用户位置。HierLR 方法逐层地缩小用户可能位置的区域，提高了位置推断的准确性。同时，每层的剪枝操作，减少了计算开销。

　　MNB-PART 模型：提取城市名、国家名、#话题#、@用户等生成文本特征和位置指示词，利用多项式朴素贝叶斯分类器推断 Twitter 用户位置。MNB-PART 模型对生成文本特征进行了分类，可以更准确地提取特征推断用户位置。

　　MRM 模型：主要由特征选择和生成文本分类器两个模块组成。框架示意图如图 9-4 所示。首先，对测试集和训练集用户的生成文本进行预处理。然后，利用斯坦福命名实体识别工具抽取文本中的实体。其次，利用基于密度的聚类算法 DBSCAN 区分本地和全局的实体，并过滤全局实体。接着，过滤在 DBSCAN 聚类中存在异常值的那些本地实体。最后，基于提取的特征训练 NB 分类器，完成对用户位置的推断。

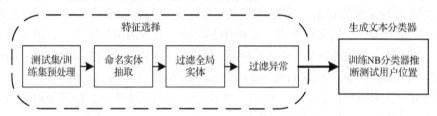

图 9-4　MRM 模型框架示意图

9.1.2　基于社交关系的用户位置推断方法

　　除了生成文本，用户还可以关注自己的朋友，并与朋友进行互动。互动的方式多种多样，例如，通过文本中的"@"功能提及朋友，或者对朋友生成的文本进行点赞、转发、评论等。社交网络用户各式各样的社交行为，能够将来自世界各地的用户连接到一个关系图中，如图 9-5 所示。基于社交关系的用户位置推断方法往往将互动的用户看成是朋友，基于朋友位置推断用户的位置。

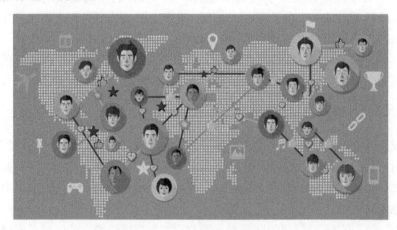

图 9-5　用户社交关系图

　　在社会科学中，同质假设表明相似的人比不同的人有着更高频率的接触，直观上认为一个人的位置很可能与其朋友的位置相吻合。在用户社交关系中，一类方法认为单向或双向关注的用户是直接朋友，假定用户朋友集中于一个位置的比例越高，那么用户处于相同位置的可能性就越高。此类方法的缺点是将位置看成是离散的对象集，选择朋友位置中最频繁出现的位置作为用户位置，忽略了用户成为朋友的概率与他们之间的实际距离的关系。而另一类方法只考虑相互关注的用户是朋友，将朋友位置最频繁的位置推断为用户位置。这两种方法的缺点是将位置看成是离散的对象集，选择朋友位置中最频繁出现的位置作为用户位置，忽略了用户成为朋友的概率与他们之间的实际距离的关系。Backstrom 等[8]最早尝试分析了朋友关系和位置距离的关系，拟合已知的大量 Facebook 用户家庭位置距离的远近与他们成为朋友的可能性大小之间的关系。结果表明，用户成为朋友的可能性与他们的距离成反比。

基于直接朋友的用户位置推断方法隐含地认为在线社交网络上关注的用户关系意味着真正世界中位置邻近的朋友关系，这可能与事实不完全符合。现有研究表明，如果两个用户 a 和 b，与许多第三方用户 c 有关系，那么 a 和 b 可能是朋友关系。相似的结论有：两个用户如果有 50%以上共同关注的用户，那么他们的真实距离在 10 公里以内的可能性高达 83%。如果共同关注的用户仅有 10%，则他们的真实距离在 10 公里以内的可能性下降到 2.4%。这意味着丰富的间接朋友关系可能会更好地表明两个用户之间的现实位置邻近的朋友关系。

标签传播算法[9]：一种基于图的半监督算法，能够将标签从已标记的节点传递给未标记的节点，扩展性强、运行效果好，已经广泛应用于各种网络分析任务中。一些基于社交关系的用户位置推断方法将标签传播算法应用到用户关系图中，通过标签传播将位置信息从已标记用户传递给未标记用户，从而推算出用户位置。

空间标签传播算法[10]：利用社交关系中用户朋友地理位置的空间分布推断用户的位置。给定用户社交关系和部分位置已知的已标记用户，在每轮空间标签传播过程中，利用启发式的算法选出最有利于未标记用户位置推断的邻居用户集合。通过多轮的迭代，不断将位置信息传递给未标记的用户，直到迭代条件收敛为止。

9.1.3　基于生成文本和社交关系的位置推断方法

仅基于用户生成文本的位置推断方法，能够很好地推断生成文本较为丰富的用户的位置，而对生成文本较为稀疏的用户的位置推断往往不太准确。仅基于用户社交关系的方法，能够很好地推断与好友互动积极的用户的位置，而无法推断那些没有任何互动的孤僻用户的位置。与仅基于用户生成文本或仅基于社交关系的用户位置推断方法相比，基于生成文本和社交关系的联合位置推断方法，能更好地推断用户位置。

现有基于生成文本和社交关系的联合位置推断方法主要包括：基于调节参数的方法、基于标签传播的方法、基于因子图的方法以及基于图卷积网络的方法。接下来，简要介绍上述四种典型的联合用户位置推断方法。

1. 基于调节参数的用户位置推断方法

基于调节参数的用户位置推断方法(UGC-LI)[11]：该方法首先基于用户生成文本提取位置指示词，并构建位置指示词词典。然后，分别基于位置指示词和用户社交关系计算用户位于每个候选位置的概率。给定一个社交网络用户 u、用户文本中出现的位置指示词的集合 T_u、用户的社交关注关系 S_u、所有候选位置的集合 L 及位置指示词词典 W_{GL}，基于生成文本可将用户 u 位于城市 l_i 的概率估计为 $P(l_i | T_u)$；综合考虑用户与其直接朋友以及间接朋友的位置邻近关系，基于用户社交关系可将用户 u 位于城市 l_i 的概率估计为 $P(l_i | S_u)$。通过一个调节

参数 β 对以上两种方法计算的概率进行集成，即

$$P(l_i \mid u) = \beta \cdot P(l_i \mid T_u) + (1 - \beta) \cdot P(l_i \mid S_u) \tag{9-3}$$

最后，对用户位于每个候选位置的概率进行排序，将概率最大的位置作为推断结果。UGC-LI 方法的不足之处在于位置指示词识别时需要计算每个词语的分布情况，时间和空间开销较大。同时，每个用户的文本和社交关系的信息量不统一，利用同一个的调节参数联合概率的方法往往并不能够保证所有用户的位置推断结果都达到最优。

2. 基于标签传播的联合位置推断方法

基于标签传播的联合位置推断方法（MADCEL-W-LR）[12]：把基于文本推断的位置作为辅助节点加入到用户关系中，利用改进的标签传播算法进行位置推断。该方法首先基于用户互相@的关系，构建无向图，如图 9-6 所示。删除既没有位置信息也没有文本信息的提及用户。在删除提及用户时，如果其他的已标记用户和未标记用户同时@了一个提及用户，则新增一条边（图中的虚线）连接这两个用户。同时，删除高频提及的"名人"用户时，不增加新的虚线连接同时提及"名人"用户的边。此外，为每个未标记节点添加一个辅助的节点，该辅助节点的位置标签基于未标记用户的文本进行推断。

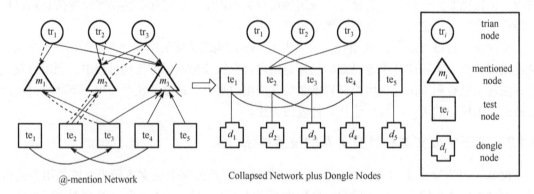

图 9-6　用户关系图构建过程示意图

MADCEL-W-LR 方法很好地借鉴了改进的标签传播算法的思想，能够更好地将已标记用户的位置标签传播给未标记用户。但是，基于阈值删除"名人"节点时，可能会删除掉一些具有指示位置的"本地名人"。要解决这个问题，可以利用基于密度的聚类算法区分全局的和本地的"名人"节点，仅移除全局"名人"，保留本地"名人"，改善了用户位置推断的效果。

3. 基于因子图的联合位置推断方法

基于因子图的联合位置推断方法（SSFGM）[13]：该方法致力于推断用户来自的国家、州、城市等粗粒度的位置。给定因子图 $G = (V, E, Y^L, X)$，其中 V 代表用户集合，V^L 是位置已知的已标记用户，V^U 是位置未知的未标记用户，$E \in V \times V$ 是用户之间的关系，Y^L 是已标记用户位置的集合，X 是用户的特征矩阵。SSFGM 方法的目标是学习功能函数以推断未标记用户 V^U 的位置 Y^U，即 $f : G = (V, E, Y^L, X) \to Y^U$。

在位置推断问题中，每个用户 v_i 对应一个观测变量 x_i，并与一个潜在变量 y_i 相关。观测变量 x_i 表示用户个人属性，潜在变量 y_i 代表用户的位置，而潜在变量与用户之间的关系存在

一定的联系。在 SSFGM 方法中，分别用 $f(x_i, y_i)$ 表示观测变量 x_i 和潜在变量 y_i 的关系，用 $h(y_i, y_j)$ 表示用户 v_i 和用户 v_j 的关系，用深度因素函数 $g(x_i, y_i)$ 表示观测变量 x_i 和潜在变量 y_i 之间深度非线性的关系。因此，Y 的概率分布为

$$P(Y \mid G) = \frac{1}{Z} \prod_{v_i \in V} f(x_i, y_i) g(x_i, y_i) \prod_{(v_i, v_j) \in E} h(y_i, y_j) \tag{9-4}$$

SSFGM 方法的优点在于既能支持监督学习，又可以支持半监督学习，并且融合了用户文本、用户社交关系和深度学习的特征等各种信息。

4. 基于图卷积网络的联合位置推断方法

基于图卷积网络的用户位置推断方法(GCN)[14]的示意图，如图 9-7 所示。假设 $X \in \mathbb{R}^{|U| \times |V|}$ 为文本视图，由集合 U 中用户文本基于词汇列表 V 的词袋表示组成。假设 $A \in \mathbb{R}^{|U| \times |U|}$ 是用户社交关系视图，编码了用户与用户之间的交互信息。而集合 U 分为已标记用户集合 U_S 和未标记用户集合 U_H，并将每个已标记用户的位置编码成 one-hot 形式，便于图卷积网络的学习。GCN 方法的目标是给定已标记用户的位置、文本视图和网络视图，推断未标记用户的位置。

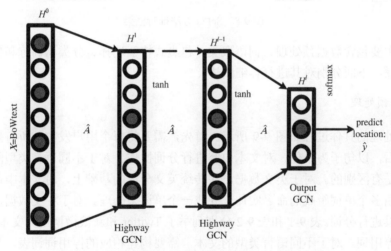

图 9-7　基于图卷积网络的联合位置推断方法示意图

GCN 方法结合用户社交关系，可以逐层地抽取生成文本的特征，可以更好实现用户位置的推断。GCN 方法不需要人工定义规则或预先提取特征，便可以自动地结合生成文本和社交关系推断未标记用户位置。

9.2　基于语义特征提取位置指示词的用户位置推断

位置指示词的准确提取，是实现基于生成文本的用户位置推断的关键。现有基于生成文本的用户位置推断方法往往仅基于统计特征提取位置指示词，提取的词语中仍存在大量非位置指示词，影响了位置推断的准确性。针对此问题，本节提出一种基于语义特征提取位置指示词的用户位置推断方法(SeFG)。在基于词语信息增益率初步筛选词语的基础上，进一步基于词语的语义特征提取位置指示词，并以位置指示词训练朴素贝叶斯分类器，完成对社交网络用户位置的推断。

9.2.1　方法主要步骤

基于语义特征的用户位置推断方法框架如图 9-8 所示。

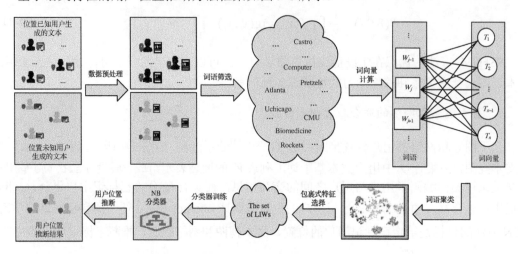

图 9-8　SeFG 方法推断框架

该方法主要包含数据预处理、词语聚类、包裹式特征选择、分类器训练和位置推断这四个关键的步骤,下面分别对其进行详细阐述。

1. 数据预处理

数据预处理的具体过程如图 9-9 所示。首先,需要将每个用户发布的所有推文合并为一个文本。然后,以句子为单位,对文本内容进行分词操作。对于不同语言类型的文本,分词的操作往往是有区别的。对于英文数据,在传统英文分词的基础上,对文本中命名实体进行识别,并将由多个单词组成的命名实体合并成一个单词来处理。对于中文数据,利用现有的汉语分词工具进行分词。表 9-1 和表 9-2 分别列举了 Twitter 和新浪微博用户文本的分词样例。接着,移除停用词。对于不同语言类型的文本,需要构建相应的停用词词表。基于停用词词表移除停用词。最后,移除词频小于阈值 f_1 的词语,剩余的词语构成集合 W'。

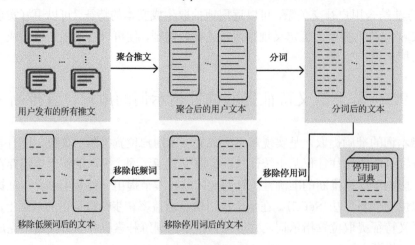

图 9-9　数据预处理过程示意图

表 9-1　Twitter 用户文本分词示例

文本状态	文本内容
分词前	Amazing how many nutrition podcasts you can listen to on the way from New York to South Carolina
分词后	Amazing/how/many/nutrition/podcasts/you/can/listen/to/on/the/way/from/NewYork/ to/SouthCarolina

表 9-2　新浪微博用户文本分词示例

文本状态	文本内容
分词前	春暖花开的美丽北京大学校园，午餐吃了五道口的北京烤鸭，味道真好
分词后	春暖花开/的/美丽/北京大学/校园/午餐/吃/了/五道口/的/北京/烤鸭/味道/真/好

2. 词语聚类

为了将语义不同的词语划分到不同的簇，而语义相似的词语聚到一起，本节提出一种基于词向量的词语聚类算法，如表 9-3 所示。该算法的输入是集合 W'' 中的全部词语，所有词语词向量的集合 V 和聚类簇数 k。最终，输出 W'' 中词语的簇划分结果。

聚类词语时有两个关键点。

(1)初始化 k 个类簇中心点。具体来说就是，首先，从所有词向量中随机选取一个词向量，作为第一个初始类簇中心点。然后，选择距离第一个初始类簇中心点最远的那个词向量，作为第二个初始类簇中心点。接着，选择与前两个初始类簇中心点距离最远的向量，作为第三个初始类簇的中心点。最后，以此类推，直至选出 k 个初始类簇中心点。

(2)基于词向量的距离聚类词语。首先，计算每个词向量到 k 个类簇中心点的距离，找到距离最近的类簇中心点所在的簇中，并将词向量对应的词语划入相应的词语簇中。然后，计算每个簇内所有词向量的平均值，作为新的类簇中心点。最后，重复这个基于词向量距离划分词语簇的过程，直至所有新的类簇中心点与原类簇中心相同。

表 9-3　基于词向量的词语聚类算法

算法 1：基于词向量的词语聚类算法
输入：W'', V, k
输出：集合 W'' 中词语的簇划分结果 $A = \{A_1, A_2, \cdots, A_k\}$
1. 初始化待聚类词向量的集合：$D = \phi$；
2. for $i = 1, 2, \cdots, \|W''\|$ do
3. 　从 V 中找到词语 w_i 的词向量 v_i；
4. 　$D = D \bigcup \{v_i\}$；
5. end for
6. 初始化的类簇中心点 $\{u_1, u_2, \cdots, u_k\}$；
7. repeat
8. 　令 $C_i = \phi, A_i = \phi \ (1 \leqslant i \leqslant k)$；
9. 　for $j = 1, 2, \cdots, \|W''\|$ do
10. 　　for $i = 1, 2, \cdots, k$ do
11. 　　　计算词向量 v_j 与各均值向量 u_i 的距离 d_{ji}；
12. 　　end for
13. 　　找到与 v_j 距离最近的类簇中心点 $u_{\tau j}$；
14. 　　把 v_j 划入相应的簇集合中：$C_{\tau j} = C_{\tau j} \bigcup \{v_j\}$；

15.　　　　　　把 w_j 划入相应的词语簇中: $A_{rj} = A_{rj} \bigcup \{w_j\}$;

16.　　end for

17.　　for $i = 1, 2, \cdots, k$ do

18.　　　　计算第 i 簇内所有词向量的均值,作为新的类簇中心点: $u_i' = \dfrac{1}{|C_i|} \sum_{v \in C_i} v$;

19.　　　　if $u_i' \neq u_i$ then

20.　　　　　更新类簇中心点: $u_i' = u_i$;

21.　　　　else

22.　　　　　保持当前类簇中心点不变;

23.　　　　end if

24.　　end for

25.　until 所有新的类簇中心点与原类簇中心点相同.

3. 包裹式特征选择

为了从 k 个词语簇中选出分类效果最好的簇子集用于位置推断,本节给出一种序列后向子集搜索的包裹式特征选择算法,如表 9-4 所示。该算法将每个词语簇看作一个整体,从 k 个词语簇中选择簇子集的过程类似于从 k 个特征中选择特征子集的过程。

该算法采用序列向后子集搜索的启发式策略,从 k 个词语簇构成的全集开始搜索簇子集。每一轮簇子集搜索时,从当前子集中依次地剔除一个簇形成新的子集。基于新子集中的词语在训练数据集上训练分类器。并估计每一个新子集训练的分类器的分类错误率。选出分类错误率最小的新子集,与当前簇子集的分类错误率进行对比。如果选择出的新子集的分类错误率比当前簇子集的低,则更新当前簇子集为选择出的这个新子集。重复该过程,直到产生的新子集训练的分类器的分类错误率比当前子集的高,停止搜索。该算法的输入是词语簇集合,训练集用户的文本。输出是选择的簇子集。最终选择出的簇子集中的所有词语都被看作位置指示词。

表 9-4　序列后向子集搜索的包裹式特征选择算法

算法 2: 序列后向子集搜索的包裹式特征选择算法

输入: 聚类得到的 k 个词语簇的集合 A,位置已知用户的文本集合 T

输出: 簇子集 A^*.

1.　初始化簇子集: $A^* = A$;

2.　初始化 A^* 中簇的个数: $d = k$;

3.　对于 T 用 5 折交叉验证法估计基于 A^* 训练的分类器的平均分类错误率 E^*;

4.　for $i = 1, 2, \cdots, |A|$ do

5.　　for $i = 1, 2, \cdots, d$ do

6.　　　　从当前的簇子集 A^* 中,删除第 j 个簇,得到一个新的簇子集 A^j;

7.　　　　对于 T 用 5 折交叉验证法估计基于 A^j 训练的分类器的平均分类错误率 E^j;

8.　　end for

9.　　找到 d 个新的子集中平均分类错误率最小的簇子集 A';

10.　　平均分类错误率最小的值赋给 E';

11.　　if $E' > E^*$ then

12.　　　　已找到分类效果最好的簇子集,停止搜索,跳出循环;

13.　　end if

14.　　else

15.　　　　将 A^* 更新为本轮搜索到的最佳的簇子集 A': $A^* = A'$;

16.　　　　更新当前簇子集 A^* 的平均分类错误率: $E^* = E'$;

17.　　　　更新当前簇子集 A^* 中簇的个数: $d = d - i$;

18.　　end else

19. end for

4. 分类器训练和位置推断

朴素贝叶斯分类器的训练过程就是基于位置已知用户生成文本来估计每个位置的先验概率，并为每个位置指示词估计条件概率。

利用式(9-5)计算某位置 l_j 的先验概率：

$$P(l_j) = \frac{|U_{\text{train}}^{l_j}|}{|U_{\text{train}}|} \tag{9-5}$$

利用式(9-6)计算位置指示词 w_i 在位置 l_j 出现的条件概率：

$$P(w_i \mid l_j) = \frac{f_{w_i, l_j}}{\sum_{j=1}^{|L|} f_{w_i, l_j}} \tag{9-6}$$

训练朴素贝叶斯分类器时，某个位置指示词 w_i 可能没有在某些位置 l_j 出现，利用式(9-6)计算位置指示词 w_i 在位置 l_j 出现的条件概率是 0，会产生零概率问题。可采用拉普拉斯平滑将式 (9-6)修正为

$$P(w_i \mid l_j) = \frac{f_{w_i, l_j} + 1}{\sum_{j=1}^{|L|} f_{w_i, l_j} + |L|} \tag{9-7}$$

位置推断就是利用计算好的类先验概率和条件概率来计算用户位于每个位置的概率，将概率最大的位置作为推断结果。首先，基于用户文本中出现的位置指示词，用式(9-8)计算待推断用户 u_i 来自所有可能位置的概率：

$$P(l_j \mid u_i) = P(l_j) \cdot \prod_{f_{w_k, u_i} > 0} P(w_k \mid l_j) \tag{9-8}$$

最后，找到概率最大的位置作为用户位置的推断结果：

$$l(u_i) = \arg\max_{l_j \in L} P(l_j \mid u_i) \tag{9-9}$$

9.2.2　方法原理分析

关于数据预处理。现有的方法往往按空格分隔对英语文本进行分词，会将由多个单词组成的命名实体拆散而无法表达应有的词义，如 New York、Boston University 等。提出的 SeFG 方法首先识别文本中的命名实体，将由多个单词组成的命名实体合并成一个单词来处理。这样更有利于位置指示词的提取。

停用词是一些普遍使用的功能词，如 the、is、at、which、on 等。因此，移除停用词能够在不影响位置推断准确性的前提下减少噪音，提高处理效率。基于英文停用词词表过滤原始词语中的停用词后，还剩下 395961 个词语。图 9-10(a)给出了 395961 个词语的频次统计分布，其中，词频为 1 的词语占全部词语的 41.99%，词频小于 2 的词语占全部词语的 19.74%。移除词频小于 3 的词语后，还剩下 151534 个词语。假如只移除词频小于 2 的词语，剩余步骤的计算开销都会大大增加。

关于词语筛选。词语的信息增益率描述了词语信息增益与其固有熵之比，它可以有效地描述集中分布在少数位置、固有熵比较小的词语，如方言、标志性建筑、专有名词等。同时，还可以为位置指示词簇的选择减少计算开销。计算 151534 个词语的信息增益率并进行降序排序。统计信息增益率小于不同阈值的词语的数量，如图 9-10(b) 所示。当信息增益率阈值从 0.15 变成 0.2 时，词语数量减少的幅度最大。这是一个特别明显的分界点。如果信息增益率阈值设置为 0.15，不仅只能过滤一小部分词语，而且还保留了大量信息增益率较小且对位置推断贡献不大的词语。如果阈值 f_2 设置为 0.25，则会导致过度过滤的问题。因此，将最终的阈值设置为 0.2，筛选出 43225 个信息增益率大于 0.2 的词语。

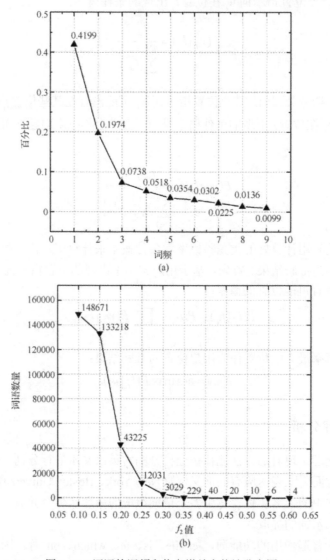

图 9-10　词语的词频和信息增益率统计分布图

关于词向量计算。基于词语的上下文本计算得到词语的词向量可以用于词语语义相似性的比较，并有效地提升词语聚类的效果。例如，对 151534 个词语计算词向量，根据词向量距离的远近计算词语的相似度，得到与 NewYork、howdy、phone、headache 语义最相似的 5 个词语如表 9-5 所示。可以看出，与 NewYork 最相似的都是城市名，与 howdy 最相似的都是方言，与 phone 最相似的都是日常生活相关的名词，与 headache 最相似的都是与健康相关的词语。这说明利用词嵌入模型学习的词向量，可以很好地用于分析词语的语义相似度。

表 9-5　Twitter 用户文本分词示例

NewYork		howdy		phone		headache	
词语	相似度	词语	相似度	词语	相似度	词语	相似度
Chicago	0.60078	phillies	0.65561	computer	0.63314	fever	0.64315
Atlanta	0.56328	trash	0.55560	ipad	0.60835	cold	0.63130
Boston	0.54379	Redneck	0.47348	watch	0.58880	cough	0.61807
Detroit	0.53773	yankee	0.43600	iphone	0.57744	dizziness	0.60023
Houston	0.53757	tawk	0.42688	sumsang	0.57049	sneeze	0.56088

　　关于词语聚类。词语过滤后，剩余词语中的大部分词语能够指示特定的位置，但是其中仍存在非本地的噪音词语。为了进一步过滤非位置指示词，所提方法基于词语聚类和包裹式特征选择提取位置指示词。利用提出的基于词语词向量的聚类算法对筛选得到的词语聚类，可以将语义相似的词语聚到一起，有助于位置指示词的选择。例如，随机地选择的 45 个词语，并利用基于词向量的聚类算法聚类词语。这些词语被划分为 7 个簇，分别由学科专业名词、美食小吃、著名景点、大学名称、本地的球队、代表性地标、城市名 7 类词语组成。利用 LDA 线性降维算法对词向量降维，词语聚类结果的二维可视化如图 9-11 所示。这说明基于词向量的词语聚类算法，可以很好地将语义相似的词语聚到同一个簇内。

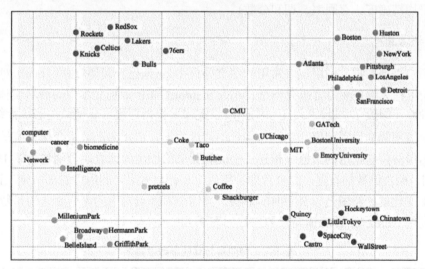

图 9-11　随机选择词语聚类结果的二维可视化图

9.2.3　实验结果与分析

1. 实验数据与评估标准

对于中文的新浪微博，爬取到 274459 个中国用户的数据中，大约 48.36% 的用户声明了城市级位置，大约 22.16%的用户声明了省级位置，其余用户没有明确声明自己的位置。过滤掉声称位置不正确或不清楚的用户，以及发布 tweets 数量少于 5 条的用户。此外，删除用户数量少于 100 的城市，并将用户声称的位置作为本节实验的 ground-truth。最终，Weibo（城市）数据集由 179 个城市的 102735 个用户的 3085972 条微博组成。按照行政区划，确定 Weibo（城市）中用户的省级位置。Weibo（省）数据集由 Weibo（城市）数据集中的全部用户和准确填写了省级位置的全部用户组成。对于英文的 Twitter，爬取到 594718 个美国用户的数据中，大约 41.50%的用户声明了城市级位置，大约 17.29%的用户声明了州级位置。最终，Twitter（城市）数据集由 378 个城市的 235120 个用户的 5728037 条微博组成。按照行政区划，确定 Twitter（城市）中用户的州级位置，Twitter（省）数据集由 Twitter（城市）数据集中的全部用户和准确填写了州级位置的全部用户组成。四个实验数据集的统计信息如表 9-6 所示。

表 9-6　实验数据集的统计信息

数据集	Weibo（城市）	Weibo（省）	Twitter（城市）	Twitter（省）
用户数量/个	102735	154478	235120	337946
推文数量/个	3085972	3862117	5728037	8279695
位置数量/个	179	34	378	50

实验中，将每个数据集划分为两部分：从每个位置的全部用户中随机地选择 20%的用户作为测试集，其余的 80%作为训练集。此外，使用多分类算法的四个评价标准来评估该位置推断方法的性能：Accuracy（正确预测位置的用户百分比），以及 Precision Recall 和 F_1-score（每个类别的平均精确度、召回率、调和分数）。

2. 实验设置

对于新浪微博数据，利用现有常用的中文分词工具（结巴分词等）进行分词。对于英文数据，利用斯坦福大学自然语言研究小组发布的 Stanford NER 识别文本中的命名实体。结合文本挖掘的经验，阈值 f_1 可设置为 3。阈值 f_2 设置需要根据词语信息增益率的统计结果设定。具体来说，等间隔地设置阈值分别统计得到的词语数量，选择词语数量变化幅度最大时对应的阈值作为最终筛选词语的阈值。构建了中文和英文的停用词词表，分别包含了 1598 词语、891 个单词。聚类簇数的设置，综合考虑计算代价和评估效果，利用"肘部法则"设置 k 值。SSE 随着 k 变化的趋势图是一个手肘的形状，而这个肘部点对应的 k 值则认为是数据的真实聚类簇。利用 word2vec 计算词向量的参数如表 9-7 所示。

表 9-7　词向量计算的参数设置

参数	描述	值
size	词向量的维数	200
window	当前词和目标词之间的最大间距	5
min_count	会被忽略的低频词语的阈值	3
sg	sg=1 选择 skip-gram 模型，sg=0 选择 CBOW 模型	1

3．实验结果

首先，利用本节方法从四个数据集的训练集中提取位置指示词。表 9-8 列出了不同操作后，剩余词语的数量变化。如表 9-8 所示，基于信息增益率筛选后，四个数据集分别剩余 46265、48267、45330、47250 个词语。在四个数据集上，以 4 为间隔设置不同的 k 值，基于词向量聚类剩余的词语。每个数据集中簇内误差平方和随着聚类簇数变化的趋势，如图 9-12 所示。从图 9-12 可以看出，根据"手肘法则"找到肘部对应的值，分别为 28、28、32、32。从聚类形成的簇中，利用序列后向子集搜索的特征选择算法提取位置指示词。如表 9-8 所示，四个数据集分别得到 25864、27245、25093、28466 个位置指示词。接下来，利用提取的位置指示词进行位置推断。

表 9-8　不同操作后剩余词语的数量统计结果

数据集	Weibo(城市)	Weibo(省)	Twitter(城市)	Twitter(省)
分词后	384328	400193	375917	391794
过滤低频词后	162496	169198	158934	165647
词语筛选后	46265	48267	45330	47250
包裹式特征选择后	25864	27245	25093	28466

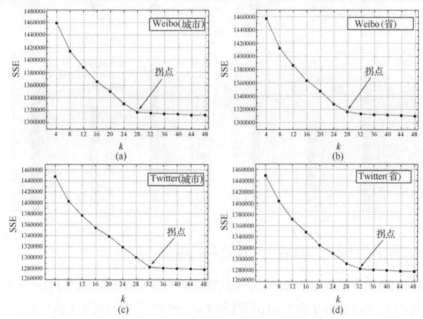

图 9-12　SSE 随着 k 值增加的变化趋势图

本节方法、Han 等[15]的方法和 Chi 等[6]的方法的位置推断准确性，如表 9-9。从表 9-9 可以看出，本节方法在四个数据集上的位置推断准确率都高于 Han 等[15]和 Chi 等[6]的方法。其中，Chi 等[6]提出方法的位置推断准确率最低，这可能是该方法将高频的热门话题作为位置推断的部分特征，而这些高频词语并不一定具有位置指示性。此外，本节方法的位置推断结果仍然比 Han 等[15]提出方法分别高出了 4.66%、3.58%、5.72%、6.08%，这主要是因为本节方法在词语信息增益率过滤的基础上，进一步基于词语聚类和包裹式特征选择提取位置指示词，提升了对普通词的过滤效果。

表 9-9　四个数据集上三种方法的位置推断准确率

数据集	Weibo（城市）	Weibo（省）	Twitter（城市）	Twitter（省）
Chi 等的方法[6]	0.4523	0.6315	0.4509	0.6247
Han 等的方法[15]	0.4752	0.6596	0.4637	0.6415
本节方法	0.5218	0.6954	0.5209	0.7023

在四个数据集上，分别用 Precision、Recall 和 F_1-score 三种度量方法来评估该位置推断方法的性能，如图 9-13 所示。由图 9-13 可以看出，本节方法，与现有两种基于统计特征的方法相比具有明显的优势。

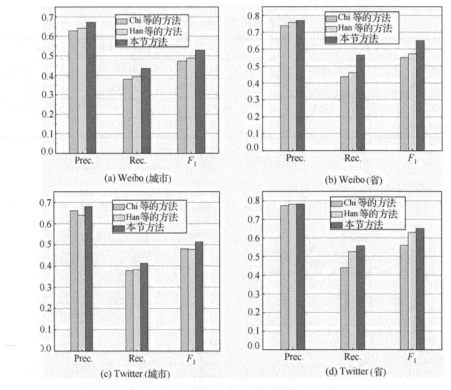

图 9-13　不同方法的位置推断性能对比

分析不同阈值对本节提出的 SeFG 方法位置推断准确性的影响。图 9-14(a)展示了阈值 N_1 从 3 到 10 变化时，SeFG 方法在 Weibo（省）和 Twitter（省）两个数据集上的位置推断准确性。

结果表明：SeFG 方法位置推断的性能对这个阈值 N_1 是敏感的，更大的阈值 N_1 往往会使得位置推断准确性更低。在实验中，将阈值 N_1 设置为 3 是比较合理的。在阈值 N_1 设置为 3 的前提下，将阈值 N_2 从 0.11 到 0.24 变化，观察其对位置推断性能的影响。图 9-14(b)展示了不同阈值 N_2 下，SeFG 方法在四个数据集上的位置推断准确性。结果表明：SeFG 方法位置推断的准确性在一定范围内，对阈值 N_2 是不敏感的。然而，超出一定范围，太大或者太小的阈值 N_2 都会导致位置推断准确性的急剧降低。

本节针对现有基于生成文本的用户位置推断方法提取位置指示词不准确的问题，提出了一种 SeFG 方法。该方法结合了词嵌入模型和现有基于信息增益率提取位置指示词的方法。

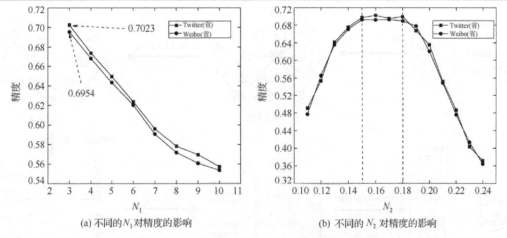

(a) 不同的 N_1 对精度的影响   (b) 不同的 N_2 对精度的影响

图 9-14 阈值设置对 SeFG 方法位置推断准确性影响

利用信息增益率对词语进行有效筛选，降低了词语聚类的计算开销。充分利用词嵌入模型在描述词语语义相似性方面的能力，给出了一种基于词向量的词语聚类算法，按照语义相似度对词语进行了簇划分。结合现有的特征选择算法，给出一种序列后向子集搜索的包裹式特征选择算法，能够选择出分类效果好的位置指示词，提高了用户位置推断的准确性。本节还从原理上分析了所提方法的合理性和有效性。在两种类型的微博数据上的实验结果表明，所提方法在 Accuracy、Precision、Recall 和 F_1-score 四个方面的表现均优于现有典型的两种仅基于统计特征提取位置指示词的用户位置推断方法。

9.3 基于社交关系图的用户位置推断

用户社交特征的准确刻画，是实现基于社交关系推断用户位置的关键。现有基于社交关系的用户位置推断方法往往基于提及频次、共同朋友数量等统计特征表示用户，无法准确刻画用户的社交特征，影响了位置推断的准确性。针对此问题，本节提出一种基于社交关系图的用户位置推断方法(SoRG)。基于用户互动行为构建社交关系图，并过滤社交关系图中的全局名人。通过社交关系图的表示学习，将所有用户映射为低维的特征向量。基于特征向量计算用户社交特征的相似性，通过最相似 k 个位置已知用户的位置，推断未知用户的位置。

9.3.1 基于社交关系图的用户位置推断方法

本节提出一种基于社交关系图的用户位置推断方法，主要分为以下五步，提出方法的框架，如图 9-15 所示。

Step 1：社交关系图构建。以用户为节点，边连接着存在互动的两个用户，边权重为用户之间的互动频次。

Step 2：全局名人识别。利用提出的全局名人识别算法识别全局名人，并过滤全局名人以及与他们相连的边。

Step 3：图表示学习。基于社交关系图中节点之间的一阶和二阶相似度，通过图表示学习，得到用户低维的特征向量。

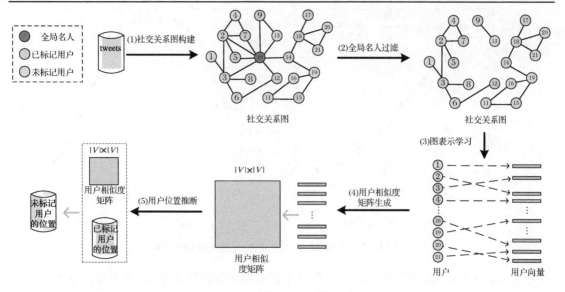

图 9-15 基于社交关系图的用户位置推断方法框架图

Step 4：用户相似度矩阵生成。基于用户特征向量的欧氏距离，找到与每个用户最相似度的 k 个用户，生成用户相似度矩阵。

Step 5：用户位置推断。基于用户相似度矩阵和已标记用户的位置，计算用户位于所有位置的概率，将概率最大的位置推断为用户的位置。

接下来，详细提出方法中的重要步骤。

1. 全局名人识别

在社交关系图中，全局名人往往连接着大量的与其距离遥远的用户。来自不同位置的普通用户会提及全局名人，但这些普通用户与全局名人距离遥远。

提出的全局名人识别算法，基于邻居节点数量和已标记的邻居节点位置分布的集中程度，识别全局名人。该算法遍历社交关系图中所有的节点，依次识别每个节点的全局性。全局名人识别算法的示意图，如图 9-16 所示，具体步骤如下。

输入：社交关系图、已标记用户的位置。

输出：全局名人节点集合。

Step 1：从用户节点集合中选择一个待识别的节点 v_i，并统计节点 v_i 的邻居节点的数量 N_{b_i}，若没有待识别的节点，则算法结束。

Step 2：根据当前节点的邻居节点总数判断当前节点是否为名人节点，若 N_{b_i} 大于阈值 f_3，则当前节点为名人节点，继续往下识别其是否为全局名人；否则，当前节点不是名人节点，跳转到 Step 1。

Step 3：基于当前节点的 N_{b_i} 个邻居节点中已标记用户节点位置分布的集中程度，计算当前节点的异众比率 r_i。

$$r_i = \frac{N_{L_i} - n_{l_i}}{N_{L_i}} \tag{9-10}$$

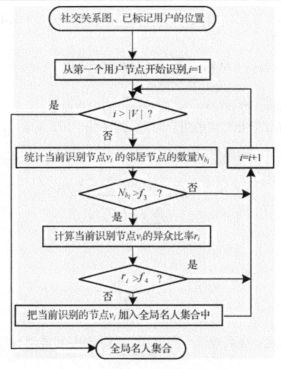

图 9-16　全局名人识别算法的示意图

Step 4：若当前节点的异众比率大于阈值 f_4，则当前节点为全局名人，加入全局名人集合中。当前节点的全局性识别完毕，跳转到 Step 1。

2. 图表示学习

Tang 等[7]提出 LINE 算法中定义了一阶相似度和二阶相似度。对于由边 (v_i, v_j) 连接的每一对节点 v_i 和节点 v_j，边权重 w_{ij} 表示节点 v_i 和节点 v_j 之间的一阶相似度。若在节点 v_i 和节点 v_j 之间没有观察到边，则它们的一阶相似度为 0。节点 v_i 和节点 v_j 之间的二阶相似度由二者直接邻居节点集合的相似度决定。若没有任何一个节点与节点 v_i 和节点 v_j 都连接，则节点 v_i 和节点 v_j 之间的二阶相似度为 0。

借鉴 Tang 等提出的 LINE 算法[7]，本节提出方法的图表示学习的过程主要分为以下三步。

Step 1：学习保持了一阶相似度的用户向量。在社交关系图中，直接相连的用户 v_i 和用户 v_j 的联合概率分布为

$$P_1(v_i, v_j) = \frac{1}{1 + \exp(-u_{1,i}^T \cdot u_{1,j})} \tag{9-11}$$

经验概率分布为

$$\hat{P}_1(v_i, v_j) = \frac{w_{ij}}{\sum_{(v_i, v_j) \in E} w_{ij}} \tag{9-12}$$

利用所有直接相邻的节点对的联合概率分布和经验概率分布的 K-L 散度来计算两种分布之间的距离，目标函数为

$$O_1 = -\sum_{(v_i,v_j)\in E} w_{ij}\log(P_1(v_i,v_j)) \tag{9-13}$$

通过最小化目标函数，得到保持了一阶相似度的用户向量。

Step 2：学习保持了二阶相似度的用户向量。对于任一用户 $v_i \in V$，任一条边 $(v_j, v_i) \in E$，由用户 v_i 生成上下文用户 v_j 的概率为

$$P_2(v_j \mid v_i) = \frac{\exp(u_{2,j}^T \cdot u_{2,i})}{\sum_{k=1}^{|V|} \exp(u_{2,k}^T \cdot u_{2,i})} \tag{9-14}$$

经验概率分布为

$$\hat{P}_2(v_j \mid v_i) = \frac{w_{ij}}{\sum_{v_k \in V_i^1} w_{ik}} \tag{9-15}$$

为了保持二阶相似度，条件概率分布 $P_2(v_j \mid v_i)$ 应该尽可能地与经验分布接近，目标函数为

$$O_2 = -\sum_{(v_i,v_j)\in E} w_{ij}\log(P_2(v_j,v_i)) \tag{9-16}$$

通过最小化目标函数，得到保持了二阶相似度的用户向量。

Step 3：将两种用户向量拼接起来，得到同时保持了一阶和二阶相似度的用户向量，对于 $\forall v_i \in V$，$v_i = [u_{1,i}, u_{2,i}]$。

图 9-17(a)中展示了一个由 10 个用户组成的社交关系图。通过图表示学习，得到 10 个用户的低维特征向量，如图 9-17(b)所示。利用 t 分布随机邻域嵌入 (t-SNE) 将 10 个节点对应的多维向量映射到二维空间，如图 9-17(c)所示。如图 9-17 所示，通过社交关系图的表示学习，可以将一阶和二阶相似度更高的用户映射到空间中相近的位置。

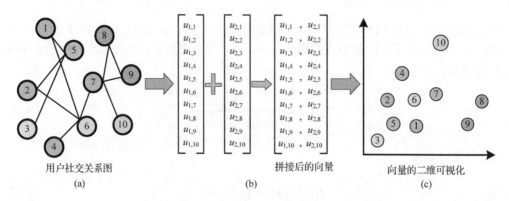

图 9-17　社交关系图表示学习的示例说明

3. 用户相似度矩阵生成

用户相似度矩阵生成主要分为以下三步。

Step 1：计算每个未标记用户和所有已标记用户间的相似性。即对于任一 $v_i \in V^U$，$v_j \in V^L$，可利用式(9-17)计算两个用户位置属性的相似性：

$$\text{sim}_{i,j} = \frac{1}{\sqrt{\sum_{k=1}^{d}(\vec{v}_{i,k} - \vec{v}_{j,k})^2}} \tag{9-17}$$

Step 2：通过用户相似性的排序与搜索，找到与未标记用户最相似的 k 个已标记用户的集合，得到用户相似度矩阵。对于任一 $v_j \in V_i^s$，$S_{i,j} = \text{sim}_{i,j}$，而对于任一 $v_j \in \{V - V_i^s\}$，$S_{i,j} = 0$。

Step 3：用户相似度矩阵标准化。利用式(9-18)，标准化用户相似度矩阵：

$$S_{i,j} = \frac{S_{i,j}}{\sum_{k=1}^{|V|} S_{k,j}} \tag{9-18}$$

4. 用户位置推断

用户位置推断的过程主要分为以下三步。

Step 1：计算已标记用户位于不同位置的概率。对于任一 $v_i \in V^L$，已知用户 v_i 位于位置 l_j。对于任一 $l_k \in L$，计算用户 v_i 位于位置 l_k 的概率：

$$P(l_k \mid v_i) = \begin{cases} 1, & l_k = l_j \\ 0, & l_k \neq l_j \end{cases} \tag{9-19}$$

Step 2：基于用户相似度矩阵计算未标记用户位于每个位置的概率。对于任一 $v_i \in V^U$，计算未标记用户 v_i 的拥有位置标签 l_j 的概率：

$$P(l_j \mid v_i) = \sum_{v_k \in V_i^s} \{S_{i,k} \times P(l_j \mid v_k)\} \tag{9-20}$$

Step 3：对于任一 $v_i \in V^U$，将概率最大的位置推断为用户位置：

$$l(v_i) = \arg\max_{l_j \in L} \{P(l_j \mid v_i)\} \tag{9-21}$$

9.3.2　实验结果与分析

本节在代表性的 Twitter 数据集上验证本节方法的有效性，并将本节方法与几种典型的基于社交关系的用户位置推断方法进行比较。

1. 数据集

在两个现有的 Twitter 数据集 GeoText[1]、TwUs[16] 上验证提出方法的性能。两个数据集详细的统计信息，如表 9-10 所示。

表 9-10　实验数据集的统计信息

数据集	Scope	Tweets	Users	Train	Test	Dev
GeoText	US	378K	9475	5685	1895	1895
TwUs	US	38M	450K	430000	10000	10000

数据集 GeoText 由 9475 个用户生成的 378000 条推文组成，总计包含 470 万个单词。和现有的方法一样，随机选择 1895 个用户分别进行开发和测试评估，其余的 5685 个用户作为训练集。

数据集 TwUs 由 449694 个 Twitter 用户生成的 3800 万条推文组成，平均每个用户大约生成了 85 条推文。和现有的方法一样，随机选择 10000 用户分别进行开发和测试评估，其余的约 430000 用户作为训练集。

分别将两个数据集 GeoText 和 TwUs 中每个区域的用户数量的最大值设置为 50、2048。通过 $k-d$ 树离散划分，GeoText 和 TwUs 中的测试用户被分别划分到 129 和 256 个区域中。同一个区域内的用户拥有相同的位置标签。一个区域内全部用户位置的经度和维度的中位数作为这个区域位置标签对应的地理坐标。推断的用户位置标签对应的地理坐标，作为推断的用户位置。

2. 实验设置

利用三个现有通用的评价标准衡量提出方法的性能，如表 9-11 所示。对于 Acc @ 161 和 Coverage，较高的数值意味着位置推断方法更好，而对于 Mean 和 Median，较低的数值更好。

表 9-11　常用的四个评价标准

评价指标	描述
Acc@161[4]	推断位置与实际位置误差不超过 161 公里的百分比
Mean[1]	推断位置与实际位置的平均距离
Median[1]	推断位置与实际位置的中值距离
Coverage[17]	测试用户可以被位置推断方法所推断的百分比

基于社交关系图表示学习得到的用户向量可以直接作为用户的特征，用于分类。本节中，为了验证 SoRG 方法的效果，结合现有经典的分类算法设计以下三种基准方法，与本节所提方法进行对比。

基于向量表示的多层感知机。训练多层感知机时，隐藏层层数设置为 2，而数据集 GeoText 和 TwUs 中每层的神经元个数分别设置为 300 和 600。

基于向量表示的 k 最邻近。该方法基于 k 个向量距离最邻近的已标记用户的位置，推断未标记用户的位置。利用开发集调整参数 k。

基于向量表示的 SVM。训练 SVM 分类器时，核函数选择高斯核函数，并利用开发集调整参数。

3. 实验结果

表 9-12 显示了 SoRG 方法在两个 Twitter 数据集上的位置推断结果。将 SoRG 方法与现有的典型方法进行对比。由表 9-12 可以看出，在数据集 GeoText 上，与对比方法中表现最好

的方法 KNN+VR 相比，SoRG 方法在 Acc@161 方面的表现提高了 17%，而在 Mean、Median 方面分别降低了 234 公里、355 公里。在数据集 TwUs 上，与现有最佳的方法 KNN+VR 相比，SoRG 方法在 Acc@161 方面提高了 16%，而在 Mean、Median 方面分别降低了 198 公里、370 公里。这说明 SoRG 方法基于社交关系图表示学习的用户向量，可以更准确地表示用户的社交特征，提高了位置推断的性能。

表 9-12　SoRG 方法和对比方法的位置推断结果

方法		GeoText			TwUs		
		Acc@161	Mean	Median	Acc@161	Mean	Median
SPL[10]		32	1101	708	32	1137	700
WLP[18]		33	1003	529	32	1065	635
Baselines	SVM+VR	32	1131	721	32	1107	727
	MLP+VR	36	997	559	35	937	519
	KNN+VR	36	929	485	36	917	504
SoRG		53	695	130	52	719	134

图 9-18 显示了对于数据集 GeoText 和 TwUs，不同的 k 值对 SoRG 方法位置推断性能的影响。其中，图 9-18(a)、图 9-18(b)、图 9-18(c) 分别展示了不同的 k 值下 SoRG 方法在 Acc@161、Mean、Median 三个方面的表现。由图 9-18 可以看出，k 值在一定范围内，SoRG 方法的位置推断性能比较稳定。当 k 值过小，SoRG 方法的位置推断性能明显降低。当 k 值过大，SoRG 方法的位置推断性能略微降低。

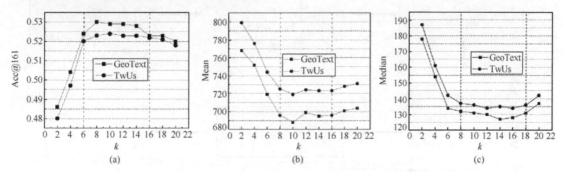

图 9-18　迭代次数对提出方法的位置推断性能的影响

本节提出了一种 SoRG 方法。基于用户之间的互动关系构建社交关系图。结合现有的表示学习方法，基于用户的一阶和二阶邻居关系，学习保持了一阶和二阶相似度的用户向量。基于用户向量的欧氏距离，计算用户之间的相似度。基于相似度较高的已标记用户的位置，推断未标记用户的位置。在两个代表性 Twitter 数据集上的实验表明，该方法通过社交关系图表示学习的用户向量，可以准确地表示用户的社交特征，与现有典型的基于用户社交关系的位置推断方法相比，该方法提高了位置推断的性能。

9.4　基于表示学习和标签传播的用户位置推断

SoRG 方法与现有典型的基于社交关系的用户位置推断方法相比，能更准确地推断用户位置，但是 SoRG 方法无法推断未连接到网络的孤立用户的位置。现有的用户位置推断方法大都基于提及频次、共同关注用户的数量等统计特征估计用户间的标签传播概率，缺乏对用户和位置指示词关系的考虑，导致位置推断的误差较大。针对现有方法存在的问题，本节提出基于表示学习和标签传播的用户位置推断方法(ReLPG)。该方法首先提取用户关系、用户和位置指示词的关系，以构建连接关系图，并过滤连接关系图中与位置属性无关的用户连接关系；然后，基于连接关系图的邻接关系和边权重生成一系列的用户节点序列，以学习用户的向量表示；最后，基于用户的向量表示计算相邻用户间的标签传播概率，通过迭代的标签传播推断用户位置。

9.4.1　基于表示学习和标签传播的用户位置推断方法

本节提出一种 ReLPG 方法，主要分为五步，如图 9-19 所示。

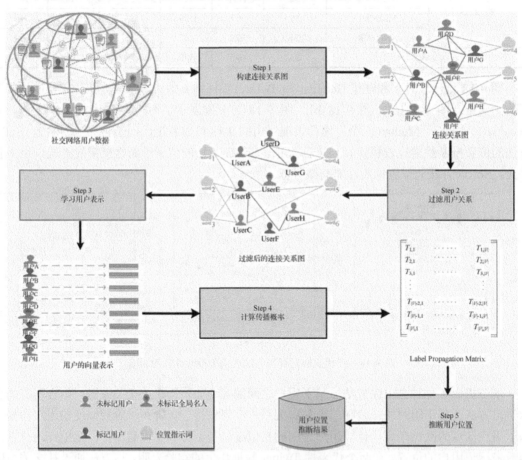

图 9-19　ReLPG 方法的框架图

Step 1：构建连接关系图。基于用户互相@的社交行为提取用户关系。基于用户生成文本识别位置指示词，并提取用户与位置指示词的关系。基于提取的两种异构关系构建一个无向的连接关系图。

Step 2：过滤用户关系。过滤连接关系图中与用户位置属性无关的用户连接关系，移除全局名人用户与其他用户之间的用户连接关系。

Step 3：学习用户表示。利用提出的基于元路径和边权重的用户节点序列生成算法，基于去噪后的连接关系图生成用户节点序列，学习用户的向量表示。

Step 4：计算传播概率。基于连接关系图的邻接关系和用户向量计算相邻用户位置属性的相似性，得到用户关系矩阵。基于用户关系矩阵计算用户间的标签传播概率，得到传播概率矩阵。

Step 5：推断用户位置。基于传播概率矩阵，通过多次迭代的标签传播，将位置标签从已标记用户传递给未标记用户，完成对未标记用户位置的推断。

后面的内容将详细介绍 ReLPG 方法的每个步骤。

1. 连接关系图构建

连接关系图构建主要分为以下四步。

Step 1.1：利用正则表达式匹配用户生成文本中@的用户，获取用户之间的社交关系。正则表达式为@[A-Za-z0-9_]+。

Step 1.2：对已标记用户生成的文本进行分词，并计算全部词语的信息增益率。给定已标记用户生成文本中提及的词语 m_i，词语 m_i 的信息增益率记为 $\mathrm{IGR}(m_i)$，则 $\mathrm{IGR}(m_i)$ 的计算公式如下式：

$$\mathrm{IGR}(m_i) = \mathrm{IG}(m_i) / \mathrm{IV}(m_i) \tag{9-22}$$

式中，$\mathrm{IG}(m_i)$ 表示词语 m_i 的信息增益；$\mathrm{IV}(m_i)$ 表示词语 m_i 的固有值。$\mathrm{IG}(m_i)$ 的计算、$H(L)$ 和 $H(L|m_i)$ 的计算如式 (9-24) 和式 (9-25) 所示：

$$\mathrm{IG}(m_i) = H(L) - H(L|m_i) \tag{9-23}$$

$$H(L) = -\sum_{j=1}^{|L|} P(l_j) \log_2 P(l_j) \tag{9-24}$$

$$\begin{aligned} H(L|m_i) = &-P(m_i)\sum_{j=1}^{|L|} P(l_j|m_i) \log_2 P(l_j|m_i) \\ &-P(\overline{m}_i)\sum_{j=1}^{|L|} P(l_j|\overline{m}_i) \log_2 P(l_j|\overline{m}_i) \end{aligned} \tag{9-25}$$

式中，$P(m_i)$ 表示用户文本中出现词语 m_i 的概率；$P(\overline{m}_i)$ 表示用户文本中没有出现词语 m_i 的概率；$L = \{l_1, \cdots, l_{|L|}\}$ 是位置标签集合；$P(l_j)$ 表示用户属于位置 l_j 的概率；$P(l_j|m_i)$ 表示包含词语 m_i 的用户文本属于位置 l_j 的条件概率；$P(l_j|\overline{m}_i)$ 表示不包含词语 m_i 的用户文本属于位置 l_j 的条件概率。

$\mathrm{IV}(m_i)$ 的计算如式 (9-26) 所示：

$$\mathrm{IV}(m_i) = -P(m_i)\log_2 P(m_i) - P(\overline{m}_i)\log_2 P(\overline{m}_i) \tag{9-26}$$

Step 1.3：提取信息增益率大于阈值 f_5 的词语，以构建位置指示词词典。基于位置指示词词典提取用户与位置指示词的关系。

Step 1.4：以用户和位置指示词作为节点，以用户社交关系、用户与位置指示词的关系作为边的连接依据，构建一个无向的连接关系图。

2. 用户关系过滤

初步构建的连接关系图中，不同位置用户生成的文本中会@非区域性的全局名人用户。和全局的名人用户相连的用户连接关系往往与用户的位置属性无关，会导致学习到的用户向量表示不能很好地表述用户位置属性的特征。因此，需要过滤连接关系图中，与用户位置属性无关的用户连接关系。

用户关系过滤主要分为两步。

Step 2.1：利用提出的全局名人用户识别算法识别连接关系图中的全局名人用户，如表 9-13 所示。

Step 2.2：过滤全局名人用户和普通用户之间的用户连接关系。

表 9-13　全局名人用户识别算法

算法 3：全局名人用户识别算法
输入：$G=(V,M,E,W),\{(lat_{vi},lon_{w})\,\|\,v_i\in V^l\}$
输出：GV
1.　GV$=\phi$
2.　for user node v_i in set V do
3.　　$dis_{vi}=0$
4.　end for
5.　for user node v_i in set V do
6.　　获取用户 v_i 的直接邻居中已标记用户的集合 V_{vi}^l
7.　　if $\|V_{vi}^l\|>f_6$ then
8.　　　计算中心点，$C_{vi}=\dfrac{\sum_{v_j\in v_{vi}^l}(lat_{vj},lon_{vj})}{\|v_{vi}^l\|}$
9.　　　统计与中心点 C_{vi} 距离超过阈值 f_7 的节点数量 n_{vi}
10.　　　更新节点 v_i 的离散度，$dis_{vi}=\dfrac{n_{vi}}{\|v_{vi}^l\|}$
11.　　end if
12.　　if $dis_{vi}\geq f_8$ then
13.　　　$GV=GV\cup\{v_i\}$
14.　　end if
15.　end for

该算法基于用户节点邻居中已标记用户位置分布的离散程度，识别全局名人用户。该算法的输入是初步构建的连接关系图、已标记用户位置的集合，输出是全局名人用户的集合。

3. 用户表示学习

连接关系图中，位置相近的用户关系主要有两种：第一种，直接相邻的两个用户的位置可能是相近的，且边权重指示了位置相近的程度；第二种，拥有共同直接邻居的两个用户的位置可能是相近的，且共同直接邻居的数量指示了位置相近的程度。用户表示学习的目的是：基于连接关系图的邻接关系，将位置相近的用户映射到向量空间相近的位置，使得用户向量能够很好地表示用户位置属性的特征。

用户表示学习主要分为两步。

Step 3.1：在去噪后的连接关系图中，由用户节点出发，基于元路径和边权重的用户节点序列生成算法，如表 9-14 所示。

Step 3.2：把生成的每个用户节点序列看成一个句子，每个用户节点看成一个单词，利用 word2vec 中的 skip-gram 模型，学习用户的向量表示。

该算法的输入是连接关系图，输出是生成的用户节点序列集合。该算法首先初始化用户节点序列集合为空集；然后，遍历连接关系图中所有的用户节点，基于元路径和边权重生成用户节点序列，对应着该算法的最外层循环。

该算法基于两种特定的元路径进行游走，一种元路径是:用户-用户-用户，生成的用户节点序列长度不超过 3；另一种元路径是:用户-位置指示词-用户，生成的用户节点序列长度固定为 2。基于第一种元路径生成用户节点序列的过程，对应着该算法的 4~14 行。基于第二种元路径生成用户节点序列的过程，对应着该算法的 15~21 行。

表 9-14　用户节点序列生成算法

算法 4：用户节点序列生成算法

输入：$G=(V,M,E,W)$

输出：S_V

1. 初始化用户节点序列集合：$S_V=\phi$
2. for each user v_i in the set V do
3. 　获取用户 v_i 的直接邻居中的用户集合 V_{vi} 和位置指示词集合 M_{vi}
4. 　for each user node v_j in the set V_{vi} do
5. 　　获取用户 v_j 的直接邻居用户集合 V_{vi}，$V_{vi}=V_{vi}-\{v_i\}$
6. 　　if $V_{vj}=\phi$ then
7. 　　　将 w'_{ij} 个序列 $\{v_i,v_j\}$ 放入集合 S_V 中
8. 　　else
9. 　　　for each user node v_k in the set V_{vj} do
10. 　　　　$ct=\min\left(w'_{ij},w'_{jk}\right)$
11. 　　　　将 ct 个序列 $\{v_iv_j,v_k\}$ 放入集合 S_V 中
12. 　　　end for
13. 　　end if
14. 　end for
15. 　for each node m_j in the set M_{vi} do
16. 　　获取位置指示词 m_j 的直接邻居用户集合 V_{mj}，$V_{mj}=V_{mj}-\{v_i\}$
17. 　　for each user v_k in the set V_{mj} do
18. 　　　$ct=\min\left(w'_{ij},w'_{jk}\right)$
19. 　　　将 ct 个用户节点序列 $\{v_i,v_k\}$ 放入集合 S_V 中
20. 　　end for
21. 　end for
22. end for

4. 传播概率计算

传播概率计算的主要分为以下两步。

Step 4.1：过滤用户关系后的连接关系图中，若用户 v_i 和用户 v_j 是直接相邻或者拥有共同的直接邻居，则 $R_{i,j}$ 等于向量 u_i 和向量 u_j 的欧氏距离的倒数。否则，$R_{i,j}=0$。可得到用户关系矩阵：

$$\begin{bmatrix} 0 & R_{1,2} & \cdots & R_{1,|V|-1} & R_{1,|V|} \\ R_{2,1} & 0 & \cdots & R_{2,|V|-1} & R_{2,|V|} \\ \vdots & \vdots & & \vdots & \vdots \\ R_{|V|-1,1} & R_{|V|-1,2} & \cdots & 0 & R_{|V|-1,|V|} \\ R_{|V|,1} & R_{|V|,2} & \cdots & R_{|V|,|V|-1} & 0 \end{bmatrix}$$

Step 4.2：用户位置属性的相似度越高，那么他们之间的标签传播概率也越大。利用式(9-27)，基于用户关系矩阵可得到传播概率矩阵：

$$T_{i,j} = \begin{cases} 0, & R_{i,j} = 0 \\ \dfrac{\sqrt{\sum\limits_{k=1}^{d}(v_{i,k}-v_{j,k})^2}}{\sum\limits_{k=1}^{|V|}R_{i,k}}, & R_{i,j} \neq 0 \end{cases} \tag{9-27}$$

5. 用户位置推断

用户位置推断主要分为以下六步。

Step 5.1：标签传播之前，$t=0$，初始化所有用户的位置标签向量。对于已标记用户，若用户拥有位置标签 l_j，则用户位置标签向量的第 j 维初始化为 1，其余维数全部初始化为 0。而未标记用户的位置标签向量的每一维都初始化为 0。那么，初始化的标签分布矩阵：

$$F(0) = \begin{bmatrix} F_{V^l} \\ F_{V^u} \end{bmatrix} = \begin{bmatrix} 1 & 0 & 0 & \cdots & 0 & 0 & 0 \\ 0 & 0 & 0 & \cdots & 0 & 0 & 1 \\ \vdots & \vdots & \vdots & & \vdots & \vdots & \vdots \\ 0 & 0 & 1 & \cdots & 0 & 0 & 0 \\ 1 & 0 & 0 & \cdots & 0 & 0 & 0 \\ 0 & 0 & 0 & \cdots & 0 & 0 & 0 \\ 0 & 0 & 0 & \cdots & 0 & 0 & 0 \\ \vdots & \vdots & \vdots & & \vdots & \vdots & \vdots \\ 0 & 0 & 0 & \cdots & 0 & 0 & 0 \\ 0 & 0 & 0 & \cdots & 0 & 0 & 0 \end{bmatrix}_{|V| \times |L|}$$

Step 5.2：令 $t=t+1$，若迭代次数 t 大于阈值 f_9，则标签传播停止，跳转到 Step 5.6；否则继续向下执行。

Step 5.3：第 $(t+1)$ 轮标签传播时，基于当前的标签分布矩阵 $F(t)$，利用式(9-28)，计算第 $(t+1)$ 轮标签传播后的标签分布矩阵：

$$F(t+1) = T \times F(t) \tag{9-28}$$

Step 5.4：对于 $v_i \in V$，$l_j \in L$ 利用式(9-29)，标准化标签分布矩阵 $F(t+1)$：

$$F_{i,j}(t+1) = \frac{F_{i,j}(t+1)}{\sum\limits_{k=1}^{L}F_{i,k}(t+1)} \tag{9-29}$$

Step 5.5：每一轮标签传播时，仅更新未标记用户的位置标签向量，保持已标记用户的位置标签向量不变。对于 $v_i \in V^l$，则 $F_i(t+1) = F_i(0)$，跳转到 Step 5.2。

Step 5.6：基于最后一轮迭代得到的标签分布矩阵，预测未标记用户节点的位置标签。对于所有 $v_i \in V^u$，将位置标签向量 F_i 中最大值对应的位置标签，推断为用户 v_i 的位置。

9.4.2　实验结果与分析

本节通过实验验证 ReLPG 方法的有效性。将分别介绍实验所用的数据集和评价标准，并分析实验结果。在两个代表性的 Twitter 数据集上进行实验，验证本节方法的性能，并与现有方法进行对比。

1. 用户关系过滤的影响

本节方法中，过滤连接关系图中与用户位置属性无关的用户关系十分重要，直接影响着用户表示学习的效果，从而影响着位置推断的性能。在两个 Twitter 数据集 GEOTEXT[1]、TwUs[16] 上进行实验，将本节方法的位置推断性能与不过滤用户关系的方法进行对比。实验结果如表 9-15 所示。

从表 9-15 可以看出，与没有过滤用户关系的方法相比，本节方法过滤与用户位置属性无关的用户关系，位置推断性能明显提升。

表 9-15　用户关系过滤对位置推断的影响

方法	GeoText			TwUs		
	Acc@161	Mean	Median	Acc@161	Mean	Median
不过滤	50	739	161	55	639	111
ReLPG（过滤）	62	527	37	67	418	47

2. 位置推断性能

表 9-16 显示了 ReLPG 方法在两个 Twitter 数据集上的位置推断性能。（"—"表示没有在给定数据集上进行实验的结果）。将 ReLPG 方法与现有的几种典型方法进行对比。由表 9-16 可以看出，在数据集 GeoText 上，与现有最佳的方法 GCN 相比，ReLPG 方法在 Acc@161 方面提高了 2%，而在 Mean、Median 方面分别降低了 19 公里、8 公里。在数据集 TwUs 上，与现有最佳的方法 MLP-TXT+NET 相比，ReLPG 方法在 Acc@161 方面提高了 1%，而在 Mean、Median 方面分别降低了 2 公里、9 公里。实验结果表明：ReLPG 方法结合了用户与位置指示词的关系，能够基于用户向量准确计算标签传播概率，从而有效提升了位置推断的性能。

图 9-20 显示了 ReLPG 方法在两个 Twitter 数据集的覆盖率。将 ReLPG 方法与现有典型的基于用户社交关系的方法进行对比。从图 9-20（a）可以看出，提出方法的覆盖率超过了 90%，远高于现有典型的仅基于用户社交关系的方法-GEOCEL 和 MADCELW。主要原因在于 ReLPG 方法结合了用户与位置指示词的关系，充分地挖掘了用户潜在的位置关联性。而 GEOCEL 和 MADCELW 方法仅基于用户关系构建的用户关系图推断用户位置，导致无法推断未连接到图中的大量孤僻用户的位置。结合图 9-20（a）和图 9-20（b）可以看出，与现有仅基于用户社交关系的用户位置方法相比，ReLPG 方法能够同时提升位置推断的 Coverage 和 Acc@161。

表 9-16　ReLPG 方法和对比方法在两个 Twitter 数据集上的位置推断性能

方法	GeoText			TwUs		
	Acc@161	Mean	Median	Acc@161	Mean	Median
Text-based 方法						
HierLR k-d tree[5]	38	844	389	54	554	120
LR[19]	—	—	—	48	686	191
MLP+k-d tree[20]	38	880	397	50	686	159
Network-based 方法						
MADCEL-W[12]	58	586	60	54	705	116
GCN-LP[14]	58	576	56	53	563	126
GEOCEL[21]	61	486	38	59	546	83
Hybrid 方法						
LP-LR[19]	50	654	151	50	620	157
MLP-TXT+NET[14]	58	554	58	66	420	56
MADCEL-W-MLP[20]	59	578	61	61	515	77
GCN[14]	60	546	45	62	485	71
ReLPG	62	527	37	67	418	47

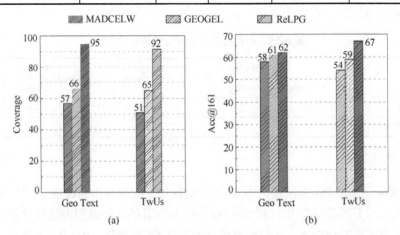

图 9-20　不同方法在 Acc@161 和 Coverage 方面的位置推断性能对比

3. 标记样本比例

现有有监督的位置推断方法要取得良好的性能表现，通常需要大量的标记数据。然而，现有统计数据表明，仅有少部分数据是已标记的，我们进行实验分析标记样本比例的不同对位置推断方法性能的影响。对 Twitter 数据集 GeoText，按照 8 种不同的比例划分测试集、训练集和验证集，如表 9-17 所示。

表 9-17　数据集样本划分比例

数据集	序号	训练集	测试集	验证集
GeoText	1	1%	49.5%	49.5%
	2	5%	47.5%	47.5%

数据集	序号	训练集	测试集	验证集
	3	10%	45%	45%
	4	20%	40%	40%
GeoText	5	30%	35%	35%
	6	40%	30%	30%
	7	50%	25%	25%
	8	60%	20%	20%

图 9-21 展示了在不同标记样本比例下，ReLPG 方法的位置推断性能。由图 9-21(a)可以看出，随着标记样本比例的增大，位置推断方法的 Acc@161 也随着增大。当标记样本比例少于 10%时，ReLPG 方法在 Acc@161 方面的表现明显优于对比方法。同样地，由图 9-21 (b) 和图 9-21 (c)可以看出，随着标记样本的增大，每种位置推断方法的 Median 和 Mean 随之减小。当标记样本比例少于 10%时，ReLPG 方法在 Median 和 Mean 方面的表现明显优于对比方法。当标记样本比例逐渐增大，ReLPG 和 GCN 方法的位置推断性能的差距逐渐缩小。在标记数据较少的条件下，与现有方法相比，ReLPG 方法充分地挖掘了异构关系的位置关联性，能够更好地适用于标记数据缺乏的现实场景。

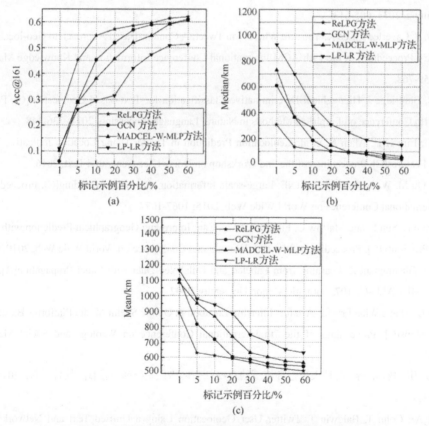

图 9-21　不同标记样本比例下位置推断方法的性能对比

结合用户社交关系和用户与位置指示词的关系，本节提出了一种 ReLPG 方法。同时，提出了基于邻居位置分布离散程度的全局名人用户识别算法，能够识别全局名人用户，有助于过滤与用户位置属性无关的用户连接关系。还提出了基于元路径和边权重的用户节点序列生成算法。利用该算法生成的用户节点序列进行用户表示学习，能够将位置属性相似的用户映射到向量空间相近的位置。在两个 Twitter 数据集上的实验表明，ReLPG 方法充分结合了用户和位置指示词的关系，有效过滤了与位置属性无关的用户连接关系，能够提高位置推断的准确性。此外，当标记数据较少的条件下，ReLPG 方法的表现明显优于现有的典型方法，能够更好地适用于标记数据缺乏的现实场景。

参 考 文 献

[1] Eisenstein J, O'Connor B, Smith N A, et al. A Latent Variable Model for Geographic Lexical Variation [C]. Proceedings of the 7th Conference on Empirical Methods in Natural Language Processing, 2010: 1277-1287.

[2] Ahmed A, Hong L J, Smola A. Hierarchical Geographical Modeling of User Locations from Social Media Posts [C]. Proceedings of the 22nd International Conference on World Wide Web, 2013: 25-36.

[3] Yuan Q, Cong G, Ma Z Y, et al. Who, Where, When and What: Discover Spatio-temporal Topics for Twitter Users [C]. Proceedings of the 19th ACM SIGKDD International Conference on Knowledge Discovery and Data Mining, 2013: 605-613.

[4] Cheng Z Y, Caverlee J, Lee K. You Are Where You Tweet: A Content-Based Approach to Geo-locating Twitter Users [C]. Proceedings of the 19th ACM International Conference Information and Knowledge Management, 2010: 759-768.

[5] Wing B, Baldridge J. Hierarchical Discriminative Classification for Text-based Geolocation[C]. Proceedings of the 11th Conference on Empirical Methods in Natural Language Processing, 2014: 336-348.

[6] Chi L H, Lim K H, Alam N, et al. Geolocation Prediction in Twitter Using Location Indicative Words and Textual Features[C]. Proceedings of the 2nd Workshop on Noisy User-Generated Text, 2016.

[7] Tang J, Qu M, Wang M Z, et al. LINE: Large-scale Information Network Embedding[C]. Proceedings of the 24th International Conference on World Wide Web, 2015: 1067-1077.

[8] Backstrom L, Sun E, and Marlow C. Find Me If You Can: Improving Geographical Prediction with Social and Spatial Proximity[C]. Proceedings of the 19th International Conference on World Wide Web, 2010: 61-70.

[9] Zhu X J, Ghahramani Z. Learning from Labeled and Unlabeled Data with Label Propagation[R]. Technical Report CMUCALD-02-107, Carnegie Mellon University, 2002.

[10] Jurgens D. That's What Friends Are for: Inferring Location in Online Social Media Platforms Based on Social Relationships[C]. Proceedings of the 7th International Conference on Weblogs and Social Media, 2013: 273-282.

[11] 王凯, 余伟, 杨莎, 等. 一种大数据环境下的在线社交网络位置推断方法[J]. 软件学报, 2015, 26(11): 2951-2963.

[12] Rahimi A , Cohn T, Baldwin T. Twitter User Geolocation Using a Unified Text and Network Prediction Model[C]. Proceedings of the 53rd Annual Meeting of the Association for Computational Linguistics - 7th International Joint Conference on Natural Language Processing, 2015: 630-636.

[13] Qian Y J, Tang J, Yang Z L, et al. A Probabilistic Framework for Location Inference from Social Media[J]. arXiv preprint arXiv:1702.07281, 2017.

[14] Rahimi A, Cohn T, Baldwin T. Semi-supervised User Geolocation via Graph Convolutional Networks[C]. Proceedings of the 56th Annual Meeting of the Association for Computational Linguistics, 2018: 2009-2019.

[15] Han B, Cook P, Baldwin T. Geolocation Prediction in Social Media Data by Finding Location Indicative Words[C]. Proceedings of the 24th International Conference on Computational Linguistics, 2012: 1045-1062.

[16] Roller S, Speriosu M, Rallapalli S, et al. Supervised Text-based Geolocation Using Language Models on an Adaptive Grid[C]. Proceedings of the Joint Conference on Empirical Methods in Natural Language Processing and Computational Natural Language Learning, 2012: 1500-1510.

[17] Jurgens D, Finnethy T, McCorriston J, et al. Geolocation Prediction in Twitter Using Social Networks: A Critical Analysis and Review of Current Practice[C]. Proceedings of the 9th International Conference on Web and Social Media（ICWSM）, 2015, pp. 188-197.

[18] Compton R, Jurgens D, Allen D. Geotagging One Hundred Million Twitter Accounts with Total Variation Minimization[C]. Proceedings of the 2nd IEEE International Conference on BigData, 2014: 393-401.

[19] Rahimi A, Vu D, Cohn T, et al. Exploiting Text and Network Context for Geolocation of Social Media Users[C]. Proceedings of the 14th Annual Conference of the North American Chapter of the Association for Computational Linguistics - Human Language Technologies, 2015: 1362-1367.

[20] Rahimi A, Cohn T, Baldwin T. A Neural Model for User Geolocation and Lexical Dialectology[C]. Proceedings of the 55th Annual Meeting of the Association for Computational Linguistics, 2017: 207-216.

[21] Ebrahimi M , Shafieibavani E, Wong R , et al. Twitter User Geolocation by Filtering of Highly Mentioned Users[J]. Journal of the Association for Information Science and Technology, 2018, 69（07）: 879-889.